21世纪高等院校教材

高等数学

——及其教学软件

（下册）

第三版

上海交通大学
集美大学
编

科学出版社
北京

内 容 简 介

本书是在第一、二版的基础上，根据教育部高等学校非数学类专业数学基础课程教学指导分委员会修订的“工科类本科数学基础课程教学基本要求”，并结合教学实践的经验修改而成. 本书分上、下两册. 上册内容是一元函数微积分和微分方程(共7章)；下册内容是多元函数微积分和级数(共5章). 书末还附有微积分应用课题、常用积分表和习题参考答案.

本书加强对数学概念和理论从实际问题的引入和从几何与数值方面的分析，并增加了应用实例和习题；加强计算机对教学的辅助作用，结合教学内容充分运用教学软件，每章后有“演示与实验”，并配有光盘；注意“简易性”，尽量做到通俗易懂，由浅入深，富于启发和便于自学.

本书可作为高等工科院校工学、经济学等各专业的“高等数学”教材，也可作为相关教师和工程技术人员的参考书.

图书在版编目(CIP)数据

高等数学及其教学软件. 下册/上海交通大学，集美大学编. —3版. —北京：科学出版社，2011

21世纪高等院校教材

ISBN 978-7-03-029989-5

Ⅰ.①高… Ⅱ.①上…②集… Ⅲ.①高等数学-高等学校-教材 Ⅳ.①O13

中国版本图书馆CIP数据核字(2011)第006347号

责任编辑：姚莉丽 房 阳 / 责任校对：刘小梅

责任印制：张克忠 / 封面设计：陈 敬

科学出版社出版

北京东黄城根北街16号

邮政编码：100717

http://www.sciencep.com

保定市中画美凯印刷有限公司印刷

科学出版社发行 各地新华书店经销

*

2003年2月第 一 版 开本：B5(720×1000)

2005年6月第 二 版 印张：20 1/2

2011年2月第 三 版 字数：410 000

2018年8月第二十六次印刷

定价：31.00元

(如有印装质量问题，我社负责调换)

《高等数学——及其教学软件》编写组

主　编　翁苏骏　王　铭

成　员　（按姓氏笔画排序）

王承国　王昌金　付永钢

何　铭　陈贤峰　张　宪

杨敏之　林　熙　林婉霞

咸进国　曾羽群　储理才

主　审　林　熙　杨敏之

第三版前言

《高等数学——及其教学软件》第二版自 2005 年出版以来已印刷 8 次. 经过 5 年教学实践，根据目前一般本科院校教学的实际情况，我们对教材进行了进一步修改，调整了部分内容的难易程度，尽量做到通俗易懂、由浅入深、富于启发、便于学生自学；在例题和习题中删去一些计算技巧要求较高的题目，增加了一些实际应用题，并在 B 类习题中加入一部分最新的研究生入学考试试题；在演示实验中补充了一些重要定理和结论的演示.

我们还编写了本书的习题选解，对书中部分 A 类习题和全部 B 类习题作出详细解答，便于教师和学生参考. 此外，根据多年的教学体会，我们制作了与教材配套的课件，为使用本书的教师提供教学方便.

相信经过我们的努力，能给读者带来一套更好更便于使用的教材. 在此，我们向关心本书及对教材提出宝贵意见的同仁表示衷心的感谢.

E-mail：sjweng@jmu. edu. cn

编　者

2010 年 3 月

第一版序

微积分是人类智慧最伟大的成就之一，它蕴藏着丰富的理性思维和处理连续量的方法. 以微积分为主体内容的“高等数学”是大学中最重要的课程之一，它不仅为后续课程和科技工作提供了必备的数学工具，而且对学生科学素质的形成和分析解决问题能力的提高产生重要而深远的影响. 如何精选教学内容，通过知识点的传授揭示其概念和理论的本质、突出数学思维方法的培养、加强数学应用能力的训练，是近年来本门课程教学改革的核心内容，一批具有不同风格的革新教材业已面世. 然而，不少普通高等院校仍感可供选择的适用教材品种不足. 面对这种需要，在上海交通大学国家工科数学基地的倡导和支持下，上海交通大学和集美大学一批有丰富教学经验的数学教师联合编写了这部教材.

该教材立足于普通高等院校和重点院校中部分专业的需要，合理地精选和安排了教学内容，力求恰当地处理数学发现与知识传授、理论分析与实际应用、归纳法与演绎法的关系，以提高学生的综合分析能力和创新能力.

该教材最突出的特点是在加强应用能力培养方面下了很大的功夫. 对数学概念和理论，加强了从实际问题的引入和从几何与数值方面的分析，增加了不少实用的数学方法和颇为有趣的应用实例和习题，密切结合教学内容充分运用了数学软件，每章后均有“演示与实验”，附有“微积分应用课题”，并配有光盘. 与传统教材相比，不少章节的面貌有了很大的变化，笔者认为着眼于加强学生应用能力的培养，为提高学生的综合分析能力和创新能力奠定良好的数学基础是普通高等院校高等数学课程教学改革的主攻方向，该教材在这方面作出了显著的成绩. 相信该教材的出版必将进一步推动普通高等院校数学课程的教学改革，也为高等数学革新教材增添受到读者欢迎的新品种.

马知恩

2002 年 5 月于西安交通大学

第一版前言

微积分是近代数学最伟大的成就.由于它在各个领域的广泛的应用,以微积分为主要内容的"高等数学"成为大学中最重要的基础课程之一.但是多年来在"高等数学"教学中,存在偏重向学生传授微积分的概念、理论、运算规则和技巧,忽略微积分的数学思想及它与实际的紧密联系的现象,不够注重对于课程在学生的素质与能力的培养方面的积极作用.

进入21世纪,教学内容和课程体系的改革在全国更加深入地开展.一些思路比较新且包含有"数学实验"的新教材陆续出现,对教学改革起到了积极推动的作用.但是,适合普通高等院校及重点院校中部分专业的新教材仍很缺乏.在上海交通大学国家工科数学教学基地的大力支持下,上海交通大学和集美大学的十几位数学教师查阅了国内外的一批教材和资料,参照国家教委1995年颁布的"高等数学课程教学基本要求",经过反复研讨,合作编写了这本教材.我们尽力把改革设想和思路体现在教材中,本书有下列特点:

(1)从实际问题出发,引入数学概念和理论.让学生体会到微积分是来源于实际,又能指导实际的一种思维创造.在教材中我们尽量从不同方面多给出实际例子并加入简单的数学模型,让学生初步体会到微积分与现实世界中的客观现象有密切联系;在习题中也适当加大应用问题的比例,书最后还附有"微积分应用课题",以便学生在课程结束时能尝试利用所学微积分知识来分析和解决一些简单的实际问题.

(2)合理调整和安排教材中的概念与理论、方法与技巧和应用与实践这三部分内容.加强从几何和数值方面对数学概念的分析,从多方面培养学生的理性思维;增加介绍用表格和图形表示的函数及其运算,注意克服偏重分析运算和运算技巧的倾向;加强实践环节,重视应用能力的培养.

(3)随着计算机技术发展,数学教学从传统的自然科学传授走进了与计算机技术和软件相结合的教学过程.本书引入Mathematica教学软件,它发挥了教学辅助的作用.在每一章后附有"演示与实验",一方面通过数学软件的直观演示加深学生对一些重要的概念和定理的理解;另一方面让学生学习使用数学软件Mathematica进行各种运算、绘制图形和完成应用课题,培养学生的动手能力,使学生有机会尝试利用数学知识和计算机软件解决实际问题.

(4)本书注意"简易性",尽量做到通俗易懂、由浅入深、富于启发、便于学生自学.

总之,本书力求恰当地处理归纳法与演绎法、数学的发现与知识的传授、加强实际应用与理论分析能力的培养之间的关系,以提高学生的综合分析能力和创新能力.

本书内容覆盖面比较广,教师可根据不同专业特点进行取舍.课内教学需144～162学时,建议可在课外再安排14～18学时上机实验.

本书附有"演示与实验"光盘,内容有:(1)数学软件 Mathematica 4.0 介绍;(2)各章"演示与实验"教学内容;(3)"微积分应用课题"的题目及部分解答.该光盘可以与本书配套使用,也可以单独作为高等数学"演示与实验"课使用.

本书在编写过程中得到上海交通大学国家工科数学教学基地领导、叶中行教授、西安交通大学马知恩教授的关心和支持,上海交通大学和集美大学的数学老师们根据教学实践经验为本书编写提出了很好的意见和建议并给予很多帮助,在此一并表示衷心的感谢.

由于时间仓促,加上教材改革尚处于尝试阶段,书中必定存在不少问题,在此,热忱希望各位专家、教师、学生提出宝贵意见.

E-mail: mathpo@sjtu.edu.cn

jcb@jmu.edu.cn

编　者

2002年5月

致 学 生

当你拿到新的“高等数学”课本，你一定想知道为什么要学这门课程？能学到些什么？怎么学？下面让我们介绍一下.

首先，学好本课程非常重要. 为什么呢？

杰出的数学家、被人们称为“计算机之父”的冯・诺伊曼(von Neumann)说过：“微积分是近代数学中最伟大的成就，对它的重要性无论作怎样的估计都不会过分.”300多年前，英国数学家牛顿(Newton)、德国数学家莱布尼茨(Leibniz)等受天文学方面问题的启发，提出了微积分的概念. 由于它在物理学、工程学、生物学、经济学和社会学等各个领域的越来越广泛的应用，以微积分为主要内容的“高等数学”成为大学中最重要的基础课程之一. 大部分专业的学生在大学一年级都要学习这门课程，它不仅是后续课程的基础，而且在培养大学生的素质和能力方面起着重要的作用. 特别是进入21世纪，科学技术的发展和现代化的管理对大学生数学素质的要求越来越高，因此学好这门课程对于大学生将来的发展非常重要.

本课程主要学些什么呢？

“高等数学”主要学习微积分学，上册内容包括一元函数微积分和微分方程，下册内容包括多元函数微积分和级数. 微积分学研究的是变化的量. 由于客观世界大量的问题都涉及变化的量，因此，人们迫切需要解决两大问题：一、如何求这些不断变化着的量的变化率？二、对于这些不断变化着的量如何求它们在某个范围内的和？前者是微分学要解决的问题，后者是积分学要解决的问题. 微积分学的理论基础是极限，而极限的概念在中学已经学过，因此，入门并不困难.

微分学和积分学的方法可以解决互逆的问题. 例如，一物体做变速直线运动，设在时间间隔$[t_1,t_2]$内物体运动的路程函数为$s(t)$，由于速度是不断变化的，想用初等数学的方法求物体在每一时刻的速度$v(t)$很困难，但微分学能解决这个问题；同样，若已知物体做变速直线运动的速度函数$v(t)$，积分学可以解决求物体在时间间隔$[t_1,t_2]$内走过的路程的问题. 当然，微积分学不仅仅是这些，其内容非常丰富，比如，微分学可以解决求曲线在某一点处切线问题，积分学可以用于求初等数学无法解决的一些图形的面积问题等. 当你学完这门课程，你一定会觉得站在了一个更高的起点上.

怎样才能学好这门课程呢？

这里我们提几点建议：

(1) 注意理解课本中介绍的重要概念. 本书中的每一个重要概念都从实际例

子引入，要认真阅读这些例子，这对于理解这些概念会有帮助. 要善于借助几何直观领会这些概念的意义，这样你就不觉得这些概念抽象了.

(2) 掌握微积分运算的基本方法. 这些方法是很有用的. 教材中每一节后面习题分为 A 类和 B 类，A 类是最基本的要求，B 类具有提高的性质，完成一定数量的练习是必须的.

(3) 注意微积分与实际问题联系. 教材中有许多实际例子，书末还附有微积分应用课题. 尝试用学过的方法解决一些简单的应用问题，对于提高你的能力很有帮助.

(4) 认真阅读每一节教材后面的“演示与实验”，并打开光盘观看有趣的演示. 这对于你理解教材中一些概念和定理很有帮助. 当你学会使用数学软件 Mathematica 时，一定会觉得如虎添翼，因为数学软件强大的功能，将使你在进行各种计算、绘制漂亮的图形和完成应用课题方面得心应手.

(5) 学会自学，培养自主学习的能力. 这是科学技术飞速发展的新时代对大学生的要求. 本书通俗易懂，相信通过自学，再认真听课一定能达到好的学习效果.

编 者

2002 年 5 月

目　　录

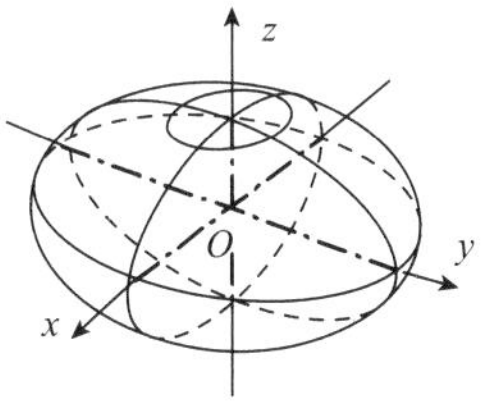

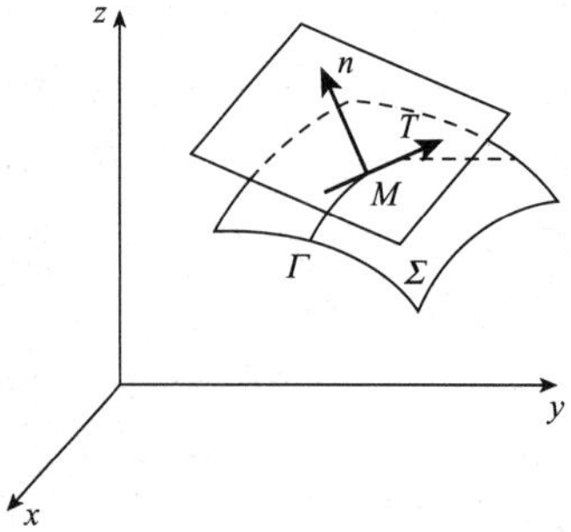
z
n
T
M
Γ
Σ
y
x

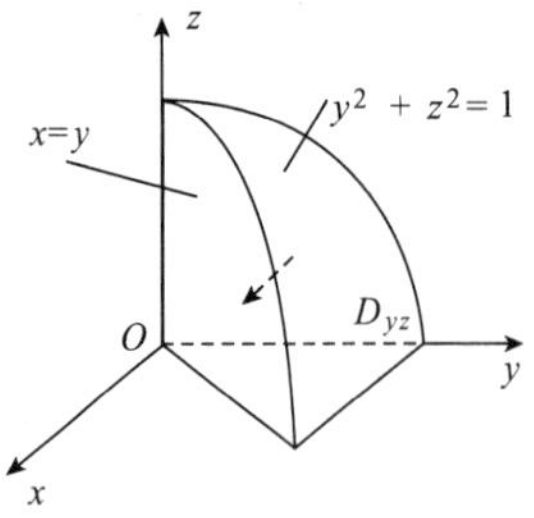
z
$x=y$
$y^2+z^2=1$
O
D_{yz}
y
x

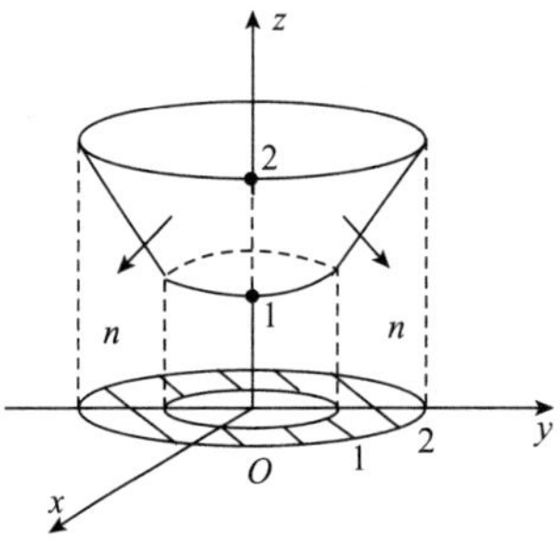
z
2
1
n
n
y
O
1
2
x

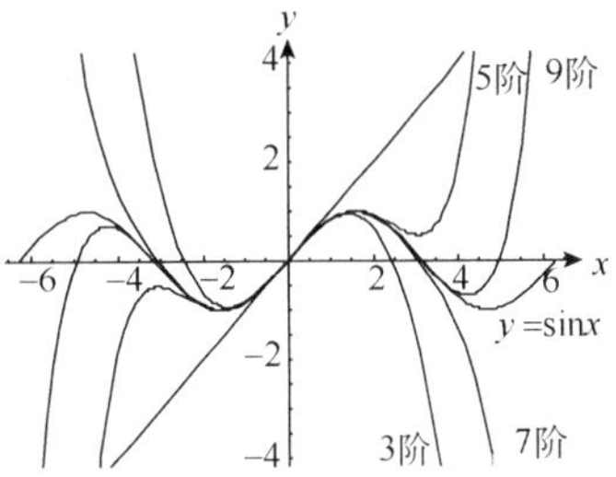
y
4
2
−2
−4
x
−6
−4
−2
2
4
6
5阶
9阶
3阶
7阶
y = sinx

第 8 章　空间解析几何与向量代数

空间解析几何主要研究空间几何图形，如同平面解析几何一样，它把数学研究的两个基本对象"数"和"形"统一起来，从而可以用代数方法解决几何问题，也可以用几何方法解决代数问题.

本章我们先引进向量及其代数运算，讨论向量的各种运算规律，然后介绍空间曲面和空间曲线，并以向量为工具来研究平面和空间直线，最后介绍二次曲面.

8.1　向量及其线性运算

8.1.1　空间直角坐标系

从空间任意一点 O，作三条互相垂直的数轴 Ox，Oy，Oz，它们都以 O 点为原点且一般具有相同的长度单位，这三条轴分别称为 x 轴(横轴)、y 轴(纵轴)、z 轴(竖轴)，统称坐标轴. 通常把 x 轴和 y 轴配置在水平面上，而 z 轴则是铅垂线；它们的正向符合右手法则，即以右手握住 z 轴，当右手的四个手指从 x 轴正向以 $\frac{\pi}{2}$ 角度转向 y 轴正向时，大拇指的指向就是 z 轴的正向，见图 8.1，这样的三条坐标轴就组成了一个空间直角坐标系，点 O 称为坐标原点(或原点).

三条坐标轴中的任意两条可以确定一个平面，这样两两确定出的三个平面称为坐标面. x 轴及 y 轴所确定的坐标面为 xOy 面，y 轴及 z 轴和 z 轴及 x 轴所确定的坐标面，分别称为 yOz 面和 zOx 面. 三个坐标面把空间分成八个部分，每一部分称为一个卦限(图 8.2)，在 xOy 面上方是第(1)(2)(3)(4)卦限，下方是第(5)(6)(7)(8)卦限.

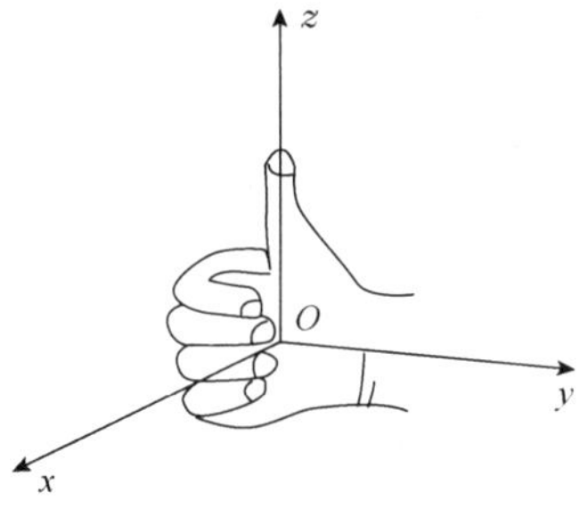

图 8.1

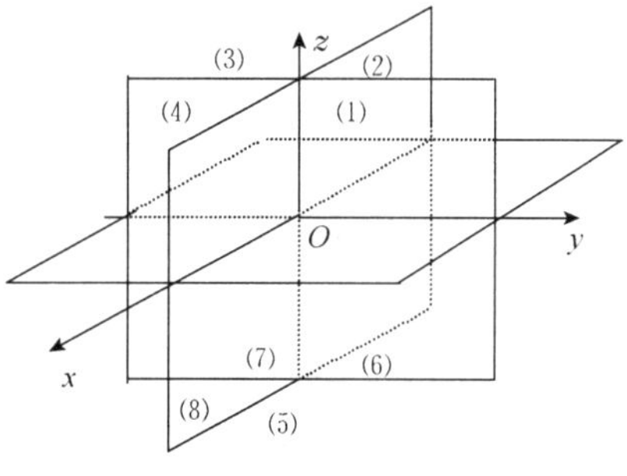

图 8.2

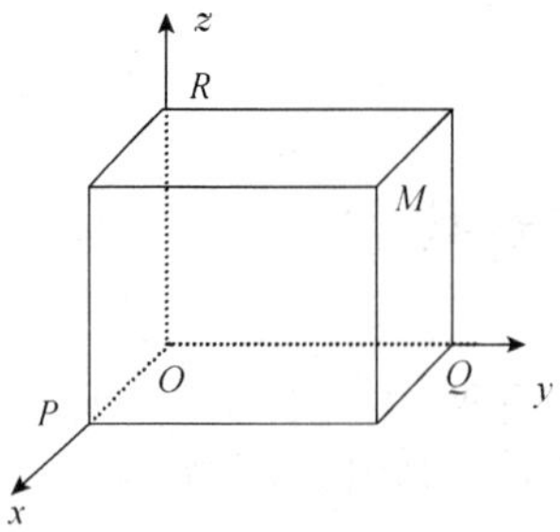

图 8.3

设 M 为空间一已知点. 过点 M 作三个平面分别垂直于 x 轴、y 轴、z 轴，它们与 x 轴、y 轴、z 轴的交点依次为 P,Q,R(图 8.3)，这三个点在 x 轴、y 轴、z 轴的坐标依次为 x,y,z. 于是空间一点 M 就唯一地确定了一个有序数组 (x,y,z)；反过来，已知一有序数组 (x,y,z)，我们可以在 x 轴上取坐标为 x 的点 P，在 y 轴上取坐标为 y 的点 Q，在 z 轴上取坐标为 z 的点 R，然后通过 P,Q 与 R 分别作垂直于 x 轴、y 轴和 z 轴的平面，这三个平面的交点 M 便是由有序数组 (x,y,z) 所确定的唯一点. 这样，就建立了空间的点 M 和有序数组 (x,y,z) 之间的一一对应关系，表示为

$$M \longleftrightarrow (x,y,z).$$

这组有序数 (x,y,z) 称为**点 M 的坐标**，并依次称 x,y 和 z 为**点 M 的横坐标、纵坐标和竖坐标**. 坐标为 x,y,z 的点 M 通常记为 $M(x,y,z)$.

坐标轴和坐标面上的点，其坐标各有一定的特征. 在 x 轴、y 轴、z 轴上的点的坐标分别是 $(x,0,0)$，$(0,y,0)$，$(0,0,z)$；在 xOy 面、yOz 面、zOx 面上的点的坐标分别是 $(x,y,0)$，$(0,y,z)$，$(x,0,z)$.

根据平面解析几何知识，我们知道，平面上两点 $M_1(x_1,y_1)$，$M_2(x_2,y_2)$ 间的距离公式为

$$|M_1M_2| = \sqrt{(x_2-x_1)^2+(y_2-y_1)^2}.$$

将该公式推广到三维空间，我们得到空间中两点 $M_1(x_1,y_1,z_1)$，$M_2(x_2,y_2,z_2)$ 间的距离公式为

$$|M_1M_2| = \sqrt{(x_2-x_1)^2+(y_2-y_1)^2+(z_2-z_1)^2}.$$

8.1.2　向量的概念及其坐标表示

我们把只有大小的量称为**数量**，如时间、温度、长度等；把既有大小又有方向的量称为**向量**(或**矢量**)，如位移、速度、加速度、力等. 为区别于数量，通常用一个黑体的字母或一个上面加箭头的字母来表示向量，如 $\boldsymbol{a}$，$\boldsymbol{v}$，$\boldsymbol{F}$ 或 $\vec{a}$，$\vec{v}$，$\vec{F}$ 等.

向量概念中包含两个要素——大小和方向，而几何中的有向线段正好具备这两个要素，因此很自然地，我们用有向线段来表示向量. 有向线段 $\overrightarrow{AB}$ 所表示的向量，其大小就是有向线段 $\overrightarrow{AB}$ 的长度，其方向就是有向线段 $\overrightarrow{AB}$ 的方向，即从 A 到 B 的方向，这个向量也记为 $\overrightarrow{AB}$，A 称为**向量的起点**，B 称为**向量的终点**. 如果有向线段 $\overrightarrow{AB}$ 表示向量 $\boldsymbol{v}$，则称 $\overrightarrow{AB}$ 为 $\boldsymbol{v}$ 的一个几何表示.

向量 $\boldsymbol{v}$ 的大小，即有向线段的长度，称为向量的**模**，记为 $|\boldsymbol{v}|$. 有时称它为向量

的长度.

两个向量**方向相同**,是指将它们移到同一始点时,它们在一条直线上,且这时两个终点分布在始点的同一侧;反之,若两个终点分布在始点的两侧,则称两向量**方向相反**.

我们还规定长度是零的向量,称为**零向量**,记为 $\mathbf{0}$. 零向量的方向可以认为是任意的.

如果两个向量大小相等、方向相同,称这两个向量**相等**. 因此向量的起点可以任意选取,就是说,起点不同而大小、指向均相同的有向线段都表示同一个向量. 正由于此,我们讨论的向量被称为**自由向量**. 两个非零向量 $\boldsymbol{a},\boldsymbol{b}$,如果它们的方向相同或相反,就称这两个向量平行,记作 $\boldsymbol{a}/\!/\boldsymbol{b}$,由于零向量的方向可以看成是任意的,因此可以认为零向量与任何向量都平行.

考查图 8.4 中的三个向量$\overrightarrow{AB}$,$\overrightarrow{CD}$和 $\overrightarrow{OP}$,它们终点横坐标与起点横坐标的差都是 2,终点纵坐标与起点纵坐标的差都是 1,根据平面上两点间距离公式,我们可以算得以上各向量的大小相等,再计算有向线段的斜率,得出以上各向量方向相同. 图上所有向量虽然位置不同,但由于大小相等、方向相同,所以表示同一向量,即向量$\overrightarrow{AB}$,$\overrightarrow{CD}$与起点在原点,终点在(2,1)的向量$\overrightarrow{OP}$相同. 事实上,向量$\overrightarrow{AB}$,$\overrightarrow{CD}$可由向量$\overrightarrow{OP}$平移得到,所以,向量具有平移不变性. 可以想象这些向量可由$\{2,1\}$这一个二元有序数组来表示,我们有如下定义.

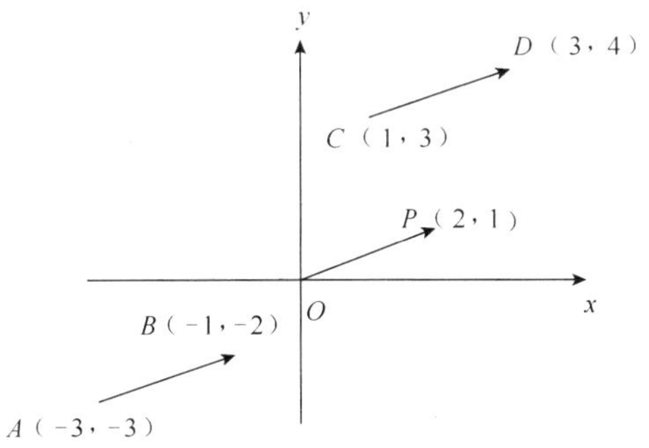

图 8.4

定义 8.1　一个二元有序实数组$\{a,b\}$称为一个**二维向量**. 二维向量的全体记作 V_2. 一个三元有序实数组$\{a,b,c\}$称为一个**三维向量**. 三维向量的全体记作 V_3,其中实数 a,b,c 称为**向量的分量**,也称为**向量的坐标**.

下面的定义建立了向量与点之间的联系.

定义 8.2　若 $M_1(x_1,y_1)$,$M_2(x_2,y_2)$为平面上两点,则二维向量 $\boldsymbol{v}=\{x_2-x_1,y_2-y_1\}$就表示由有向线段$\overrightarrow{M_1M_2}$所表示的向量. 类似地,若 $M_1(x_1,y_1,z_1)$,$M_2(x_2,y_2,z_2)$为空间两点,则三维向量 $\boldsymbol{v}=\{x_2-x_1,y_2-y_1,z_2-z_1\}$就称为有向线段$\overrightarrow{M_1M_2}$所表示的向量.

事实上,平面上二维向量 $\boldsymbol{v}=\overrightarrow{M_1M_2}=\overrightarrow{OM_2}-\overrightarrow{OM_1}=\{x_2-x_1,y_2-y_1\}$;空间中 $\boldsymbol{v}=\overrightarrow{M_1M_2}=\overrightarrow{OM_2}-\overrightarrow{OM_1}=\{x_2-x_1,y_2-y_1,z_2-z_1\}$.

由定义 8.2 可知,给定向量 $\boldsymbol{r}=\{x,y,z\}$,那么以任意点 $A(x_0,y_0,z_0)$为起点,

$B(x_0+x, y_0+y, z_0+z)$为终点的有向线段$\overrightarrow{AB}$都是 $\boldsymbol{r}$ 的一个几何表示. 特别以 $O(0,0,0)$为起点,$P(x,y,z)$为终点的有向线段$\overrightarrow{OP}$也是 $\boldsymbol{r}$ 的一个几何表示,所以 $\boldsymbol{r}=\{x,y,z\}$也称为点 $P(x,y,z)$的**位置向量**. 这样,三维向量也与空间中的点之间建立起一一对应的关系.

对于二维向量我们也可进行类似讨论.

根据两点间距离公式,可得三维向量$\overrightarrow{M_1M_2}$的模为

$$|\overrightarrow{M_1M_2}|=\sqrt{(x_2-x_1)^2+(y_2-y_1)^2+(z_2-z_1)^2}.$$

特别地,$|\boldsymbol{r}|=\sqrt{x^2+y^2+z^2}$.

例 1　已知 $A(1,0,2)$,$B(1,2,1)$是空间两点,求向量$\overrightarrow{AB}$和它的模.

解　$\overrightarrow{AB}=\{1-1,2-0,1-2\}=\{0,2,-1\}$,

$$|\overrightarrow{AB}|=\sqrt{0^2+2^2+(-1)^2}=\sqrt{5}.$$

8.1.3　向量的线性运算

定义 8.3　已知两个二维向量 $\boldsymbol{a}=\{a_x,a_y\}$,$\boldsymbol{b}=\{b_x,b_y\}$. 向量$\{a_x+b_x,a_y+b_y\}$称为向量 $\boldsymbol{a}$ 和 $\boldsymbol{b}$ 的和,记作 $\boldsymbol{a}+\boldsymbol{b}$,即

$$\boldsymbol{a}+\boldsymbol{b}=\{a_x,a_y\}+\{b_x,b_y\}=\{a_x+b_x,a_y+b_y\}.$$

对于三维向量,类似地有

$$\{a_x,a_y,a_z\}+\{b_x,b_y,b_z\}=\{a_x+b_x,a_y+b_y,a_z+b_z\}.$$

几何上,图 8.5 表示向量加法的**三角形法则**,图 8.6 表示向量加法的**平行四边形法则**. 根据图 8.5 不难证明,用三角形法则或平行四边形法则求得两向量的和向量与用定义 8.3 计算的结果一致. 当两个向量平行时,平行四边形法则失效.

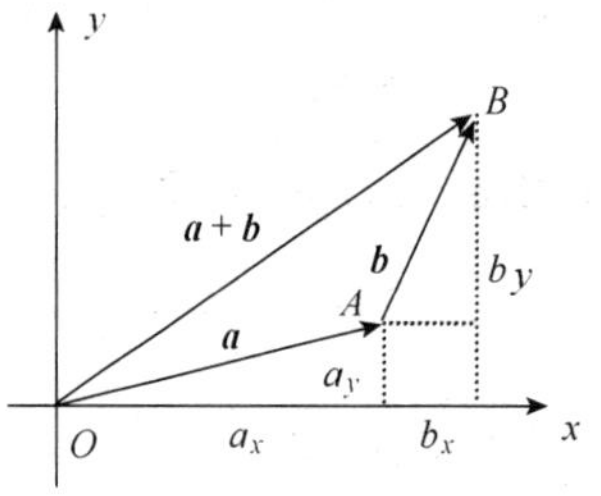

图 8.5

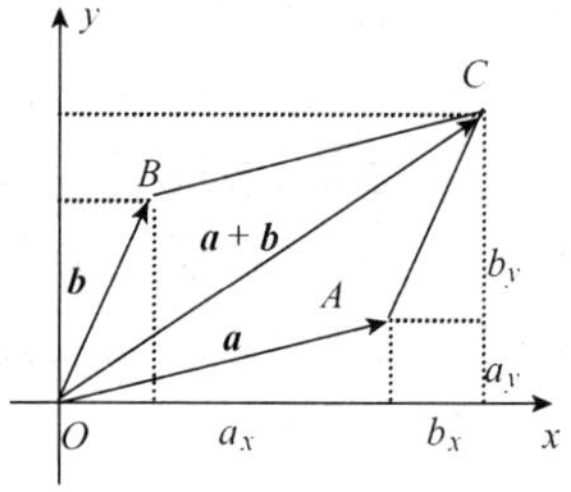

图 8.6

定义 8.4　设向量 $\boldsymbol{a}=\{a_x,a_y\}$,$c$ 为实数,向量$\{ca_x,ca_y\}$称为向量 $\boldsymbol{a}$ 与数量 c 的数乘,记为 $c\boldsymbol{a}$,即 $c\boldsymbol{a}=c\cdot\{a_x,a_y\}=\{ca_x,ca_y\}$,它的模$|c\boldsymbol{a}|=|c||\boldsymbol{a}|$.

对于三维向量,类似地有 $c\cdot\{a_x,a_y,a_z\}=\{ca_x,ca_y,ca_z\}$.

图 8.7 给出定义 8.4 的几何解释. 当 $c>0$ 时,$c\boldsymbol{a}$ 与 $\boldsymbol{a}$ 方向相同;当 $c<0$ 时,$c\boldsymbol{a}$ 与 $\boldsymbol{a}$ 方向相反.

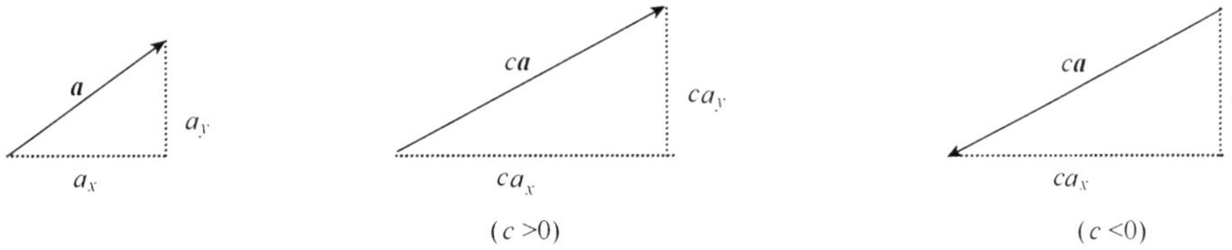

图 8.7

特别当 $c=-1$ 时，$(-1)\boldsymbol{a}$ 与 $\boldsymbol{a}$ 大小相等、方向相反，称 $(-1)\boldsymbol{a}$ 为 $\boldsymbol{a}$ 的负向量，记为 $-\boldsymbol{a}$. 对于二维向量，$-\boldsymbol{a}=\{-a_x,-a_y\}$.

$\boldsymbol{a}$ 与 $-\boldsymbol{b}$ 的和称为 $\boldsymbol{a}$ 与 $\boldsymbol{b}$ 的差，记为 $\boldsymbol{a}-\boldsymbol{b}$. 若 $\boldsymbol{a}=\{a_x,a_y\}$，$\boldsymbol{b}=\{b_x,b_y\}$，则

$$\boldsymbol{a}-\boldsymbol{b}=\boldsymbol{a}+(-\boldsymbol{b})=\{a_x,a_y\}+\{-b_x,-b_y\}=\{a_x-b_x,a_y-b_y\}.$$

以上讨论的结果都可以推广到三维向量.

向量的加法运算和数乘运算统称为向量的线性运算. 向量的线性运算满足下列法则：

(1) $\boldsymbol{a}+\boldsymbol{b}=\boldsymbol{b}+\boldsymbol{a}$（交换律）；

(2) $\boldsymbol{a}+(\boldsymbol{b}+\boldsymbol{c})=(\boldsymbol{a}+\boldsymbol{b})+\boldsymbol{c}$（结合律）；

(3) $\boldsymbol{a}+\boldsymbol{0}=\boldsymbol{a}$；

(4) $\boldsymbol{a}+(-\boldsymbol{a})=\boldsymbol{0}$；

(5) $c(\boldsymbol{a}+\boldsymbol{b})=c\,\boldsymbol{a}+c\,\boldsymbol{b}$；

(6) $(\lambda+\mu)\boldsymbol{a}=\lambda\,\boldsymbol{a}+\mu\,\boldsymbol{b}$；

(7) $(\lambda\mu)\boldsymbol{a}=\lambda(\mu\,\boldsymbol{a})$；

(8) $1\cdot\boldsymbol{a}=\boldsymbol{a}$.

这些性质都可以根据定义 8.3、定义 8.4 加以证明.

由于向量的加法符合交换律和结合律，故 n 个向量 $\boldsymbol{a}_1,\boldsymbol{a}_2,\cdots,\boldsymbol{a}_n(n\geqslant 3)$ 相加可写成

$$\boldsymbol{a}_1+\boldsymbol{a}_2+\cdots+\boldsymbol{a}_n.$$

按向量加法的三角形法则，得 n 个向量相加的法则如下：以前一向量终点作为下一向量的起点，相继作向量 $\boldsymbol{a}_1,\boldsymbol{a}_2,\cdots,\boldsymbol{a}_n$，再以第一向量的起点为起点，最后一向量的终点为终点作一向量，这个向量即为所求的和向量.

当 $a_x\neq 0$ 时，可以把 a_y/a_x 看作 $\boldsymbol{a}$ 的斜率. 如果 $c\neq 0$，那么 $c\boldsymbol{a}$ 的斜率是 ca_y/ca_x，这说明 $c\boldsymbol{a}$ 和 $\boldsymbol{a}$ 有相同的斜率，所以 $c\boldsymbol{a}$ 和 $\boldsymbol{a}$ 平行.

我们常用向量与数的乘积来说明两个向量的平行关系. 即有

定理 8.1 设向量 $\boldsymbol{a}\neq\boldsymbol{0}$，那么，向量 $\boldsymbol{a}$ 与 $\boldsymbol{b}$ 平行（记作 $\boldsymbol{a}/\!/\boldsymbol{b}$）的充分必要条件是：存在唯一常数 λ 使得 $\boldsymbol{b}=\lambda\boldsymbol{a}$.

证 条件的充分性我们前面已经说明，下面证明必要性.

设 $\boldsymbol{b}/\!/\boldsymbol{a}$. 取 $|\lambda|=\dfrac{|\boldsymbol{b}|}{|\boldsymbol{a}|}$，当 $b=0$ 时，$\lambda=0$；若 $b\neq 0$，则当 $\boldsymbol{b}$ 与 $\boldsymbol{a}$ 同向时，λ 取正值；

当 $\boldsymbol{b}$ 与 $\boldsymbol{a}$ 反向时,λ 取负值,即有 $\boldsymbol{b}=\lambda\boldsymbol{a}$.

再证数 λ 的唯一性. 设 $\boldsymbol{b}=\lambda\boldsymbol{a}$,又设 $\boldsymbol{b}=\mu\boldsymbol{a}$,两式相减,便得 $(\lambda-\mu)\boldsymbol{a}=0$,即 $|\lambda-\mu||\boldsymbol{a}|=0$. 因 $|\boldsymbol{a}|\neq 0$,故 $|\lambda-\mu|=0$,即 $\lambda=\mu$. ■

模为 1 的向量称为**单位向量**. 与非零向量 $\boldsymbol{a}$ 同向的单位向量记为 $\boldsymbol{e}_a$,于是 $\boldsymbol{e}_a=\dfrac{\boldsymbol{a}}{|\boldsymbol{a}|}$. 因此任何非零向量 $\boldsymbol{a}$ 都可以写成 $\boldsymbol{a}=|\boldsymbol{a}|\ \boldsymbol{e}_a$.

在三维空间 V_3 中,有三个重要的单位向量:

$$\boldsymbol{i}=\{1,0,0\},\quad \boldsymbol{j}=\{0,1,0\},\quad \boldsymbol{k}=\{0,0,1\},$$

它们的方向分别与 x 轴、y 轴、z 轴的正向相同.

设 $\boldsymbol{a}=\{a_x,a_y,a_z\}$,则 $\boldsymbol{a}=a_x\{1,0,0\}+a_y\{0,1,0\}+a_z\{0,0,1\}=a_x\boldsymbol{i}+a_y\boldsymbol{j}+a_z\boldsymbol{k}$,这说明任意一个三维向量都可由 $\boldsymbol{i},\boldsymbol{j},\boldsymbol{k}$ **线性表示**. 我们把 $\boldsymbol{i},\boldsymbol{j},\boldsymbol{k}$ 称为 V_3 中的一组**标准基**.

在二维的情形,$\boldsymbol{i}=\{1,0\}$,$\boldsymbol{j}=\{0,1\}$是 V_2 的一组标准基.

例 2　设 $\boldsymbol{a}=\{1,-1,3\}$,$\boldsymbol{b}=\{2,-1,2\}$.

(1) $\boldsymbol{c}=3\boldsymbol{a}-2\boldsymbol{b}$,求 $\boldsymbol{c}$;

(2) 用标准基 $\boldsymbol{i},\boldsymbol{j},\boldsymbol{k}$ 表示向量 $\boldsymbol{c}$;

(3) 求与 $\boldsymbol{c}$ 同方向的单位向量.

解　(1) $\boldsymbol{c}=3\boldsymbol{a}-2\boldsymbol{b}=3\{1,-1,3\}-2\{2,-1,2\}$

$=\{3-4,-3+2,9-4\}=\{-1,-1,5\}$.

(2) $\boldsymbol{c}=\{-1,-1,5\}=-\boldsymbol{i}-\boldsymbol{j}+5\boldsymbol{k}$.

(3) $|\boldsymbol{c}|=\sqrt{(-1)^2+(-1)^2+5^2}=3\sqrt{3}$,所以 $\boldsymbol{e}_c=\dfrac{\boldsymbol{c}}{|\boldsymbol{c}|}=\dfrac{1}{3\sqrt{3}}\{-1,-1,5\}$.

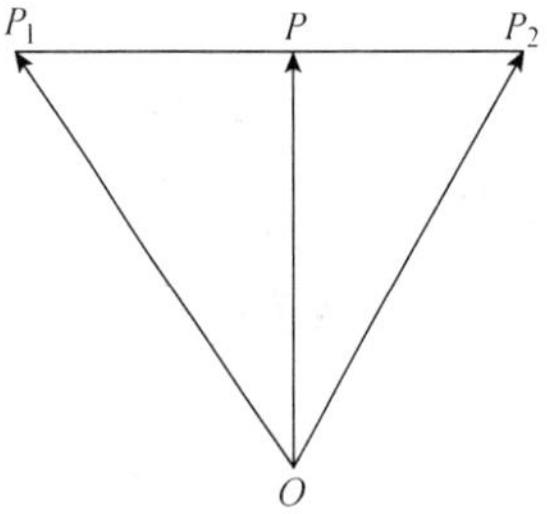

图 8.8

例 3　设有两点 $P_1(x_1,y_1,z_1)$,$P_2(x_2,y_2,z_2)$. 在线段 P_1P_2 上求一点 $P(x,y,z)$,使 P 分有向线段 $\overrightarrow{P_1P_2}$ 为两个有向线段 $\overrightarrow{P_1P}$ 与 $\overrightarrow{PP_2}$,它们的值① P_1P 与 PP_2 的比为定数 $\lambda(\lambda\neq-1)$,即 $P_1P=\lambda PP_2$.

解　作 $\overrightarrow{OP_1}=\{x_1,y_1,z_1\}$,$\overrightarrow{OP_2}=\{x_2,y_2,z_2\}$,$\overrightarrow{OP}=\{x,y,z\}$. 因为

$$\overrightarrow{P_1P}=\lambda\overrightarrow{PP_2},$$

而

$$\overrightarrow{P_1P}=\overrightarrow{OP}-\overrightarrow{OP_1},\quad \overrightarrow{PP_2}=\overrightarrow{OP_2}-\overrightarrow{OP},$$

见图 8.8,所以,

---

① 这里假定有一个轴通过有向线段 $\overrightarrow{P_1P_2}$,与之同方向的有向线段值为正,反方向值为负.

$$\overrightarrow{OP}-\overrightarrow{OP_1}=\lambda(\overrightarrow{OP_2}-\overrightarrow{OP}),$$
$$(1+\lambda)\overrightarrow{OP}=\overrightarrow{OP_1}+\lambda\overrightarrow{OP_2},\quad \lambda\neq-1,$$

得

$$\overrightarrow{OP}=\frac{\overrightarrow{OP_1}+\lambda\overrightarrow{OP_2}}{1+\lambda},$$

即 $x=\dfrac{x_1+\lambda x_2}{1+\lambda}$，$y=\dfrac{y_1+\lambda y_2}{1+\lambda}$，$z=\dfrac{z_1+\lambda z_2}{1+\lambda}$为点 P 的坐标.

这就是**定比分点公式**. 当 $\lambda=1$ 时，点 P 为 P_1P_2 的中点.

例 4 证明平行四边形的对角线互相平分.

解 设 $ABCD$ 为平行四边形，AC，BD 的中点分别为 E 及 F(图 8.9)，

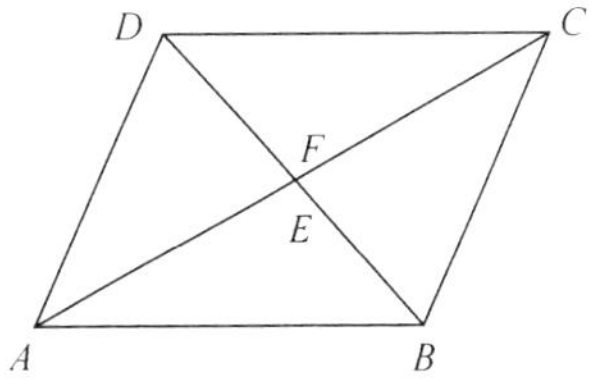

图 8.9

$$\overrightarrow{AE}=\frac{1}{2}\overrightarrow{AC}=\frac{1}{2}(\overrightarrow{AB}+\overrightarrow{BC}),$$

由定比分点公式得

$$\overrightarrow{AF}=\frac{1}{2}(\overrightarrow{AB}+\overrightarrow{AD}).$$

而$\overrightarrow{AD}=\overrightarrow{BC}$，所以

$$\overrightarrow{AF}=\frac{1}{2}(\overrightarrow{AB}+\overrightarrow{BC}),$$

故$\overrightarrow{AE}=\overrightarrow{AF}$，即 E 与 F 重合，所以 AC 与 BD 互相平分.

习题 8.1(A)

1. 在空间直角坐标系中，指出下列各点在哪个卦限：

$A(1,-2,3)$； $B(2,3,-1)$； $C(2,-3,-3)$； $D(-2,-3,1)$.

2. 求点 $P(x,y,z)$关于(1)各坐标面；(2)各坐标轴；(3)坐标原点的对称点的坐标.

3. 设 $\boldsymbol{u}=\boldsymbol{a}-\boldsymbol{b}+2\boldsymbol{c}$，$\boldsymbol{v}=-\boldsymbol{a}+3\boldsymbol{b}-\boldsymbol{c}$. 试用 $\boldsymbol{a},\boldsymbol{b},\boldsymbol{c}$ 表示 $2\boldsymbol{u}-3\boldsymbol{v}$.

4. 证明三角形两腰中点的连线平行于底边，且等于底边的一半.

5. 设 C 是线段 AB 上一点，C 到 A，B 的距离之比为 $1:2$，$\overrightarrow{OA}=\boldsymbol{a}$，$\overrightarrow{OB}=\boldsymbol{b}$，$\overrightarrow{OC}=\boldsymbol{c}$. 求证 $\boldsymbol{c}=\dfrac{2}{3}\boldsymbol{a}+\dfrac{1}{3}\boldsymbol{b}$.

6. 已知两点 $M_1(0,1,2)$和 $M_2(1,-1,0)$，试用坐标表示式表示向量$\overrightarrow{M_1M_2}$及$-3\overrightarrow{M_1M_2}$.

7. 在 yOz 面上，求与三点 $A(3,1,2)$、$B(4,-2,-2)$和 $C(0,5,1)$等距离的点.

8. 求平行于向量 $\boldsymbol{a}=\{3,2,1\}$的单位向量.

习题 8.1(B)

1. 如果平面上一个四边形的对角线互相平分，试应用向量证明它是平行四边形.

2. 设 P 为平面上单位圆周上的任意一点，O 为圆心，A_1，A_2，…，A_n 为圆内接正 n 边形的顶

点. 试证:

(1) $\overrightarrow{OA_1}+\overrightarrow{OA_2}+\cdots+\overrightarrow{OA_n}=\mathbf{0}$;

(2) $\overrightarrow{PA_1}+\overrightarrow{PA_2}+\cdots+\overrightarrow{PA_n}=n\overrightarrow{OP}$.

3. 一向量的终点在点 $B(2,-1,7)$,它在 x 轴、y 轴和 z 轴上的分量依次为 $4,-4,7$. 求这向量的起点 A 的坐标.

4. 飞机以 250km/h 的速度向北偏东 60°的方向飞行,有风自西北方向(北偏西 45°)以 70km/h 的速度吹来,求飞机的实际航向和地面速度(所谓地面速度是合成速度的大小).

8.2　向量的数量积

8.2.1　向量的数量积

设一物体在常力 $\boldsymbol{F}$ 作用下沿直线从点 M_1 移动到点 M_2. 以 $\boldsymbol{s}$ 表示位移 $\overrightarrow{M_1M_2}$. 由物理学知道,力 $\boldsymbol{F}$ 所做的功为

$$W=|\boldsymbol{F}|\cdot|\boldsymbol{s}|\cos\theta,$$

其中 θ 为 $\boldsymbol{F}$ 与 $\boldsymbol{s}$ 的夹角(图 8.10). 从这个问题我们看到两向量的一种乘法运算,该运算结果是一个数量. 这就是我们要介绍的向量的数量积.

先引进两向量的夹角的概念.

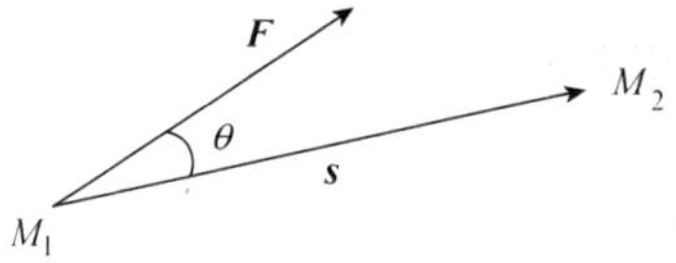

图 8.10

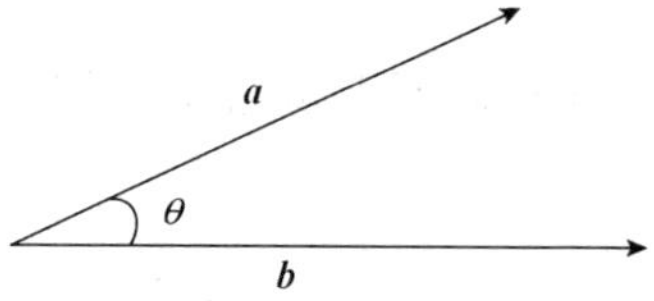

图 8.11

两个非零向量 $\boldsymbol{a},\boldsymbol{b}$ 之间的夹角 θ,是指将它们移到同一始点所得到的在 0 到 π 之间的夹角,记为 $\theta=(\widehat{\boldsymbol{a},\boldsymbol{b}})$ (图 8.11).

定义 8.5　两个向量 $\boldsymbol{a},\boldsymbol{b}$ 的**数量积**是这两个向量的模的积乘以它们的夹角的余弦,记为 $\boldsymbol{a}\cdot\boldsymbol{b}$,即

$$\boxed{\boldsymbol{a}\cdot\boldsymbol{b}=|\boldsymbol{a}|\cdot|\boldsymbol{b}|\cos(\widehat{\boldsymbol{a},\boldsymbol{b}}).} \tag{8.1}$$

数量积是一个数量,也可称为“**点积**”或“**内积**”.

根据这个定义,上述问题中力所做的功 W 是力 $\boldsymbol{F}$ 与位移 $\boldsymbol{s}$ 的数量积,即

$$W=\boldsymbol{F}\cdot\boldsymbol{s}.$$

可以推得如下结论:

(1) $\boldsymbol{a}\cdot\boldsymbol{a}=|\boldsymbol{a}|^2$.

这是因为夹角为零,所以 $\boldsymbol{a}\cdot\boldsymbol{a}=|\boldsymbol{a}|^2\cos0=|\boldsymbol{a}|^2$.

(2) 对于两个非零向量 $\boldsymbol{a},\boldsymbol{b}$,$\boldsymbol{a}\perp\boldsymbol{b}$ 的充分必要条件是 $\boldsymbol{a}\cdot\boldsymbol{b}=0$.

这是因为如果 $\boldsymbol{a}\cdot\boldsymbol{b}=0$，由于 $|\boldsymbol{a}|\neq 0$，$|\boldsymbol{b}|\neq 0$，所以 $\cos(\widehat{\boldsymbol{a},\boldsymbol{b}})=0$，从而 $(\widehat{\boldsymbol{a},\boldsymbol{b}})=\frac{\pi}{2}$，即 $\boldsymbol{a}\perp\boldsymbol{b}$；反之，如果 $\boldsymbol{a}\perp\boldsymbol{b}$，那么 $(\widehat{\boldsymbol{a},\boldsymbol{b}})=\frac{\pi}{2}$，$\cos(\widehat{\boldsymbol{a},\boldsymbol{b}})=0$，于是 $\boldsymbol{a}\cdot\boldsymbol{b}=0$.

数量积还符合下列运算规律：

(1) $\boldsymbol{a}\cdot\boldsymbol{b}=\boldsymbol{b}\cdot\boldsymbol{a}$（交换律）；

(2) $(\boldsymbol{a}+\boldsymbol{b})\cdot\boldsymbol{c}=\boldsymbol{a}\cdot\boldsymbol{c}+\boldsymbol{b}\cdot\boldsymbol{c}$（分配律）；

(3) $(\lambda\boldsymbol{a})\cdot\boldsymbol{b}=\lambda(\boldsymbol{a}\cdot\boldsymbol{b})$；

(4) $\boldsymbol{0}\cdot\boldsymbol{a}=0$.

分配律由以下将讨论的坐标表示法易证，其余规律可根据定义证得.

下面来推导数量积的坐标表达式.

设 $\boldsymbol{a}=a_x\boldsymbol{i}+a_y\boldsymbol{j}+a_z\boldsymbol{k}$，$\boldsymbol{b}=b_x\boldsymbol{i}+b_y\boldsymbol{j}+b_z\boldsymbol{k}$. 由数量积的运算规律可得

$$\boldsymbol{a}\cdot\boldsymbol{b}=(a_x\boldsymbol{i}+a_y\boldsymbol{j}+a_z\boldsymbol{k})\cdot(b_x\boldsymbol{i}+b_y\boldsymbol{j}+b_z\boldsymbol{k}).$$

由于 $\boldsymbol{i},\boldsymbol{j},\boldsymbol{k}$ 互相垂直，所以 $\boldsymbol{i}\cdot\boldsymbol{j}=\boldsymbol{j}\cdot\boldsymbol{k}=\boldsymbol{k}\cdot\boldsymbol{i}=0$. 又由于 $\boldsymbol{i},\boldsymbol{j},\boldsymbol{k}$ 的模均为 1，所以 $\boldsymbol{i}\cdot\boldsymbol{i}=\boldsymbol{j}\cdot\boldsymbol{j}=\boldsymbol{k}\cdot\boldsymbol{k}=1$. 因而得

$$\boxed{\boldsymbol{a}\cdot\boldsymbol{b}=a_xb_x+a_yb_y+a_zb_z.} \tag{8.2}$$

这就是**两个向量的数量积的坐标表示.**

当 $\boldsymbol{a},\boldsymbol{b}$ 都不为零向量时，有 $\cos(\widehat{\boldsymbol{a},\boldsymbol{b}})=\dfrac{\boldsymbol{a}\cdot\boldsymbol{b}}{|\boldsymbol{a}||\boldsymbol{b}|}=\dfrac{a_xb_x+a_yb_y+a_zb_z}{\sqrt{a_x^2+a_y^2+a_z^2}\sqrt{b_x^2+b_y^2+b_z^2}}$，这就是**两向量夹角余弦的坐标公式.**

例 1 一质点在力 $\boldsymbol{F}=3\boldsymbol{i}+4\boldsymbol{j}+5\boldsymbol{k}$ 的作用下，从点 $A(1,2,0)$ 移动到点 $B(3,2,-1)$，求力 $\boldsymbol{F}$ 所做的功.

解 质点的位移向量是 $\overrightarrow{AB}=\{3-1,2-2,-1-0\}=\{2,0,-1\}$，功

$$W=\boldsymbol{F}\cdot\boldsymbol{s}=\{3,4,5\}\cdot\{2,0,-1\}=6+0-5=1,$$

当力 $\boldsymbol{F}$ 的单位以牛顿(N)计，位移 $\boldsymbol{s}$ 的单位以米(m)计时，$\boldsymbol{F}$ 所做的功为 1 焦耳(J).

例 2 用向量方法证明菱形的对角线相互垂直.

解 如图 8.12 所示，$ABCD$ 是菱形. $\overrightarrow{AB}=\overrightarrow{DC}$，$|\overrightarrow{AD}|=|\overrightarrow{DC}|$ 且

$$\overrightarrow{AC}=\overrightarrow{AD}+\overrightarrow{DC},$$

$$\overrightarrow{BD}=\overrightarrow{BA}+\overrightarrow{AD}=\overrightarrow{AD}-\overrightarrow{AB}=\overrightarrow{AD}-\overrightarrow{DC},$$

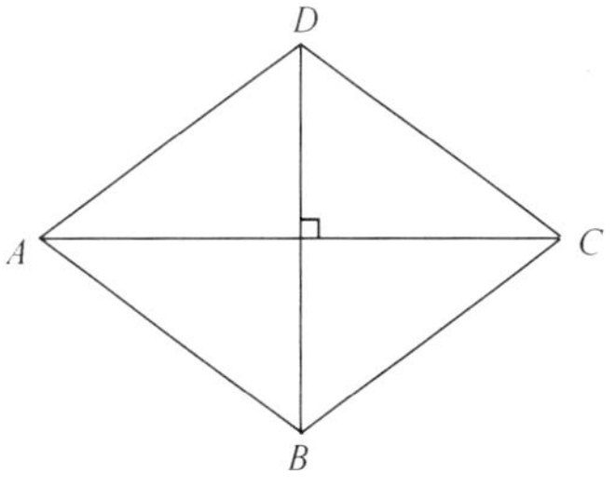

图 8.12

所以

$$\overrightarrow{BD}\cdot\overrightarrow{AC}=(\overrightarrow{AD}-\overrightarrow{DC})\cdot(\overrightarrow{AD}+\overrightarrow{DC})=|\overrightarrow{AD}|^2-|\overrightarrow{DC}|^2=0,$$

所以 $\overrightarrow{BD}\perp\overrightarrow{AC}$，命题得证.

例 3　已知空间三点 $M(1,1,1)$，$A(2,2,1)$和 $B(2,1,2)$，求$\angle AMB$.

解　作向量$\overrightarrow{MA}$及$\overrightarrow{MB}$，$\angle AMB$ 就是向量$\overrightarrow{MA}$与$\overrightarrow{MB}$的夹角. 这里，$\overrightarrow{MA}=\{1,1,0\}$，$\overrightarrow{MB}=\{1,0,1\}$，从而$\overrightarrow{MA}\cdot\overrightarrow{MB}=1\times1+1\times0+0\times1=1$，代入两向量夹角余弦的表达式，得

$$\cos\angle AMB=\frac{\overrightarrow{MA}\cdot\overrightarrow{MB}}{|\overrightarrow{MA}||\overrightarrow{MB}|}=\frac{1}{\sqrt{2}\cdot\sqrt{2}}=\frac{1}{2}.$$

由此得$\angle AMB=\frac{\pi}{3}$.

例 4　设流体流过平面 S 上一个面积为 A 的区域，流体在该区域上各点处的流速为常向量 $\boldsymbol{v}$，又设 $\boldsymbol{e}_n$ 是垂直于 S 的单位向量(图 8.13(a))，试用数量积表示单位时间内经过该区域且流向 $\boldsymbol{e}_n$ 所指一侧的流体的质量 Φ(已知流体的密度为常数 ρ).

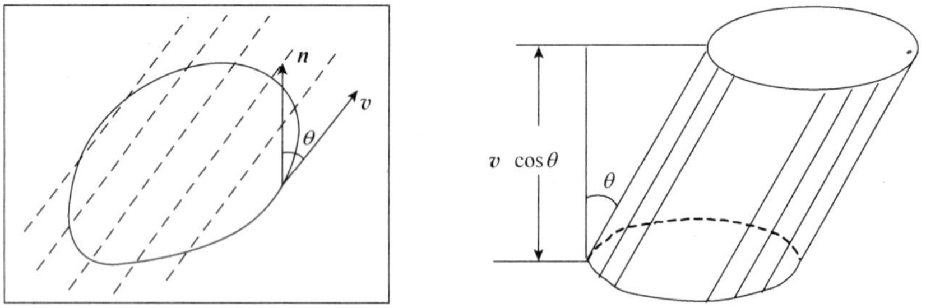

(a)　　(b)

图 8.13

解　单位时间内流过这个区域的流体组成一个底面积为 A，斜高为$|\boldsymbol{v}|$的斜柱体(图 8.13(b))，其斜高与底面的垂线之夹角是 $\boldsymbol{v}$ 与 $\boldsymbol{e}_n$ 的夹角 θ，故柱体的高为$|\boldsymbol{v}|\cos\theta$，体积为 $V=A|\boldsymbol{v}|\cos\theta=A\boldsymbol{v}\cdot\boldsymbol{e}_n$，从而单位时间内流向该区域指定一侧的流体的质量为

$$\Phi=\rho V=\rho A\boldsymbol{v}\cdot\boldsymbol{e}_n.$$

8.2.2　方向角、投影

1. *方向角与方向余弦*

非零向量 $\boldsymbol{a}$ 与三个坐标轴的正方向的夹角 $\alpha,\beta,\gamma(0\leqslant\alpha,\beta,\gamma\leqslant\pi)$称为向量 $\boldsymbol{a}$ 的**方向角**.(图8.14)三个方向角的余弦值 $\cos\alpha,\cos\beta,\cos\gamma$ 称为 $\boldsymbol{a}$ 的**方向余弦**.

设 $\boldsymbol{a}=\{a_x,a_y,a_z\}$. 因为 $\boldsymbol{i},\boldsymbol{j},\boldsymbol{k}$ 的方向就是 x 轴、y 轴、z 轴的正方向，所以

$$\cos\alpha=\cos(\widehat{\boldsymbol{a},\boldsymbol{i}})=\frac{\boldsymbol{a}\cdot\boldsymbol{i}}{|\boldsymbol{a}|}=\frac{\{a_x,a_y,a_z\}\cdot\{1,0,0\}}{|\boldsymbol{a}|}=\frac{a_x}{|\boldsymbol{a}|},\qquad(8.3)$$

同理，

$$\cos\beta = \frac{a_y}{|\boldsymbol{a}|}, \tag{8.4}$$

$$\cos\gamma = \frac{a_z}{|\boldsymbol{a}|}, \tag{8.5}$$

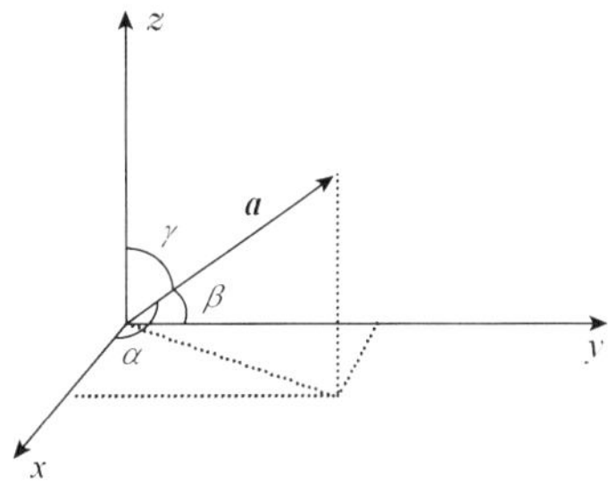

图 8.14

以上三式平方后相加，得到

$$\cos^2\alpha + \cos^2\beta + \cos^2\gamma = \frac{a_x^2 + a_y^2 + a_z^2}{|\boldsymbol{a}|^2} = 1. \tag{8.6}$$

式(8.6)是方向余弦的一个重要性质. 由式(8.3)～(8.5)，还可以得到

$$\begin{aligned}\boldsymbol{a} &= \{a_x, a_y, a_z\} = \{|\boldsymbol{a}|\cos\alpha, |\boldsymbol{a}|\cos\beta, |\boldsymbol{a}|\cos\gamma\} \\ &= |\boldsymbol{a}|\{\cos\alpha, \cos\beta, \cos\gamma\},\end{aligned}$$

或者写成

$$\{\cos\alpha, \cos\beta, \cos\gamma\} = \frac{\boldsymbol{a}}{|\boldsymbol{a}|}.$$

可见$\{\cos\alpha, \cos\beta, \cos\gamma\}$正是与 $\boldsymbol{a}$ 指向相同的单位向量.

例 5　已知 $\boldsymbol{a}=\{-1,1,-1\}$，求 $\boldsymbol{a}$ 的方向余弦、方向角.

解　$|\boldsymbol{a}| = \sqrt{(-1)^2+1^2+(-1)^2}=\sqrt{3}$.

$$\cos\alpha = \frac{-1}{\sqrt{3}}, \quad \cos\beta = \frac{1}{\sqrt{3}}, \quad \cos\gamma = \frac{-1}{\sqrt{3}}.$$

$$\alpha = \arccos\frac{-1}{\sqrt{3}}, \quad \beta = \arccos\frac{1}{\sqrt{3}}, \quad \gamma = \arccos\frac{-1}{\sqrt{3}}.$$

2. 投影

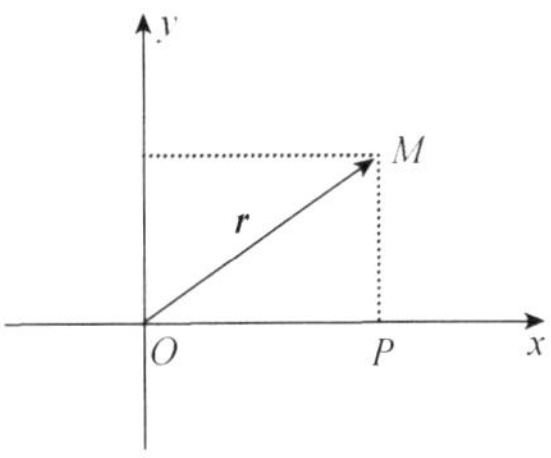

图 8.15

考虑二维位置向量 $\boldsymbol{r}=\overrightarrow{OM}=\{x,y\}$(图 8.15)，过点 M 作与 x 轴垂直的直线，此直线与 x 轴的交点 P 就是点 M 在 x 轴上的投影，作向量$\overrightarrow{OP}=x\boldsymbol{i}$，称$\overrightarrow{OP}$为向量 $\boldsymbol{r}$ 在 x 轴上的**投影向量**，而 $x=|\boldsymbol{r}|\cos\alpha$ 称为**向量 $\boldsymbol{r}$ 在 x 轴上的投影**. 同理 $y=|\boldsymbol{r}|\cos\beta$ 为**向量 $\boldsymbol{r}$ 在 y 轴上的投影**，而向量 $y\boldsymbol{j}$ 称为向量 $\boldsymbol{r}$ 在 y 轴上的**投影向量**.

一般地，设向量 $\boldsymbol{a}, \boldsymbol{b}$ 的起点为同一点 P(否则，可平移到同一点)，$\overrightarrow{PQ}=\boldsymbol{a}$，$\overrightarrow{PR}=\boldsymbol{b}$，$(\widehat{\boldsymbol{a},\boldsymbol{b}})=\theta$，$S$ 是点 R 在直线 PQ 上的投影，那么，$\overrightarrow{PS}$就称为**向量 $\boldsymbol{b}$ 在向量 $\boldsymbol{a}$ 上的投影向量**(图 8.16)；数值 $|\boldsymbol{b}|\cos\theta$ 也称为 **$\boldsymbol{b}$ 在 $\boldsymbol{a}$ 上的投影**(projection)，记作 $\mathrm{proj}_{\boldsymbol{a}}\boldsymbol{b}$.

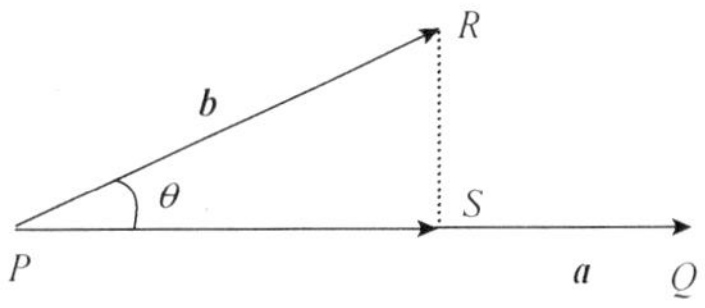

图 8.16

当 $0 \leqslant \theta < \frac{\pi}{2}$ 时，$\mathrm{proj}_{\boldsymbol{a}}\boldsymbol{b}$ 等于 $\boldsymbol{b}$ 在 $\boldsymbol{a}$ 上的投影向量 $\overrightarrow{PS}$ 的长度.

当 $\frac{\pi}{2} < \theta \leqslant \pi$ 时，$\mathrm{proj}_{\boldsymbol{a}}\boldsymbol{b}$ 是该投影向量长度的相反数.

当 $\theta = \frac{\pi}{2}$ 时，$\mathrm{proj}_{\boldsymbol{a}}\boldsymbol{b}$ 等于零.

按此定义，向量 $\boldsymbol{a}=\{a_x, a_y, a_z\}$ 的坐标即为 $\boldsymbol{a}$ 在三个坐标轴上的投影所组成的有序数组.

$$a_x = \mathrm{proj}_x\boldsymbol{a}, \quad a_y = \mathrm{proj}_y\boldsymbol{a}, \quad a_z = \mathrm{proj}_z\boldsymbol{a}.$$

向量 $\boldsymbol{b}$ 在 $\boldsymbol{a}$ 上的投影为

$$\mathrm{proj}_{\boldsymbol{a}}\boldsymbol{b} = |\boldsymbol{b}|\cos(\widehat{\boldsymbol{a},\boldsymbol{b}}) = |\boldsymbol{b}| \cdot \frac{\boldsymbol{a}\cdot\boldsymbol{b}}{|\boldsymbol{a}||\boldsymbol{b}|} = \frac{\boldsymbol{a}\cdot\boldsymbol{b}}{|\boldsymbol{a}|}.$$

若 $\boldsymbol{a}=\{a_x, a_y, a_z\}$，$\boldsymbol{b}=\{b_x, b_y, b_z\}$，则上式的坐标表示即为

$$\boxed{\mathrm{proj}_{\boldsymbol{a}}\boldsymbol{b} = \frac{a_x b_x + a_y b_y + a_z b_z}{\sqrt{a_x^2 + a_y^2 + a_z^2}}.} \tag{8.7}$$

例 6　设 $\boldsymbol{a}=\{2,0,-1\}$，$\boldsymbol{b}=\{1,2,4\}$，求 $\boldsymbol{b}$ 在 $\boldsymbol{a}$ 上的投影.

解

$$|\boldsymbol{a}| = \sqrt{2^2+0^2+(-1)^2} = \sqrt{5},$$

$$\mathrm{proj}_{\boldsymbol{a}}\boldsymbol{b} = \frac{\boldsymbol{a}\cdot\boldsymbol{b}}{|\boldsymbol{a}|} = \frac{-2}{\sqrt{5}}.$$

习题 8.2(A)

1. 求 $\boldsymbol{a}$ 和 $\boldsymbol{b}$ 的夹角：

(1) $\boldsymbol{a}=\{1,2,2\}$，$\boldsymbol{b}=\{3,4,0\}$；　(2) $\boldsymbol{a}=\boldsymbol{i}+\boldsymbol{j}+2\boldsymbol{k}$，$\boldsymbol{b}=2\boldsymbol{j}-3\boldsymbol{k}$.

2. 求 $\boldsymbol{a}\cdot\boldsymbol{b}$：

(1) $\boldsymbol{a}=\{4,7,-1\}$，$\boldsymbol{b}=\{-2,1,4\}$；

(2) $\boldsymbol{a}=\{-1,-2,-3\}$，$\boldsymbol{b}=\{2,8,-6\}$；

(3) $\boldsymbol{a}=2\boldsymbol{i}+3\boldsymbol{j}-4\boldsymbol{k}$，$\boldsymbol{b}=\boldsymbol{i}-3\boldsymbol{j}+\boldsymbol{k}$；

(4) $\boldsymbol{a}=\boldsymbol{i}-\boldsymbol{k}$，$\boldsymbol{b}=\boldsymbol{i}+2\boldsymbol{j}$；

(5) $|\boldsymbol{a}|=2$，$|\boldsymbol{b}|=3$，$(\widehat{\boldsymbol{a},\boldsymbol{b}})=\frac{\pi}{3}$；

(6) $|\boldsymbol{a}|=6$，$|\boldsymbol{b}|=\frac{1}{3}$，$(\widehat{\boldsymbol{a},\boldsymbol{b}})=\frac{\pi}{4}$.

3. 已知 $\boldsymbol{a}\cdot\boldsymbol{b}=0$，求 x 的值.

(1) $\boldsymbol{a}=\{x,1,2\}$，$\boldsymbol{b}=\{3,4,x\}$；　(2) $\boldsymbol{a}=\{x,x,-1\}$，$\boldsymbol{b}=\{1,x,6\}$.

4. 设 $\boldsymbol{a}=\{3,5,-2\}$，$\boldsymbol{b}=\{2,1,4\}$，问 λ 与 μ 有怎样的关系，能使得 $\lambda\boldsymbol{a}+\mu\boldsymbol{b}$ 与 z 轴垂直?

5. 设 $\boldsymbol{a}$，$\boldsymbol{b}$，$\boldsymbol{c}$ 为单位向量，且满足 $\boldsymbol{a}+\boldsymbol{b}+\boldsymbol{c}=\boldsymbol{0}$，求 $\boldsymbol{a}\cdot\boldsymbol{b}+\boldsymbol{b}\cdot\boldsymbol{c}+\boldsymbol{c}\cdot\boldsymbol{a}$.

6. 确定 c 的值，使 $\boldsymbol{a}=\{1,2,1\}$ 和 $\boldsymbol{b}=\{1,0,c\}$ 的夹角为 $60°$.

7. 力 $\boldsymbol{F}=\{10,18,-6\}$将物体从 $M_1(2,3,0)$沿直线移到 $M_2(4,9,15)$，设力的单位为牛顿(N)，位移的单位为米(m)，求力 $\boldsymbol{F}$ 做的功.

8. 求向量 $\boldsymbol{b}$ 在 $\boldsymbol{a}$ 上的投影：

(1) $\boldsymbol{a}=\{4,2,0\}$，$\boldsymbol{b}=\{1,1,1\}$；　(2) $\boldsymbol{a}=\boldsymbol{i}+\boldsymbol{k}$，$\boldsymbol{b}=\boldsymbol{i}-\boldsymbol{j}$.

9. 设已知两点 $M_1(4,\sqrt{2},1)$和 $M_2(3,0,2)$，计算向量$\overrightarrow{M_1M_2}$的模、方向余弦和方向角.

10. 设 $\boldsymbol{m}=3\boldsymbol{i}+5\boldsymbol{j}+8\boldsymbol{k}$，$\boldsymbol{n}=2\boldsymbol{i}-4\boldsymbol{j}-7\boldsymbol{k}$ 和 $\boldsymbol{p}=5\boldsymbol{i}+\boldsymbol{j}-4\boldsymbol{k}$，求向量 $\boldsymbol{a}=4\boldsymbol{m}+3\boldsymbol{n}-\boldsymbol{p}$ 在 x 轴上的投影.

11. 设向量 $\boldsymbol{r}$ 的模是 4，它与轴 u 的夹角是 60°，求 $\boldsymbol{r}$ 在轴 u 上的投影.

12. 已知 $\boldsymbol{a}=\{3,0,-1\}$，求 $\boldsymbol{b}$ 使 $\mathrm{proj}_{\boldsymbol{a}}\boldsymbol{b}=2$.

习题 8.2(B)

1. 试用向量证明直径所对的圆周角是直角.

2. 在杠杆上，支点 O 的一侧与点 O 的距离为 x_1 的点 P_1 处，有一与$\overrightarrow{OP_1}$成角 θ_1 的力 $\boldsymbol{F}_1$ 作用着；在 O 的另一侧与点 O 的距离为 x_2 的点 P_2 处有一与$\overrightarrow{OP_2}$成 θ_2 角的力 $\boldsymbol{F}_2$ 作用着(如图). 问 θ_1,θ_2，x_1,x_2，$|\boldsymbol{F}_1|$，$|\boldsymbol{F}_2|$符合怎样的条件才能使杠杆保持平衡？

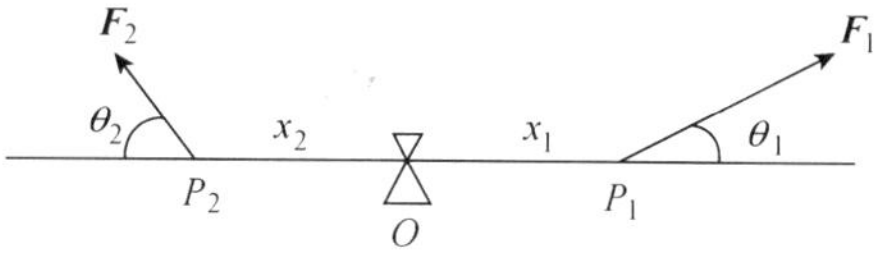

第 2 题图

3. 试用向量证明不等式：

$$\sqrt{a_1^2+a_2^2+a_3^2}\ \sqrt{b_1^2+b_2^2+b_3^2}\geqslant|a_1b_1+a_2b_2+a_3b_3|,$$

其中 a_1,a_2,a_3,b_1,b_2,b_3 为任意实数，并指出等号成立的条件.

4. 设$|\boldsymbol{a}|=\sqrt{3}$，$|\boldsymbol{b}|=1$，$(\widehat{\boldsymbol{a},\boldsymbol{b}})=\dfrac{\pi}{6}$，求向量 $\boldsymbol{a}+\boldsymbol{b}$ 与 $\boldsymbol{a}-\boldsymbol{b}$ 的夹角.

5. 设 $\boldsymbol{a}=\{2,-1,-2\}$，$\boldsymbol{b}=\{1,1,z\}$，问 z 为何值时，$(\widehat{\boldsymbol{a},\boldsymbol{b}})$最小？并求出此最小值.

8.3 向量的向量积、混合积

8.3.1 向量的向量积

在研究物体转动问题时，不但要考虑这物体所受的力，还要分析这些力所产生的力矩. 设 O 为刚体的支点，力 $\boldsymbol{F}$ 作用在刚体上一点 P 处，P 点的位置向量为 $\boldsymbol{r}$，$\boldsymbol{F}$ 与 $\boldsymbol{r}$ 的夹角为 θ(图 8.17). 由力学规定，力 $\boldsymbol{F}$ 对支点 O 的力矩是一向量 $\boldsymbol{M}$，它的模为$|\boldsymbol{M}|=|\boldsymbol{r}|\,|\boldsymbol{F}|\sin\theta$，而 $\boldsymbol{M}$ 的方向垂直于 $\boldsymbol{r}$ 与 $\boldsymbol{F}$ 所决定的平面，$\boldsymbol{M}$ 的指向是按右手法则确定：当右手的四个手指从 $\boldsymbol{r}$ 以不超过 π 的角转向 $\boldsymbol{F}$ 握拳时，大拇指的指向就是 $\boldsymbol{M}$ 的指向.

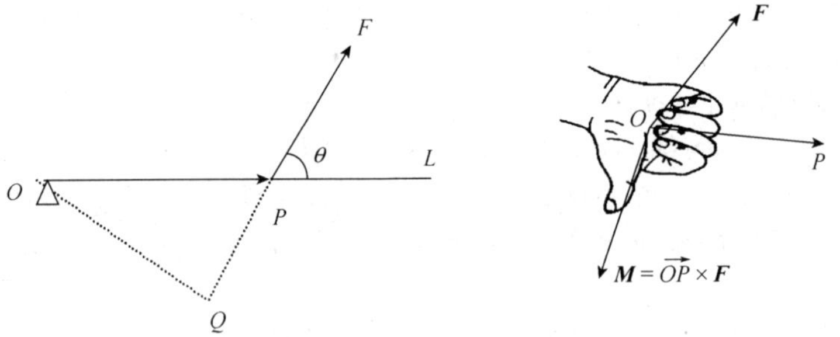

图 8.17

这种由两个已知向量按上面的规则来确定另一个向量的情况，在力学和其他物理问题中也会遇到，从而可以抽象出两个向量的向量积概念.

定义 8.6　两个向量 $\boldsymbol{a},\boldsymbol{b}$ 的**向量积**是一个向量，记为 $\boldsymbol{a}\times\boldsymbol{b}$，它的模与方向分别为

$$
\begin{aligned}
&(1)\ |\boldsymbol{a}\times\boldsymbol{b}|=|\boldsymbol{a}|\,|\boldsymbol{b}|\sin(\widehat{\boldsymbol{a},\boldsymbol{b}}),\\
&(2)\ \boldsymbol{a}\times\boldsymbol{b}\ \text{同时垂直于}\ \boldsymbol{a}\ \text{与}\ \boldsymbol{b}\text{，并且}\ \boldsymbol{a},\boldsymbol{b},\boldsymbol{a}\times\boldsymbol{b}\ \text{符合右手法则，}
\end{aligned}
\tag{8.8}
$$

如图 8.18 所示.

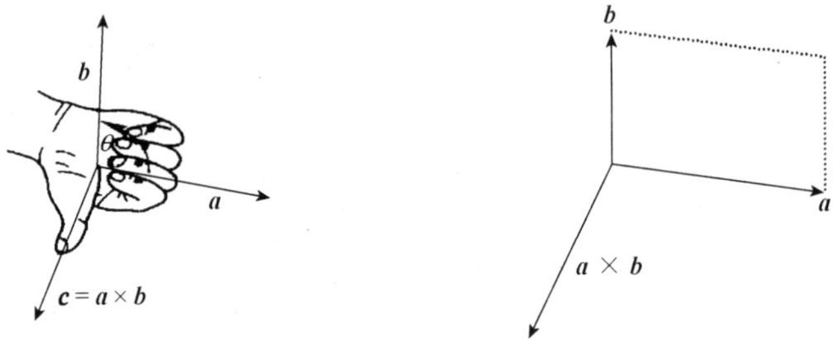

图 8.18

向量积 $\boldsymbol{a}\times\boldsymbol{b}$ 是一个向量，也可称为“**叉积**”或“**外积**”.

特别地，当 $\boldsymbol{a}=\boldsymbol{0}$ 或 $\boldsymbol{b}=\boldsymbol{0}$ 时 $\boldsymbol{a}\times\boldsymbol{b}=\boldsymbol{0}$.

上面谈到的力矩 $\boldsymbol{M}$ 等于 $\boldsymbol{r}$ 与 $\boldsymbol{F}$ 的向量积，即

$$\boldsymbol{M}=\boldsymbol{r}\times\boldsymbol{F}.$$

由向量积的定义可以推得：

(1) $\boldsymbol{a}\times\boldsymbol{a}=\boldsymbol{0}$.

这是因为向量 $\boldsymbol{a}$ 与 $\boldsymbol{a}$ 的夹角为零.

(2) 对两个非零向量 $\boldsymbol{a},\boldsymbol{b}$，$\boldsymbol{a}\times\boldsymbol{b}=\boldsymbol{0}$ 的充分必要条件是 $\boldsymbol{a}/\!/\boldsymbol{b}$.

这是因为如果 $\boldsymbol{a}\times\boldsymbol{b}=\boldsymbol{0}$,由于$|\boldsymbol{a}|\neq0$,$|\boldsymbol{b}|\neq0$,故必有 $\sin(\widehat{\boldsymbol{a},\boldsymbol{b}})=0$ 于是$(\widehat{\boldsymbol{a},\boldsymbol{b}})=0$ 或 π,即 $\boldsymbol{a}/\!/\boldsymbol{b}$;反之,如果 $\boldsymbol{a}/\!/\boldsymbol{b}$,那么$(\widehat{\boldsymbol{a},\boldsymbol{b}})=0$ 或 π,于是 $\sin(\widehat{\boldsymbol{a},\boldsymbol{b}})=0$,从而$|\boldsymbol{a}\times\boldsymbol{b}|=0$,即 $\boldsymbol{a}\times\boldsymbol{b}=\boldsymbol{0}$.

向量积还符合下列运算规律:

(1) $\boldsymbol{b}\times\boldsymbol{a}=-\boldsymbol{a}\times\boldsymbol{b}$.

这是因为按右手法则从 $\boldsymbol{b}$ 转向 $\boldsymbol{a}$ 定出的方向与按右手法则从 $\boldsymbol{a}$ 转向 $\boldsymbol{b}$ 定出的方向相反.它表明交换律对向量积不成立.

(2) $(\boldsymbol{a}+\boldsymbol{b})\times\boldsymbol{c}=\boldsymbol{a}\times\boldsymbol{c}+\boldsymbol{b}\times\boldsymbol{c}$(分配律).

(3) 向量还符合如下结合律:

$$(\lambda\boldsymbol{a})\times\boldsymbol{b}=\boldsymbol{a}\times(\lambda\boldsymbol{b})=\lambda(\boldsymbol{a}\times\boldsymbol{b})\ (\lambda\text{ 为常数}).$$

(2)、(3)的证明从略.

下面推导向量积的坐标表达式.

设 $\boldsymbol{a}=a_x\boldsymbol{i}+a_y\boldsymbol{j}+a_z\boldsymbol{k}$,$\boldsymbol{b}=b_x\boldsymbol{i}+b_y\boldsymbol{j}+b_z\boldsymbol{k}$,由 $\boldsymbol{i}\times\boldsymbol{i}=\boldsymbol{j}\times\boldsymbol{j}=\boldsymbol{k}\times\boldsymbol{k}=\boldsymbol{0}$,$\boldsymbol{i}\times\boldsymbol{j}=\boldsymbol{k}$,$\boldsymbol{j}\times\boldsymbol{k}=\boldsymbol{i}$,$\boldsymbol{k}\times\boldsymbol{i}=\boldsymbol{j}$,$\boldsymbol{j}\times\boldsymbol{i}=-\boldsymbol{k}$,$\boldsymbol{k}\times\boldsymbol{j}=-\boldsymbol{i}$,$\boldsymbol{i}\times\boldsymbol{k}=-\boldsymbol{j}$,及向量积的运算规律可得

$$\begin{aligned}\boldsymbol{a}\times\boldsymbol{b}&=(a_x\boldsymbol{i}+a_y\boldsymbol{j}+a_z\boldsymbol{k})\times(b_x\boldsymbol{i}+b_y\boldsymbol{j}+b_z\boldsymbol{k})\\&=(a_yb_z-a_zb_y)\boldsymbol{i}+(a_zb_x-a_xb_z)\boldsymbol{j}+(a_xb_y-a_yb_x)\boldsymbol{k}.\end{aligned}$$

这就是两个向量的向量积的坐标表示.

用二阶行列式表示可得

$$\boldsymbol{a}\times\boldsymbol{b}=\begin{vmatrix}a_y&a_z\\b_y&b_z\end{vmatrix}\boldsymbol{i}-\begin{vmatrix}a_x&a_z\\b_x&b_z\end{vmatrix}\boldsymbol{j}+\begin{vmatrix}a_x&a_y\\b_x&b_y\end{vmatrix}\boldsymbol{k}.\tag{8.9}$$

利用三阶行列式帮助记忆,式(8.9)可写成

$$\boxed{\boldsymbol{a}\times\boldsymbol{b}=\begin{vmatrix}\boldsymbol{i}&\boldsymbol{j}&\boldsymbol{k}\\a_x&a_y&a_z\\b_x&b_y&b_z\end{vmatrix}.}\tag{8.10}$$

利用向量积可以计算平行四边形的面积.以 $\boldsymbol{a},\boldsymbol{b}$ 为邻边的平行四边形面积 S 为

$$S=|\boldsymbol{a}|\cdot|\boldsymbol{b}|\sin(\widehat{\boldsymbol{a},\boldsymbol{b}})=|\boldsymbol{a}\times\boldsymbol{b}|,$$

即向量积的模是以 $\boldsymbol{a},\boldsymbol{b}$ 为邻边的平行四边形的面积(图 8.19),这就是向量积的几何意义.同时,可以得到$\triangle ABC$ 的面积为

$$S_{\triangle}=\frac{1}{2}|\overrightarrow{AB}\times\overrightarrow{AC}|,$$

图 8.19

因此 A,B,C 三点共线的充分必要条件是$\overrightarrow{AB}\times\overrightarrow{AC}=\boldsymbol{0}$.

例 1 设 $\boldsymbol{a}=\{2,1,1\}$,$\boldsymbol{b}=\{1,-1,-1\}$,计算 $\boldsymbol{a}\times\boldsymbol{b}$.

解　$\boldsymbol{a}\times\boldsymbol{b}=\begin{vmatrix}\boldsymbol{i} & \boldsymbol{j} & \boldsymbol{k}\\ 2 & 1 & 1\\ 1 & -1 & -1\end{vmatrix}=(-1+1)\boldsymbol{i}+(2+1)\boldsymbol{j}+(-2-1)\boldsymbol{k}$

$=3\boldsymbol{j}-3\boldsymbol{k}.$

例 2　已知$\triangle ABC$的顶点分别是$A(1,2,3)$,$B(2,2,1)$,$C(1,4,2)$,求三角形ABC的面积.

解　由于$\overrightarrow{AB}=\{1,0,-2\}$,$\overrightarrow{AC}=\{0,2,-1\}$,根据向量积的几何意义,$\triangle ABC$的面积为

$$S_{\triangle}=\frac{1}{2}\mid\overrightarrow{AB}\times\overrightarrow{AC}\mid.$$

而

$$\overrightarrow{AB}\times\overrightarrow{AC}=\begin{vmatrix}\boldsymbol{i} & \boldsymbol{j} & \boldsymbol{k}\\ 1 & 0 & -2\\ 0 & 2 & -1\end{vmatrix}=(0+4)\boldsymbol{i}+(1-0)\boldsymbol{j}+(2-0)\boldsymbol{k}=4\boldsymbol{i}+\boldsymbol{j}+2\boldsymbol{k},$$

于是

$$S_{\triangle}=\frac{1}{2}\mid 4\boldsymbol{i}+\boldsymbol{j}+2\boldsymbol{k}\mid=\frac{1}{2}\sqrt{4^2+1^2+2^2}=\frac{1}{2}\sqrt{21}.$$

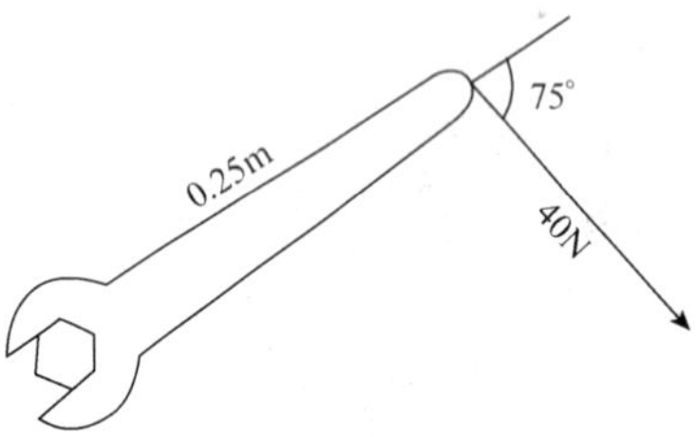

图 8.20

例 3　在长为 0.25m 的扳手上用 40N 的力把一个螺丝拧紧(图 8.20).求关于螺栓中心的力矩.

解　$|\boldsymbol{M}|=|\boldsymbol{r}\times\boldsymbol{F}|=|\boldsymbol{r}|\,|\boldsymbol{F}|\sin75^\circ$

$=(0.25)\cdot(40)\cdot\ \sin75^\circ\approx9.66(\mathrm{J}).$

按右手法则,知 $\boldsymbol{M}$ 的方向为垂直于纸面,朝里.

*8.3.2　向量的混合积

给定三个向量 $\boldsymbol{a},\boldsymbol{b},\boldsymbol{c}$,因为 $\boldsymbol{a}\times\boldsymbol{b}$ 是一个向量,所以$(\boldsymbol{a}\times\boldsymbol{b})\cdot\boldsymbol{c}$ 和$(\boldsymbol{a}\times\boldsymbol{b})\times\boldsymbol{c}$ 都有意义. 我们把前者称为向量的**混合积**,后者称为向量**三重积**.

向量的混合积有如下运算性质:

$$(\boldsymbol{a}\times\boldsymbol{b})\cdot\boldsymbol{c}=\boldsymbol{a}\cdot(\boldsymbol{b}\times\boldsymbol{c}).$$

证　$(\boldsymbol{a}\times\boldsymbol{b})\cdot\boldsymbol{c}=\{a_yb_z-a_zb_y,a_zb_x-a_xb_z,a_xb_y-a_yb_x\}\cdot\{c_x,c_y,c_z\}$

$=(a_yb_z-a_zb_y)c_x+(a_zb_x-a_xb_z)c_y+(a_xb_y-a_yb_x)c_z$

$=a_x(b_yc_z-b_zc_y)+a_y(b_zc_x-b_xc_z)+a_z(b_xc_y-b_yc_x)$

$=\{a_x,a_y,a_z\}\cdot\{b_yc_z-b_zc_y,b_zc_x-b_xc_z,b_xc_y-b_yc_x\}$

$=\boldsymbol{a}\cdot(\boldsymbol{b}\times\boldsymbol{c}).$

从性质的证明过程,可以看出混合积

$$\boxed{(\boldsymbol{a}\times\boldsymbol{b})\cdot\boldsymbol{c}=\begin{vmatrix} a_x & a_y & a_z \\ b_x & b_y & b_z \\ c_x & c_y & c_z \end{vmatrix}.} \tag{8.11}$$

用这个式子来记忆混合积的计算公式较为方便.

下面来讨论混合积$(\boldsymbol{a}\times\boldsymbol{b})\cdot\boldsymbol{c}$的几何意义.

以向量$\boldsymbol{a},\boldsymbol{b},\boldsymbol{c}$为棱作一个平行六面体(图8.21),并记此六面体的高为h,底面积为A,再记$\boldsymbol{a}\times\boldsymbol{b}=\boldsymbol{d}$,$\theta=(\widehat{\boldsymbol{c},\boldsymbol{d}})$.

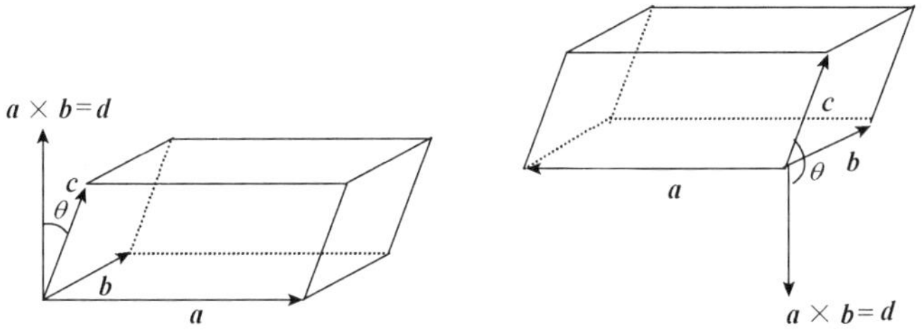

图 8.21

当$\boldsymbol{d}$和$\boldsymbol{c}$朝着底面的同一侧,即$0\leqslant\theta\leqslant\frac{\pi}{2}$时,$h=|\boldsymbol{c}|\cos\theta$;当$\boldsymbol{d}$和$\boldsymbol{c}$朝着底面的异侧$\left(\frac{\pi}{2}<\theta<\pi\right)$时,$h=|\boldsymbol{c}|\cos(\pi-\theta)=|\boldsymbol{c}|(-\cos\theta)$,归纳这两种情况,可得$h=|\boldsymbol{c}||\cos\theta|$;而已经知道底面积$A$等于$|\boldsymbol{a}\times\boldsymbol{b}|$.这样,平行六面体的体积

$$V=A\cdot h=|\boldsymbol{a}\times\boldsymbol{b}|\cdot|\boldsymbol{c}|\cdot|\cos\theta|=|(\boldsymbol{a}\times\boldsymbol{b})\cdot\boldsymbol{c}|.$$

也就是说向量$\boldsymbol{a},\boldsymbol{b},\boldsymbol{c}$混合积$(\boldsymbol{a}\times\boldsymbol{b})\cdot\boldsymbol{c}$的绝对值等于以向量$\boldsymbol{a},\boldsymbol{b},\boldsymbol{c}$为棱的平行六面体的体积.

根据这一几何意义,可以推得以下两个结论:

(1) 三个非零向量共面的充分必要条件是它们的混合积为零.

(2) 空间四点$M_i(x_i,y_i,z_i)(i=1,2,3,4)$落在同一平面上的充分必要条件是

$$(\overrightarrow{M_1M_2}\times\overrightarrow{M_1M_3})\cdot\overrightarrow{M_1M_4}=0.$$

习题 8.3(A)

1. 求一个向量$\boldsymbol{a}$,使它同时垂直于$\boldsymbol{i}+\boldsymbol{j}$和$\boldsymbol{i}+\boldsymbol{k}$.

2. 已知$M_1(1,-1,2)$,$M_2(3,3,1)$和$M_3(3,1,3)$,求与$\overrightarrow{M_1M_2}$,$\overrightarrow{M_2M_3}$同时垂直的单位向量.

3. 求$\boldsymbol{a}\times\boldsymbol{b}$:

(1) $\boldsymbol{a}=\{1,0,1\}$,$\boldsymbol{b}=\{0,1,0\}$;　　(2) $\boldsymbol{a}=\{-2,3,4\}$,$\boldsymbol{b}=\{3,0,1\}$;

(3) $\boldsymbol{a}=\boldsymbol{i}+2\boldsymbol{j}-\boldsymbol{k},\boldsymbol{b}=3\boldsymbol{i}-\boldsymbol{j}+7\boldsymbol{k}$；　　(4) $\boldsymbol{a}=2\boldsymbol{i}-\boldsymbol{k},\boldsymbol{b}=\boldsymbol{i}+2\boldsymbol{j}$.

4. 已知$\overrightarrow{OA}=\boldsymbol{i}+3\boldsymbol{k},\overrightarrow{OB}=\boldsymbol{j}+3\boldsymbol{k}$,求$\triangle OAB$的面积.

5. 已知空间三点 $P(1,0,-1),Q(2,4,5),R(3,1,7)$.

(1) 求一向量,使它垂直于过 P,Q,R 三点的平面；

(2) 求$\triangle PQR$的面积.

6. 设向量 $\boldsymbol{a}=2\boldsymbol{i}-\boldsymbol{j}+\boldsymbol{k},\boldsymbol{b}=4\boldsymbol{i}-2\boldsymbol{j}+\lambda\boldsymbol{k}$,则当 λ 为何值时,$\boldsymbol{a}$ 与 $\boldsymbol{b}$ 垂直;当 λ 为何值时,$\boldsymbol{a}$ 与 $\boldsymbol{b}$ 平行?

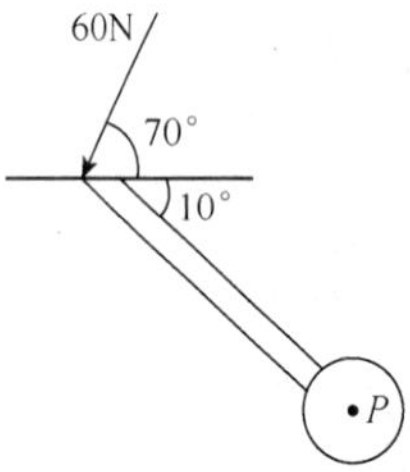

第 8 题图

7. 设$|\boldsymbol{a}|=4,|\boldsymbol{b}|=3,(\widehat{\boldsymbol{a},\boldsymbol{b}})=\frac{\pi}{6}$,求以 $\boldsymbol{a}+2\boldsymbol{b}$ 和 $\boldsymbol{a}-3\boldsymbol{b}$ 为边的平行四边形的面积.

8. 如图所示,在自行车踏板上施加 60N 的力,踏板到齿轮中心的距离为 18cm,求关于 P 点的力矩的大小.

9. 设 $\boldsymbol{a}=\{2,-3,1\},\boldsymbol{b}=\{1,-2,3\},\boldsymbol{c}=\{2,1,2\}$,向量 $\boldsymbol{r}$ 满足 $\boldsymbol{r}\perp\boldsymbol{a}$,$\boldsymbol{r}\perp\boldsymbol{b}$,$\mathrm{proj}_c\boldsymbol{r}=14$,求 $\boldsymbol{r}$.

10. 已知向量 $\boldsymbol{a}=2\boldsymbol{i}-3\boldsymbol{j}+\boldsymbol{k},\boldsymbol{b}=\boldsymbol{i}-\boldsymbol{j}+3\boldsymbol{k}$ 和 $\boldsymbol{c}=\boldsymbol{i}-2\boldsymbol{j}$,计算:

(1) $(\boldsymbol{a}\cdot\boldsymbol{b})\boldsymbol{c}-(\boldsymbol{a}\cdot\boldsymbol{c})\boldsymbol{b}$;　(2) $(\boldsymbol{a}+\boldsymbol{b})\times(\boldsymbol{b}+\boldsymbol{c})$;　(3) $(\boldsymbol{a}\times\boldsymbol{b})\cdot\boldsymbol{c}$.

习题 8.3(B)

1. (1) 设直线 L 过 Q,R 两点,P 是 L 外一点,记$\overrightarrow{QR}=\boldsymbol{a},\overrightarrow{QP}=\boldsymbol{b}$,证明 P 点到直线 L 的距离为 $d=\frac{|\boldsymbol{a}\times\boldsymbol{b}|}{|\boldsymbol{a}|}$;

(2) 已知直线 L 过 $Q(0,6,8),R(-1,4,7)$两点,求 $P(1,1,1)$到 L 的距离.

2. (1) 设平面 Π 过 Q,R,S 三点,P 是 Π 外一点,$\overrightarrow{QR}=\boldsymbol{a},\overrightarrow{QS}=\boldsymbol{b},\overrightarrow{QP}=\boldsymbol{c}$,证明 P 点到平面的距离为 $d=\frac{|\boldsymbol{a}\cdot(\boldsymbol{b}\times\boldsymbol{c})|}{|\boldsymbol{a}\times\boldsymbol{b}|}$;

(2) 已知平面 Π 过 $Q(1,0,0),R(0,2,0),S(0,0,3)$三点,求 $P(2,1,4)$到 Π 的距离.

3. 设 $\boldsymbol{a}\neq\boldsymbol{0}$.

(1) 已知 $\boldsymbol{a}\cdot\boldsymbol{b}=\boldsymbol{a}\cdot\boldsymbol{c}$,是否必有 $\boldsymbol{b}=\boldsymbol{c}$?

(2) 已知 $\boldsymbol{a}\times\boldsymbol{b}=\boldsymbol{a}\times\boldsymbol{c}$,是否必有 $\boldsymbol{b}=\boldsymbol{c}$?

(3) 已知 $\boldsymbol{a}\cdot\boldsymbol{b}=\boldsymbol{a}\cdot\boldsymbol{c}$ 且 $\boldsymbol{a}\times\boldsymbol{b}=\boldsymbol{a}\times\boldsymbol{c}$,是否必有 $\boldsymbol{b}=\boldsymbol{c}$?

4. 给定空间四点 $A(1,0,1),B(2,3,0),C(-1,1,4),D(0,3,2)$,求以 AB,AC,AD 为棱的平行六面体的体积.

5. 如图所示,50N 的力作用于构件,求关于 P 点的力矩的大小.

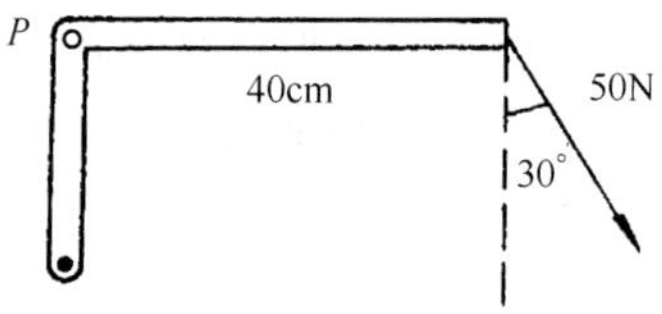

第 5 题图

6. 设 $\boldsymbol{a}=\{-1,3,2\},\boldsymbol{b}=\{2,-3,-4\},\boldsymbol{c}=\{-3,12,6\}$,证明三向量 $\boldsymbol{a},\boldsymbol{b},\boldsymbol{c}$ 共面,并用 $\boldsymbol{a}$ 和 $\boldsymbol{b}$ 表示 $\boldsymbol{c}$.

7. 设$(\boldsymbol{a}\times\boldsymbol{b})\cdot\boldsymbol{c}=2$,则$[(\boldsymbol{a}+\boldsymbol{b})\times(\boldsymbol{b}+\boldsymbol{c})]\cdot(\boldsymbol{c}+\boldsymbol{a})=$________.(研 1995)

8.4　平面及其方程

在本节和下一节里,我们将以向量为工具,在空间直角坐标系中研究两种最常见的空间图形——平面和直线.

8.4.1　平面的点法式方程

垂直于平面 Π 的非零向量称为 Π 的**法线向量**,简称**法向量**. 平面 Π 上的任一向量都和 Π 的法向量垂直.

如果已知平面 Π 的法向量 $\boldsymbol{n}=\{A,B,C\}$ 以及平面经过的一个点 $M_0(x_0,y_0,z_0)$,平面 Π 的位置就完全确定了. 现在我们来建立这个平面的方程.

设 $M(x,y,z)$ 是 Π 上任意一点(图 8.22),并用 $\boldsymbol{r}_0$,$\boldsymbol{r}$ 来表示点 M_0,M 的位置向量,则向量 $\overrightarrow{M_0M}=\boldsymbol{r}-\boldsymbol{r}_0=\{x-x_0,y-y_0,z-z_0\}$ 在平面 Π 上,它必垂直于 Π 的法向量 $\boldsymbol{n}$,这就有

$$\boxed{\boldsymbol{n}\cdot(\boldsymbol{r}-\boldsymbol{r}_0)=0} \tag{8.12}$$

或

$$\boxed{A(x-x_0)+B(y-y_0)+C(z-z_0)=0.} \tag{8.13}$$

如果点 $M(x,y,z)$ 不在平面 Π 上,那么向量 $\overrightarrow{M_0M}$ 与法向量 $\boldsymbol{n}$ 不垂直,从而 $\boldsymbol{n}\cdot\overrightarrow{M_0M}\neq 0$,即 x,y,z 不满足方程(8.13). 因此(8.13)即为平面 Π 的方程,称它为平面 Π 的**点法式方程**,而称(8.12)为平面 Π 的**点法式向量方程**.

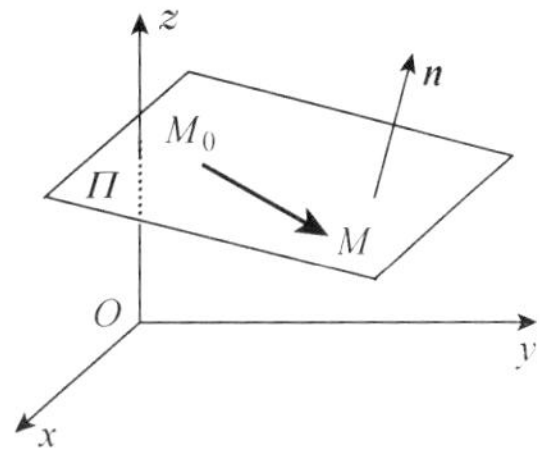

图 8.22

由于垂直于平面 Π 的任何非零向量都可以作为平面 Π 的法向量,因此法向量并不唯一,但写出的平面 Π 的点法式方程是相同的.

例 1　已知空间两点 $M_1(1,2,-1)$,$M_2(3,-1,2)$,求过 M_1 点且与直线 M_1M_2 垂直的平面方程.

解　显然 $\overrightarrow{M_1M_2}=\{2,-3,3\}$ 就是平面的一个法向量. 根据(8.13),所求平面方程为

$$2(x-1)-3(y-2)+3(z+1)=0,$$

即

$$2x-3y+3z+7=0.$$

例 2　求过三点 $M_1(2,-1,4)$,$M_2(-1,3,-2)$ 和 $M_3(0,2,3)$ 的平面方程.

解　由于平面的法向量应与向量$\overrightarrow{M_1M_2}$，$\overrightarrow{M_1M_3}$都垂直，而$\overrightarrow{M_1M_2}=\{-3,4,-6\}$，$\overrightarrow{M_1M_3}=\{-2,3,-1\}$，所以可取它们的向量积作为法向量 $\boldsymbol{n}$：

$$\boldsymbol{n}=\overrightarrow{M_1M_2}\times\overrightarrow{M_1M_3}=\begin{vmatrix}\boldsymbol{i} & \boldsymbol{j} & \boldsymbol{k}\\ -3 & 4 & -6\\ -2 & 3 & -1\end{vmatrix}=14\boldsymbol{i}+9\boldsymbol{j}-\boldsymbol{k}.$$

根据(8.13)，所求平面方程为

$$14(x-2)+9(y+1)-(z-4)=0,$$

即

$$14x+9y-z-15=0.$$

8.4.2　平面的一般式方程

如果我们把平面的点法式方程(8.13)展开，可以知道平面方程是 x,y,z 的一次方程

$$\boxed{Ax+By+Cz+D=0,} \tag{8.14}$$

其中 $D=-(Ax_0+By_0+Cz_0)$.

反过来也可证明，任何一个 x,y,z 的一次方程必定是一个平面方程(留作习题).

方程(8.14)称为平面的**一般式方程**，其中 x,y,z 的系数正是平面法向量的三个分量. 例如，方程

$$3x-5z-11=0$$

表示一个平面，$\boldsymbol{n}=\{3,0,-5\}$是这个平面的一个法向量.

对于平面的一般式方程的几种特殊情形，我们应该注意它们的图形的特点.

(1) 若 $D=0$，方程(8.14)成为 $Ax+By+Cz=0$，它表示一个通过原点的平面，见图 8.23(a).

(2) 若 $C=0$，方程(8.14)成为 $Ax+By+D=0$，法线向量 $\boldsymbol{n}=\{A,B,0\}$垂直于 z 轴，它表示一个平行于 z 轴的平面，见图 8.23(b).

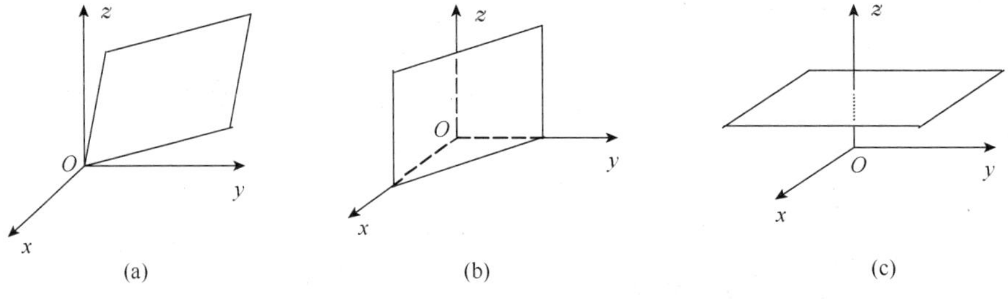

图 8.23

同样，方程 $Ax+Cz+D=0$ 和 $By+Cz+D=0$ 分别表示一个平行于 y 轴和 x 轴的平面.

(3) 若 $A=B=0$，方程(8.14)成为 $Cz+D=0$ 或 $z=-\dfrac{D}{C}$，法线向量 $\boldsymbol{n}=\{0,0,C\}$ 同时垂直 x 轴和 y 轴，它表示一个平行于 xOy 面的平面，见图 8.23(c).

同样，方程 $Ax+D=0$ 和 $By+D=0$ 分别表示一个平行于 yOz 面和 zOx 面的平面.

例 3 求通过 x 轴和点$(4,-3,-1)$的平面方程.

解 设所求平面的一般式方程为

$$Ax+By+Cz+D=0.$$

因为平面过 x 轴，它的法向量垂直于 x 轴，于是 $A=0$，又由于平面过 x 轴，它必通过原点，所以 $D=0$，于是方程成为

$$By+Cz=0. \tag{8.15}$$

又因为平面过点$(4,-3,-1)$，因此有

$$-3B-C=0，或\ C=-3B.$$

把 $C=-3B$ 代入(8.15)，再除以 $B(B\neq 0)$，便得到所求的平面方程

$$y-3z=0.$$

例 4 求平行于 z 轴，且过点 $M_1(1,0,1)$ 和 $M_2(2,-1,1)$ 的平面方程.

解 由于平面平行于 z 轴，因此可设这平面的方程为

$$Ax+By+D=0.$$

因为平面过 M_1，M_2 两点，所以有

$$\begin{cases}A+D=0,\\2A-B+D=0.\end{cases}$$

解得 $A=-D$，$B=-D$，以此代入所设方程并约去 $D(D\neq 0)$，便得到所求的平面方程

$$x+y-1=0.$$

8.4.3 平面的截距式方程

设平面的一般式方程为

$$Ax+By+Cz+D=0,$$

如果 $D\neq 0$，上式两边除以 $-D$ 并移项得

$$\frac{x}{-\dfrac{D}{A}}+\frac{y}{-\dfrac{D}{B}}+\frac{z}{-\dfrac{D}{C}}=1,$$

记 $a=-\dfrac{D}{A}$，$b=-\dfrac{D}{B}$，$c=-\dfrac{D}{C}$，则平面方程成为

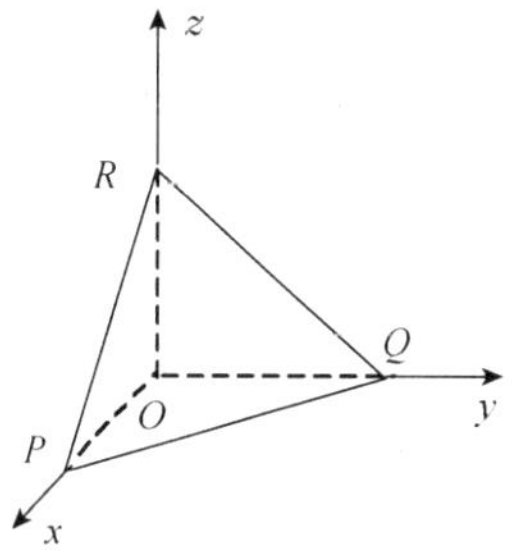

图 8.24

$$\frac{x}{a}+\frac{y}{b}+\frac{z}{c}=1, \tag{8.16}$$

该平面分别交 x,y,z 轴于 $P(a,0,0)$，$Q(0,b,0)$，$R(0,0,c)$ 三点(图 8.24)，所以方程(8.16)称为平面的**截距式方程**，其中 a,b,c 依次是平面在 x 轴、y 轴、z 轴上的**截距**.

若 A,B,C 中有为零的，譬如 $A=0$，则 $a=-\dfrac{D}{A}=\infty$，平面在 x 轴上的截距为 ∞，即平面平行于 x 轴. 其他情况类似.

用截距式方程比较容易画出平面的图形和方便某些计算.

例 5　求平面 $6x-3y+4z-12=0$ 与三个坐标面所围成的四面体的体积.

解　将该平面的方程化成截距式方程为

$$\frac{x}{2}-\frac{y}{4}+\frac{z}{3}=1,$$

它在 x 轴、y 轴、z 轴上的截距依次为 2，-4，3(图 8.25)，于是所求四面体有三个相邻棱彼此垂直，且长度分别为 2，4，3，所以该四面体的体积为

$$V=\frac{1}{6}\times 2\times 4\times 3=4.$$

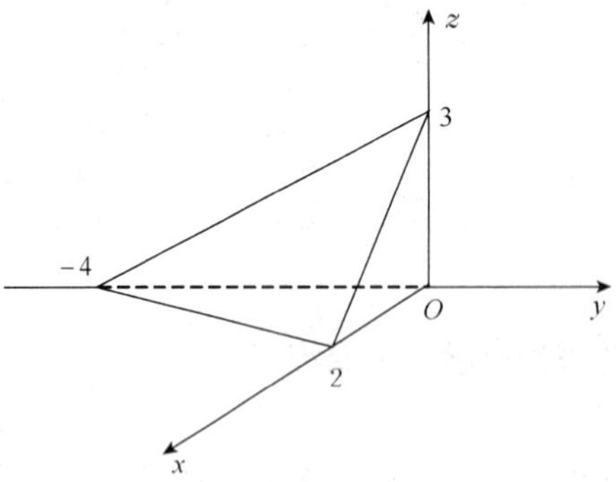

图 8.25

8.4.4　点到平面的距离

设 $P_0(x_0,y_0,z_0)$ 是平面 $Ax+By+Cz+D=0$ 外一点，欲求 P_0 到平面的距离 d.

如图 8.26 所示，在平面上任取一点 $P_1(x_1,y_1,z_1)$，作向量 $\overrightarrow{P_1P_0}$，我们看到 P_0 到平面的距离 d 等于 $\overrightarrow{P_1P_0}$ 在法向量 $\boldsymbol{n}$ 上的投影的绝对值，即

$$\begin{aligned} d&=|\operatorname{proj}_{\boldsymbol{n}}\overrightarrow{P_1P_0}|=\frac{|\boldsymbol{n}\cdot\overrightarrow{P_1P_0}|}{|\boldsymbol{n}|}\\ &=\frac{|A(x_0-x_1)+B(y_0-y_1)+C(z_0-z_1)|}{\sqrt{A^2+B^2+C^2}}\\ &=\frac{|Ax_0+By_0+Cz_0-(Ax_1+By_1+Cz_1)|}{\sqrt{A^2+B^2+C^2}}. \end{aligned}$$

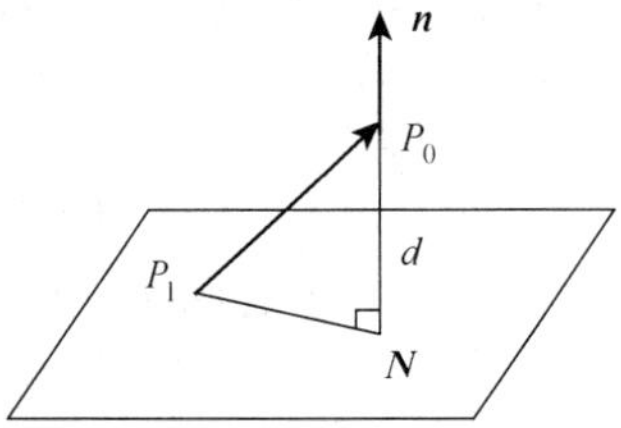

图 8.26

注意到 $P_1(x_1,y_1,z_1)$ 是平面上一点，所以 $Ax_1+By_1+Cz_1=-D$，这样我们得到点 $P_0(x_0,y_0,z_0)$ 到平面 $Ax+By+Cz+D=0$ 的距离为

$$\boxed{d=\frac{|Ax_0+By_0+Cz_0+D|}{\sqrt{A^2+B^2+C^2}}.} \tag{8.17}$$

例 6 在 y 轴上求一点,使它到平面 $2x-y+z-8=0$ 和 $x+2y+z+1=0$ 的距离相等.

解 设所求点的坐标为$(0,y,0)$,按照公式(8.17),应有

$$\frac{|-y-8|}{\sqrt{2^2+(-1)^2+1^2}}=\frac{|2y+1|}{\sqrt{1^2+2^2+1^2}},$$

即

$$|y+8|=|2y+1|.$$

解得

$$y=7 \quad 或 \quad y=-3.$$

所求的点为

$$(0,7,0) \quad 或 \quad (0,-3,0).$$

习题 8.4(A)

1. 求过点$(-1,3,-8)$且与平面 $3x-4y-6z-9=0$ 平行的平面方程.
2. 求过点 $M_0(2,9,-6)$且与连接坐标原点及点 M_0 的线段 OM_0 垂直的平面方程.
3. 求过三点 $A(1,0,-3)$,$B(0,-2,-4)$,$C(4,1,6)$的平面方程.
4. 指出下列各平面的特殊位置,并画出各平面:

(1) $2x+3y-6=0$; (2) $3x-5=0$; (3) $x-y=0$; (4) $6x+5y-z=0$.

5. 分别按下列条件求平面方程:

(1) 平行于 zOx 面且经过点$(2,-5,3)$;

(2) 通过 z 轴和点$(-3,1,-2)$;

(3) 平行于 x 轴且经过两点$(4,0,-2)$和$(5,1,7)$.

6. 一平面过点$(1,0,-1)$且平行于向量 $\boldsymbol{a}=\{2,1,1\}$和 $\boldsymbol{b}=\{1,-1,0\}$,试求这个平面的方程.
7. 求点$(1,2,1)$到平面 $x+2y+2z-10=0$ 的距离.

习题 8.4(B)

1. 证明三元一次方程 $ax+by+cz+d=0$ 是一个平面方程.
2. 试求平面 $x+2y+3z-6=0$ 与三坐标面所围四面体的体积.

8.5 空间直线及其方程

8.5.1 空间直线的一般式方程

空间直线可看成是两个相交平面的交线. 如果两个平面的方程为

$$\Pi_1: A_1x+B_1y+C_1z+D_1=0,$$
$$\Pi_2: A_2x+B_2y+C_2z+D_2=0.$$

对应的系数 A_1,B_1,C_1 和 A_2,B_2,C_2 不成比例．记它们的交线为 L(图 8.27)，那么 L 上任一点的坐标应同时满足两个平面的方程，也就是应满足方程组

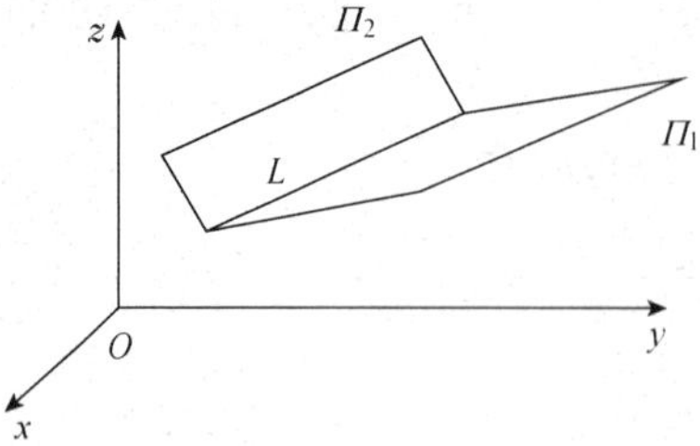

图 8.27

$$\begin{cases}A_1x+B_1y+C_1z+D_1=0,\\A_2x+B_2y+C_2z+D_2=0.\end{cases}\tag{8.18}$$

如果一个点不在 L 上，它就不可能同时在 Π_1 和 Π_2 上，它的坐标也就不可能满足方程组(8.18)．因此直线 L 可以由方程组(8.18)来表示．(8.18)称为**直线 L 的一般式方程**.

过直线 L 的平面有无穷多个，在这无穷多个平面中任选两个．把它们的方程联立起来，都可作为 L 的方程.

例如，$\begin{cases}x=0,\\y=0\end{cases}$ 是 z 轴的方程，而 $\begin{cases}x-y=0,\\z=0\end{cases}$ 是 xOy 面一、三象限的角平分线.

8.5.2　空间直线的对称式方程

设空间一条直线 L 通过点 $M_0(x_0,y_0,z_0)$ 且平行于一非零向量 $\boldsymbol{s}=\{m,n,p\}$，那么这条直线的位置就完全确定，现在来求这条直线的方程.

如图 8.28 所示，在 L 上任取一点 $M(x,y,z)$，则向量 $\overrightarrow{M_0M}=\{x-x_0,y-y_0,z-z_0\}$ 平行于 $\boldsymbol{s}$，这就有

$$\frac{x-x_0}{m}=\frac{y-y_0}{n}=\frac{z-z_0}{p}.\tag{8.19}$$

如果点 M_1 不在 L 上，$\overrightarrow{M_0M_1}$ 就不可能与 $\boldsymbol{s}$ 平行，M_1 的坐标就不会满足(8.19)．所以(8.19)就是直线 L 的方程．因为其形式上的对称，我们称它为直线 L 的**对称式方程**.

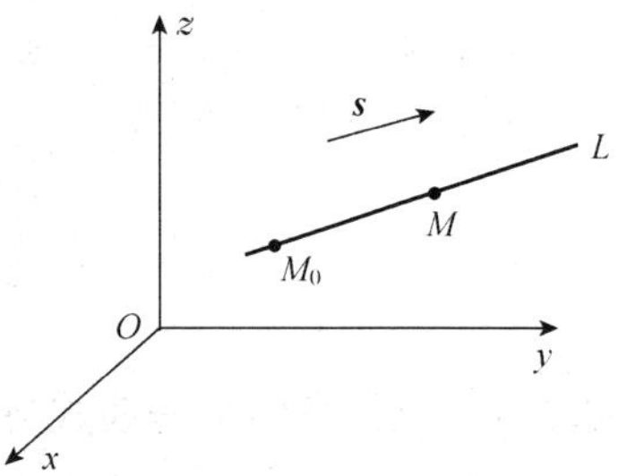

图 8.28

由于 $\boldsymbol{s}$ 确定了直线的方向，所以称 $\boldsymbol{s}$ 为直线 L 的**方向向量**. $\boldsymbol{s}$ 的坐标 m,n,p 称为直线 L 的一组**方向数**. 有时也把(8.19)称为**点向式方程**.

当 m,n,p 中有一个为零，如 $m=0$，而 $n,p\neq0$ 时，对称式方程(8.19)应理解成

$$\begin{cases} x-x_0=0, \\ \dfrac{y-y_0}{n}=\dfrac{z-z_0}{p}. \end{cases}$$

当 m,n,p 中有两个为零，如 $m=n=0$，而 $p\neq 0$ 时，对称式方程(8.19)应理解成

$$\begin{cases} x-x_0=0, \\ y-y_0=0. \end{cases}$$

例 1 求过 $M_1(x_1,y_1,z_1)$，$M_2(x_2,y_2,z_2)$两点的直线方程.

解 以 $M_1(x_1,y_1,z_1)$为已知点(取 M_2 亦可). 以$\overrightarrow{M_1M_2}=\{x_2-x_1,y_2-y_1,z_2-z_1\}$为方向向量. 按(8.19)可直接写出直线的对称式方程

$$\frac{x-x_1}{x_2-x_1}=\frac{y-y_1}{y_2-y_1}=\frac{z-z_1}{z_2-z_1}.$$

8.5.3 空间直线的参数式方程

直线的对称式方程(8.19)实际上给出了三个相等的比式，如果令其比值为 t，即

$$\frac{x-x_0}{m}=\frac{y-y_0}{n}=\frac{z-z_0}{p}=t,$$

可得到

$$\boxed{\begin{cases} x=x_0+mt, \\ y=y_0+nt, \\ z=z_0+pt. \end{cases}} \tag{8.20}$$

这就是空间直线的**参数式方程**.

迄今为止，我们介绍了直线方程的三种形式：一般式、对称式和参数式. 这三种方程在不同的场合各有其便利之处，因此我们应熟练掌握这三种形式之间的转换.

例 2 化直线 L 的一般式方程$\begin{cases} x-2y+z+1=0, \\ 2x+y-z-3=0 \end{cases}$为对称式和参数式方程.

解 首先求出 L 上的一个点. 如果令 $z=0$，代入方程组，得

$$\begin{cases} x-2y+1=0, \\ 2x+y-3=0. \end{cases}$$

解得 $x=1$，$y=1$，所以$(1,1,0)$是 L 上的一点.

再求 L 的方向向量. 由于 L 作为两平面的交线与这两平面的法向量 $\boldsymbol{n}_1=\{1,-2,1\}$，$\boldsymbol{n}_2=\{2,1,-1\}$都垂直，所以可取 L 的方向向量

$$s = n_1 \times n_2 = \begin{vmatrix} i & j & k \\ 1 & -2 & 1 \\ 2 & 1 & -1 \end{vmatrix} = i + 3j + 5k.$$

于是直线的对称式方程为

$$\frac{x-1}{1} = \frac{y-1}{3} = \frac{z}{5}.$$

直线的参数方程为

$$\begin{cases} x = 1 + t, \\ y = 1 + 3t, \\ z = 5t. \end{cases}$$

8.5.4　点到直线的距离

设 $M_1(x_1, y_1, z_1)$是直线 L:$\frac{x-x_0}{m}=\frac{y-y_0}{n}=\frac{z-z_0}{p}$外的一点,欲求 M_1 到直线 L 的距离 d.

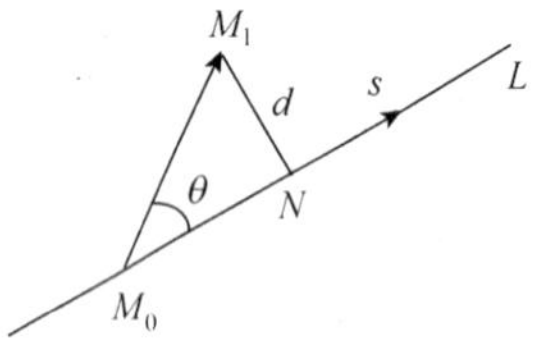

图 8.29

如图 8.29 所示,$M_0(x_0, y_0, z_0)$是直线 L 上一定点,$s=\{m, n, p\}$是 L 的方向向量,作向量$\overrightarrow{M_0M_1}$,设$\overrightarrow{M_0M_1}$与 s 的夹角为 θ,我们看到

$$d = |\overrightarrow{M_0M_1}| \cdot \sin\theta = \frac{|\overrightarrow{M_0M_1}| \cdot |s| \cdot \sin\theta}{|s|}.$$

由向量积的几何定义,可以得到点到直线的距离公式

$$\boxed{d=\frac{|\overrightarrow{M_0M_1}\times s|}{|s|}.} \tag{8.21}$$

不过,求点到直线的距离,我们还常常用一些其他方法.

例 3　求点 $M(2,-1,10)$到直线 L:$\frac{x}{3}=\frac{y-1}{2}=\frac{z+2}{1}$的距离.

解　方法一　这里,$M_0(0,1,-2)$在直线 L 上,$\overrightarrow{M_0M}=\{2,-2,12\}$,$s=\{3,2,1\}$,由公式(8.21),点 M 到直线 L 的距离

$$d = \frac{|\overrightarrow{M_0M}\times s|}{|s|} = \frac{|26i - 34j - 10k|}{\sqrt{14}} = \sqrt{138}.$$

方法二　我们分三个步骤进行.

(1) 先作一个过 M 且垂直于 L 的平面 Π:

$$3(x-2) + 2(y+1) + (z-10) = 0,$$

即

$$3x + 2y + z - 14 = 0.$$

(2) 求 L 与 Π 的交点．写出 L 的参数方程

$$\begin{cases} x = 3t, \\ y = 1 + 2t, \\ z = -2 + t. \end{cases}$$

代入平面 Π 的方程

$$9t + 2(1 + 2t) + (-2 + t) - 14 = 0,$$

求得 $t=1$,代回 L 的参数方程,得交点为 $M_1(3,3,-1)$.

(3) 求出 $M(2,-1,10)$到 $M_1(3,3,-1)$的距离

$$d = \sqrt{(3-2)^2 + (3+1)^2 + (-1-10)^2} = \sqrt{138}.$$

这就是点 M 到直线 L 的距离.

习题 8.5(A)

1. 求过已知点 M 且具已知方向向量 $\boldsymbol{s}$ 的直线方程.

(1) $M(3,-1,8)$,$\boldsymbol{s}=\{2,3,5\}$；　(2) $M(0,1,2)$,$\boldsymbol{s}=6\boldsymbol{i}+3\boldsymbol{j}+2\boldsymbol{k}$.

2. 求过点$(4,-1,3)$且平行于直线$\dfrac{x-3}{2}=\dfrac{y}{1}=\dfrac{z-1}{5}$的直线方程.

3. 求过已知两点的对称式、参数式直线方程.

(1) $M_1\left(3,1,\dfrac{1}{2}\right)$,$M_2(-1,4,1)$；　(2) $M_1(-1,0,5)$,$M_2(4,-3,3)$.

4. 用对称式方程及参数方程表示直线$\begin{cases} x-y+z=1, \\ 2x+y+z=4. \end{cases}$

5. 求过点$(2,0,-3)$且与直线$\begin{cases} x-2y+4z-7=0, \\ 3x+5y-2z+1=0 \end{cases}$垂直的平面方程.

6. 求过点$(3,1,-2)$且通过直线$\dfrac{x-4}{5}=\dfrac{y+3}{2}=\dfrac{z}{1}$的平面方程.

7. 求过$(0,1,2)$且与直线$\begin{cases} x=1+t, \\ y=1-t, \\ z=2t \end{cases}$垂直相交的直线方程.

8. 求过点$(0,1,2)$且平行于平面 $x+y+z=2$,垂直于直线$\begin{cases} x=1+t, \\ y=1-t, \\ z=2t \end{cases}$的直线方程.

9. 求点到直线的距离：

(1) $M(1,2,3)$,L:$\dfrac{x-2}{1}=\dfrac{y-2}{-3}=\dfrac{z}{5}$；　(2) $M(1,0,-1)$,L:$\dfrac{x-5}{-1}=\dfrac{y}{3}=\dfrac{z-1}{2}$.

习题 8.5(B)

1. 求过点$(0,2,4)$且与两平面 $x+2z=1$ 和 $y-3z=2$ 平行的直线方程.

2. 求过点(1,2,1)而与两直线$\begin{cases}x+2y-z+1=0,\\x-y+z-1=0\end{cases}$和$\begin{cases}2x-y+z=0,\\x-y+z=0\end{cases}$平行的平面方程.

3. 求点 $P(3,-1,2)$到直线$\begin{cases}x+y-z+1=0.\\2x-y+z-4=0\end{cases}$的距离.

4. 设一平面通过原点及(6,-3,2)且与平面 $4x-y+2z=8$ 垂直,则此平面方程为________.(研 1996)

8.6　直线、平面之间的关系

8.4 节和 8.5 节研究了空间直线和平面以及它们的方程,本节将进一步研究平面与平面、直线与直线、平面与直线的关系以及过已知直线的平面束方程.

8.6.1　两平面之间的关系

设两个平面的法向量为 $\boldsymbol{n}_1$ 和 $\boldsymbol{n}_2$,$\theta=(\boldsymbol{n}_1\hat{,}\boldsymbol{n}_2)$,我们把 $\alpha=\min\{\theta,\pi-\theta\}$称为**两个平面的夹角**. 这里取最小值是因为我们通常取锐角为夹角.

假设两个平面为 $\Pi_1:A_1x+B_1y+C_1z+D_1=0$,$\Pi_2:A_2x+B_2y+C_2z+D_2=0$. 它们的法向量分别为 $\boldsymbol{n}_1=\{A_1,B_1,C_1\}$,$\boldsymbol{n}_2=\{A_2,B_2,C_2\}$. 记两个平面的夹角为 α,根据规定,$0\leqslant\alpha\leqslant\frac{\pi}{2}$,且

$$\cos\alpha=|\cos(\boldsymbol{n}_1\hat{,}\boldsymbol{n}_2)|=\frac{|\boldsymbol{n}_1\cdot\boldsymbol{n}_2|}{|\boldsymbol{n}_1|\cdot|\boldsymbol{n}_2|}=\frac{|A_1A_2+B_1B_2+C_1C_2|}{\sqrt{A_1^2+B_1^2+C_1^2}\cdot\sqrt{A_2^2+B_2^2+C_2^2}}. \tag{8.22}$$

从两向量垂直、平行的充分必要条件立即推得下列结论:

Π_1,Π_2相互垂直的充分必要条件是 $\boldsymbol{n}_1\perp\boldsymbol{n}_2$,即 $A_1A_2+B_1B_2+C_1C_2=0$.
Π_1,Π_2相互平行的充分必要条件是 $\boldsymbol{n}_1/\!/\boldsymbol{n}_2$,即$\frac{A_1}{A_2}=\frac{B_1}{B_2}=\frac{C_1}{C_2}$.

例 1　求两平面 $x+2y-z-3=0$ 和 $2x+y+z+5=0$ 的夹角.

解　由公式(8.22)有

$$\cos\alpha=\frac{|\boldsymbol{n}_1\cdot\boldsymbol{n}_2|}{|\boldsymbol{n}_1|\cdot|\boldsymbol{n}_2|}=\frac{|1\times2+2\times1+(-1)\times1|}{\sqrt{1^2+2^2+(-1)^2}\cdot\sqrt{2^2+1^2+1^2}}=\frac{1}{2},$$

因此,所求夹角 $\alpha=\arccos\frac{1}{2}=\frac{\pi}{3}$.

例 2　一平面通过两点 $M_1(1,1,1)$和 $M_2(0,1,-1)$且垂直于平面 $x+y+z=0$,求它的方程.

解　设 $\boldsymbol{n}=\{A,B,C\}$为所求平面的一个法向量. 因$\overrightarrow{M_1M_2}=\{-1,0,-2\}$在所

求平面上，它必与 $\boldsymbol{n}$ 垂直，所以有

$$-A-2C=0. \tag{8.23}$$

又因所求平面垂直于已知平面 $x+y+z=0$，所以又有

$$A+B+C=0. \tag{8.24}$$

由(8.23)，(8.24)得到

$$A=-2C,\quad B=C.$$

由平面的点法式方程可知，所求平面方程为

$$-2C(x-1)+C(y-1)+C(z-1)=0.$$

约去 $C(C\neq 0)$，便得

$$-2(x-1)+(y-1)+(z-1)=0,$$

即

$$2x-y-z=0.$$

这就是所求的平面方程.

8.6.2 两直线之间的关系

设 $\boldsymbol{s}_1,\boldsymbol{s}_2$ 分别是直线 L_1,L_2 的方向向量，$\theta=(\widehat{\boldsymbol{s}_1,\boldsymbol{s}_2})$. 我们称 $\alpha=\min\{\theta,\pi-\theta\}$ 为**直线 L_1,L_2 的夹角**. 如同处理平面的夹角一样，取锐角作为直线的夹角.

假设两直线方程为 $L_1:\dfrac{x-x_1}{m_1}=\dfrac{y-y_1}{n_1}=\dfrac{z-z_1}{p_1}$，$L_2:\dfrac{x-x_2}{m_2}=\dfrac{y-y_2}{n_2}=\dfrac{z-z_2}{p_2}$. 它们分别过 $P_1(x_1,y_1,z_1)$，$P_2(x_2,y_2,z_2)$；方向向量分别为 $\boldsymbol{s}_1=\{m_1,n_1,p_1\}$，$\boldsymbol{s}_2=\{m_2,n_2,p_2\}$. 记两直线的夹角为 α，则

$$\cos\alpha=|\cos(\widehat{\boldsymbol{s}_1,\boldsymbol{s}_2})|=\frac{|\boldsymbol{s}_1\cdot\boldsymbol{s}_2|}{|\boldsymbol{s}_1|\cdot|\boldsymbol{s}_2|}=\frac{|m_1m_2+n_1n_2+p_1p_2|}{\sqrt{m_1^2+n_1^2+p_1^2}\cdot\sqrt{m_2^2+n_2^2+p_2^2}}. \tag{8.25}$$

仿照对平面的讨论，我们有

> L_1,L_2 相互垂直的充分必要条件是 $\boldsymbol{s}_1\perp\boldsymbol{s}_2$，即 $m_1m_2+n_1n_2+p_1p_2=0$.
>
> L_1,L_2 相互平行的充分必要条件是 $\boldsymbol{s}_1/\!/\boldsymbol{s}_2$，即 $\dfrac{m_1}{m_2}=\dfrac{n_1}{n_2}=\dfrac{p_1}{p_2}$.

除了上述关系外，我们还要研究两直线何时共面.

如图 8.30 所示，如果两不同直线 L_1,L_2 共面，则它们要么相交，要么平行；但无论如何，$\boldsymbol{s}_1,\boldsymbol{s}_2,\overrightarrow{P_1P_2}$ 这三向量必共面. 因此，根据三向量共面的充分必要条件立即得到结论：

> 直线 L_1,L_2 共面的充分必要条件为 $\boldsymbol{s}_1,\boldsymbol{s}_2,\overrightarrow{P_1P_2}$ 的混合积 $(\boldsymbol{s}_1\times\boldsymbol{s}_2)\cdot\overrightarrow{P_1P_2}=0$.

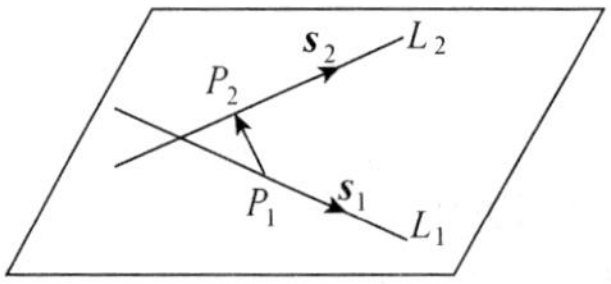

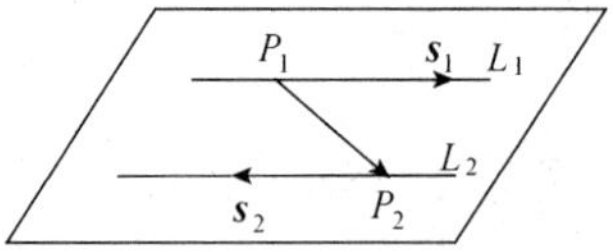

图 8.30

如果两直线既不平行又不相交，即不共面，我们通常称这两直线为**异面直线**.

例 3　求直线 L_1：$\frac{x-1}{1}=\frac{y}{-4}=\frac{z+3}{1}$ 和 L_2：$\frac{x}{2}=\frac{y+2}{-2}=\frac{z}{-1}$ 的夹角，并判断它们是否为异面直线.

解　直线 L_1 过 $P_1(1,0,-3)$，方向向量为 $\boldsymbol{s}_1=\{1,-4,1\}$；直线 L_2 过 $P_2(0,-2,0)$，方向向量为 $\boldsymbol{s}_2=\{2,-2,-1\}$. 记 L_1 和 L_2 的夹角为 α，则

$$\cos\alpha=\frac{|\boldsymbol{s}_1\cdot\boldsymbol{s}_2|}{|\boldsymbol{s}_1|\cdot|\boldsymbol{s}_2|}=\frac{|1\times2+(-4)\times(-2)+1\times(-1)|}{\sqrt{1^2+(-4)^2+1^2}\cdot\sqrt{2^2+(-2)^2+(-1)^2}}$$

$$=\frac{1}{\sqrt{2}}=\frac{\sqrt{2}}{2},$$

因此

$$\alpha=\frac{\pi}{4}.$$

另一方面，$\overrightarrow{P_1P_2}=\{-1,-2,3\}$，则

$$(\boldsymbol{s}_1\times\boldsymbol{s}_2)\cdot\overrightarrow{P_1P_2}=\begin{vmatrix}1&-4&1\\2&-2&-1\\-1&-2&3\end{vmatrix}=6\neq0,$$

所以，直线 L_1 与 L_2 是异面直线.

8.6.3　平面与直线的关系

当直线与平面不垂直时，直线和它在平面上的投影直线的夹角称为**直线与平面的夹角**. 当直线与平面垂直时，规定直线与平面的夹角为 $\frac{\pi}{2}$.

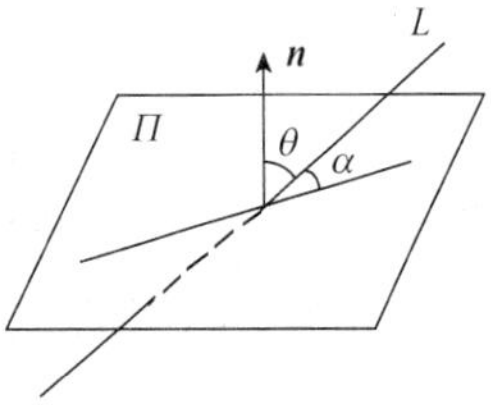

图 8.31

如图 8.31 所示，设直线为 L：$\frac{x-x_0}{m}=\frac{y-y_0}{n}=\frac{z-z_0}{p}$，平面为 Π：$Ax+By+Cz+D=0$；即直线 L 过 $M_0(x_0,y_0,z_0)$ 方向向量为 $\boldsymbol{s}=\{m,n,p\}$，平面 Π 的法向量为 $\boldsymbol{n}=\{A,B,C\}$. 记 L 与 Π 的夹角为 α，$\boldsymbol{s}$ 与 $\boldsymbol{n}$ 的夹角为 θ，那么当 θ 为锐角时 $\alpha=\frac{\pi}{2}-\theta$，当 θ 为钝角时 $\alpha=\theta-\frac{\pi}{2}$. 于是

$$\sin\alpha = |\cos\theta| = \frac{|\boldsymbol{s}\cdot\boldsymbol{n}|}{|\boldsymbol{s}|\cdot|\boldsymbol{n}|} = \frac{|Am+Bn+Cp|}{\sqrt{m^2+n^2+p^2}\cdot\sqrt{A^2+B^2+C^2}}. \quad (8.26)$$

例 4 已知直线 $L:\begin{cases}x+y-5=0,\\2x-z+8=0\end{cases}$ 和平面 $\Pi: 2x+y+z-3=0$. 求 L 与 Π 的夹角.

解 先求出 L 的方向向量 $\boldsymbol{s}$:

$$\boldsymbol{s} = \{1,1,0\}\times\{2,0,-1\} = \{-1,1,-2\}.$$

平面 Π 的法向量 $\boldsymbol{n}=\{2,1,1\}$,记 $\boldsymbol{s}$ 与 $\boldsymbol{n}$ 的夹角为 θ,L 与 Π 的夹角为 α,则

$$\sin\alpha = |\cos\theta| = \frac{|\boldsymbol{s}\cdot\boldsymbol{n}|}{|\boldsymbol{s}|\cdot|\boldsymbol{n}|} = \frac{|(-1)\times2+1\times1+(-2)\times1|}{\sqrt{(-1)^2+1^2+(-2)^2}\cdot\sqrt{2^2+1^2+1^2}} = \frac{1}{2}.$$

因此

$$\alpha = \frac{\pi}{6}.$$

例 5 求通过点 $M_0(1,5,-1)$ 且与直线 $L_0: \frac{x-5}{1}=\frac{y+1}{-1}=\frac{z}{2}$ 垂直相交的直线方程.

解 (1) 先作一个过 M_0 且垂直于 L_0 的平面 Π:

$$(x-1)-(y-5)+2(z+1)=0,$$

即

$$x-y+2z+6=0.$$

(2) 再求 L_0 与 Π 的交点,把 L_0 写成参数方程

$$x=5+t,\quad y=-1-t,\quad z=2t.$$

代入步骤(1)求得的平面 Π 的方程

$$(5+t)-(-1-t)+2(2t)+6=0,$$

解得 $t=-2$,代回 Π 的方程,得 L_0 与 Π 的交点 $M_1(3,1,-4)$.

(3) 写出过 $M_0(1,5,-1)$,$M_1(3,1,-4)$ 的直线方程

$$\frac{x-1}{3-1}=\frac{y-5}{1-5}=\frac{z+1}{-4+1},$$

即

$$\frac{x-1}{2}=\frac{y-5}{-4}=\frac{z+1}{-3}.$$

这就是所求的直线方程.

8.6.4 平面束

通过空间直线 L 可以作无穷多个平面,所有这些平面的集合称为过直线 L 的

平面束.

设直线 L 作为两平面 Π_1 和 Π_2 的交线，其方程为

$$\begin{cases} A_1x+B_1y+C_1z+D_1=0, \\ A_2x+B_2y+C_2z+D_2=0. \end{cases} \tag{8.27}$$

构造一个新的三元一次方程

$$(A_1x+B_1y+C_1z+D_1)+\lambda(A_2x+B_2y+C_2z+D_2)=0,$$

或写成

$$(A_1+\lambda A_2)x+(B_1+\lambda B_2)y+(C_1+\lambda C_2)z+(D_1+\lambda D_2)=0, \tag{8.28}$$

其中 λ 为任意实数.

因为 Π_1 和 Π_2 是两个相交平面，A_1,B_1,C_1 和 A_2,B_2,C_2 不成比例．所以对于任意常数 λ，(8.28)中的系数不全为零，因此(8.28)是平面方程．而且容易看出，凡满足(8.27)的点的坐标一定满足(8.28)，这说明(8.28)是过直线 L 的平面方程．当 λ 取遍全体实数时，(8.28)就给出了过 L 的平面束方程(Π_2 除外). 特别当 $\lambda=0$ 时，(8.28)给出的是 Π_1 的方程.

在处理某些问题时，使用平面束方程比较方便.

例 6　求直线 $L:\begin{cases} x+y-z-1=0, \\ x-y+z+1=0 \end{cases}$ 在平面 $\Pi: x+y+z=0$ 上的投影直线的方程.

解　设过直线 L 的平面束方程为

$$x+y-z-1+\lambda(x-y+z+1)=0,$$

即

$$(1+\lambda)x+(1-\lambda)y+(\lambda-1)z+\lambda-1=0.$$

在这个平面束中，要找一个与 Π 垂直的平面，因平面 Π 的法向量 $\boldsymbol{n}=\{1,1,1\}$，为此令

$$(1+\lambda)\cdot 1+(1-\lambda)\cdot 1+(\lambda-1)\cdot 1=0,$$

得 $\lambda=-1$，代入平面束方程，得到过直线 L 且与 Π 垂直的平面为

$$y-z-1=0.$$

所以投影直线的方程为

$$\begin{cases} y-z-1=0, \\ x+y+z=0. \end{cases}$$

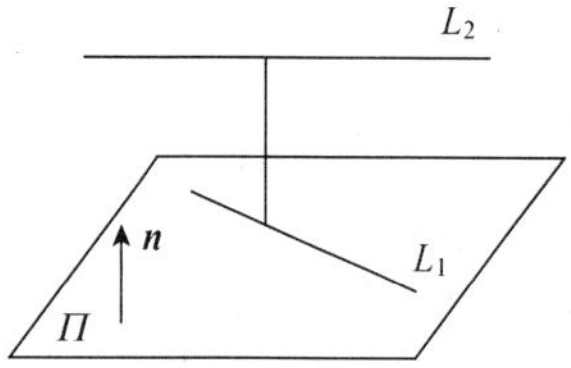

图 8.32

例 7　求两异面直线 $L_1:\dfrac{x-1}{1}=\dfrac{y}{-4}=\dfrac{z+3}{1}$ 和 $L_2:\dfrac{x}{2}=\dfrac{y+2}{-2}=\dfrac{z}{-1}$ 之间的最短距离(图 8.32).

解　(1) 先将直线 L_1 的方程改写成一般式

$$\begin{cases} x - z - 4 = 0, \\ 4x + y - 4 = 0. \end{cases}$$

(2) 过 L_1 的平面束方程为

$$4x + y - 4 + \lambda(x - z - 4) = 0,$$

即

$$(\lambda + 4)x + y - \lambda z - 4(\lambda + 1) = 0.$$

从中找一个与 L_2 平行的平面 Π,为此令

$$\{\lambda + 4, 1, -\lambda\} \cdot \{2, -2, -1\} = 0,$$

求得 $\lambda=-2$,所以过 L_1 且与 L_2 平行的平面 Π 的方程为

$$2x + y + 2z + 4 = 0.$$

(3) L_2 上任一点到平面 Π 的距离就是 L_1 与 L_2 之间的最短距离. 所以 L_2 上的点(0,−2,0)到 Π 的距离

$$d = \frac{|-2+4|}{\sqrt{2^2+1^2+2^2}} = \frac{2}{3}$$

就是所求的距离.

这里,还可以用下面方法计算.

因 L_1 过 $P_1(1,0,-3)$ 方向向量为 $\boldsymbol{s}_1=\{1,-4,1\}$,$L_2$ 过 $P_2(0,-2,0)$ 方向向量为 $\boldsymbol{s}_2=\{2,-2,-1\}$,则 L_1 与 L_2 之间的最短距离 $d=\frac{|(\boldsymbol{s}_1\times\boldsymbol{s}_2)\cdot\overrightarrow{P_1P_2}|}{|\boldsymbol{s}_1\times\boldsymbol{s}_2|}$. 请同学们思考一下为什么? 并验算本题结果.

习题 8.6(A)

1. 判断以上各组平面是否平行或垂直? 如果既不平行又不垂直,则求它们的夹角.

(1) $-8x-6y+2z=1, z=4x+3y$; (2) $2x-5y+z=3, 4x+2y+2z=1$;

(3) $x+z=1, y+z=1$; (4) $2x+2y-z=4, 6x-3y+2z=5$.

2. 证明两平行平面 $ax+by+cz=d_1$ 和 $ax+by+cz=d_2$ 之间的距离是

$$D = \frac{|d_1 - d_2|}{\sqrt{a^2+b^2+c^2}}.$$

3. 求平行于平面 $x+2y-2z=1$ 且与其距离为 2 的平面方程.

4. 判断 L_1,L_2 是否平行、相交或异面,在相交的情况下求出它们的交点.

(1) $L_1: \frac{x-4}{2}=\frac{y+5}{4}=\frac{z-1}{-3}$, $L_2: \frac{x-2}{1}=\frac{y+1}{3}=\frac{z}{2}$;

(2) $L_1: \frac{x-1}{2}=\frac{y}{1}=\frac{z-1}{4}$, $L_2: \frac{x}{1}=\frac{y+2}{2}=\frac{z+2}{3}$;

(3) $L_1: x=-6t, y=1+9t, z=-3t$, $L_2: x=1+2t, y=4-3t, z=t$;

(4) $L_1: x=1+t, y=2-t, z=3t$, $L_2: x=2-t, y=1+2t, z=4+t$.

5. 求两直线$\begin{cases}x-y+z=2,\\x+y+z=5\end{cases}$与$\begin{cases}y+3z=4,\\3y-5z=1\end{cases}$的夹角.

6. 试确定下列各组中的直线和平面间的关系：

(1) $\dfrac{x+3}{-2}=\dfrac{y+4}{-7}=\dfrac{z}{3}$和 $4x-2y-2z=3$；

(2) $\dfrac{x}{3}=\dfrac{y}{-2}=\dfrac{z}{7}$和 $3x-2y+7z=8$；

(3) $\dfrac{x-2}{3}=\dfrac{y+2}{1}=\dfrac{z-3}{-4}$和 $x+y+z=3$.

7. 求直线$\begin{cases}x+y+3z=0,\\x-y-z=0\end{cases}$和平面 $x-y-z+1=0$ 之间的夹角.

8. 求点$(-1,2,0)$在平面 $x+2y-z+1=0$ 上的投影.

9. 求包含直线$\begin{cases}x+y-z=2,\\2x-y+3z=1\end{cases}$且过点$(-1,2,1)$的平面方程.

10. 求直线$\begin{cases}2x-4y+z=0,\\3x-y-2z-9=0\end{cases}$在平面 $4x-y+z=1$ 上的投影直线的方程.

习题 8.6(B)

1. 已知直线 L_1：$\begin{cases}x-y+z+m=0,\\5x-8y+4z+36=0\end{cases}$与 L_2：$\begin{cases}x-4y+16=0,\\z-ny+5n-4=0,\end{cases}$当 m,n 为何值时，

(1) 两直线平行；(2) 两直线重合；(3) 两直线垂直；

(4) 两直线共面；(5) 两直线相交；(6) 两直线垂直相交.

2. 求通过从点$(1,-1,1)$到直线$\begin{cases}y-z+1=0,\\x=0\end{cases}$的垂线且垂直于平面 $z=0$ 的平面方程.

3. 求过点$(-1,0,4)$，且平行于平面 $3x-4y+z-10=0$ 又与直线$\dfrac{x+1}{1}=\dfrac{y-3}{1}=\dfrac{z}{2}$相交的直线方程.

4. 求异面直线 L_1：$\dfrac{x-9}{4}=\dfrac{y+2}{-3}=\dfrac{z}{1}$和 L_2：$\dfrac{x}{-2}=\dfrac{y+7}{9}=\dfrac{z-2}{2}$之间的距离及它们的公垂线方程.

5. 设有直线 L_1：$\dfrac{x-1}{1}=\dfrac{y-5}{-2}=\dfrac{z+8}{1}$，$L_2$：$\begin{cases}x-y=6,\\2y+z=3,\end{cases}$则 L_1 与 L_2 的夹角为________.（研 1993）

(A) $\dfrac{\pi}{6}$；(B) $\dfrac{\pi}{4}$；(C) $\dfrac{\pi}{3}$；(D) $\dfrac{\pi}{2}$.

6. 设有直线 L：$\begin{cases}x+3y+2z+1=0,\\2x-y-10z+3=0\end{cases}$及平面 Π：$4x-2y+z-2=0$，则直线 L ________.（研 1995）

(A) 平行于 Π；(B) 在 Π 上；(C) 垂直于 Π；(D) 与 Π 斜交.

8.7 曲面及其方程

8.7.1 一般曲面

1. 曲面方程的概念

在日常生活中,我们经常会遇到各种曲面,如反光镜的镜面、管道的外表面以及锥面等. 在8.4节中我们研究了空间中的平面及其方程,发现在空间直角坐标系中,平面与三元一次方程有着密切的对应关系. 同样,在空间直角坐标系中,任何曲面也都可以看成是具有某种几何性质的点的轨迹. 如果曲面 S 与三元方程 $F(x,y,z)=0$ 有下述关系:

(1) 曲面 S 上任一点的坐标都满足方程 $F(x,y,z)=0$;

(2) 不在曲面 S 上的点的坐标都不满足方程 $F(x,y,z)=0$,

那么,曲面 S 就称为方程 $F(x,y,z)=0$ 的图形,而 $F(x,y,z)=0$ 称为曲面 S 的方程.

建立了空间曲面与其方程的联系之后,一方面,我们可以通过方程的解析性质来研究曲面的几何性质;另一方面,我们也可以通过图形直观来理解方程. 因此,建立空间曲面与其方程的联系尤为重要,这就要解决两个基本问题:

(1) 已知曲面 S 上的点所满足的几何条件,建立曲面的方程;

(2) 已知曲面的方程,研究曲面的几何形状.

例 1 设一球面的半径为 R,球心在点 $M_0(x_0,y_0,z_0)$. 求此球面的方程.

解 在球面上任取一点 $M(x,y,z)$,则 $|M_0M|=R$. 由于

$$|M_0M|=\sqrt{(x-x_0)^2+(y-y_0)^2+(z-z_0)^2},$$

所以

$$\sqrt{(x-x_0)^2+(y-y_0)^2+(z-z_0)^2}=R.$$

两边平方,得

$$(x-x_0)^2+(y-y_0)^2+(z-z_0)^2=R^2.$$

这就是球面上的点的坐标所满足的方程. 而不在球面上的点的坐标都不满足这方程. 所以这个方程就是所求的球面方程.

如果从方程 $F(x,y,z)=0$ 中能解出 z,曲面往往也用显式 $z=f(x,y)$ 表示. 例如,$z=\sqrt{R^2-x^2-y^2}$ 表示中心在原点半径为 R 的上半球面.

上例和下面第2部分所讨论的旋转曲面都是属于基本问题(1)的,在第3部分柱面和8.7.2小节中我们将讨论基本问题(2).

2. 旋转曲面

平面上一条曲线绕着同一平面上的一条定直线旋转一周所生成的曲面称为**旋**

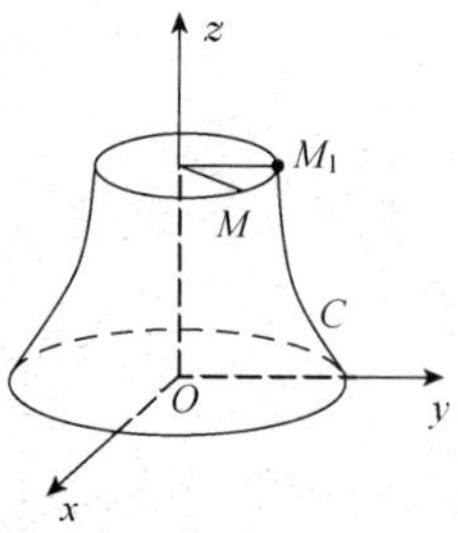

图 8.33

转曲面. 这条定直线称为旋转曲面的**轴**.

如图 8.33 所示,在 yOz 面上有一曲线 C,它的方程为

$$f(y,z)=0.$$

把这一曲线绕 z 轴旋转一周,就得到一个以 z 轴为轴的旋转曲面,下面我们来求它的方程.

设 $M_1(0,y_1,z_1)$为曲线 C 上任意一点,那么有

$$f(y_1,z_1)=0. \tag{8.29}$$

设曲线 C 绕 z 轴旋转时,点 M_1 随曲线绕 z 轴转到 $M(x,y,z)$的位置. 因为在旋转过程中,动点在 z 轴上的投影不变,动点到 z 轴的距离不变. 因此有

$$z=z_1,$$

并且

$$\sqrt{x^2+y^2}=|y_1| \quad 或 \quad \pm\sqrt{x^2+y^2}=y_1.$$

代入式(8.29),就有

$$\boxed{f(\pm\sqrt{x^2+y^2},z)=0,}$$

这就是所求的旋转曲面的方程.

由此可知,在平面曲线 C 的方程 $f(y,z)=0$ 中将 y 改成$\pm\sqrt{x^2+y^2}$,便得到曲线 C 绕 z 轴旋转所成的旋转曲面的方程. 同理,曲线 C 绕 y 轴旋转所成的旋转曲面的方程为

$$\boxed{f(y,\pm\sqrt{x^2+z^2})=0.}$$

其他情形都可用类似的方法进行讨论.

例 2　将 zOx 面上的椭圆$\frac{x^2}{a^2}+\frac{z^2}{b^2}=1$ 分别绕 x 轴和 z 轴旋转一周,求所生成的旋转曲面的方程.

解　绕 x 轴旋转所生成的旋转曲面的方程为

$$\frac{x^2}{a^2}+\frac{(\pm\sqrt{y^2+z^2})^2}{b^2}=1,即\frac{x^2}{a^2}+\frac{y^2+z^2}{b^2}=1.$$

绕 z 轴旋转所生成的旋转曲面的方程为

$$\frac{(\pm\sqrt{x^2+y^2})^2}{a^2}+\frac{z^2}{b^2}=1,即\frac{x^2+y^2}{a^2}+\frac{z^2}{b^2}=1.$$

这两种曲面都叫做**旋转椭球面**.

例 3　直线 L 绕着另一条与 L 相交的定直线旋转一周,所得的旋转曲面叫做**圆锥面**. 两直线的交点称为圆锥面的**顶点**. 两直线的夹角 $\alpha\left(0<\alpha<\frac{\pi}{2}\right)$称为圆锥

面的半顶角.试建立顶点在坐标原点,旋转轴为 z 轴,半顶角为 α 的圆锥面(图8.34)的方程.

解 在 yOz 面上,直线 L 的方程为

$$z = y\cot\alpha.$$

此直线绕 z 轴旋转所生成的圆锥面方程为

$$z = \pm\sqrt{x^2+y^2}\cot\alpha$$

或

$$z^2 = k^2(x^2+y^2),\text{其中 } k=\cot\alpha.$$

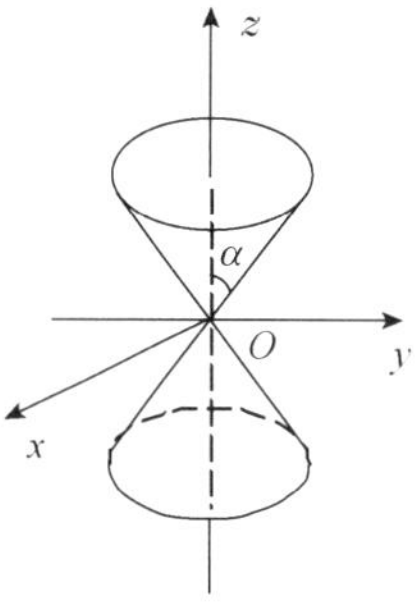

图 8.34

3. 柱面

平行于定直线并沿定曲线 C 移动的动直线 L 形成的轨迹叫做**柱面**,定曲线 C 叫做柱面的**准线**,动直线 L 叫做柱面的**母线**,如图 8.35 所示.

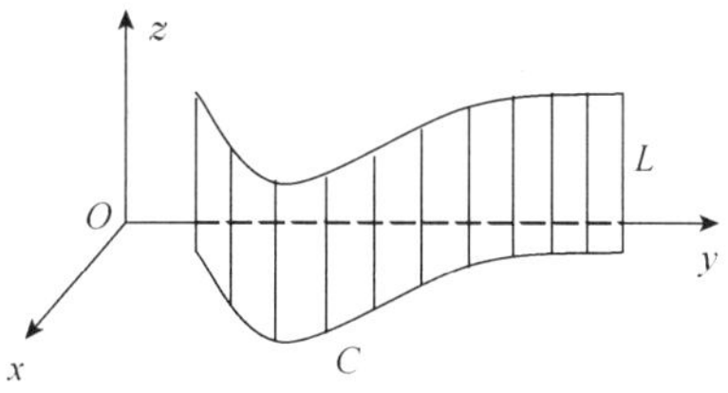

图 8.35

我们这里只讨论母线平行于坐标轴的柱面.

设有一个不含 z 的方程,如

$$x^2+y^2=R^2.$$

在 xOy 面上,它表示圆心在原点 O,半径为 R 的圆,在空间中,它表示一个什么样的曲面呢?注意到方程中不含竖坐标 z,即不论空间点的竖坐标 z 怎样,只要它的横坐标 x 和纵坐标 y 能满足方程,这些点就一定落在曲面上.这就是说,凡是过 xOy 面内圆 $x^2+y^2=R^2$ 上一点 $M(x,y,0)$,且平行于 z 轴的直线 l 都在这曲面上.当 M 点沿着圆周移动时,直线 l 就扫出一个母线平行于 z 轴的圆柱面.而不在圆柱面上的任一点 N,它在 xOy 面上的投影 Q 必不在圆上,从而 N 点的坐标就不满足方程 $x^2+y^2=R^2$.所以方程 $x^2+y^2=R^2$ 表示的是母线平行于 z 轴的圆柱面的方程(图 8.36).

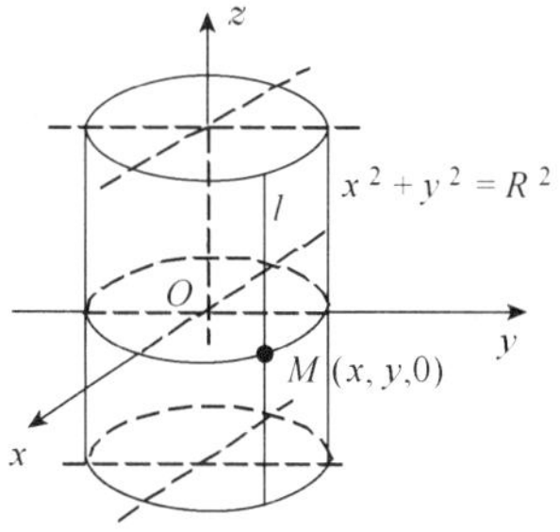

图 8.36

一般地,在空间解析几何中,不含 z 而仅含 x,y 的方程 $F(x,y)=0$ 表示一个母线平行于 z 轴的柱面.xOy 面上的曲线 $F(x,y)=0$ 是这个柱面的一条准线.

同理,不含 x 而仅含 y,z 的方程表示母线平行于 x 轴的柱面.不含 y 而仅含 x,z 的方程表示母线平行于 y 轴的柱面.

例如,$y^2=2x$ 表示母线平行于 z 轴的柱面,xOy 面上的抛物线 $y^2=2x$ 是它的准线.这个柱面称为**抛物柱面**(图 8.37).

下面再举一些常见的母线平行于 z 轴的柱面:

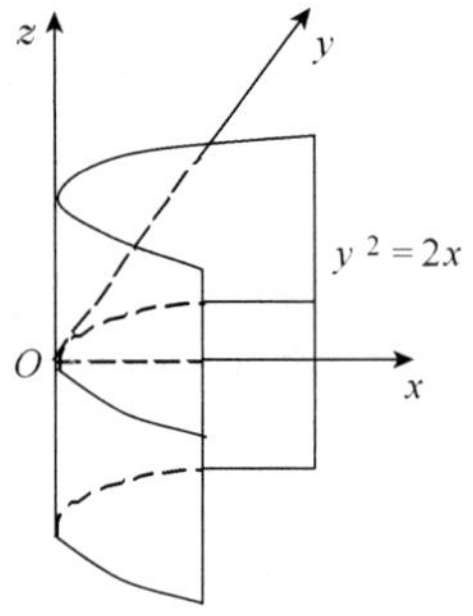

图 8.37

椭圆柱面：$\dfrac{x^2}{a^2}+\dfrac{y^2}{b^2}=1$.

双曲柱面：$\dfrac{x^2}{a^2}-\dfrac{y^2}{b^2}=1$.

圆柱面、抛物柱面、椭圆柱面和双曲柱面的方程都是二次的，所以这些柱面统称为**二次柱面**.

8.7.2　二次曲面

1. 曲面的分类

在 8.7.1 小节中，我们已经知道空间曲面可以用一个三元方程 $F(x,y,z)=0$ 来表示. 如果方程左边是关于 x,y,z 的多项式，方程表示的曲面就叫做**代数曲面**. 多项式的次数称为代数曲面的次数，一次方程表示的曲面叫做**一次曲面**，二次方程表示的曲面叫做**二次曲面**. 一次曲面就是平面，前面已经讨论过了. 二次曲面也已接触到，如旋转椭球面、二次柱面等. 本节再讨论几种简单的二次曲面：

椭球面：$\dfrac{x^2}{a^2}+\dfrac{y^2}{b^2}+\dfrac{z^2}{c^2}=1$　(a,b,c 均为正数).

单叶双曲面：$\dfrac{x^2}{a^2}+\dfrac{y^2}{b^2}-\dfrac{z^2}{c^2}=1$　(a,b,c 均为正数).

双叶双曲面：$\dfrac{x^2}{a^2}+\dfrac{y^2}{b^2}-\dfrac{z^2}{c^2}=-1$　(a,b,c 均为正数).

椭圆抛物面：$\dfrac{x^2}{2p}+\dfrac{y^2}{2q}=z$　(p,q 同号).

双曲抛物面(又名马鞍面)：$-\dfrac{x^2}{2p}+\dfrac{y^2}{2q}=z$　(p,q 均为正数).

二次锥面：$\dfrac{x^2}{a^2}+\dfrac{y^2}{b^2}-\dfrac{z^2}{c^2}=0$　(a,b,c 均为正数).

2. 二次曲面的图形

我们怎样了解上面六个已给方程的二次曲面的形状呢？方法之一是用坐标面和平行于坐标面的平面与曲面相截，考查其交线(即截痕)的形状，然后加以综合，从而了解曲面的全貌．这种方法叫做**截痕法**.

例 4　画出椭球面

$$\frac{x^2}{a^2}+\frac{y^2}{b^2}+\frac{z^2}{c^2}=1\quad (a,b,c\text{ 均为正数})\tag{8.30}$$

的图形.

解 由方程(8.30)可知

$$\frac{x^2}{a^2}\leqslant 1,\quad \frac{y^2}{b^2}\leqslant 1,\quad \frac{z^2}{c^2}\leqslant 1,$$

亦即

$$|x|\leqslant a,\quad |y|\leqslant b,\quad |z|\leqslant c.$$

这说明椭球面完全包含在一个以原点为中心的长方体内，这长方体的六个面分别落在平面 $x=\pm a, y=\pm b, z=\pm c$ 上．a,b,c 称为**椭球面的半轴**.

先求出它与三个坐标面的交线

$$\begin{cases}\dfrac{x^2}{a^2}+\dfrac{y^2}{b^2}=1,\\ z=0;\end{cases}\quad \begin{cases}\dfrac{y^2}{b^2}+\dfrac{z^2}{c^2}=1,\\ x=0;\end{cases}\quad \begin{cases}\dfrac{x^2}{a^2}+\dfrac{z^2}{c^2}=1,\\ y=0.\end{cases}$$

这些交线都是椭圆.

再用平行于 xOy 面的平面 $z=z_1(|z_1|<c)$ 去截椭球面，得到的截痕为

$$\begin{cases}\dfrac{x^2}{\dfrac{a^2}{c^2}(c^2-z_1^2)}+\dfrac{y^2}{\dfrac{b^2}{c^2}(c^2-z_1^2)}=1,\\ z=z_1,\end{cases}$$

这是平面 $z=z_1$ 上的椭圆，它的中心在 z 轴上，两个半轴分别为 $\dfrac{a}{c}\sqrt{c^2-z_1^2}$ 与 $\dfrac{b}{c}\sqrt{c^2-z_1^2}$. 当 $|z_1|$ 由 0 逐渐增大到 c 时，椭圆截面由大到小，最后缩成一点.

以平面 $y=y_1(|y_1|\leqslant b)$ 或 $x=x_1(|x_1|\leqslant a)$ 去截椭球面，可得与上述类似的结果.

综合上面的讨论，可知椭球面(8.30)的形状如图 8.38 所示.

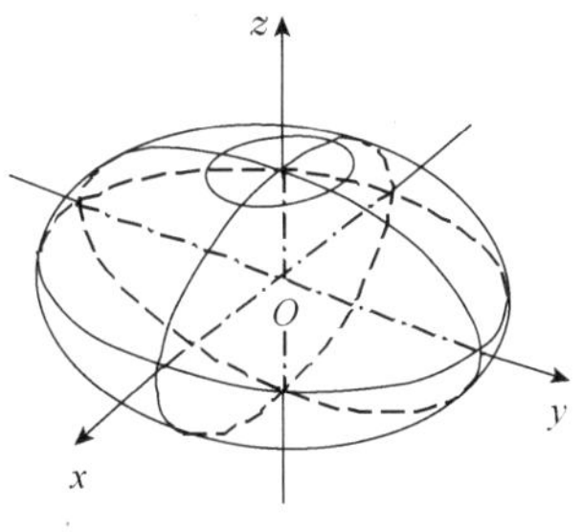

图 8.38

如果有两个半轴相等，如 $a=b$，方程(8.30)成为

$$\frac{x^2+y^2}{a^2}+\frac{z^2}{c^2}=1.$$

它可以看成 yOz 面上的椭圆 $\dfrac{y^2}{a^2}+\dfrac{z^2}{c^2}=1$ 绕 z 轴旋转而成的旋转曲面(见例 2). 这时我们称其为旋转椭球面.

当三个半轴都相等时，(8.30)就是球面方程

$$x^2+y^2+z^2=a^2.$$

例 5 画出单叶双曲面

$$\frac{x^2}{a^2}+\frac{y^2}{b^2}-\frac{z^2}{c^2}=1\quad (a,b,c\text{ 均为正数})\tag{8.31}$$

的图形.

解 (1) 用平面 $z=z_1$ 去截曲面,得到的截痕为

$$\begin{cases}\dfrac{x^2}{a^2}+\dfrac{y^2}{b^2}=1+\dfrac{z_1^2}{c^2},\\ z=z_1.\end{cases}$$

这是平面 $z=z_1$ 上的椭圆. 其中心位于 z 轴上,两个半轴分别为 $\dfrac{a}{c}\sqrt{c^2+z_1^2}$ 和 $\dfrac{b}{c}\sqrt{c^2+z_1^2}$. $z_1=0$ 时,截得的椭圆最小,随着 $|z_1|$ 的增大,椭圆也在增大.

(2) 用平面 $y=y_1$ 去截曲面,得到的截痕为

$$\begin{cases}\dfrac{x^2}{a^2}-\dfrac{z^2}{c^2}=1-\dfrac{y_1^2}{b^2},\\ y=y_1.\end{cases}$$

当 $|y_1|<b$ 时,它是平面 $y=y_1$ 上的双曲线,其实轴平行于 x 轴,虚轴平行于 z 轴,实半轴和虚半轴分别为 $\dfrac{a}{b}\sqrt{b^2-y_1^2}$ 和 $\dfrac{c}{b}\sqrt{b^2-y_1^2}$. 当 $|y_1|>b$ 时,它仍是平面 $y=y_1$ 上的双曲线,但实轴平行于 z 轴,虚轴平行于 x 轴,实半轴和虚半轴分别为 $\dfrac{c}{b}\sqrt{y_1^2-b^2}$ 和 $\dfrac{a}{b}\sqrt{y_1^2-b^2}$. 当 $y_1=\pm b$ 时,截痕是一对相交直线

$$\begin{cases}\dfrac{x}{a}-\dfrac{z}{c}=0,\\ y=y_1\end{cases}\quad 和\quad \begin{cases}\dfrac{x}{a}+\dfrac{z}{c}=0,\\ y=y_1.\end{cases}$$

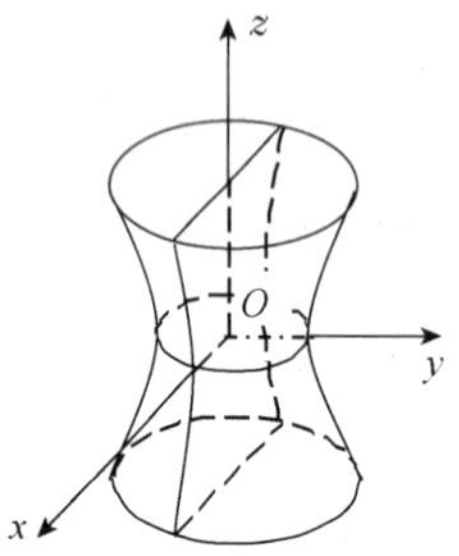

图 8.39

(3) 用平面 $x=x_1$ 去截曲面,得到的结果与(2)相似.

综合以上的结果,可得单叶双曲面的图形,如图 8.39 所示.

其他二次曲面的形状见表 8.1.

3. 二次曲面的参数方程

二次曲面的图形比较难画,因此,我们常借助于计算机利用 Mathematica 来作它们的图形. 用 Mathematica 作图,常需要借助空间曲面的参数方程(见 8.9 节演示与实验). 所以,我们必须了解二次曲面的参数方程.

例如,设 $M(x,y,z)$ 是球面 $x^2+y^2+z^2=R^2$ 上任意一点(图 8.40),则 M 在 xOy 面上的投影为 $P(x,y,0)$,作向量 $\overrightarrow{OM}$ 及 $\overrightarrow{OP}$. 设 x 轴正向到 $\overrightarrow{OP}$ 的转角为 $\theta(0\leqslant\theta\leqslant 2\pi)$,$z$ 轴正向与 $\overrightarrow{OM}$ 的夹角为 $\varphi(0\leqslant\varphi\leqslant\pi)$,则

$$|\overrightarrow{OM}|=R,\quad z=|\overrightarrow{OM}|\cdot\cos\varphi=R\cos\varphi,$$

$$|\overrightarrow{OP}| = |\overrightarrow{OM}| \cdot \sin\varphi = R\sin\varphi.$$

从而

$$x = |\overrightarrow{OP}| \cdot \cos\theta = R\sin\varphi\cos\theta,$$
$$y = |\overrightarrow{OP}| \cdot \sin\theta = R\sin\varphi\sin\theta,$$

即,球面 $x^2+y^2+z^2=R^2$ 上任一点都有这样的唯一确定的 θ 和 φ 与之对应,它的坐标可按上述方法由 θ 和 φ 表示;相反,任意这样一组 θ 和 φ 值,按上述方法给出坐标的点一定是球面上的点.

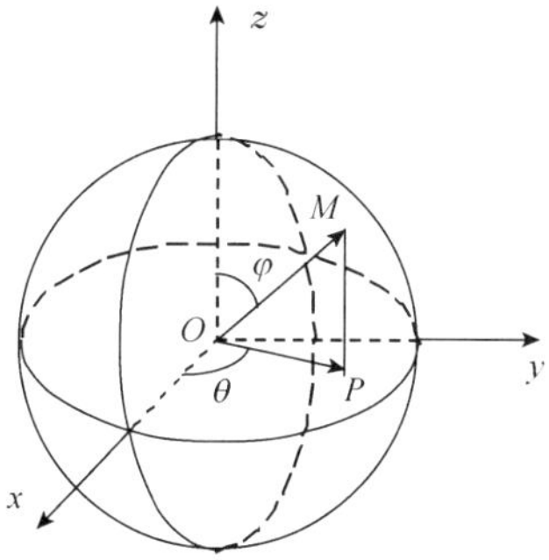

图 8.40

所以,我们称

$$\begin{cases} x = R\sin\varphi\cos\theta, \\ y = R\sin\varphi\cos\theta, \quad 0 \leqslant \theta \leqslant 2\pi, 0 \leqslant \varphi \leqslant \pi \\ z = R\cos\varphi, \end{cases} \tag{8.32}$$

为球面 $x^2+y^2+z^2=R^2$ 的参数方程.

一般地,曲面的参数方程可用含两个参数 u, v 的方程组

$$\begin{cases} x = x(u,v), \\ y = y(u,v), \\ z = z(u,v) \end{cases} \tag{8.33}$$

来表示,其中 (u,v) 属于某平面区域 D.

二次曲面的参数方程可能不唯一,但关键是必须满足曲面方程. 例如,(8.32)满足球面方程.

一些常见二次曲面的参数方程,可以参照表 8.1.

表 8.1

曲面名称	直角坐标方程	参数方程	图形
椭球面	$\frac{x^2}{a^2}+\frac{y^2}{b^2}+\frac{z^2}{c^2}=1$ (a,b,c 均为正数)	$\begin{cases} x=a\sin\varphi\cos\theta \\ y=b\sin\varphi\sin\theta \\ z=c\cos\varphi \end{cases}$ $(0\leqslant\theta\leqslant 2\pi, 0\leqslant\varphi\leqslant\pi)$	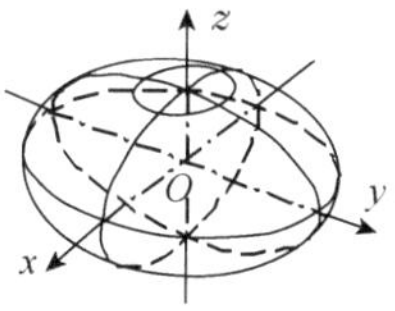
单叶双曲面	$\frac{x^2}{a^2}+\frac{y^2}{b^2}-\frac{z^2}{c^2}=1$ (a,b,c 均为正数)	$\begin{cases} x=a\cosh u\cos\theta \\ y=b\cosh u\sin\theta \\ z=c\sinh u \end{cases}$ $(0\leqslant\theta\leqslant 2\pi, -\infty<u<+\infty)$	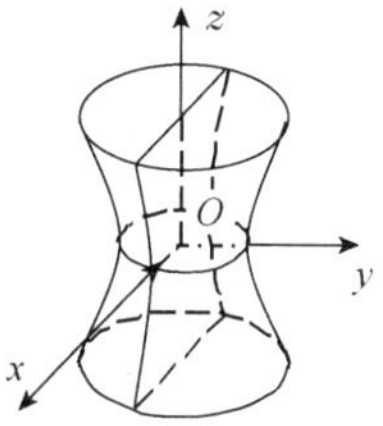

续表

曲面名称	直角坐标方程	参数方程	图　形
双叶双曲面	$\frac{x^2}{a^2}+\frac{y^2}{b^2}-\frac{z^2}{c^2}=-1$ （a,b,c 均为正数）	$\begin{cases}x=a\sinh u\cos\theta\\y=b\sinh u\sin\theta\\z=\pm c\cosh u\end{cases}$ $(0\leqslant\theta\leqslant 2\pi,0\leqslant u<+\infty)$	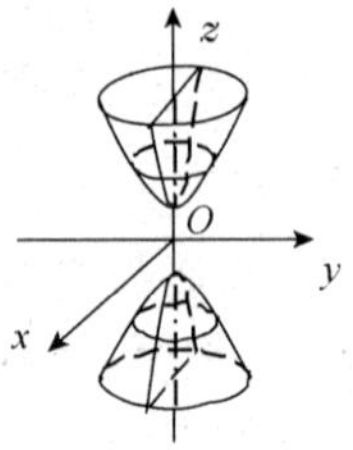
椭圆抛物面	$\frac{x^2}{2p}+\frac{y^2}{2q}=z$ （p,q 均为正数）	$\begin{cases}x=\sqrt{2pu}\cos\theta\\y=\sqrt{2qu}\sin\theta\\z=u^2\end{cases}$ $(0\leqslant\theta\leqslant 2\pi,0\leqslant u<+\infty)$	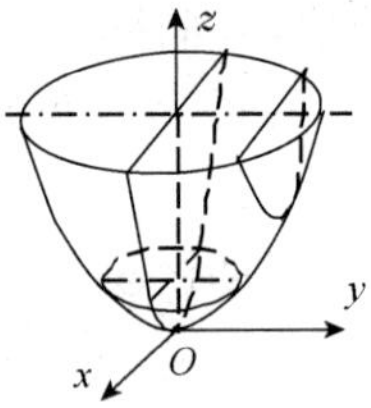
双曲抛物面 （又名马 鞍面）	$-\frac{x^2}{2p}+\frac{y^2}{2q}=z$ （p,q 均为正数）	$\begin{cases}x=u\\y=v\\z=-\frac{u^2}{2p}+\frac{v^2}{2q}\end{cases}$ $(-\infty<u<+\infty,$ $-\infty<v<+\infty)$	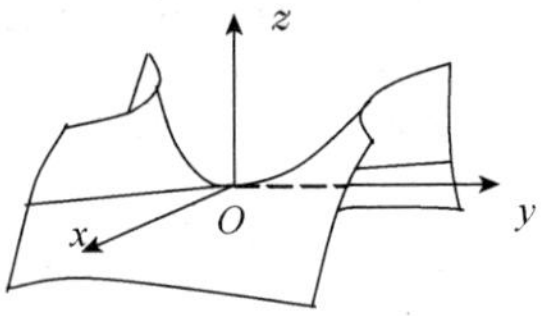
二次锥面	$\frac{x^2}{a^2}+\frac{y^2}{b^2}-\frac{z^2}{c^2}=0$ （a,b,c 均为正数）	$\begin{cases}x=au\cos\theta\\y=bu\sin\theta\\z=cu\end{cases}$ $(0\leqslant\theta\leqslant 2\pi,-\infty<u<+\infty)$	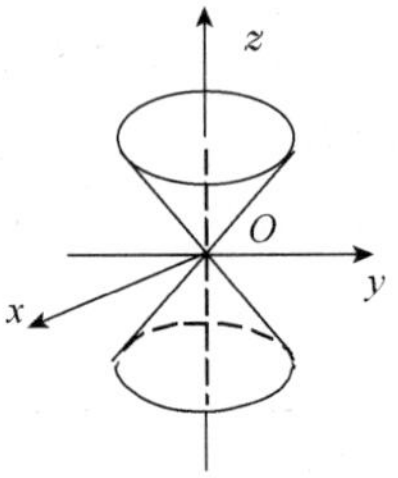

习题 8.7(A)

1. 一动点与两定点(2,3,1)和(4,5,6)等距离，求此动点的轨迹.

2. 一动点与两定点 $P(c,0,0)$ 和 $Q(-c,0,0)$ 的距离之和等于定数 $2a$，求此动点的轨迹($c\neq 0,a>0$).

3. 一动点与(3,5,−4)和(−7,1,6)两点等距离，又与(4,−6,3)和(−2,8,5)两点等距离，求此动点的轨迹.

4. 求下列曲线绕指定轴旋转一周所生成的曲面方程.

(1) yOz 面上的抛物线 $z=y^2$，绕 z 轴；

(2) yOz 面上的直线 $z=2y$，绕 z 轴和绕 y 轴；

(3) yOz 面上的折线 $z=2-|y|$,绕 z 轴;

(4) zOx 面上的双曲线 $4x^2-z^2=1$,绕 z 轴.

5. 指出下列方程在空间解析几何中各表示什么图形,如果是旋转曲面,说明它是怎样形成的.

(1) $\frac{x^2}{4}-\frac{y^2}{9}=1$; (2) $x^2-y^2=0$; (3) $(z-a)^2=x^2+y^2$;

(4) $x^2-\frac{y^2}{4}+z^2=1$; (5) $x^2+\frac{y^2}{4}-\frac{z^2}{9}=0$; (6) $z=\sqrt{x^2+y^2}$.

6. 画出下列方程所表示的曲面:

(1) $x^2+\frac{y^2}{4}+\frac{z^2}{9}=1$; (2) $z=\frac{x^2}{4}+\frac{y^2}{9}$; (3) $16x^2+4y^2-z^2=64$.

7. 指出下列方程所表示的曲线.

(1) $\begin{cases}x^2-4y^2+z^2=25,\\ x=-3;\end{cases}$ (2) $\begin{cases}y^2+z^2-4x+8=0,\\ y=4;\end{cases}$ (3) $\begin{cases}\frac{y^2}{9}-\frac{z^2}{4}=1,\\ x-2=0.\end{cases}$

8. 画出下列各曲面所围成的立体的图形:

(1) $z=x^2+y^2, z=2-x^2-y^2$;

(2) $y=0, z=0, 3x+y=6, 3x+2y=12, x+y+z=6$;

(3) $x^2+y^2=R^2, y^2+z^2=R^2$(在第一卦限内的部分);

(4) $y=x^2, y=z, y=1, z=0$.

习题 8.7(B)

1. 过定点$(-R,0,0)$作球面 $x^2+y^2+z^2=R^2$ 的弦,求动弦中点的轨迹.

2. 求直线 $L:\frac{x-1}{1}=\frac{y}{1}=\frac{z-1}{-1}$ 在平面 $\Pi: x-y+2z-1=0$ 上的投影直线 L_0 的方程,并求 L_0 绕 y 轴旋转一周所成曲面的方程.(研 1998)

8.8 空间曲线和向量函数

8.8.1 空间曲线及其方程

在 8.5 小节中,我们已经研究了空间直线这种特殊的空间曲线,类似空间直线可看作是两平面的交线.空间曲线则可以看成是两曲面的交线.

设 $F(x,y,z)=0$ 和 $G(x,y,z)=0$ 是两个曲面的方程,它们的交线为 Γ,因为交线 Γ 同时落在两个曲面上,所以 Γ 上任意一点的坐标必定同时满足两个曲面方程,也就是满足下面的方程组:

$$\begin{cases}F(x,y,z)=0,\\ G(x,y,z)=0.\end{cases} \tag{8.34}$$

显然不在交线 Γ 上的点的坐标不可能同时满足两个方程，即不满足方程组(8.34). 因此空间曲线 Γ 可用方程组(8.34)来表示. 方程组(8.34)称为空间曲线 Γ 的一般方程.

例 1 方程组

$$\begin{cases} z = \sqrt{a^2 - x^2 - y^2}, \\ x^2 + \left(y - \dfrac{a}{2}\right)^2 = \left(\dfrac{a}{2}\right)^2 \end{cases}$$

表示怎样的曲线?

解 方程组中第一个方程表示球心在坐标原点 O，半径为 a 的上半球面. 第二个方程表示母线平行于 z 轴的圆柱面，它的准线是 xOy 面上圆心在点 $\left(0,\dfrac{a}{2}\right)$ 半径为 $\dfrac{a}{2}$ 的圆. 方程组就表示上述半球面与圆柱面的交线，如图 8.41 所示.

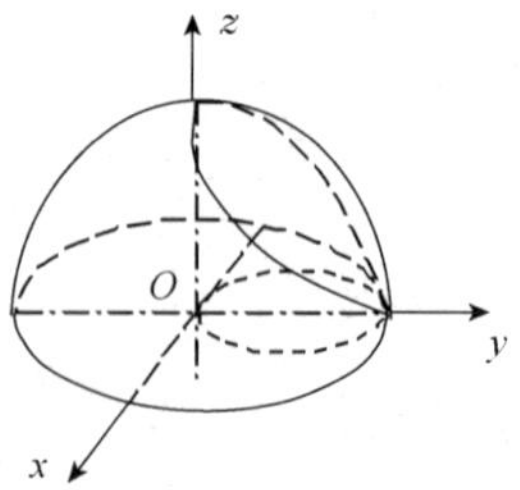

图 8.41

空间曲线除了用一般方程表示外，也可以用参数方程表示. 设空间曲线 Γ 上的动点的坐标 x, y, z 都是参数 t 的函数

$$\begin{cases} x = x(t), \\ y = y(t), \\ z = z(t), \end{cases} \tag{8.35}$$

则对于给定的一个 t 的值，由(8.35)就可得到 x, y, z 的对应值，从而得到 Γ 上的一个点 (x, y, z)；随着 t 的变动便可得曲线 Γ 上的全部点. 方程组(8.35)称为空间曲线 Γ 的**参数方程**.

例 2 如图 8.42 所示，空间一动点 $M(x, y, z)$ 在圆柱面 $x^2+y^2=a^2$ 上以角速度 ω 绕 z 轴旋转. 同时又以线速度 v 沿平行于 z 轴的方向向上升，求此动点的轨迹方程.

解 设动点 M 开始运动时的位置是 $A(a, 0, 0)$，经过时间 t 后，运动到达 $M(x, y, z)$ 的位置. 记 M 点在 xOy 面上的投影为 M'，则 M' 的坐标为 $(x, y, 0)$. 因为动点在圆柱面上以角速度 ω 绕 z 轴旋转，所以经过时间 t 后，$\angle AOM' = \omega t$. 从而

$$x = |OM'| \cos\omega t = a\cos\omega t,$$
$$y = |OM'| \sin\omega t = a\sin\omega t.$$

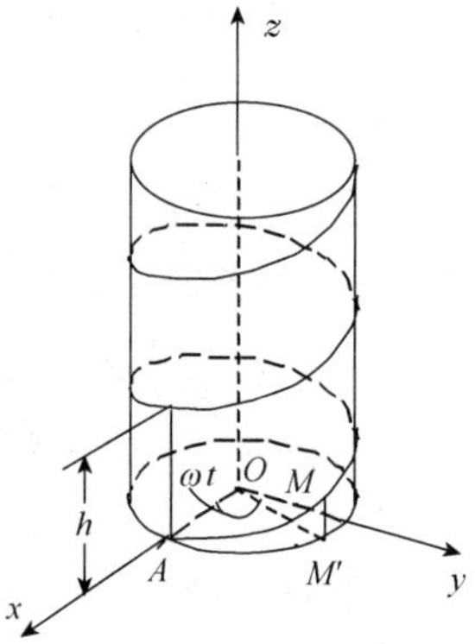

图 8.42

同时，动点 M 以线速度 v 沿平行于 z 轴的方向上升，所以

$$z = |MM'| = vt.$$

这样,我们得到动点的轨迹方程为

$$\begin{cases} x = a\cos\omega t, \\ y = a\sin\omega t, \\ z = vt. \end{cases} \tag{8.36}$$

这条曲线称为**螺旋线**.

如果令 $\theta=\omega t$,则螺旋线的参数方程可写为

$$\begin{cases} x = a\cos\theta, \\ y = a\sin\theta, \\ z = b\theta, \end{cases}$$

这里 $b=\dfrac{v}{\omega}$,而参数为 θ.

螺旋线是实践中常用的曲线.例如,平头螺丝钉的外缘曲线就是螺旋线.

螺旋线有一个重要性质:当 θ 从 θ_0 变到 $\theta_0+\alpha$ 时,z 由 $b\theta_0$ 变到 $b\theta_0+b\alpha$.这说明当 OM'转过角 α 时,M 点沿螺旋线上升了高度 $b\alpha$,即上升的高度与 OM'转过角度成正比.特别是当 OM'转过一周,即 $\alpha=2\pi$ 时,M 点就上升固定的高度 $h=2\pi b$.这个高度 $h=2\pi b$ 在工程技术上叫做**螺距**.

8.8.2 空间曲线在坐标面上的投影

设空间曲线 Γ 的一般方程为

$$\begin{cases} F(x,y,z) = 0, \\ G(x,y,z) = 0. \end{cases} \tag{8.37}$$

如果我们能从方程组(8.37)中消去 z 而得到方程

$$\boxed{H(x,y) = 0,} \tag{8.38}$$

那么当点 M 的坐标 x,y,z 满足(8.37)时,也一定会满足(8.38),这说明曲线 Γ 完全落在(8.38)所表示的曲面上.(8.38)表示的是一个母线平行于 z 轴的柱面,这个柱面包含着曲线 Γ.

以曲线 Γ 为准线,母线平行于 z 轴的柱面称为曲线 Γ 关于 xOy 面的**投影柱面**.这个投影柱面与 xOy 面的交线称为曲线 Γ 在 xOy 面上的**投影曲线**(简称为**投影**).

因此,方程(8.38)所表示的柱面就一定包含着 Γ 关于 xOy 面的投影柱面,而方程

$$\boxed{\begin{cases} H(x,y)=0, \\ z=0 \end{cases}} \tag{8.39}$$

所表示的曲线必定包含着 Γ 在 xOy 面上的投影.

同理,从方程组(8.37)中消去 x 或 y,再分别和 $x=0$ 或 $y=0$ 联立,就可分别得到包含曲线 Γ 在 yOz 面或 zOx 面上的投影的曲线方程:

$$\begin{cases}R(y,z)=0,\\x=0\end{cases}\quad\text{或}\quad\begin{cases}T(z,x)=0,\\y=0.\end{cases}$$

例 3　求曲线 Γ:$\begin{cases}x^2+y^2=z,\\z=1-y\end{cases}$在三坐标面上的投影方程.

解　从方程组中消去 z,得 $x^2+y^2=1-y$,或写成

$$x^2+\left(y+\frac{1}{2}\right)^2=\frac{5}{4}.$$

于是

$$\begin{cases}x^2+\left(y+\frac{1}{2}\right)^2=\frac{5}{4},\\z=0\end{cases}\tag{8.40}$$

就是 Γ 在 xOy 面上的投影曲线的方程.

用同样方法,可求得 Γ 在 zOx 面上的投影曲线的方程

$$\begin{cases}x^2+\left(z-\frac{3}{2}\right)^2=\frac{5}{4},\\y=0.\end{cases}\tag{8.41}$$

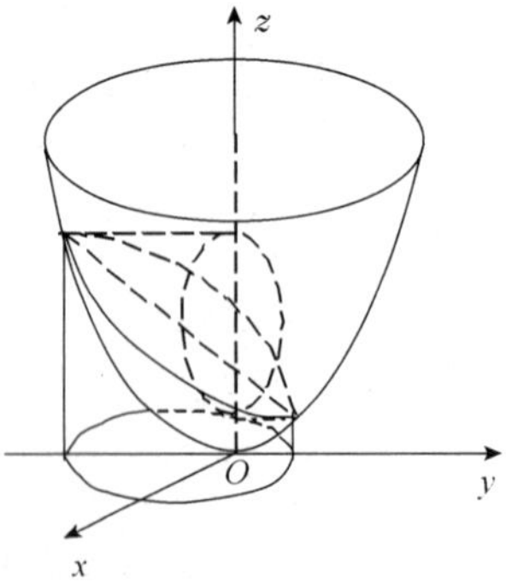

图 8.43

我们还可以知道 Γ 关于 yOz 面的投影是一条线段:

$$\begin{cases}z=1-y,\\x=0\end{cases}\quad\frac{-1-\sqrt{5}}{2}\leqslant y\leqslant\frac{-1+\sqrt{5}}{2},\tag{8.42}$$

这是因为把 Γ 在 xOy 面上的投影和在 yOz 面上的投影比较,y 的范围应是一致的(图 8.43).

8.8.3　向量函数确定的空间曲线

所谓向量函数,就是其函数值不再是实数而是向量,因此也称为向量值函数.用向量函数来描述空间曲线和质点在空间的运动尤为方便.

设 $f(t),g(t),h(t)$都是定义在集合 $I\subset\mathbf{R}$ 上的实值函数,那么对任一个 $t_0\in I$,按公式

$$\boldsymbol{r}(t)=\{f(t),g(t),h(t)\}$$

就有唯一的向量 $\boldsymbol{r}(t_0)=\{f(t_0),g(t_0),h(t_0)\}$与之对应.

因此我们称 $\boldsymbol{r}(t)=\{f(t),g(t),h(t)\}$为集合 I 上的一个**向量函数**. $f(t),g(t)$,$h(t)$称为 $\boldsymbol{r}(t)$的**分量函数**.

向量函数的定义域是它各分量函数定义域的交集.

定义 8.7 设 $\boldsymbol{r}(t)=\{f(t),g(t),h(t)\}$在 $t=a$ 的某去心邻域内有定义，如果

$$\lim_{t\to a}f(t),\quad \lim_{t\to a}g(t),\quad \lim_{t\to a}h(t)$$

都存在，则称向量函数 $\boldsymbol{r}(t)$在 $t\to a$ 时存在极限，其极限值为

$$\lim_{t\to a}\boldsymbol{r}(t)=\{\lim_{t\to a}f(t),\lim_{t\to a}g(t),\lim_{t\to a}h(t)\}. \tag{8.43}$$

定义 8.8 如果向量函数 $\boldsymbol{r}(t)$在 $t=a$ 的某邻域内有定义，且

$$\lim_{t\to a}\boldsymbol{r}(t)=\boldsymbol{r}(a).$$

则称 $\boldsymbol{r}(t)$在 $t=a$ 处连续.

根据定义 8.7 和定义 8.8，可以知道向量函数 $\boldsymbol{r}(t)$在 $t=a$ 处连续当且仅当它的三个分量函数都在 $t=a$ 处连续.

连续的向量函数和空间曲线之间有着密切的联系．设 $x(t),y(t),z(t)$都是数集 I 上的连续函数，那么我们知道，参数方程

$$\begin{cases}x=x(t),\\ y=y(t), \quad t\in I\\ z=z(t),\end{cases} \tag{8.44}$$

表示空间的一条曲线 C. 如果把 C 上的点 $M(x(t),y(t),z(t))$的位置向量记作 $\boldsymbol{r}(t)$，即 $\boldsymbol{r}(t)=\overrightarrow{OM}$，见图 8.44，则参数方程(8.44)就可写作向量形式

$$\boldsymbol{r}(t)=x(t)\boldsymbol{i}+y(t)\boldsymbol{j}+z(t)\boldsymbol{k}.$$

当 t 在 I 内变动时，动向量 $\boldsymbol{r}(t)$的终点就描画出了曲线 C. 因此我们也把参数方程(8.44)表示的曲线 C 说成是由向量函数(或向量方程)

$$\boldsymbol{r}(t)=\{x(t),y(t),z(t)\},\quad t\in I$$

所表示(或确定)的曲线.

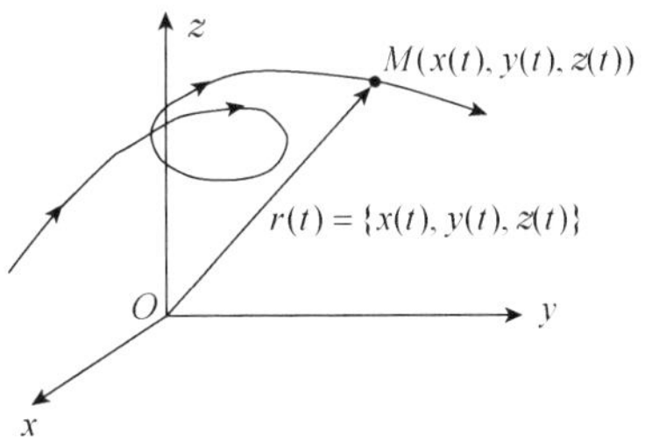

图 8.44

例 4 讨论由向量函数 $\boldsymbol{r}(t)=\{1+t,2+5t,-1+6t\}$表示的曲线.

解 曲线对应的参数方程为

$$\begin{cases}x=1+t,\\ y=2+5t,\\ z=-1+6t.\end{cases}$$

这是我们熟悉的空间直线参数方程，它经过点(1,2,−1)，方向向量为{1,5,6}.

如果记 $\boldsymbol{r}_0=\{1,2,-1\}$，$\boldsymbol{s}=\{1,5,6\}$，直线方程还可以写成如下的向量方程形式

$$\boldsymbol{r}(t)=\boldsymbol{r}_0+t\boldsymbol{s}.$$

例 5 描出由向量函数 $\boldsymbol{r}(t)=2\cos t\boldsymbol{i}+\sin t\boldsymbol{j}+t\boldsymbol{k}$ 所确定的曲线.

解 此曲线的参数方程为

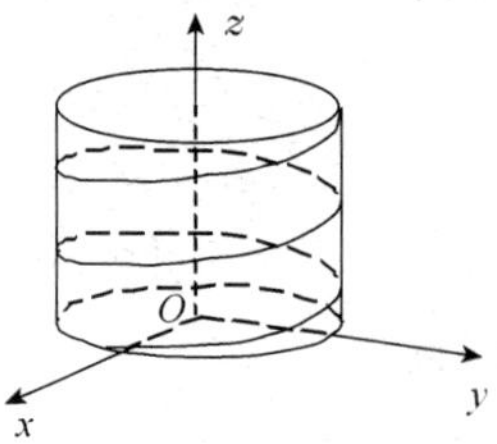

图 8.45

$$\begin{cases} x=2\cos t, \\ y=\sin t, \\ z=t. \end{cases}$$

因为 $\left(\frac{x}{2}\right)^2+y^2=\cos^2 t+\sin^2 t=1$，所以曲线一定落在椭圆柱面 $\frac{x^2}{4}+y^2=1$ 上，又因为 $z=t$，所以当 t 逐渐增大时，曲线绕着椭圆柱面盘旋上升，如图 8.45 所示. 这条曲线类似前面讨论过的螺旋线.

8.8.4　向量函数的导数和积分

定义 8.9　设向量函数 $\boldsymbol{r}(t)$ 在 $t=a$ 的某邻域内有定义，如果极限

$$\lim_{\Delta t\to 0}\frac{\boldsymbol{r}(a+\Delta t)-\boldsymbol{r}(a)}{\Delta t}$$

存在，则称 $\boldsymbol{r}(t)$ 在 $t=a$ 处可导，该极限称为 $\boldsymbol{r}(t)$ 在 $t=a$ 处的导数，记作 $\left.\frac{\mathrm{d}\boldsymbol{r}}{\mathrm{d}t}\right|_{t=a}$ 或 $\boldsymbol{r}'(a)$，即

$$\boxed{\left.\frac{\mathrm{d}\boldsymbol{r}}{\mathrm{d}t}\right|_{t=a}=\boldsymbol{r}'(a)=\lim_{\Delta t\to 0}\frac{\boldsymbol{r}(a+\Delta t)-\boldsymbol{r}(a)}{\Delta t}.} \tag{8.45}$$

下面来分析一下向量函数的导数的几何意义.

如图 8.46 所示，在向量函数 $\boldsymbol{r}(t)$ 所确定的曲线 C 上，P、Q 两点的位置向量分别是 $\boldsymbol{r}(a)$ 和 $\boldsymbol{r}(a+\Delta t)$，$\overrightarrow{PQ}=\boldsymbol{r}(a+\Delta t)-\boldsymbol{r}(a)$ 是 C 上的一个割线向量．当导数 $\boldsymbol{r}'(a)$ 存在且 $\boldsymbol{r}'(a)\neq 0$ 时，它是上述割向量数乘 $\frac{1}{\Delta t}$ 后在 $\Delta t\to 0$ 时的极限向量．我们把 $\boldsymbol{r}'(a)$ 称为曲线 C 在点 P 处的切向量.

如果 $\boldsymbol{r}(t)$ 在数集 I 上处处可导，$\boldsymbol{r}'(t)$ 就在 I 上定义了一个切向量函数，$\boldsymbol{r}'(t)$ 的方向恒指向参数 t 增大的一方. 容易证明.

定理 8.2　设 $\boldsymbol{r}(t)=\{f(t),g(t),h(t)\}$，其中 f,g,h 均为可导函数，那么

$$\boldsymbol{r}'(t)=\{f'(t),g'(t),h'(t)\}$$

或

$$\mathrm{d}\boldsymbol{r}(t)=\{f'(t)\mathrm{d}t,g'(t)\mathrm{d}t,h'(t)\mathrm{d}t\}=\boldsymbol{r}'(t)\mathrm{d}t. \tag{8.46}$$

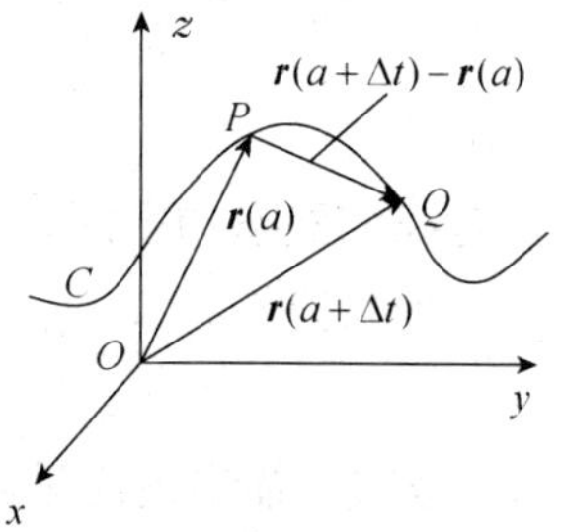

图 8.46

例 6　求螺旋线 $\boldsymbol{r}(t)=2\cos t\,\boldsymbol{i}+\sin t\,\boldsymbol{j}+t\boldsymbol{k}$ 在点 $\left(0,1,\frac{\pi}{2}\right)$ 处的切线方程.

解 $\boldsymbol{r}'(t)=\{-2\sin t,\cos t,1\}$.

对应于点$\left(0,1,\frac{\pi}{2}\right)$的参数值是 $t=\frac{\pi}{2}$. 所以曲线在点$\left(0,1,\frac{\pi}{2}\right)$处的切向量为 $\boldsymbol{r}'\left(\frac{\pi}{2}\right)=\{-2,0,1\}$,从而曲线在$\left(0,1,\frac{\pi}{2}\right)$处的切线方程为

$$\frac{x}{-2}=\frac{y-1}{0}=\frac{z-\frac{\pi}{2}}{1}.$$

或

$$\begin{cases}x+2z-\pi=0,\\ y=1.\end{cases}$$

向量函数的求导法则与一般实函数的求导法则非常相似.

定理 8.3 设 $\boldsymbol{u},\boldsymbol{v}$ 是可导的向量函数,f 是可导实函数,c 为常数,则

(1) $\frac{\mathrm{d}}{\mathrm{d}t}[\boldsymbol{u}(t)+\boldsymbol{v}(t)]=\boldsymbol{u}'(t)+\boldsymbol{v}'(t)$; (8.47)

(2) $\frac{\mathrm{d}}{\mathrm{d}t}[c\boldsymbol{u}(t)]=c\boldsymbol{u}'(t)$; (8.48)

(3) $\frac{\mathrm{d}}{\mathrm{d}t}[f(t)\boldsymbol{u}(t)]=f'(t)\boldsymbol{u}(t)+f(t)\boldsymbol{u}'(t)$; (8.49)

(4) $\frac{\mathrm{d}}{\mathrm{d}t}[\boldsymbol{u}(t)\cdot\boldsymbol{v}(t)]=\boldsymbol{u}'(t)\cdot\boldsymbol{v}(t)+\boldsymbol{u}(t)\cdot\boldsymbol{v}'(t)$; (8.50)

(5) $\frac{\mathrm{d}}{\mathrm{d}t}[\boldsymbol{u}(t)\times\boldsymbol{v}(t)]=\boldsymbol{u}'(t)\times\boldsymbol{v}(t)+\boldsymbol{u}(t)\times\boldsymbol{v}'(t)$; (8.51)

(6) $\frac{\mathrm{d}}{\mathrm{d}t}[\boldsymbol{u}[f(t)]]=f'(t)\boldsymbol{u}'[f(t)]$. (8.52)

以上六条性质既可直接从定义 8.8 出发去证明,也可根据定理 8.2,通过相应的实函数求导法则来证明. 详细的证明留给读者.

例 7 如果$|\boldsymbol{r}(t)|=c$(常数),证明对任意 t 的值,均有 $\boldsymbol{r}'(t)$垂直于 $\boldsymbol{r}(t)$.

解 因为

$$\boldsymbol{r}(t)\cdot\boldsymbol{r}(t)=|\boldsymbol{r}(t)|^2=c^2,$$

等式两边对 t 求导,由(8.50)得

$$0=\frac{\mathrm{d}}{\mathrm{d}t}(c^2)=\frac{\mathrm{d}}{\mathrm{d}t}[\boldsymbol{r}(t)\cdot\boldsymbol{r}(t)]=\boldsymbol{r}'(t)\cdot\boldsymbol{r}(t)+\boldsymbol{r}(t)\cdot\boldsymbol{r}'(t)=2\boldsymbol{r}'(t)\cdot\boldsymbol{r}(t).$$

这样,

$$\boldsymbol{r}'(t)\cdot\boldsymbol{r}(t)=0,$$

所以 $\boldsymbol{r}'(t)$垂直于 $\boldsymbol{r}(t)$.

从几何上来看,$|\boldsymbol{r}(t)|=c$ 意味着曲线 $\boldsymbol{r}=\boldsymbol{r}(t)$位于球心在原点半径为 c 的球面上. 因此本例说明,如果一条曲线位于球心在原点的球面上,那么曲线上任一点

处的切向量总垂直于该点的位置向量.

类似于前面对极限、连续性、导数的处理方法一样，向量函数的积分也是通过其分量函数来定义和计算的．我们不再给出具体的定义和计算方法，而只把结果叙述如下：

如果 $\boldsymbol{R}'(t)=\boldsymbol{r}(t)$，则称 $\boldsymbol{R}(t)$ 为 $\boldsymbol{r}(t)$ 的一个原函数.

$\boldsymbol{r}(t)=\{f(t),g(t),h(t)\}$ 的不定积分为

$$\int \boldsymbol{r}(t)\mathrm{d}t=\left\{\int f(t)\mathrm{d}t,\int g(t)\mathrm{d}t,\int h(t)\mathrm{d}t\right\}=\boldsymbol{R}(t)+\boldsymbol{C}(\boldsymbol{C}\text{ 为积分常向量}),$$

$\boldsymbol{r}(t)$ 在 $[a,b]$ 上的定积分为

$$\int_a^b \boldsymbol{r}(t)\mathrm{d}t=\left\{\int_a^b f(t)\mathrm{d}t,\int_a^b g(t)\mathrm{d}t,\int_a^b h(t)\mathrm{d}t\right\}=\boldsymbol{R}(t)\Big|_a^b=\boldsymbol{R}(b)-\boldsymbol{R}(a).$$

用向量函数的导数和积分来研究质点在空间的运动非常方便.

设质点沿空间曲线运动，在 t 时刻，它的位置向量是 $\boldsymbol{r}(t)$，则位置向量 $\boldsymbol{r}(t)$ 的导数

$$\boldsymbol{v}(t)=\boldsymbol{r}'(t) \tag{8.53}$$

就是质点在时刻 t 的**速度向量**.

速度向量 $\boldsymbol{v}(t)$ 的导数

$$\boldsymbol{a}(t)=\boldsymbol{v}'(t)=\boldsymbol{r}''(t) \tag{8.54}$$

就是质点在时刻 t 的**加速度向量**.

例 8　设动点的位置向量 $\boldsymbol{r}(t)=\{t^2,\mathrm{e}^t,t\mathrm{e}^t\}$，求其在初始时刻 $t=0$ 时的速度、加速度和速率.

解

$$\boldsymbol{v}(t)=\boldsymbol{r}'(t)=\{2t,\mathrm{e}^t,(1+t)\mathrm{e}^t\},$$
$$\boldsymbol{a}(t)=\boldsymbol{r}''(t)=\{2,\mathrm{e}^t,(2+t)\mathrm{e}^t\},$$
$$|\boldsymbol{v}(t)|=\sqrt{4t^2+\mathrm{e}^{2t}+(1+t)^2\mathrm{e}^{2t}}.$$

$t=0$ 时，它们分别为

$$\boldsymbol{v}(0)=\{0,1,1\},\quad \boldsymbol{a}(0)=\{2,1,2\},\quad |\boldsymbol{v}(0)|=\sqrt{2},$$

即动点在初始时刻的速度为 $\{0,1,1\}$，加速度为 $\{2,1,2\}$，速率为 $\sqrt{2}$.

如果已知动点的速度或加速度，利用向量函数的积分，可以求得动点的位置向量或速度.

例 9　动点以初速度 $\boldsymbol{v}(0)=\{1,-1,1\}$ 从 $(1,0,0)$ 出发做曲线运动，已知其加速度为 $\boldsymbol{a}(t)=\{4t,6t,1\}$. 求时刻 t 动点的速度和位置.

解　因为 $\boldsymbol{a}(t)=\boldsymbol{v}'(t)$，

$$\boldsymbol{v}(t)=\int \boldsymbol{a}(t)\mathrm{d}t=\int\{4t,6t,1\}\mathrm{d}t=\{2t^2,3t^2,t\}+\boldsymbol{c},$$
$$\boldsymbol{v}(0)=\{1,-1,1\}=\{0,0,0\}+\boldsymbol{c},$$

所以

$$\boldsymbol{c}=\boldsymbol{v}(0)=\{1,-1,1\},$$

从而

$$\boldsymbol{v}(t)=\{2t^2,3t^2,t\}+\{1,-1,1\}=\{2t^2+1,3t^2-1,t+1\}.$$

又因为 $\boldsymbol{v}(t)=\boldsymbol{r}'(t)$,我们有

$$\begin{aligned}\boldsymbol{r}(t)&=\int\boldsymbol{v}(t)\mathrm{d}t=\int\{2t^2+1,3t^2-1,t+1\}\mathrm{d}t\\&=\left\{\frac{2}{3}t^3+t,t^3-t,\frac{1}{2}t^2+t\right\}+\boldsymbol{d},\\\boldsymbol{r}(0)&=\{1,0,0\}=\{0,0,0\}+\boldsymbol{d}.\end{aligned}$$

所以

$$\boldsymbol{d}=\boldsymbol{r}(0)=\{1,0,0\},$$

从而

$$\boldsymbol{r}(t)=\left\{\frac{2}{3}t^3+t,t^3-t,\frac{1}{2}t^2+t\right\}+\{1,0,0\}=\left\{\frac{2}{3}t^3+t+1,t^3-t,\frac{1}{2}t^2+t\right\}.$$

一般来说,在已知加速度或速度时,可按下面的公式求出速度或位置:

$$\boldsymbol{v}(t)=\boldsymbol{v}(t_0)+\int_0^t\boldsymbol{a}(u)\mathrm{d}u,$$

$$\boldsymbol{r}(t)=\boldsymbol{r}(t_0)+\int_0^t\boldsymbol{v}(u)\mathrm{d}u.$$

习题 8.8(A)

1. 画出下列曲线在第一卦限内的图形.

(1) $\begin{cases}z=x^2+y^2,\\z=1;\end{cases}$ (2) $\begin{cases}x^2+y^2=1,\\x^2+z^2=1;\end{cases}$ (3) $\begin{cases}z=\sqrt{4-x^2-y^2},\\x-y=0.\end{cases}$

2. 把曲线的一般方程化为参数方程.

(1) $\begin{cases}x^2+3y^2+z^2=36,\\x-y=0;\end{cases}$ (2) $\begin{cases}x-y+z=1,\\y=x^2.\end{cases}$

3. 把曲线的参数方程$\begin{cases}x=t+a,\\y=\sqrt{a^2-t^2},\\z=\sqrt{2a(a-t)}\end{cases}$化为一般方程.

4. 分别求母线平行于 x 轴及 y 轴,而且通过曲线$\begin{cases}2x^2+y^2+z^2=16,\\x^2+z^2-y^2=0\end{cases}$的柱面方程.

5. 求以下曲线在三个坐标面上的投影:

(1) $\begin{cases}x^2+y^2+z^2=16,\\x-y=0;\end{cases}$ (2) $\begin{cases}y^2+z^2=4ax,\\y^2=ax.\end{cases}$

6. 画出下列向量函数决定的曲线的图形,并用箭头标出 t 增加时,曲线的方向:

(1) $\boldsymbol{r}(t)=\{t,-t,2t\}$；　(2) $\boldsymbol{r}(t)=\{t^2,t,2\}$；　(3) $\boldsymbol{r}(t)=\{\sin t,t,\cos t\}$.

7. 求极限：

(1) $\lim\limits_{t\to 0}\left\{\dfrac{1-\cos t}{t},t^3,\mathrm{e}^{-\frac{1}{t^2}}\right\}$；　(2) $\lim\limits_{t\to+\infty}\left(\mathrm{e}^{-t}\boldsymbol{i}+\dfrac{t-1}{t+1}\boldsymbol{j}+\arctan t\boldsymbol{k}\right)$.

8. 求下列函数的定义域和导函数：

(1) $\boldsymbol{r}(t)=\{t^2-4,\sqrt{t-4},\sqrt{6-t};\}$；　(2) $\boldsymbol{r}(t)=\{\mathrm{e}^{-t}\cos t,\mathrm{e}^{-t}\sin t,\ln t\}$；

(3) $\boldsymbol{r}(t)=\boldsymbol{i}+\tan t\boldsymbol{j}+\sec t\boldsymbol{k}$；　(4) $\boldsymbol{r}(t)=t\boldsymbol{a}\times(\boldsymbol{b}+t\boldsymbol{c})$.

9. 求下列曲线在指定点的切线方程：

(1) $\boldsymbol{r}(t)=\{1+2t,1+t-t^2,1-t+t^2-t^3\}$，$(1,1,1)$；

(2) $\boldsymbol{r}(t)=t\cos 2\pi t\boldsymbol{i}+t\sin 2\pi t\boldsymbol{j}+4t\boldsymbol{k}$，$\left(0,\dfrac{1}{4},1\right)$.

10. 求向量函数的积分：

(1) $\displaystyle\int_1^4\left\{\sqrt{t},t\mathrm{e}^{-t},\frac{1}{t^2}\right\}\mathrm{d}t$；　(2) $\displaystyle\int_0^{\frac{\pi}{4}}(\cos 2t\boldsymbol{i}+\sin 2t\boldsymbol{j}+t\sin t\boldsymbol{k})\mathrm{d}t$.

11. 已知 $\boldsymbol{r}'(t)=\sin t\boldsymbol{i}-\cos t\boldsymbol{j}+2t\boldsymbol{k}$，$\boldsymbol{r}(0)=\boldsymbol{i}+\boldsymbol{j}+2\boldsymbol{k}$，求 $\boldsymbol{r}(t)$.

12. 质点的位置函数为 $\boldsymbol{r}(t)$，求质点的速度、加速度和速率.

(1) $\boldsymbol{r}(t)=\{\sqrt{t},t,t\sqrt{t}\}$；　(2) $\boldsymbol{r}(t)=\mathrm{e}^t(\cos t\boldsymbol{i}+\sin t\boldsymbol{j}+t\boldsymbol{k})$.

13. 已知 $\boldsymbol{a}(t)=-10\boldsymbol{k}$，$\boldsymbol{v}(0)=\boldsymbol{i}+\boldsymbol{j}-\boldsymbol{k}$，$\boldsymbol{r}(0)=2\boldsymbol{i}+3\boldsymbol{j}$，求 $\boldsymbol{v}(t)$ 和 $\boldsymbol{r}(t)$.

14. 设一质点的速率为常数，则质点的速度与加速度垂直．试证之.

15. 以初速率 500m/s，射角 30°发射炮弹，不计空气阻力，求

(1) 炮弹的射程；(2) 炮弹能达到的最高高度；(3) 炮弹着地时的速率.

习题 8.8(B)

1. 已知 $\boldsymbol{u}(t)=\{1,-2t^2,3t^3\}$，$\boldsymbol{v}(t)=\{t,\cos t,\sin t\}$，

(1) 求 $\dfrac{\mathrm{d}}{\mathrm{d}t}[\boldsymbol{u}(t)\cdot\boldsymbol{v}(t)]$；　(2) 求 $\dfrac{\mathrm{d}}{\mathrm{d}t}[\boldsymbol{u}(t)\times\boldsymbol{v}(t)]$.

2. 如果总有 $\boldsymbol{r}(t)\perp\boldsymbol{r}'(t)$，证明曲线 $\boldsymbol{r}=\boldsymbol{r}(t)$ 一定落在一个以原点为球心的球面上.

3. 一个质点的位置函数为 $\boldsymbol{r}(t)=\{t^2,5t,t^2-16t\}$，求其最小速率.

4. 设枪弹的离膛速率为 120m/s，问枪的射角应为多大，才能使子弹击到 500m 远的地方(不计空气阻力)？

8.9　演示与实验

本章演示与实验主要包括三个方面的内容：一、向量及其运算；二、空间曲面的绘制；三、截痕法的动画演示.

8.9.1　向量及其运算

用 Mathematica 可以进行向量的加法、减法、数乘、数量积和向量积运算，向量

的输入格式以及运算符号与课本基本类似.

例 1 设 $\boldsymbol{a}=\{3,0,4\}$,$\boldsymbol{b}=\{1,-2,5\}$,求 $\boldsymbol{a}+\boldsymbol{b}$,$3\boldsymbol{a}-5\boldsymbol{b}$,$\boldsymbol{a}\cdot\boldsymbol{b}$,$\boldsymbol{a}\times\boldsymbol{b}$.

解 在 Mathematica 中作如下输入和计算:

```
In[1]:=a = {3,0,4};
    b = {1, - 2,5};          (* 定义向量 a,b* )
In[3]:=a + b                 (* 输入 a + b* )
Out[3]={4, - 2,9}            (*a + b 计算结果* )
In[4]:=3 a - 5 b             (* 输入 3 a - 5 b* )
Out[4]={4,10, - 13}          (* 3a - 5b 计算结果* )
In[5]:=Dot[a,b]              (* 用 Dot 函数计算 a 与 b 的数量积(点积)* )
Out[5]=23                    (*a 与 b 点乘的结果* )
In[6]:=Cross[a,b]            (* 用 Cross 函数计算 a 与 b 的向量积(叉积)* )
Out[6]={8, - 11, - 6}        (* a 与 b 叉乘的结果* )
```

两个向量作加法和减法,这两个向量的维数必须相同,运算符与通常的加法和减法相同;数乘向量,运算符号用"*"或者空格.

两个向量 $\boldsymbol{a}$ 与 $\boldsymbol{b}$ 作点乘(数量积),用函数 Dot[a,b],也可以直接输入 a·b,注意运算符用键盘上的西文句点符号".",而不是"*".

两个向量 $\boldsymbol{a}$ 与 $\boldsymbol{b}$ 作叉乘(向量积),这两个向量必须都是三维向量,用函数 Cross[a,b],也可以用课本上的形式 a×b,但键盘上没有"×"键,要借助输入模板进行输入,调出模板的方法是:点击文件菜单 File→Palettes→BasicInput,找到叉乘号(注意模板上有两个叉乘号,但表示不同的运算,在符号"≤"上方的较小的那个才表示向量的叉乘符号)单击,则叉乘号就插入到光标处.

例 2 设 $\boldsymbol{a},\boldsymbol{b},\boldsymbol{c}$ 表示三维向量,用 Mathematica 验证下列等式是否成立:

(1) $(\boldsymbol{a}\times\boldsymbol{b})\times\boldsymbol{c}=(\boldsymbol{a}\cdot\boldsymbol{c})\boldsymbol{b}-(\boldsymbol{b}\cdot\boldsymbol{c})\boldsymbol{a}$; (2) $(\boldsymbol{a}\times\boldsymbol{b})\times\boldsymbol{c}=\boldsymbol{a}\times(\boldsymbol{b}\times\boldsymbol{c})$.

解 验证的方法是:在 Mathematica 中将待验证公式作为一个逻辑等式输入,调用 Simplify 函数化简,观察化简结果,如果是 True,则表示该公式恒成立.

```
In[1]:=a = {a1,a2,a3};
       b = {b1,b2,b3};
       c = {c1,c2,c3};         (* 定义 a,b,c 为三个三维向量* )
In[4]:=Simplify[(a × b) × c = = (a · c) b - (b · c) a] (* 验证第一个等式* )
Out[4]=True
```

化简结果为 True,这说明该公式恒成立.

```
In[5]:=Simplify[(a × b) × c = = a × (b × c)]       (* 验证第二个等式* )
Out[5]=
  {a2b2c1 + a3b3c1 - a1(b2c2 + b3c3),(a1b1 + a3b3)c2 - a2(b1c1 + b3c3),
```

```
- a3(b1c1 + b2c2) + (a1b1 + a2b2)c3} = = {0,0,0}
```

化简结果不是 True，说明该表达式不是一个恒等式，只有当三个向量的各个分量满足一定条件时，等式才能成立. 为了找到一个反例，做如下试验：让向量 $\boldsymbol{a}$，$\boldsymbol{b}$，$\boldsymbol{c}$ 的各个分量随机取值，检查等式是否成立，如果等式不成立，则也就找到了一个说明等式不成立的反例.

```
In[6]:=a = Table[Random[Integer,{1,9}],{3}];
        b = Table[Random[Integer,{1,9}],{3}];
        c = Table[Random[Integer,{1,9}],{3}];
        Simplify[(a × b) × c  = = a × (b × c)]
Out[9]=False
```

相应地可得到说明第二个等式不成立的反例：$\boldsymbol{a}=\{4,7,9\}$，$\boldsymbol{b}=\{2,4,5\}$，$\boldsymbol{c}=\{5,6,4\}$. 实际上，这个问题的反例很容易找到，这里主要目的是介绍用 Mathematica 做数学试验的方法.

注　Table[expr,{k}]：生成由 k 个 expr 表达式构成的有序表（向量）；Random[Integer,{1,9}]：生成一个 1 到 9 之间的随机整数.

例 3　用 Mathematica 语言编写一个函数，用来判别空间三点 P,Q,R 是否共线.

解　我们知道，空间三点 P_1,P_2,P_3 共线的充分必要条件是向量 $\overrightarrow{P_1P_2}\times\overrightarrow{P_1P_3}=\mathbf{0}$，我们根据这个充分必要条件来编写判断空间中三点是否共线的函数 CollinearQ：

```
In[1]:= CollinearQ[p1 _,p2 _,p3 _]
        :=Module[{v1,v2},v1 = p2 - p1;v2 = p3 - p1;If[v1 × v2 = = {0,0,
          0},True,False]]
```

在自定义函数中，Module 函数将中间变量 v1，v2 局部化，使之只能在 Module 函数内部起作用，Module 函数的返回值为 Module 内部最后一个表达式的值，在这里是 If 表达式的值. p1，p2，p3 表示空间中三个点的坐标，用花括号括起来. 例如：用上面定义的函数检查空间三点(1,2,3)，(2,5,6)，(3,6,9)是否共线，键入命令

```
In[2]:= CollinearQ[{1,2,3},{2,5,6},{3,6,9}]
Out[2]=False      (*结果为 False,表示所给三点不共线*)
```

再检查点(1,2,3)，(2,4,6)，(3,6,9)是否共线，键入命令

```
In[3]:= CollinearQ[{1,2,3},{2,4,6},{3,6,9}]
Out[3]=True      (*结果为 True,表示所给三点共线*)
```

8.9.2　空间曲面的绘制

1. 用 Plot3D 绘制二元函数的图形

一般情况下，二元函数的图形是三维空间中的曲面，如果二元函数的表达式是

形如 $z=f(x,y)$ 显式表示的，则可以调用命令 Plot3D 绘制其图形，命令格式为

Plot3D[f[x,y],{x,xmin,xmax},{y,ymin,ymax},Option]

绘制函数 $z=f(x,y)$ 在矩形 xmin$\leqslant x\leqslant$xmax，ymin$\leqslant y\leqslant$ymax 上定义的空间曲面.

例 4 作函数 $z=\sin(x-y)$ 的图形.

解 选项值不另行指定，用系统默认的选项值作图，见图 8.47.

In[1]:=**Plot3D[Sin[x - y],{x, - Pi,Pi},{y, - Pi,Pi}]**

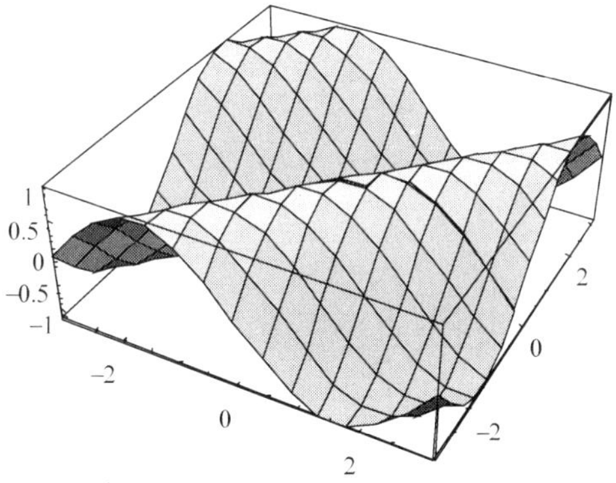

图 8.47

有时候，如果命令中只给出函数表达式和自变量的取值范围，作出的图形不能满足我们的要求，要使图形更加精细，必须通过设定各种选项(Option)来实现. 如果命令中没有给出选项，Mathematica 就以默认的选项值作图，要查看 Plot3D 的各个选项及其默认值，可键入命令

Options[Plot3D]

下面对常用的选项予以简单介绍：

PlotPoints 指定生成图形时在每个方向上所用的点数，默认值为 15，这种默认设置有时候会使图形显得不光滑，增大 PlotPoints 的值就会缓解这种象. 可以用任意的整数值说明需要的点数，或者用{整数，整数}的形式说明分别在 x，y 两个方向上的点数.

PlotRange 说明要作的图形的函数值范围，默认值为 Automatic，表示由系统自动确定，其他可用值有：All，要求在所有的地方按照实际情况作图；{z1，z2}形式的值，要求 Plot3D 作出函数值在区间[z1，z2]范围的函数图形，超出范围的点被截除；{{x1，x2}，{y1，y2}，{z1，z2}}形式的值，要求 Plot3D 作出由这些值确定的空间矩形里的函数图形.

Axes 说明是否显示坐标轴，默认值是 True，表示显示坐标轴.

Boxed 说明是否给图形加上一个立体框. 默认值是 True，表示加立体框. 有

立体框的图形更容易看出空间的情况.

Mesh　说明在曲面上是否画网格. 默认值是 True,表示加网格,可以用 False 取消网格.

Shading　说明在曲面上是否着色,默认值是 True.

HiddenSurface　说明曲面被挡住的部分是否隐藏,默认值是 True.

ViewPoint　将三维图形投射到平面上时使用的观察点,默认值是{1.3,-2.4,2},表示从空间的这个点观察,观察点不同,显示出来的图形也就不同. 在 Mathematica 中有一种直观的方法确定该参数,在主菜单中选择 Input→3D View-Point Selector ... 就会进入一个交互式确定视点的界面,在这个窗口中可以直接调整 x,y,z 坐标,或者利用鼠标转动立方体框到一个合适的位置,点击"Paste"按钮,就会在当前光标处插入选好的 ViewPoint 值.

例 5　作函数 $f(x,y)=x^2y^2e^{-(x^2+y^2)}$ 的图形,通过设定作图点数改变图形的精细程度.

解　先用默认作图点数作图,再将作图点数调整为 40,比较作图效果. 如图 8.48 和图 8.49.

In[2]:=**Plot3D[x^2 y^2 Exp[-(x^2 + y^2)],{x, -2,2},{y, -2,2}]**

In[3]:=**Plot3D[x^2 y^2 Exp[-(x^2 + y^2)],{x, -2,2},{y, -2,2},PlotPoints→40]**

例 6　设置不同的观察点,作函数 $z=x^2-y^2$ 的图形.

解　先用默认的观察点作图,再将观察点设为{1,1,1}作图,如图 8.50 和图 8.51 所示.

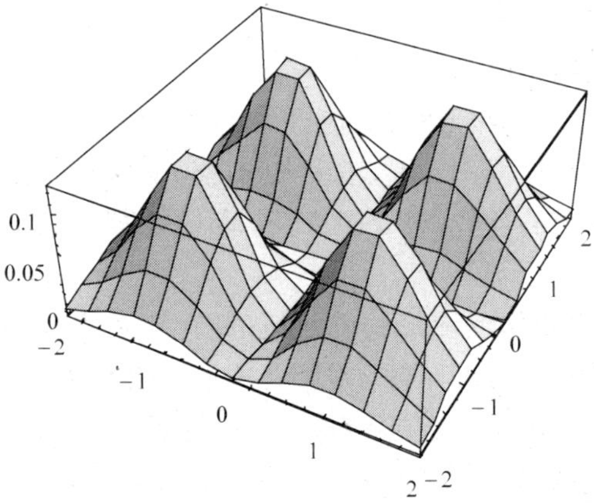

图 8.48

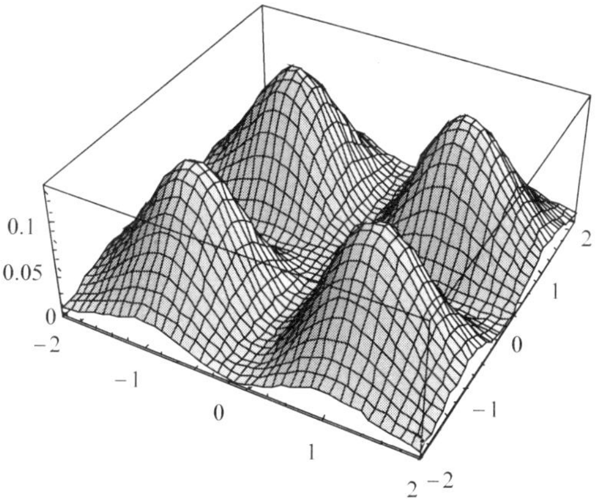

图 8.49

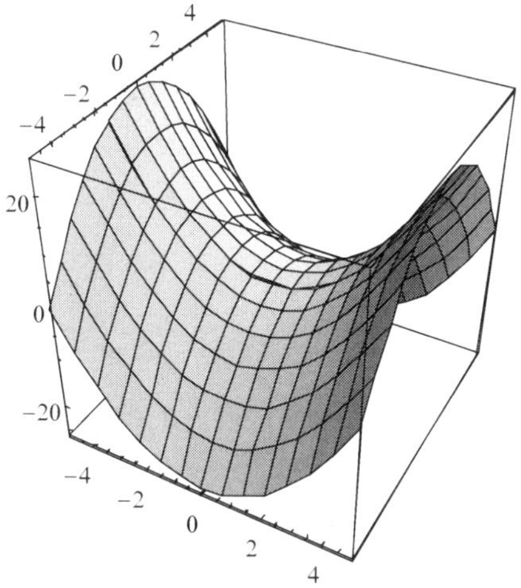

图 8.50

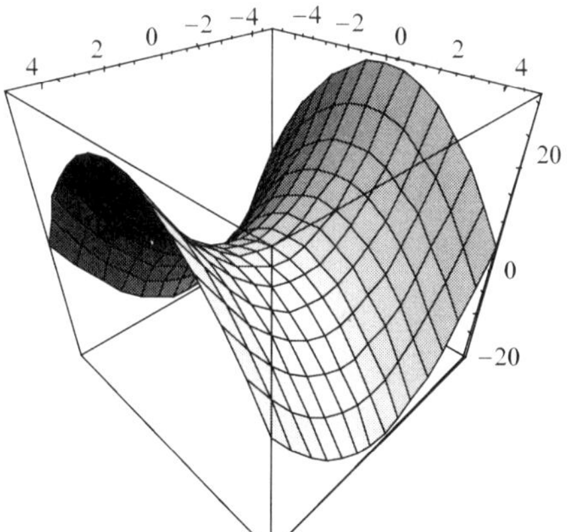

图 8.51

```
In[4]:=Plot3D[x^2 - y^2,{x, - 5,5},{y, - 5,5}]
In[5]:=Plot3D[x^2 - y^2,{x, - 5,5},{y, - 5,5},ViewPoint→{1,1,1}]
```

例 7　在同一个坐标系中作函数 $f(x,y)=x^2+y^2$，$g(x,y)=10-x^2+y^2$ 的图形.

解　Plot3D 命令每次只能作一个函数的图形，先用它分别作出这两个函数的图形，赋给变量 graph1，graph2，选项 DisplayFunction→Identity 表示不显示图形，然后再用 Show 命令将两个图形组合起来，此时选项 DisplayFunction 的值要设为$ DisplayFunction，表示要显示图形，如图 8.52 所示.

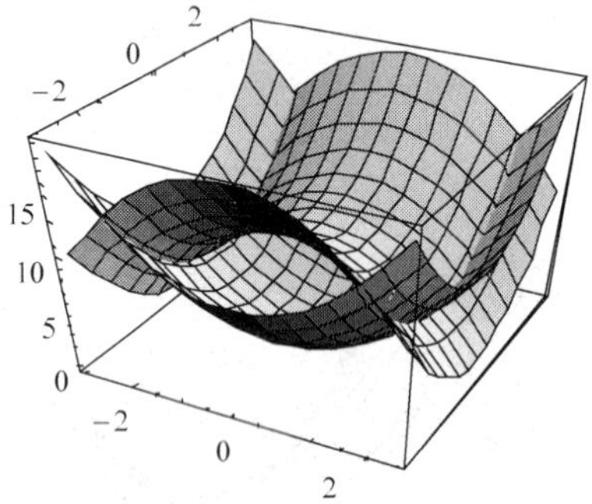

图 8.52

```
In[6]:=graph1 = Plot3D[x^2 + y^2,{x, - 3,3},{y, - 3,3},DisplayFunction
        →Identity];
        graph2 = Plot3D[10 - x^2 + y^2,{x, - 3,3},{y, - 3,3},Display-
        Function→Identity];
        Show[graph1,graph2,DisplayFunction→ $DisplayFunction]
```

2. 用参数绘图命令 ParametricPlot3D 绘图

用 Plot3D 绘图，要求绘图区域是方形的，如果函数的定义区域不是方形的，使用 Plot3D 就不行了，例如要绘制上半单位球面 $z=\sqrt{1-x^2-y^2}$，用 Plot3D 命令就会给出出错信息，如图 8.53 所示.

```
In[1]:=Plot3D[√(1 - x² - y²),{x, - 1,1},{y, - 1,1}]
   Plot3D::gval:Function value 0. + 1. i at
     grid point xi = 1,yi = 1 is not a real number.
   Plot3D::gval:
   Function value 0. + 0.714286 i at grid point
     xi = 1,yi = 3 is not a real number.
```

```
General::stop:Further output of Plot3D::gval will
  be suppressed during this calculation.
```

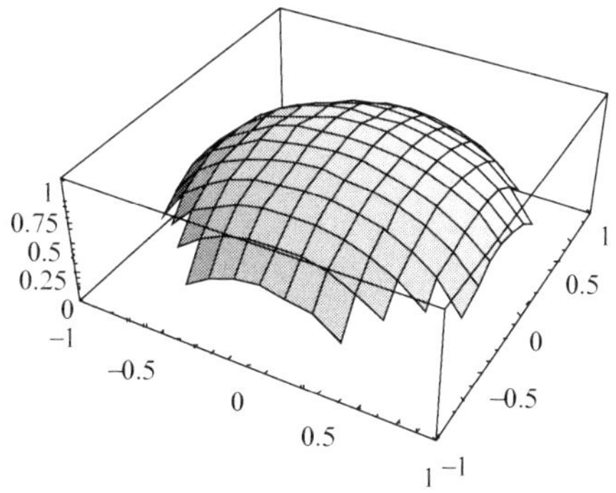

图 8.53

由于在单位圆以外的区域,函数无法返回有意义的实数值,所以系统输出提示信息,而且图形也显得不完整,如果用参数绘图命令就可以避免出现这样的问题,它可以绘制方程较为复杂且对定义域没有限制的图形. 命令格式为

ParametricPlot3D[{x[t],y[t],z[t]},{t,tmin,tmax}]

在三维空间中绘制由参数方程$\begin{cases}x=x(t)\\y=y(t)\\z=z(t)\end{cases}$确定的参数 t 满足 tmin$\leqslant t\leqslant$tmax 的一段空间曲线.

ParametricPlot3D[{x[s,t],y[s,t],z[s,t]},{s,smin,smax},{t,tmin,tmax}]

在三维空间中绘制由参数方程$\begin{cases}x=x(s,t)\\y=y(s,t)\\z=z(s,t)\end{cases}$确定的参数 s,t 满足 smin$\leqslant s\leqslant$smax 与 tmin$\leqslant t\leqslant$tmax 的空间曲面.

常见二次曲面的参数方程可参看 8.7 节.

例 8 用参数作图命令绘制上半单位球面.

解 上半单位球面的参数方程可写成

$$\begin{cases}x=\sin v\cos t,\\y=\sin v\sin t, \quad 0\leqslant v\leqslant\dfrac{\pi}{2},0\leqslant t\leqslant 2\pi.\\z=\cos v,\end{cases}$$

In[2]:=**ParametricPlot3D[{Sin[v]Cos[t],Sin[v]Sin[t],Cos[v]},{v,0,Pi/2},{t,0,2Pi}]**

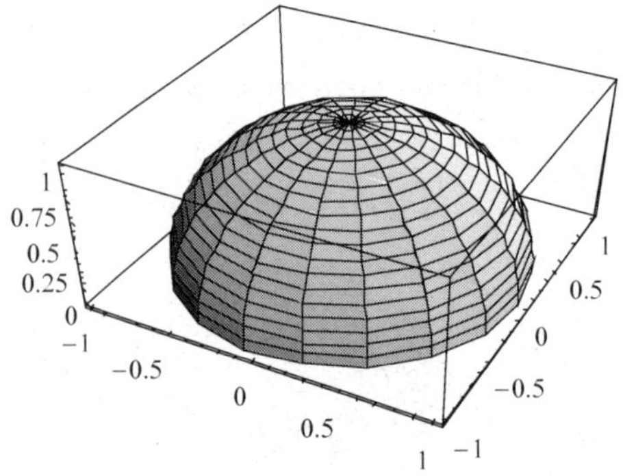

图 8.54

例 9　试绘制方程为 $x^2+y^2-z^2=1$ 的曲面的图形.

解　将直角坐标方程改写为与之等价的参数方程,再用 ParametricPlot3D 绘图

$$\begin{cases} x=\cosh u\sin v, \\ y=\cosh u\cos v, \\ z=\sinh u, \end{cases} \quad -\infty<u<+\infty, 0\leqslant v\leqslant 2\pi.$$

In[3]:= **ParametricPlot3D[{Cosh[u]Sin[v],Cosh[u]Cos[v],Sinh[u]},{u,-1,1},{v,0,2Pi}]**

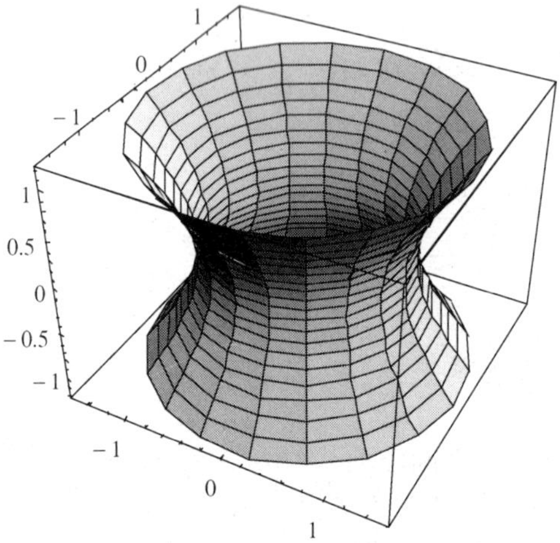

图 8.55

例 10　试绘制方程为 $x^2+y^2-z^2=-1$ 的曲面的图形.

解　将直角坐标方程改写为与之等价的参数方程

$$\begin{cases} x=\sinh u\sin v, \\ y=\sinh u\cos v, \\ z=\pm\cosh u, \end{cases} \quad -\infty<u<+\infty, 0\leqslant v\leqslant 2\pi.$$

注意对同一个(x,y)，有两个z与之对应，因此整个曲面是由两个部分组成的，用 ParametricPlot3D 同时绘出这两部分的图形.

In[4]:=**ParametricPlot3D[{{Sinh[u]Sin[v],Sinh[u]Cos[v],Cosh[u]},{Sinh[u]Sin[v],Sinh[u]Cos[v],-Cosh[u]}},{u,0,2},{v,0,2Pi}]**

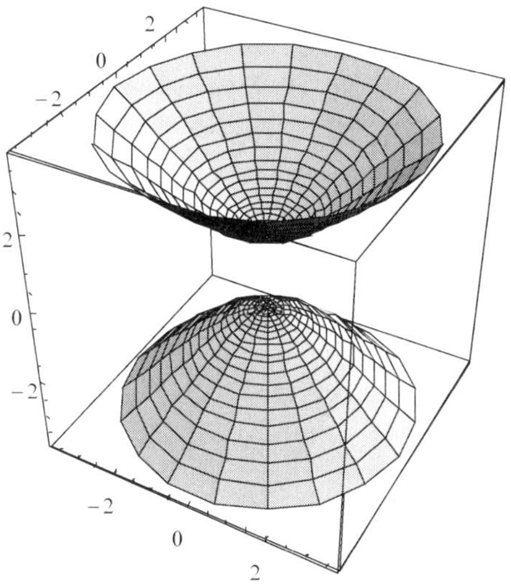

图 8.56

ParametricPlot3D 选项与 Plot3D 类似，读者可以改变选项的默认设置，作出符合自己要求的图形.

3. 旋转曲面图形的绘制

本章介绍了旋转曲面的概念，要绘制旋转曲面，可以先将旋转曲面方程改写成参数方程，再用前面介绍的参数绘图命令绘制图形. 更为简便的方法是调用程序包中绘制旋转曲面的专用命令 SourfaceOfRevolution. 为了使用该命令，要先调入程序包

In[1]:=<<**Graphics`SurfaceOfRevolution`**

该命令的调用格式为

SurfaceOfRevolution[f,{x,xmin,xmax}]　画出 xOy(或 zOx)面上 x 限定在区间[xmin,xmax]内的曲线 f 绕 z 轴旋转所得到的旋转曲面；

SurfaceOfRevolution[f,{xmin,xmax},{theta,thetamin,thetamax}]　画出 xOy(或 zOx)面上 x 限定在区间[xmin,xmax]内的曲线 f 绕 z 轴从角度 thetamin 旋转到 thetamax 所得到的部分旋转曲面；

SurfaceOfRevolution[{fx,fz},{t,tmin,tmax}]　画出 xOy(或 zOx)面上由参数方程描述的参数 t 限定在区间[tmin,tmax]内的曲线绕 z 轴旋转所得到的旋转

曲面;

SurfaceOfRevolution[{fx,fy,fz},{t,tmin,tmax}]　画出由参数方程描述的参数 t 限定在区间[tmin,tmax]内的空间曲线绕 z 轴旋转所得到的旋转曲面;

如果没有明确指出旋转轴,则隐含绕 z 轴旋转,选项 RevolutionAxis 可以指定不同于 z 轴的旋转轴:

RevolutionAxis→{x,z}　曲线绕 zOx 面上原点与(x,z)点之间连线旋转;

RevolutionAxis→{x,y,z}　曲线绕空间中原点与(x,y,z)点之间连线旋转;

例 11　作曲线 $y=x^2, 0\leqslant x\leqslant 3$ 绕 z 轴旋转的曲面.

解　In[2]:=**SurfaceOfRevolution[x^2,{x,0,3}]**

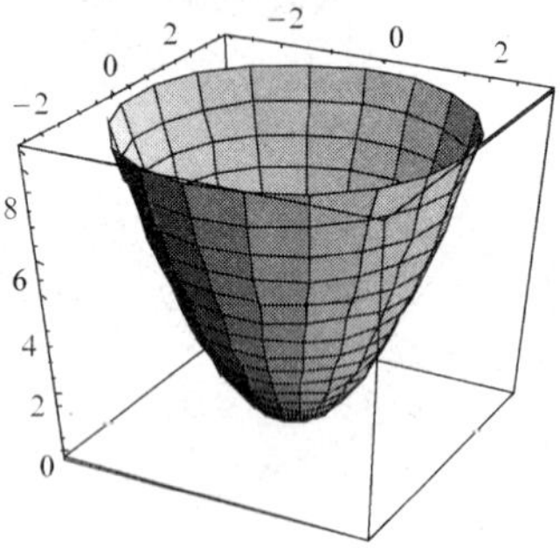

图 8.57

例 12　作曲线 $y=x^2, 0\leqslant x\leqslant 3$ 绕原点与(1,1,1)点连线旋转的曲面.

解　In[3]:=**SurfaceOfRevolution[x^2,{x,0,3},RevolutionAxis→{1,1,1}]**

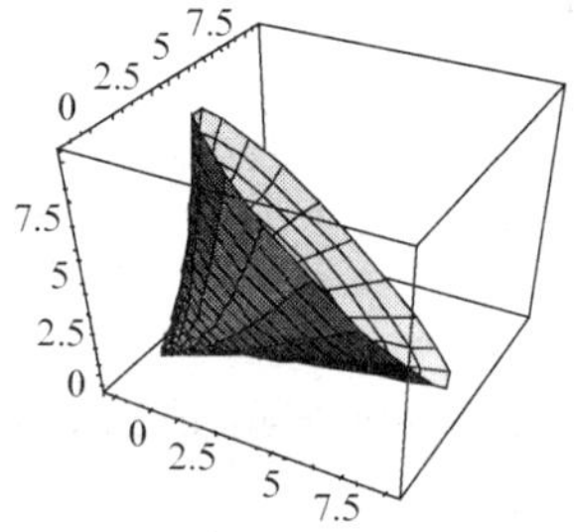

图 8.58

8.9.3　截痕法的动画演示

这一节我们将利用 Mathematica 的动画功能来模拟用截痕法形成曲面全貌的过程. 所谓截痕法,就是取一系列平面去截一个曲面,得到一系列的截线,考查这些截线的形状,然后加以综合,从而形成曲面的全貌.

在本节中,我们以椭球面和双曲面为例,取平行于三个坐标面的平面去截曲面,逐个打印出截线,将这些截线叠加起来,就可形成曲面的整体图形.

1. 椭球面的截痕法演示

设曲面方程为$\frac{x^2}{9}+\frac{y^2}{4}+z^2=1$. 用平行于 yOz 面的平面去截曲面,得到如图 8.59 所示的截线.

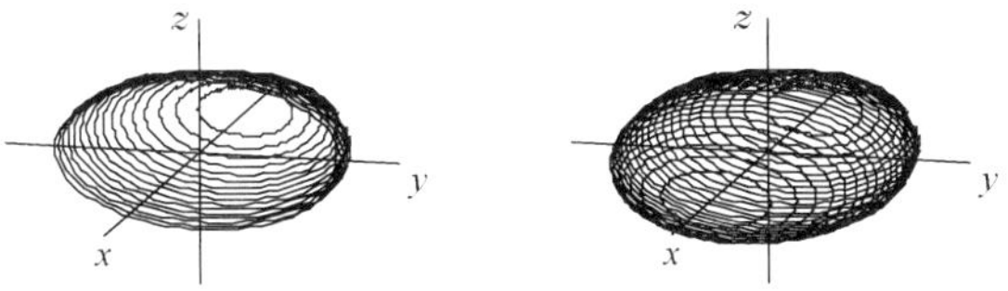

图 8.59

用平行于 zOx 面的平面去截曲面,得到如图 8.60 所示的截线.

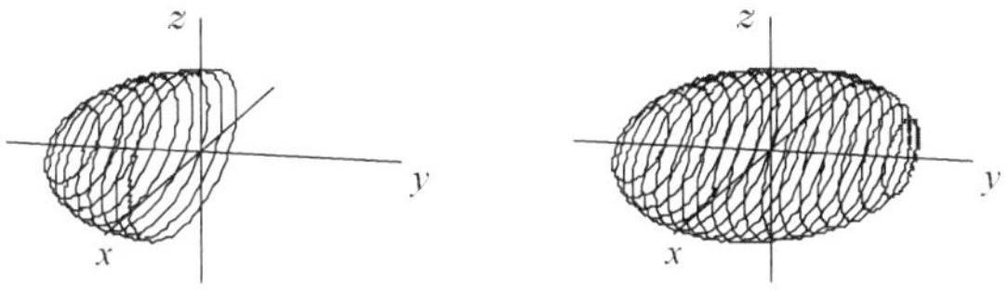

图 8.60

用平行于 xOy 面的平面去截曲面,得到如图 8.61 所示的截线.

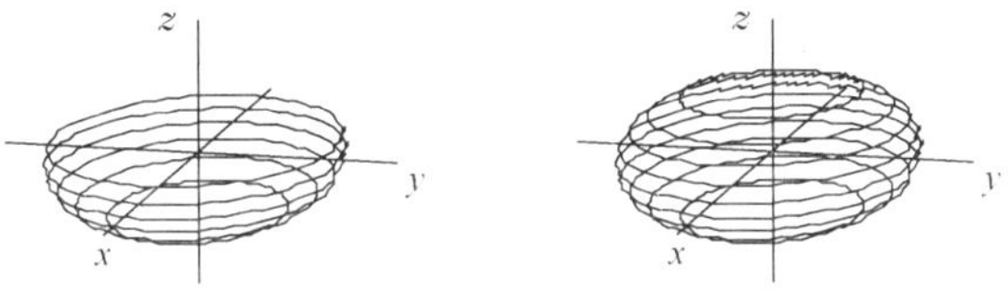

图 8.61

2. 双曲抛物面的截痕法演示

设曲面方程为 $z=-\frac{x^2}{2}+\frac{y^2}{2}$. 用平行于 xOy 面的平面去截曲面,得到如图 8.62 所示的截线.

用平行于 yOz 面的平面去截曲面,得到如图 8.63 所示的截线.

用平行于 zOx 面的平面去截曲面,得到如图 8.64 所示的截线.

在随书光盘上可查看到详细的程序代码,以及截痕法的动画演示.

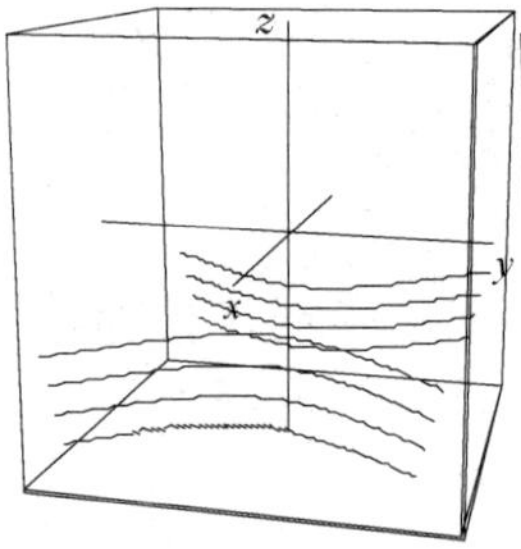

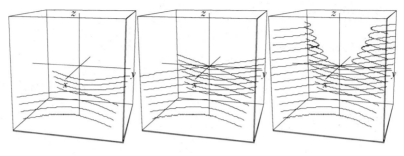

图 8.62

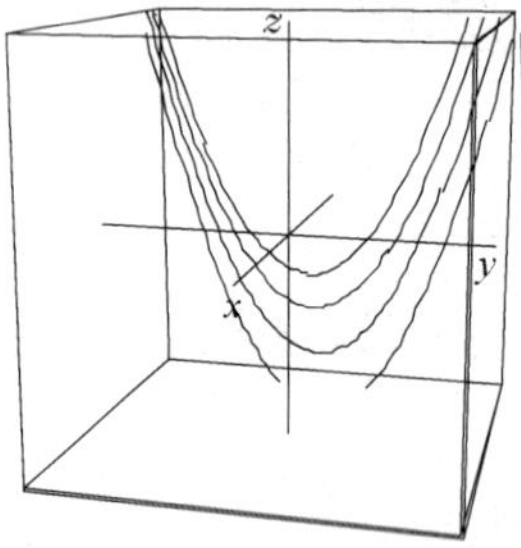

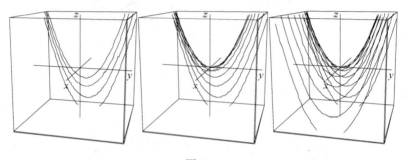

图 8.63

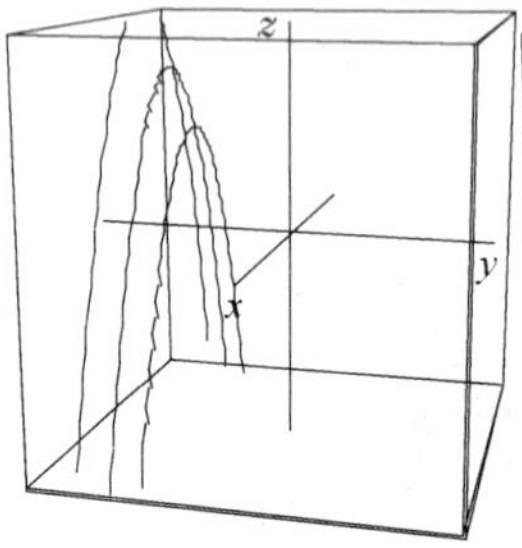

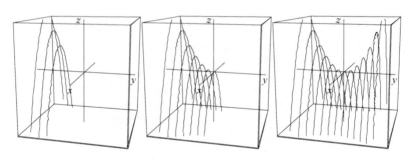

图 8.64

习题 8.9

1. 已知 $\boldsymbol{a}=2\boldsymbol{i}+\boldsymbol{j}-2\boldsymbol{k}$，$\boldsymbol{b}=3\boldsymbol{i}-5\boldsymbol{j}+\boldsymbol{k}$，$\boldsymbol{c}=\boldsymbol{i}+5\boldsymbol{k}$，用 Mathematica 计算：

(1) $2\boldsymbol{a}+4\boldsymbol{b}$；　　(2) $6\boldsymbol{a}-5\boldsymbol{c}$；

(3) $\boldsymbol{a}\cdot\boldsymbol{b}$；　　(4) $\boldsymbol{a}\times\boldsymbol{b}$；

(5) $\boldsymbol{a}\cdot(\boldsymbol{b}\times\boldsymbol{c})$；　　(6) $\boldsymbol{c}\times\boldsymbol{c}$.

2. 用 Mathematica 验证等式

$$(\boldsymbol{a}\times\boldsymbol{b})\cdot[(\boldsymbol{b}\times\boldsymbol{c})\times(\boldsymbol{c}\times\boldsymbol{a})]=[\boldsymbol{a}\cdot(\boldsymbol{b}\times\boldsymbol{c})]^2.$$

3. 用 Mathematica 编写一个函数，用来判别空间四点是否共面.

4. 在定义域 $-2\leqslant x\leqslant 2$ 与 $-2\leqslant y\leqslant 2$ 上绘制函数 $z=\mathrm{e}^{-(x^2+y^2)}$ 的图形. 注意使用足够多的

点,以得到"光滑"的曲面.

5. 画出抛物面 $z=x^2+y^2$ 与平面 $y+z=10$ 相交的图形.注意选取合适的观察点,使得相交的情形可以看得更清楚.

6. 选取合适的参数方程,绘制下列方程所表示的曲面:

(1) $2x^2+y^2+5z^2=1$; (2) $\dfrac{x^2}{9}+\dfrac{y^2}{4}-z^2=1$;

(3) $\dfrac{x^2}{9}+\dfrac{y^2}{4}-z^2=-1$; (4) $\dfrac{x^2}{9}+\dfrac{y^2}{4}-z^2=0$.

7. 利用曲线 $z=\sin x, 0\leqslant x\leqslant 2\pi$ 构造旋转曲面,旋转轴分别为(1) x 轴;(2) z 轴.

8. 研究由参数方程 $\begin{cases} x=(5+\sin u)\cos v, \\ y=(5+\sin u)\sin v, \\ z=\cos u, \end{cases}$ $0\leqslant u, v\leqslant 2\pi$ 定义的曲面的图形.

(1) 先用截痕法思想建立该曲面的图形:

(i) 用平行于 xOy 面的平面去截这个曲面,所得到的截线是什么?

(ii) 用通过 z 轴的半平面去截这个曲面,所得到的截线是什么?

综合(i)(ii),说出该曲面的形状.

(2) 调用参数作图命令作图,验证你的想法是否正确.

第 9 章　多元函数微分学

现实世界中的许多客观现象或过程的发生和发展都是受多种因素制约的，在数学上表现为一个变量依赖于多个变量的问题，即函数有多个自变量. 上册讨论的函数都只有一个自变量，这种函数叫做一元函数. 涉及多个自变量的函数称为多元函数. 本章讨论多元函数的微分学及其应用. 我们着重讨论二元函数，其概念和方法大都能自然地推广到二元以上的多元函数.

9.1　多 元 函 数

9.1.1　区域

讨论一元函数时，经常用到邻域和区间概念. 由于讨论多元函数的需要，我们把邻域和区间概念加以推广，同时还要涉及其他一些点集的概念.

1. 邻域

设 $P(a,b)$是平面 $\mathbf{R}^2$ 中的一点，δ 是某一正数，与点 $P(a,b)$距离小于 δ 的点 $Q(x,y)$的全体称为点 P 的 δ **邻域**，记为 $U(P,\delta)$，即

$$U(P,\delta)=\left\{(x,y)\,\middle|\,\sqrt{(x-a)^2+(y-b)^2}<\delta\right\}.$$

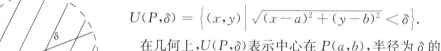

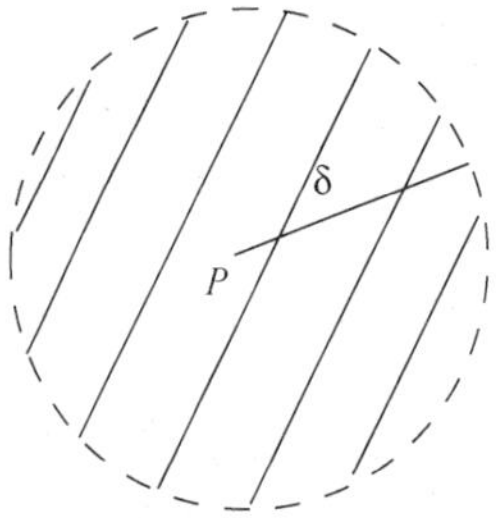

图 9.1

在几何上，$U(P,\delta)$表示中心在 $P(a,b)$，半径为 δ 的圆的内部(图 9.1). 点 P 的**去心 $\boldsymbol{\delta}$ 邻域**记为 $\hat{U}(P,\delta)$，即

$$\hat{U}(P,\delta)=\left\{(x,y)\,\middle|\,0<\sqrt{(x-a)^2+(y-b)^2}<\delta\right\}.$$

如果不需要强调邻域半径 δ，P 的 δ 邻域和去心 δ 邻域可分别简记为 $U(P)$和 $\hat{U}(P)$.

2. 区域

设 E 是一个平面点集，若满足下列两个条件：

(1) 属于 E 的任意一点 P 为 E 的**内点**，即存在点 P 的某一邻域 $U(P)$使 $U(P)\subset E$；

(2) E 是连通的，即对于 E 内任何两点都可用折线相连且该折线上的点都属于 E，

则称 E 为**区域**.

如点集 $A=\{(x,y)\mid x^2+y^2<1\}$(图 9.2)是区域.

点集 $\{(x,y)\mid y\neq 0\}$(图 9.3)不是区域,因为不连通,即条件(2)不满足.

如果点 P 的任一邻域内既有属于 E 的点,又有不属于 E 的点,则称 P 为 E 的**边界点**. E 的边界点的全体称为 E 的**边界**. 区域与它的边界的并集称为**闭区域**. 如点集 $A=\{(x,y)\mid x^2+y^2<1\}$,$(0,1)$ 为点集 A 的边界点,点集 $B=\{(x,y)\mid x^2+y^2=1\}$ 为 A 的边界,$A\cup B=\{(x,y)\mid x^2+y^2\leqslant 1\}$ 是闭区域(图 9.4).

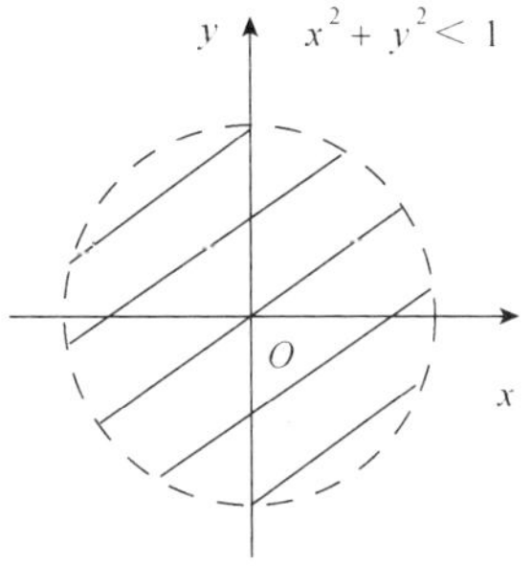

图 9.2

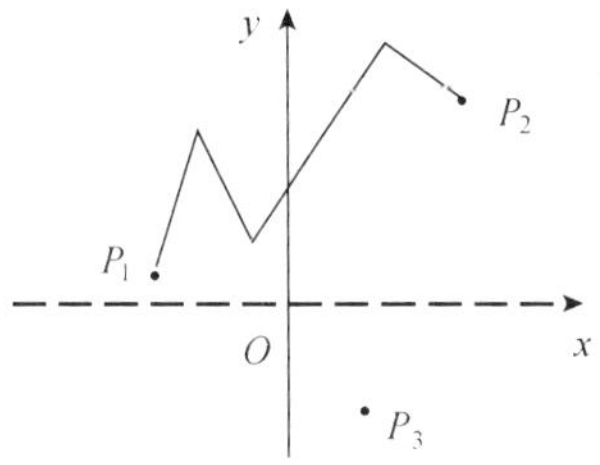

图 9.3

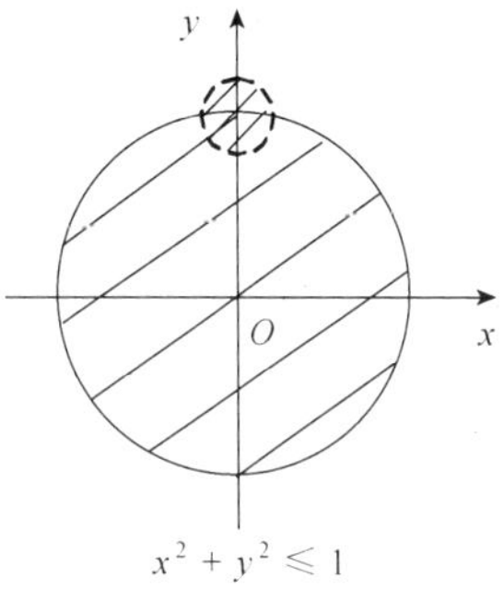

图 9.4

对于区域 E,O 为原点,如果存在一个常数 $M>0$,使得 $|PO|\leqslant M$ 对一切 $P\in E$ 成立,则称 E 为**有界区域**. 否则 E 为**无界区域**. 例如,图 9.2 表示的是有界区域,图 9.4 表示的是有界闭区域,$\{(x,y)\mid y\geqslant 0\}$ 为无界闭区域(图 9.5).

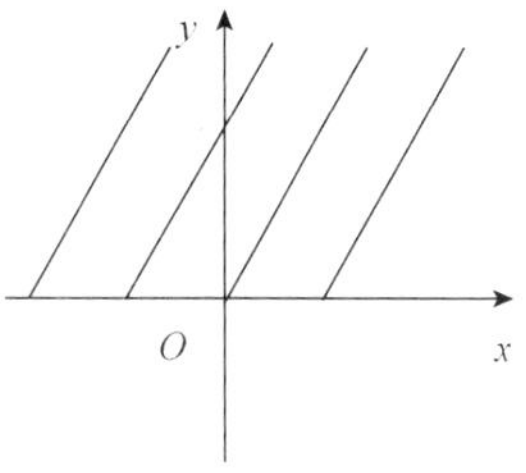

图 9.5

3. n 维空间

我们常以 $\mathbf{R}$ 表示实数的全体、$\mathbf{R}^2$ 表示有序二元数组 (x,y) 的全体、$\mathbf{R}^3$ 表示有序三元数组 (x,y,z) 的全体,它们分别对应于数轴、平面和空间. 一般地,对于确定的自然数 n,我们称有序 n 元数组 $(x_1,x_2,\cdots,x_n)$ 的全体为 n 维空间,记为 $\mathbf{R}^n$,而称每个有序 n 元数组 $(x_1,x_2,\cdots,x_n)$ 为 $\mathbf{R}^n$ 中的一个点,并称数 x_i 为该点的第 i 个分量. $\mathbf{R}^n$ 中的两点 $P(x_1,x_2,\cdots,x_n)$,$Q(y_1,y_2,\cdots,y_n)$ 之间的距离规定为

$$|PQ|=\sqrt{(y_1-x_1)^2+(y_2-x_2)^2+\cdots+(y_n-x_n)^2}. \tag{9.1}$$

当 $n=1,2,3$ 时,式(9.1)正好就是数轴上、平面上、空间中两点间的距离公式.

前面针对平面点集引入的概念可推广到 n 维空间中去. 例如,对于 $P\in\mathbf{R}^n$ 和 $\delta>0$,n 维空间内的点集

$$U(P,\delta)=\{Q \mid |PQ|<\delta, Q\in \mathbf{R}^n\}$$

就定义为 P 的 δ 邻域. 以邻域为基础,可定义区域、边界点等概念.

9.1.2 多元函数的概念

在很多自然现象和实际问题中,经常会遇到多个变量之间的依赖关系,举例如下:

例 1 考查企业的生产能力往往要涉及如劳动力、土地、厂房、固定设备、原材料、管理技能等多种因素,但就其根本来说,决定企业内部生产能力的主要因素是劳动力 L 和资金 K. 生产函数就是描述在一定技术水平下,投入一定数量、质量的劳动力 L 和资金 K 与企业的最大可能产量 P 之间的关系,记为 $P=f(K,L)$,如 $P=AK^{\alpha}L^{\beta}$ 是一类广泛应用的生产函数,其中的 α,β 为经济模型中的常数.

例 2 一定量的理想气体的压强 p、体积 V 和绝对温度 T 之间具有关系

$$p=\frac{RT}{V},$$

其中 R 为常数. 这样,当 V,T 在集合 $\{(V,T)\mid V>0,T>T_0\}$ 内取定一对 (V,T) 时,p 的对应值就随之确定. 我们记为 $p=f(V,T)$.

例 3 某储户将一笔 A 元的存款存入银行账户中,t 年后的总额为 M,如果利息以每年 5%的利率按(1)年复利方式增长,(2)连续复利方式增长,试给出 M 与 A,t 之间的关系式.

解 (1) 年利率为 5%,按年复利方式增长,总额 M 每年在前一年的基础上增长 5%,于是 $M=A(1+0.05)^t=A(1.05)^t$.

(2) 年利率为 5%,按连续复利方式增长即总额 M 按指数增长,于是 $M=Ae^{0.05t}$.

例 4 在开阔的海面上,浪高 h 取决于风速 v 和其持续时间 t,具体值由表 9.1 给出.

表 9.1

v \ t	5	10	15	20	30	40	50
10	2	2	2	2	2	2	2
15	4	4	5	5	5	5	5
20	5	7	8	8	9	9	9
30	9	13	16	17	18	19	19
40	14	21	25	28	31	33	33
50	19	29	36	40	45	48	50
60	24	37	47	54	62	67	69

我们可记为 $h=f(v,t)$.

由上面的例子可以看出,一个变量依赖于多个变量的现象大量存在.下面给出二元函数的定义.

定义 9.1 设点集 $D\subset\mathbf{R}^2$,如果对于 D 中的每个点 $P(x,y)$,变量 z 按照一定法则总有唯一确定的值与之对应,则称 z 是变量 x,y 的**二元函数**(或点 P 的函数),记作

$$z=f(x,y) \quad (\text{或 } f(P)).$$

点集 D 称为该二元函数的定义域,x、y 称为自变量,z 称为因变量.数集

$$R=\{z\mid z=f(x,y),(x,y)\in D\}$$

称为该函数的值域.

定义 9.1 所描述的二元函数可用映射 $f:D\to\mathbf{R}$ 来表示.

z 是变量 x,y 的函数也可记为 $z=z(x,y)$,$z=\Phi(x,y)$ 等.

关于二元函数的定义域,我们作如下的约定:如果一个用解析式表示的函数没有明确指出定义域,则该函数的定义域理解为使解析式有意义的所有点 (x,y) 所成的集合,也称作该函数的**自然定义域**.

例 5 求下列函数的定义域,并计算 $f(2,1)$:

(1) $f(x,y)=\arcsin\dfrac{x-y}{2}$;

(2) $f(x,y)=\dfrac{1}{\sqrt{9-x^2-y^2}}+\ln(x^2+y^2-1)$.

解 (1) 根据反正弦函数的定义,$-1\leqslant\dfrac{x-y}{2}\leqslant 1$,所以,该函数的定义域为

$$D=\{(x,y)\mid -2\leqslant x-y\leqslant 2\},$$

如图 9.6 所示,这是一个无界闭区域.

$$f(2,1)=\arcsin\frac{2-1}{2}=\frac{\pi}{6}.$$

(2) 为使解析式有意义,必须满足

$$\begin{cases}9-x^2-y^2>0,\\ x^2+y^2-1>0,\end{cases}$$

所以该函数的定义域为

$$D=\{(x,y)\mid 1<x^2+y^2<9\},$$

如图 9.7 所示,这是一个有界区域.

$$f(2,1)=\frac{1}{\sqrt{9-2^2-1^2}}+\ln(2^2+1^2-1)=\frac{1}{2}+2\ln 2.$$

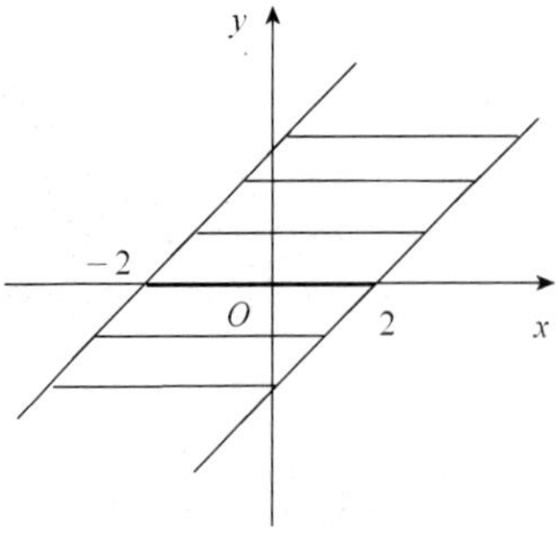

图 9.6

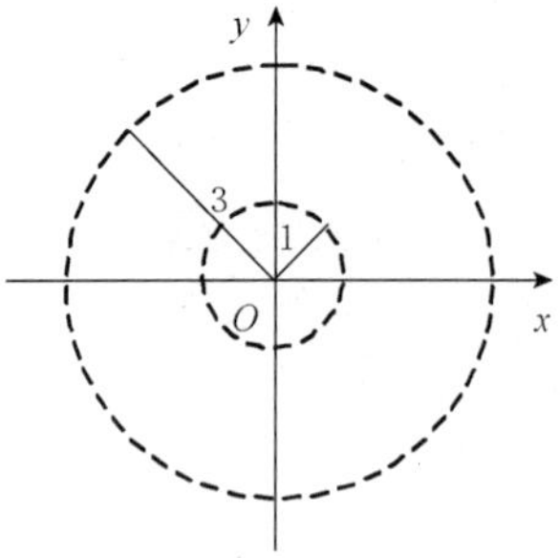

图 9.7

设函数 $z=f(x,y)$的定义域为 D,对于任意取定的点 $P(x,y)\in D$,对应的函数值 $z=f(x,y)$,这样以 x 为横坐标、y 为纵坐标、z 为竖坐标在空间就确定一点 $M(x,y,z)$. 当(x,y)遍取 D 上的一切点时,得到一个空间点集

$$S=\{(x,y,z)\mid z=f(x,y),(x,y)\in D\},$$

这个点集称为**二元函数 $z=f(x,y)$的图形**. 通常二元函数的图形是三维空间中的一张曲面 S(图 9.8).

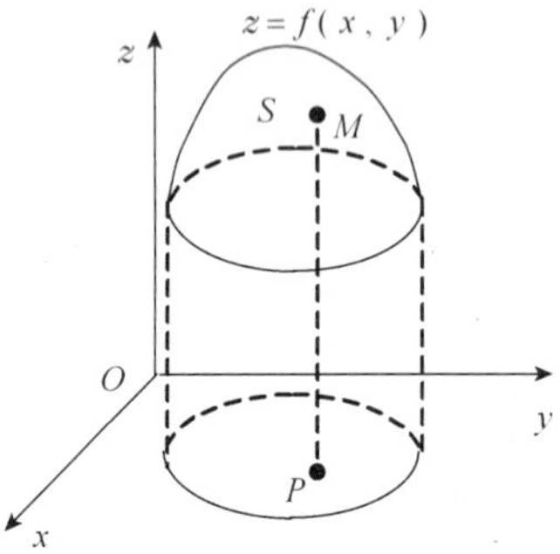

图 9.8

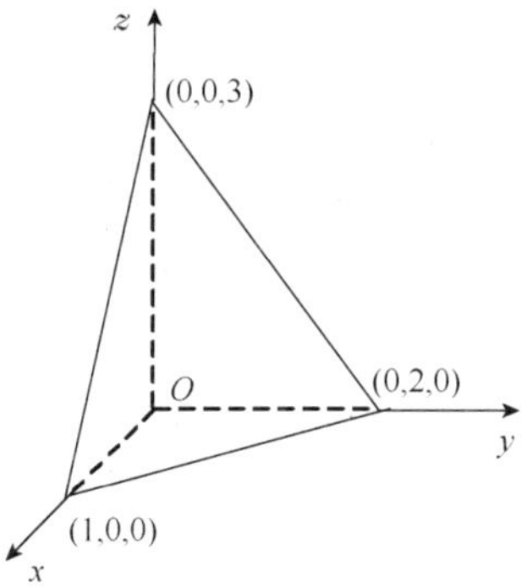

图 9.9

例 6 画出函数 $z=3-3x-\dfrac{3}{2}y$ 的草图.

解 由 $z=3-3x-\dfrac{3}{2}y$ 得 $x+\dfrac{y}{2}+\dfrac{z}{3}=1$,这是一张平面,在 x 轴、y 轴、z 轴的截距分别为 1,2,3,其图形位于第一卦限的部分见图 9.9.

例 7 画出函数 $z=\sqrt{4-x^2-y^2}$ 的草图.

解 由 $z=\sqrt{4-x^2-y^2}$ 得

$$x^2+y^2+z^2=4\quad(z\geqslant 0),$$

其图形为上半球面，见图 9.10.

许多计算机软件系统都具有描绘二元函数图形的功能，见 9.7 节. 除了画草图和计算机作图外，描绘等值线是对二元函数进行直观描述的又一种方法. k 是在函数 $z=f(x,y)$ 值域内的常数，我们把 xOy 面上方程为 $f(x,y)=k$ 的曲线称为二元函数 $z=f(x,y)$ 的等值线，即等值线 $f(x,y)=k$ 是 $z=f(x,y)$ 的函数值取已知定值 k 的所有点 (x,y) 的集合. 换一句话说，在等值线 $f(x,y)=k$ 上函数 $z=f(x,y)$ 的图形具有高度 k. 实际上，等值线 $f(x,y)=k$ 正好是 $z=f(x,y)$ 的图形在平面 $z=k$ 上的截痕在 xOy 面的投影. 所以如果画出一个二元函数的若干等值线并将它们提升或降低到所对应的高度，则函数的大致图形就可以"拼装"出来（图 9.11）. 当 k 值以等间距给出，画出一族等值线 $f(x,y)=k$ 时，在等值线相互贴近的地方，曲面较陡峭；而在等值线相互离得远的地方，曲面较平坦.

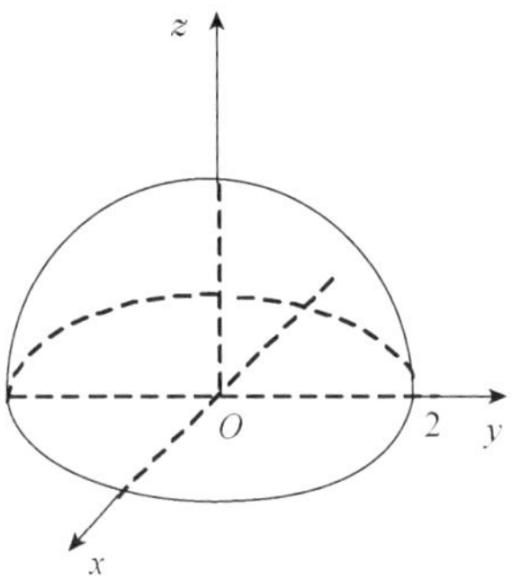

图 9.10

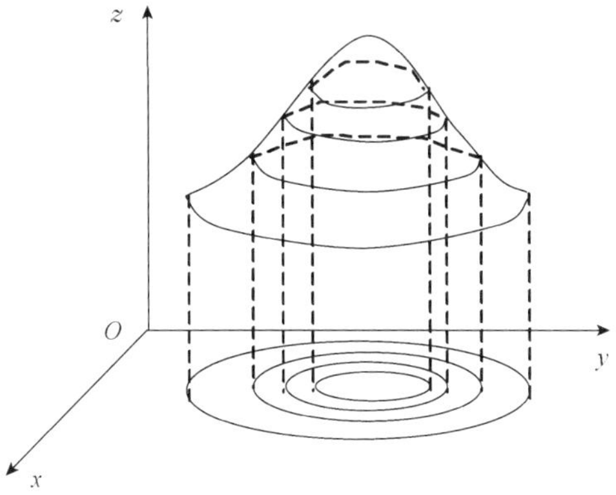

图 9.11

将定义 9.1 中的 D 换成 n 维空间中的点集，就可类似地定义 n 元函数. 当 $n=1$ 时，n 元函数就是一元函数；当 $n\geqslant 2$ 时，n 元函数统称为**多元函数**.

对于 n 元函数，我们可以用符号 $f(x_1,x_2,\cdots,x_n)$ 来表示含 n 个自变量的函数，或用符号 $f(P)$ 表示以点作自变量的函数，其中 $P=(x_1,x_2,\cdots,x_n)\in\mathbf{R}^n$，或用符号 $f(\boldsymbol{x})$ 表示以 n 维向量为自变量的函数，其中 $\boldsymbol{x}=\{x_1,x_2,\cdots,x_n\}\in V^n$，$V^n$ 表示所有的 n 维向量全体.

9.1.3 多元函数的极限

我们讨论二元函数的极限. 这里用 $P\to P_0$（或 $P(x,y)\to P_0(x_0,y_0)$，或 $(x,y)\to(x_0,y_0)$，或 $x\to x_0$，$y\to y_0$）表示点 P 无限趋于点 P_0，也就是点 P 与点 P_0 的距离趋于零，即

$$|PP_0|=\sqrt{(x-x_0)^2+(y-y_0)^2}\to 0.$$

与一元函数的极限概念类似，如果当点 $P(x,y)$ 无限趋于点 $P_0(x_0,y_0)$ 时，对应的函数值 $f(x,y)$ 无限接近于一个确定的常数 A，我们就说 A 是函数 $f(x,y)$ 当 $x\to x_0, y\to y_0$ 时的极限.

定义 9.2　设二元函数 $f(x,y)$ 的定义域为平面区域(或闭区域)D，(x_0,y_0) 为 D 的内点或 D 的边界点，如果对于任意给定的正数 ε，总存在正数 δ，使得对于适合不等式

$$0<\sqrt{(x-x_0)^2+(y-y_0)^2}<\delta$$

的一切属于 D 的点 (x,y)，都有

$$|f(x,y)-A|<\varepsilon$$

成立，则称常数 A 为函数 $f(x,y)$ 当 $(x,y)\to(x_0,y_0)$ 时的**极限**. 记为

$$\lim_{(x,y)\to(x_0,y_0)} f(x,y)=A.$$

也可记为

$$\lim_{\substack{x\to x_0\\ y\to y_0}} f(x,y)=A \quad 或 \quad f(x,y)\to A, 当 (x,y)\to(x_0,y_0) 时.$$

我们也称这样定义的二元函数的极限为**二重极限**.

例 8　设 $f(x,y)=\dfrac{x^2y}{x^2+y^2}$，证明 $\lim\limits_{(x,y)\to(0,0)} f(x,y)=0$.

解　对任意的 $\varepsilon>0$，由于

$$|f(x,y)-0|=\frac{x^2|y|}{x^2+y^2}\leqslant|y|\leqslant\sqrt{x^2+y^2},$$

取 $\delta=\varepsilon$，当 $0<\sqrt{(x-0)^2+(y-0)^2}<\delta$ 时，都有 $|f(x,y)-0|<\varepsilon$，所以

$$\lim_{(x,y)\to(0,0)} f(x,y)=0.$$

在这里需要特别指出，二重极限 $\lim\limits_{(x,y)\to(x_0,y_0)} f(x,y)=A$ 是指点 (x,y) 以任何方式趋于点 (x_0,y_0) 时，$f(x,y)$ 都趋向于 A. 如果 (x,y) 仅以某种特殊方式，例如沿着一条或某些定直线或定曲线趋于 (x_0,y_0) 时，$f(x,y)$ 无限接近于某一定值，我们不能据此确定函数的极限存在. 但是，如果 (x,y) 以不同的方式趋于 (x_0,y_0) 时，$f(x,y)$ 趋于不同的值，那么可以断定这时该函数的极限一定不存在.

例 9　设 $f(x,y)=\dfrac{xy}{x^2+y^2}$，考查 $\lim\limits_{(x,y)\to(0,0)} f(x,y)$.

解　当 (x,y) 沿 x 轴趋于 $(0,0)$ 时，$\lim\limits_{\substack{y=0\\ x\to 0}} f(x,y)=\lim\limits_{x\to 0} f(x,0)=\lim\limits_{x\to 0} 0=0$.

当 (x,y) 沿 y 轴趋于 $(0,0)$ 时，$\lim\limits_{\substack{x=0\\ y\to 0}} f(x,y)=\lim\limits_{y\to 0} f(0,y)=\lim\limits_{y\to 0} 0=0$.

虽然沿两坐标轴趋于原点时得到了相同的极限，但并不能说明 $\lim\limits_{(x,y)\to(0,0)} f(x,y)$

存在.因为当(x,y)沿直线$y=kx$趋于$(0,0)$时,

$$\lim_{\substack{y=kx\\x\to 0}}\frac{xy}{x^2+y^2}=\lim_{x\to 0}\frac{kx^2}{x^2+kx^2}=\frac{k}{1+k^2},$$

该极限值与k值有关,因此$\lim\limits_{(x,y)\to(0,0)}f(x,y)$不存在.

在研究二元函数的变化趋势时,还会遇到其他形式的极限,如$\lim\limits_{y\to y_0}[\lim\limits_{x\to x_0}f(x,y)]$,这种极限含两次求极限运算,故称为**二次极限**.在求二次极限的过程中,不能随便变换求极限的次序,否则可能会造成错误.在求二重极限时,不能误以为是求二次极限.

实际上,在例9中,二次极限$\lim\limits_{x\to 0}[\lim\limits_{y\to 0}f(x,y)]=0$,$\lim\limits_{y\to 0}[\lim\limits_{x\to 0}f(x,y)]=0$,但二重极限$\lim\limits_{\substack{x\to 0\\y\to 0}}f(x,y)$不存在.

以上关于二元函数的极限概念,可以相应地推广到n元函数上去.由上面的例子可以看出,多元函数的极限问题比一元函数的极限问题复杂.但关于多元函数的极限运算,有与一元函数类似的运算法则,如极限的四则运算等.

例 10 求$\lim\limits_{\substack{x\to 0\\y\to 0}}\left(y\sin\frac{1}{x}+\frac{\sin xy}{xy}\right)$.

解 根据有界量与无穷小量的乘积为无穷小量可知,$\lim\limits_{\substack{x\to 0\\y\to 0}}y\sin\frac{1}{x}=0$,又

$$\lim_{\substack{x\to 0\\y\to 0}}\frac{\sin xy}{xy}=\lim_{(xy)\to 0}\frac{\sin(xy)}{(xy)}=1,$$

所以$\lim\limits_{\substack{x\to 0\\y\to 0}}\left(y\sin\frac{1}{x}+\frac{\sin xy}{xy}\right)=0+1=1$.

9.1.4 多元函数的连续性

有了函数极限的概念,很容易建立函数连续的概念.

定义 9.3 设二元函数$z=f(x,y)$的定义域为D,对$(x_0,y_0)\in D$,若

$$\lim_{(x,y)\to(x_0,y_0)}f(x,y)=f(x_0,y_0), \tag{9.2}$$

则称**函数$f(x,y)$在点(x_0,y_0)连续.**

函数$f(x,y)$在点(x_0,y_0)连续也就是当点(x,y)无限趋近(x_0,y_0)时,函数值$f(x,y)$无限趋近$f(x_0,y_0)$.直观地说曲面$z=f(x,y)$在点$(x_0,y_0,f(x_0,y_0))$附近没有洞.若函数$f(x,y)$在点(x_0,y_0)不连续,则(x_0,y_0)称为$f(x,y)$的**间断点**.例如,$(0,0)$是函数$f(x,y)=\frac{x^2y}{x^2+y^2}$的间断点,因为函数在$(0,0)$没有定义.函数

$$g(x,y)=\begin{cases}\dfrac{xy}{x^2+y^2}, & x^2+y^2\neq 0,\\ 0, & x^2+y^2=0\end{cases}$$

在(0,0)也间断,因为 $\lim\limits_{(x,y)\to(0,0)} g(x,y)$不存在(见例 9).

以上关于二元函数的连续性概念,可以相应地推广到 n 元函数上去.

如果函数 $f(x,y)$在区域 D 内的每一点连续,则称函数 $f(x,y)$**在区域 D 内连续**,或称 $f(x,y)$是 D 内的连续函数. 如果函数 $f(x,y)$在闭区域 D 上的每一点连续,则称函数 $f(x,y)$**在闭区域 D 上连续**. 与闭区间上连续的一元函数相类似,有界闭区域上连续的多元函数也有重要性质:

定理 9.1(最大值和最小值定理)　在有界闭区域 D 上连续的多元函数,必在 D 上取得最大值和最小值. 即存在点 $P_1\in D$ 和 $P_2\in D$,使得对于一切点 $P\in D$,都有 $f(P_1)\leqslant f(P)\leqslant f(P_2)$.

定理 9.2(介值定理)　在有界闭区域 D 上连续的多元函数,如果在 D 上取得两个不同的函数值,则它必能在 D 上取得介于这两个值之间的任何值. 特别地,如果函数 $f(x,y)$在 D 上的最小值为 m,最大值为 M,且 $m\leqslant\mu\leqslant M$,则在 D 上至少存在一点 P,使得 $f(P)=\mu$.

前面我们已经指出:一元函数中关于极限的运算法则对于多元函数仍然适用. 利用这些运算法则可以证明多元连续函数的和、差、积均为连续函数;在分母不为零的地方,多元连续函数的商是连续函数;多元连续函数的复合函数也是连续函数.

与一元的初等函数相类似,多元初等函数是由多元多项式及基本初等函数经过有限次的四则运算或复合构成的可用一个式子所表示的多元函数(这里 n 元多项式指的是形如 $cx_1^{k_1}x_2^{k_2}\cdots x_n^{k_n}$ 的有限项的和,其中 c 为实数,$k_1,k_2,\cdots,k_n$ 为非负整数). 根据上面的讨论,我们有如下一般的结论:

一切多元初等函数在其定义区域内是连续的.

这里的定义区域是指包含在定义域内的区域或闭区域. 因此,初等函数在定义区域内一点的极限值就是函数在该点的函数值.

例 11　求 $\lim\limits_{\substack{x\to1\\y\to0}}\ln(x+\mathrm{e}^y)$.

解　函数 $f(x,y)=\ln(x+\mathrm{e}^y)$是多元初等函数,在(1,0)的邻域有定义,故在(1,0)连续. $f(1,0)=\ln(1+\mathrm{e}^0)=\ln2$,所以 $\lim\limits_{\substack{x\to1\\y\to0}}\ln(x+\mathrm{e}^y)=\ln2$.

习题 9.1(A)

1. 已知函数 $f(x,y)=x^2+y^2-xy\sin\dfrac{x}{y}$,试求 $f(tx,ty)$.

2. 若 $f\left(x+y,\dfrac{y}{x}\right)=x^2-y^2$,求 $f(3,2)$,$f(x,y)$,$f(x+h,y)$.

3. 求下列各函数的定义域：

(1) $z=\dfrac{1}{\sqrt{x+y}}+\dfrac{1}{\sqrt{x-y}}$；　　(2) $u=\ln(y^2-2x+1)$；

(3) $z=\sqrt{x-\sqrt{y}}$；　　(4) $u=\arccos\dfrac{z}{\sqrt{x^2+y^2}}$；

(5) $z=\dfrac{x^2+y^2}{x^2-y^2}$；　　(6) $u=\sqrt{R^2-x^2-y^2-z^2}+\dfrac{1}{\sqrt{x^2+y^2+z^2-r^2}}$.

4. 画出下列函数的草图：

(1) $z=1-x-y$；　　(2) $z=y^2$；

(3) $z=10-\sqrt{x^2+y^2}$；　　(4) $z=\sqrt{16-x^2-16y^2}$；

(5) $z=\sqrt{x^2+4y^2}$；　　(6) $z=x^2+y^2-3y+5$.

5. 画出下列二元函数的等值线分布草图：

(1) $f(x,y)=e^{xy}$；　　(2) $f(x,y)=\dfrac{x}{y}$；

(3) $f(x,y)=x-y^2$；　　(4) $f(x,y)=\sqrt{x+y}$.

6. 设位于 xOy 面的一金属平板在点(x,y)处的温度 $T(x,y)=\dfrac{100}{1+x^2+2y^2}$，试画出等温线的分布草图.

7. 求下列极限：

(1) $\lim\limits_{(x,y)\to(-2,1)}\dfrac{x^2+xy+y^2}{x^2-y^2}$；　　(2) $\lim\limits_{(x,y)\to(0,0)}\dfrac{x^2+y^2}{\sqrt{x^2+y^2+1}-1}$；

(3) $\lim\limits_{(x,y,z)\to(1,2,3)}\dfrac{xz^2-y^2z}{xyz-1}$；　　(4) $\lim\limits_{(x,y)\to(0,0)}\dfrac{1-\cos(x^2+y^2)}{(x^2+y^2)x^2y^2}$；

(5) $\lim\limits_{(x,y)\to(0,0)}\arctan\left(-\dfrac{1}{x^2+y^2}\right)$；　　(6) $\lim\limits_{(x,y)\to(0,0)}\dfrac{2-\sqrt{xy+4}}{xy}$；

(7) $\lim\limits_{(x,y)\to(0,0)}\dfrac{\sin xy}{x}$；　　(8) $\lim\limits_{\substack{x\to\infty\\ y\to 2}}\left(1+\dfrac{y}{x}\right)^x$.

8. 函数 $f(x,y)=\dfrac{1}{\sin x\sin y}$在何处间断？

9. 判断下列极限是否存在，并说明理由：

(1) $\lim\limits_{(x,y)\to(0,0)}\dfrac{x^2}{x^2+y^2}$；　　(2) $\lim\limits_{(x,y)\to(0,0)}\dfrac{x^2-y^2}{x^2+y^2}$.

10. 函数 $z=\begin{cases}1, & xy=0,\\ 0, & xy\neq 0\end{cases}$ 在$(0,0)$是否连续？说明理由.

习题 9.1(B)

1. 设 $f(x,y)=\dfrac{x^2-y^2}{2xy}$，试求 $f[x,f(x,y)]$.

2. 求 $z=\arcsin(2x)+\dfrac{\sqrt{4x-y^2}}{\ln(1-x^2-y^2)}$的定义域.

3. 说明$\lim\limits_{\substack{x\to 0\\ y\to 0}}\dfrac{x^2 y}{x+y}$不存在.

4. 将点 $P(x,y,z)$ 到球面 $(x-1)^2+y^2+(z+1)^2=2$ 的最短距离表示为点 P 的坐标的函数.

5. 求下列极限：

(1) $\lim\limits_{(x,y)\to(0,0)}(x^2+y^2)^{x^2y^2}$；　　(2) $\lim\limits_{(x,y)\to(0,0)}\dfrac{xy^2}{x^2+y^4}$.

6. 函数 $z=\begin{cases}\dfrac{\sin(x^3+y^3)}{x^2+y^2}, & x^2+y^2\neq 0,\\ 0, & x^2+y^2=0\end{cases}$ 在原点(0,0)处是否连续?

9.2　偏导数与全微分

9.2.1　偏导数的定义及其计算

在研究一元函数时，我们从研究函数的变化率引入了导数概念，但多元函数的自变量不止一个，因变量与自变量的关系比一元函数复杂得多. 研究多元函数的策略是一次只改变一个自变量. 本节首先考虑多元函数关于其中一个自变量的变化率.

例如，我们在 9.1 节例 1 中提出的生产函数 $P=AK^{\alpha}L^{\beta}$，考虑当资金 K 不变时，最大可能产量 P 相对于劳动力 L 的变化率，可将 P 视为 L 的一元函数，该函数对 L 求导可得所求变化率为 $A\beta K^{\alpha}L^{\beta-1}$. 同样，当劳动力 L 不变时，最大可能产量 P 相对于资金 K 的变化率，可将 P 视为 K 的一元函数，该函数对 K 求导可得所求变化率为 $A\alpha K^{\alpha-1}L^{\beta}$.

一般地，设 $z=f(x,y)$ 是二元函数，若先将 y 固定，如 $y=y_0$（y_0 是常数），这时 z 就是 x 的一元函数 $f(x,y_0)$，该函数对 x 的导数就称为二元函数对 x 的偏导数. 定义如下：

定义 9.4　设 $z=f(x,y)$ 在点 (x_0,y_0) 的某一邻域内有定义，当 y 固定在 y_0 而 x 在 x_0 处有增量 Δx 时，相应地函数有增量

$$f(x_0+\Delta x,y_0)-f(x_0,y_0),$$

如果

$$\lim_{\Delta x\to 0}\frac{f(x_0+\Delta x,y_0)-f(x_0,y_0)}{\Delta x}$$

存在，则称此极限为**函数 $z=f(x,y)$ 在点 (x_0,y_0) 处对 x 的偏导数**，记作

$$f_x(x_0,y_0),\ \left.\frac{\partial f}{\partial x}\right|_{\substack{x=x_0\\ y=y_0}},\ \left.\frac{\partial z}{\partial x}\right|_{\substack{x=x_0\\ y=y_0}}\ 或\ \left.z_x\right|_{\substack{x=x_0\\ y=y_0}}.$$

类似地，**函数 $z=f(x,y)$ 在点 (x_0,y_0) 处对 y 的偏导数为**

$$\lim_{\Delta y\to 0}\frac{f(x_0,y_0+\Delta y)-f(x_0,y_0)}{\Delta y},$$

记作 $f_y(x_0,y_0)$，$\left.\frac{\partial f}{\partial y}\right|_{\substack{x=x_0\\y=y_0}}$，$\left.\frac{\partial z}{\partial y}\right|_{\substack{x=x_0\\y=y_0}}$ 或 $\left.z_y\right|_{\substack{x=x_0\\y=y_0}}$，即

$$f_x(x_0,y_0)=\lim_{\Delta x\to 0}\frac{f(x_0+\Delta x,y_0)-f(x_0,y_0)}{\Delta x}=\left.\frac{\mathrm{d}}{\mathrm{d}x}f(x,y_0)\right|_{x=x_0},$$

$$f_y(x_0,y_0)=\lim_{\Delta y\to 0}\frac{f(x_0,y_0+\Delta y)-f(x_0,y_0)}{\Delta y}=\left.\frac{\mathrm{d}}{\mathrm{d}y}f(x_0,y)\right|_{y=y_0}.$$

如果函数 $z=f(x,y)$ 在区域 D 内每一点 (x,y) 处对 x 的偏导数都存在，那么函数关于 x 的偏导数仍然是 x,y 的函数，称为**函数 $z=f(x,y)$ 对自变量 x 的偏导函数**，记作

$$f_x(x,y),\frac{\partial f(x,y)}{\partial x}\text{ 或简记为 }f_x,\frac{\partial f}{\partial x},\frac{\partial z}{\partial x},z_x.$$

类似地，可以定义**函数 $z=f(x,y)$ 对自变量 y 的偏导函数**，记作

$$f_y(x,y),\frac{\partial f(x,y)}{\partial y}\text{ 或简记为 }f_y,\frac{\partial f}{\partial y},\frac{\partial z}{\partial y},z_y.$$

由偏导数的概念可知，$z=f(x,y)$ 在点 (x_0,y_0) 处对 x 的偏导数 $f_x(x_0,y_0)$ 就是偏导函数 $f_x(x,y)$ 在点 (x_0,y_0) 处的函数值；同理，$f_y(x_0,y_0)$ 就是偏导函数 $f_y(x,y)$ 在点 (x_0,y_0) 处的函数值. 像一元函数的导函数一样，以后在不致混淆的地方也把偏导函数简称为偏导数.

对于实际求 $z=f(x,y)$ 的偏导数，并不需要用新的方法，因为这里只有一个自变量在变动，另一个自变量看作固定的，所以仍旧是一元函数的微分法问题. 如求 $\frac{\partial f}{\partial x}$ 时，只要把 y 看作常量而对 x 求导数；求 $\frac{\partial f}{\partial y}$ 时，只要把 x 看作常量而对 y 求导数.

偏导数的概念还可以推广到二元以上的函数. 例如，三元函数 $u=f(x,y,z)$ 在点 (x,y,z) 处对 x 的偏导数定义为

$$f_x(x,y,z)=\lim_{\Delta x\to 0}\frac{f(x+\Delta x,y,z)-f(x,y,z)}{\Delta x},$$

其中 $u=f(x,y,z)$ 在 (x,y,z) 的某一邻域有定义. 实际上是将 y,z 看作固定的值，函数对 x 求导，它们的求法也是一元函数的微分法问题.

例 1 求 $z=x^3y^2+x+2$ 在点 $(1,2)$ 处的偏导数.

解 把 y 看作常量，函数关于 x 求导得

$$\frac{\partial z}{\partial x}=3x^2y^2+1;$$

把 x 看作常量,得

$$\frac{\partial z}{\partial y} = 2x^3 y.$$

将(1,2)代入上面的结果得

$$\left.\frac{\partial z}{\partial x}\right|_{\substack{x=1\\y=2}} = 3\times 1^2\times 2^2+1 = 13,$$

$$\left.\frac{\partial z}{\partial y}\right|_{\substack{x=1\\y=2}} = 2\times 1^3\times 2 = 4.$$

例 2　求 $z=x^y(x>0,x\neq 1)$的偏导数.

解　$\frac{\partial z}{\partial x}=yx^{y-1},\frac{\partial z}{\partial y}=x^y\ln x.$

例 3　$f(x,y)=x\cdot\sqrt{x^2+y^2}+\sin(x+y)$,求 $f_y\left(0,\frac{\pi}{2}\right)$.

解　$f(0,y)=\sin y,$

$f_y(0,y)=\cos y,$

$f_y\left(0,\frac{\pi}{2}\right)=\cos\frac{\pi}{2}=0.$

例 4　已知理想气体的状态方程 $pV=RT$(R 为常数),证明:

$$\frac{\partial p}{\partial V}\cdot\frac{\partial V}{\partial T}\cdot\frac{\partial T}{\partial p}=-1.$$

解　由 $p=\frac{RT}{V}$得$\frac{\partial p}{\partial V}=-\frac{RT}{V^2}$;由 $V=\frac{RT}{p}$得$\frac{\partial V}{\partial T}=\frac{R}{p}$;由 $T=\frac{pV}{R}$得$\frac{\partial T}{\partial p}=\frac{V}{R}$. 所以,$\frac{\partial p}{\partial V}\cdot\frac{\partial V}{\partial T}\cdot\frac{\partial T}{\partial p}=-\frac{RT}{V^2}\cdot\frac{R}{p}\cdot\frac{V}{R}=-\frac{RT}{pV}=-1.$

这个例子说明,偏导数的记号是一个整体记号,不能看作分子与分母之商,这一点与一元函数的导数$\frac{\mathrm{d}y}{\mathrm{d}x}$可以看作微分 $\mathrm{d}y$ 与 $\mathrm{d}x$ 的商是不同的.

偏导数与导数的另一个重要区别是:一元函数在某一点具有导数,则它在该点必连续;但对于二元函数来说,即使在某一点的两个偏导数都存在,也不能保证在该点连续. 例如

函数 $f(x,y)=\begin{cases}\dfrac{xy}{x^2+y^2}, & x^2+y^2\neq 0,\\ 0, & x^2+y^2=0,\end{cases}$

$$f_x(0,0) = \lim_{\Delta x\to 0}\frac{f(\Delta x,0)-f(0,0)}{\Delta x} = \lim_{\Delta x\to 0}\frac{0-0}{\Delta x} = 0,$$

$$f_y(0,0) = \lim_{\Delta y\to 0}\frac{f(0,\Delta y)-f(0,0)}{\Delta y} = \lim_{\Delta y\to 0}\frac{0-0}{\Delta y} = 0,$$

函数在(0,0)的两个偏导数都存在，由 9.1 节例 9 可知该函数在(0,0)不连续.

下面给出二元函数 $z=f(x,y)$ 偏导数的几何意义.

设 $M_0(x_0,y_0,z_0)$ 为曲面 $z=f(x,y)$ 上的一点，用平面 $y=y_0$ 截此曲面得到曲线 C_1，该曲线在平面 $y=y_0$ 上的方程为 $z=f(x,y_0)$，则 $\left.\dfrac{\mathrm{d}f(x,y_0)}{\mathrm{d}x}\right|_{x=x_0}$ 即偏导数 $f_x(x_0,y_0)$，就是曲线 C_1 在点 M_0 处的切线 T_x 对 x 轴的斜率(图 9.12). 同样，偏导数 $f_y(x_0,y_0)$ 的几何意义是曲面 $z=f(x,y)$ 被平面 $x=x_0$ 所截得的曲线在点 M_0 处的切线 T_y 对 y 轴的斜率.

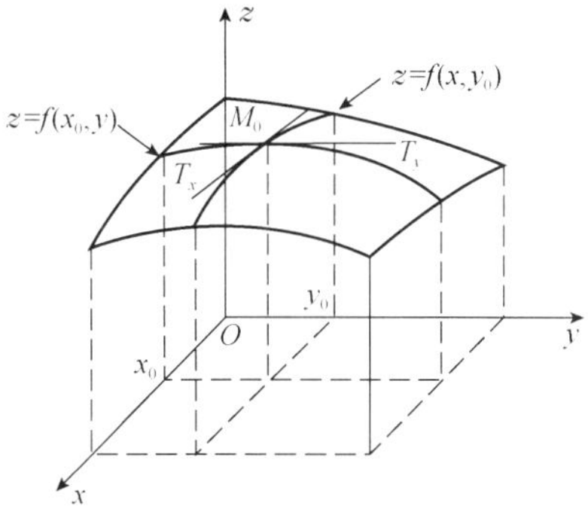

图 9.12

对由表格给出的函数，我们以下面的例子来说明怎样求函数在某点偏导数的近似值.

例 5　在热天，当湿度很大时，我们感觉到的温度比其真正值高；而当空气很干燥时，我们感觉到的温度会比温度计上的显示值低. 气象部门用热度指数(也称为温-湿度指数或湿度指数)来刻画温度和湿度的组合效用，当实际温度为 T(单位：℉)，相对湿度为 H(单位：%)时，热度指数 I 表示我们感觉的温度. 这样 I 是 T 和 H 的函数，记为 $I=f(T,H)$，表 9.2 是气象部门提供的一组数据.

表 9.2

T \ H	50	55	60	65	70	75	80	85	90
90	96	98	100	103	106	109	112	115	119
92	100	103	105	108	112	115	119	123	128
94	104	107	111	114	118	122	127	132	137
96	109	113	116	121	125	130	135	141	146
98	114	118	123	127	133	138	144	150	157
100	119	124	129	135	141	147	154	161	168

考查 $H=70\%$，$T=96$℉时，$\dfrac{\partial I}{\partial T}$的近似值，由于

$$\left.\frac{\partial I}{\partial T}\right|_{\substack{T=96\\H=70}}=\lim_{h\to 0}\frac{f(96+h,70)-f(96,70)}{h},$$

取 $h=-2$ 得

$$\left.\frac{\partial I}{\partial T}\right|_{\substack{T=96\\H=70}}\approx\frac{f(94,70)-f(96,70)}{-2}=\frac{118-125}{-2}=3.5,$$

取 $h=2$ 得

$$\left.\frac{\partial I}{\partial T}\right|_{\substack{T=96\\H=70}} \approx \frac{f(98,70)-f(96,70)}{2}=\frac{133-125}{2}=4,$$

我们也可以用$\frac{4+3.5}{2}=3.75$ 作为$\left.\frac{\partial I}{\partial T}\right|_{\substack{T=96\\H=70}}$的近似值. 这意味着当实际温度为96℉,相对湿度为 70%时,实际温度每上升一度,热度指数上升 3.75℉.

考查 $H=70\%$,$T=96$℉时,$\frac{\partial I}{\partial H}$的近似值,由

$$\left.\frac{\partial I}{\partial H}\right|_{\substack{T=96\\H=70}}=\lim_{h\to 0}\frac{f(96,70+h)-f(96,70)}{h},$$

取 $h=5$ 得

$$\left.\frac{\partial I}{\partial H}\right|_{\substack{T=96\\H=70}} \approx \frac{f(96,75)-f(96,70)}{5}=\frac{130-125}{5}=1,$$

取 $h=-5$ 得

$$\left.\frac{\partial I}{\partial H}\right|_{\substack{T=96\\H=70}} \approx \frac{f(96,65)-f(96,70)}{-5}=\frac{121-125}{-5}=0.8,$$

我们也可以用$\frac{1+0.8}{2}=0.9$ 作为$\left.\frac{\partial I}{\partial H}\right|_{\substack{T=96\\H=70}}$的近似值. 这意味着当实际温度为 96℉,相对湿度为 70%时,实际湿度每上升 1%,热度指数上升 0.9℉.

例 6　设某厂商生产 x 个单位的产品 A 与 y 单位的产品 B 的成本为

$$C(x,y)=20x^2+10xy+10y^2+300000,$$

式中 C 以元计,试求边际成本 $C_x(50,70)$与 $C_y(50,70)$,并解释所得结果的经济意义.

解　对成本函数求一阶偏导数得

$$C_x(x,y)=40x+10y,\quad C_y(x,y)=10x+20y,$$

所以

$$C_x(50,70)=40\times 50+10\times 70=2700,$$
$$C_y(50,70)=10\times 50+20\times 70=1900,$$

这就是说,当产品 B 保持 70 个单位不变时,生产第 51 个单位产品 A 的成本为 2700 元;当产品 A 保持 50 个单位不变时,生产第 71 个单位产品 B 的成本为 1900 元.

9.2.2　高阶偏导数

设函数 $z=f(x,y)$在区域 D 具有偏导数$\frac{\partial z}{\partial x}=f_x(x,y)$,$\frac{\partial z}{\partial y}=f_y(x,y)$,那么在 D 内 $f_x(x,y)$,$f_y(x,y)$都是 x,y 的函数. 如果这两个函数的偏导数也存在,则称

它们是函数 $z=f(x,y)$ 的**二阶偏导数**，按照对变量求导次序的不同有下列 4 个二阶偏导数：

$$\frac{\partial}{\partial x}\left(\frac{\partial z}{\partial x}\right)=\frac{\partial^2 z}{\partial x^2}=f_{xx}(x,y),\quad \frac{\partial}{\partial y}\left(\frac{\partial z}{\partial x}\right)=\frac{\partial^2 z}{\partial x\partial y}=f_{xy}(x,y),$$

$$\frac{\partial}{\partial x}\left(\frac{\partial z}{\partial y}\right)=\frac{\partial^2 z}{\partial y\partial x}=f_{yx}(x,y),\quad \frac{\partial}{\partial y}\left(\frac{\partial z}{\partial y}\right)=\frac{\partial^2 z}{\partial y^2}=f_{yy}(x,y).$$

其中第二、第三个二阶偏导数称为**混合偏导数**. 对二阶偏导数再求偏导数就得三阶偏导数. 二阶及二阶以上的偏导数统称为**高阶偏导数**. 对二元以上的多元函数可类似地定义高阶偏导数.

例 7 求 $z=x^3+x^2y^3+y^2+2$ 的二阶偏导数.

解
$$\frac{\partial z}{\partial x}=3x^2+2xy^3,\quad \frac{\partial z}{\partial y}=3x^2y^2+2y,$$

$$\frac{\partial^2 z}{\partial x^2}=6x+2y^3,\quad \frac{\partial^2 z}{\partial y^2}=6x^2y+2,$$

$$\frac{\partial^2 z}{\partial x\partial y}=6xy^2,\quad \frac{\partial^2 z}{\partial y\partial x}=6xy^2.$$

我们看到例 6 中两个二阶混合偏导数相等，即 $\frac{\partial^2 z}{\partial y\partial x}=\frac{\partial^2 z}{\partial x\partial y}$. 这不是偶然的巧合. 事实上我们有下述定理：

定理 9.3 如果函数 $z=f(x,y)$ 的两个二阶混合偏导数 $\frac{\partial^2 z}{\partial y\partial x}$ 及 $\frac{\partial^2 z}{\partial x\partial y}$ 在区域 D 内连续，那么在该区域内这两个二阶混合偏导数必相等.

例 8 设 $u=\sin(2xy+3z)$，求 $\frac{\partial^3 u}{\partial x\partial y\partial z}$.

解 $\frac{\partial u}{\partial x}=2y\cos(2xy+3z)$，$\frac{\partial^2 u}{\partial x\partial y}=2\cos(2xy+3z)-4xy\sin(2xy+3z)$，

$$\frac{\partial^3 u}{\partial x\partial y\partial z}=-6\sin(2xy+3z)-12xy\cos(2xy+3z).$$

例 9 验证函数 $u(x,y)=\ln\sqrt{x^2+y^2}$ 满足拉普拉斯①方程

$$\frac{\partial^2 u}{\partial x^2}+\frac{\partial^2 u}{\partial y^2}=0.$$

解 因为 $\ln\sqrt{x^2+y^2}=\frac{1}{2}\ln(x^2+y^2)$，所以

$$\frac{\partial u}{\partial x}=\frac{x}{x^2+y^2},\quad \frac{\partial u}{\partial y}=\frac{y}{x^2+y^2},$$

---

① 拉普拉斯(P. M. Laplace，1749—1827)，法国著名数学家和天文学家，是分析概率论的创始人，应用数学的先驱. 以他的名字命名的拉普拉斯变换和拉普拉斯方程，在科学技术的各个领域有着广泛的应用.

$$\frac{\partial^2 u}{\partial x^2}=\frac{(x^2+y^2)-x\cdot 2x}{(x^2+y^2)^2}=\frac{y^2-x^2}{(x^2+y^2)^2},$$

$$\frac{\partial^2 u}{\partial y^2}=\frac{(x^2+y^2)-y\cdot 2y}{(x^2+y^2)^2}=\frac{x^2-y^2}{(x^2+y^2)^2},$$

因此，

$$\frac{\partial^2 u}{\partial x^2}+\frac{\partial^2 u}{\partial y^2}=0,$$

即 $u(x,y)$满足拉普拉斯方程.

9.2.3　全微分

根据二元函数偏导数的概念和一元函数微分学中增量与微分的关系可得

$$f(x+\Delta x,y)-f(x,y)\approx f_x(x,y)\Delta x,$$

$$f(x,y+\Delta y)-f(x,y)\approx f_y(x,y)\Delta y.$$

上面两式的左端分别叫做二元函数对 x 和对 y 的**偏增量**,右端分别叫做二元函数对 x 和对 y 的**偏微分**.

在实际问题中,有时需要研究多元函数中各个自变量都取得增量时因变量相应的增量,即**全增量**的问题.

例如,设一个圆柱体的底半径为 r,高为 h,当底半径与高各自获得增量 Δr 与 Δh 时,为了求圆柱体体积的改变量,计算如下的全增量:

$$\Delta V=\pi(r+\Delta r)^2\cdot(h+\Delta h)-\pi r^2 h,$$

即

$$\Delta V=2\pi rh\Delta r+\pi r^2\Delta h+2\pi r\Delta r\Delta h+\pi h(\Delta r)^2+\pi(\Delta r)^2\Delta h.$$

从上式看出,当$|\Delta r|$与$|\Delta h|$很小时,由于上式后三项均含有 Δr 与 Δh 的乘积或 Δr 的平方,所以圆柱体体积的全增量 ΔV 可以用上式右边前两项的和 $2\pi rh\Delta r+\pi r^2\Delta h$ 来近似表示. 多元函数全增量的这种局部线性近似引出了多元函数可微性概念.

定义 9.5　如果函数 $z=f(x,y)$在点(x,y)的某邻域内有定义,且在点(x,y)的全增量

$$\Delta z=f(x+\Delta x,y+\Delta y)-f(x,y)$$

可表示为

$$\Delta z=f_x(x,y)\Delta x+f_y(x,y)\Delta y+o(\rho),\tag{9.3}$$

其中 $\rho=\sqrt{(\Delta x)^2+(\Delta y)^2}$,则称函数 $z=f(x,y)$在点(x,y)**可微**. 此时将式(9.3)中关于 $\Delta x,\Delta y$ 的线性部分 $f_x(x,y)\Delta x+f_y(x,y)\Delta y$ 称为**函数 $z=f(x,y)$在点(x,y)的全微分**,记作 $\mathrm{d}z$ 或 $\mathrm{d}f(x,y)$,即

$$\mathrm{d}z=f_x(x,y)\Delta x+f_y(x,y)\Delta y.$$

若将自变量的增量 $\Delta x,\Delta y$ 分别记为 $\mathrm{d}x,\mathrm{d}y$,则有

$$dz=f_x(x,y)dx+f_y(x,y)dy \quad 或 \quad dz=\frac{\partial z}{\partial x}dx+\frac{\partial z}{\partial y}dy. \tag{9.4}$$

由可微的定义容易看出：

若函数 $z=f(x,y)$ 在其定义域某一点可微，则一定在该点连续.

事实上，由(9.3)可得

$$\lim_{\substack{\Delta x\to 0\\ \Delta y\to 0}}\Delta z=0,$$

从而

$$\lim_{\substack{\Delta x\to 0\\ \Delta y\to 0}}f(x+\Delta x,y+\Delta y)=f(x,y).$$

值得注意的是函数在某一点的偏导数存在是函数在该点可微的必要条件，并非充分条件，例如前面分析过的函数 $f(x,y)=\begin{cases}\dfrac{xy}{x^2+y^2}, & x^2+y^2\neq 0,\\ 0, & x^2+y^2=0\end{cases}$ 在(0,0)的两个偏导数都存在，在(0,0)不连续，则在(0,0)不可微.

怎样判断函数在某一点可微？直观上看，当我们在一点放大函数 $z=f(x,y)$ 的图像看到的好像是一张平面，这说明函数 $f(x,y)$ 在这点的附近近似于一个线性函数 $z=L(x,y)$，只要这一近似足够好，我们就说函数 $f(x,y)$ 在这点是可微的. 判断函数在某一点可微，我们还有如下定理：

定理 9.4(充分条件) 如果函数 $z=f(x,y)$ 的偏导数 $f_x(x,y)$，$f_y(x,y)$ 在点 (x_0,y_0) 的某个邻域 U 内存在，且都在点 (x_0,y_0) 处连续，则函数 $z=f(x,y)$ 在该点可微.

证 设点 $(x_0+\Delta x,y_0+\Delta y)$ 为 U 内任意一点，函数在点 (x_0,y_0) 的全增量

$$\Delta z=f(x_0+\Delta x,y_0+\Delta y)-f(x_0,y_0)$$

变形可得

$$\begin{aligned}\Delta z=&[f(x_0+\Delta x,y_0+\Delta y)-f(x_0,y_0+\Delta y)]\\&+[f(x_0,y_0+\Delta y)-f(x_0,y_0)].\end{aligned}\tag{9.5}$$

将 $f(x,y_0+\Delta y)$ 看作 x 的一元函数，在 x_0 与 $x_0+\Delta x$ 界定的区间内应用拉格朗日中值定理得

$$\begin{aligned}&[f(x_0+\Delta x,y_0+\Delta y)-f(x_0,y_0+\Delta y)]\\&=f_x(x_0+\theta_1\Delta x,y_0+\Delta y)\Delta x \quad (0<\theta_1<1)\\&=[f_x(x_0,y_0)+\varepsilon_1]\Delta x,\end{aligned}\tag{9.6}$$

后一个等号是根据 f_x 在点 (x_0,y_0) 连续，于是

$$\lim_{\substack{\Delta x\to 0\\ \Delta y\to 0}} f_x(x_0+\theta_1\Delta x, y_0+\Delta y) = f_x(x_0, y_0),$$

即

$$f_x(x_0+\theta_1\Delta x, y_0+\Delta y) = f_x(x_0, y_0)+\varepsilon_1,$$

上式中 ε_1 是 $\Delta x\to 0, \Delta y\to 0$ 时的无穷小.

同理可证

$$f(x_0, y_0+\Delta y) - f(x_0, y_0) = [f_y(x_0, y_0)+\varepsilon_2]\Delta y, \tag{9.7}$$

其中 ε_2 是 $\Delta y\to 0$ 时的无穷小.

将(9.6)、(9.7)代入(9.5),得

$$\Delta z = f_x(x_0, y_0)\Delta x + f_y(x_0, y_0)\Delta y + \varepsilon_1\Delta x + \varepsilon_2\Delta y,$$

其中当 $\Delta x\to 0, \Delta y\to 0$ 时, $\varepsilon_1\to 0, \varepsilon_2\to 0$.

容易看出

$$\left|\frac{\varepsilon_1\Delta x+\varepsilon_2\Delta y}{\rho}\right| < |\varepsilon_1|+|\varepsilon_2|, \quad 即 \ \varepsilon_1\Delta x+\varepsilon_2\Delta y = o(\rho),$$

所以

$$\Delta z = f_x(x_0, y_0)\Delta x + f_y(x_0, y_0)\Delta y + o(\rho),$$

这就证明了 $z=f(x,y)$ 在点 (x_0, y_0) 可微.

以上关于二元函数全微分的定义及可微分的充分条件,可以类似地推广到二元以上的多元函数. 例如,可微三元函数 $u=f(x,y,z)$ 的全微分为

$$\mathrm{d}u = \frac{\partial u}{\partial x}\mathrm{d}x + \frac{\partial u}{\partial y}\mathrm{d}y + \frac{\partial u}{\partial z}\mathrm{d}z.$$

例 10　求 $z=x^2+xy-y^2$ 的全微分.

解　因为 $\frac{\partial z}{\partial x}=2x+y$, $\frac{\partial z}{\partial y}=x-2y$, 所以 $\mathrm{d}z=(2x+y)\mathrm{d}x+(x-2y)\mathrm{d}y$.

例 11　计算函数 $z=\mathrm{e}^{2x+y}$ 在点(2,1)处的全微分.

解　因为 $\frac{\partial z}{\partial x}=2\mathrm{e}^{2x+y}$, $\frac{\partial z}{\partial y}=\mathrm{e}^{2x+y}$,

$$\left.\frac{\partial z}{\partial x}\right|_{\substack{x=2\\ y=1}} = 2\mathrm{e}^5, \quad \left.\frac{\partial z}{\partial y}\right|_{\substack{x=2\\ y=1}} = \mathrm{e}^5,$$

所以

$$\left.\mathrm{d}z\right|_{(2,1)} = 2\mathrm{e}^5\mathrm{d}x + \mathrm{e}^5\mathrm{d}y.$$

例 12　求 $u=\sin x+2xy+\mathrm{e}^{yz}$ 的全微分.

解　因为 $\frac{\partial u}{\partial x}=\cos x+2y$, $\frac{\partial u}{\partial y}=2x+z\mathrm{e}^{yz}$, $\frac{\partial u}{\partial z}=y\mathrm{e}^{yz}$, 所以

$$\mathrm{d}u = (\cos x+2y)\mathrm{d}x + (2x+z\mathrm{e}^{yz})\mathrm{d}y + y\mathrm{e}^{yz}\mathrm{d}z.$$

与一元函数类似,二元函数也有近似计算公式.

若二元函数 $z=f(x,y)$在(x_0,y_0)可微,则当$|\Delta x|$,$|\Delta y|$很小时,

$$\Delta z\approx f_x(x_0,y_0)\Delta x+f_y(x_0,y_0)\Delta y, \tag{9.8}$$

$$\boxed{f(x_0+\Delta x,y_0+\Delta y)\approx f(x_0,y_0)+f_x(x_0,y_0)\Delta x+f_y(x_0,y_0)\Delta y.} \tag{9.9}$$

我们可以利用(9.8)、(9.9)对二元函数作误差估计和近似计算.(9.9)右端是函数 $z=f(x,y)$在(x_0,y_0)的局部线性化.

例 13 计算 $\sin31^\circ\tan44^\circ$的近似值.

解 设函数 $f(x,y)=\sin x\tan y$.要计算的值为 $f\left(\frac{\pi}{6}+\frac{\pi}{180},\frac{\pi}{4}-\frac{\pi}{180}\right)$,容易看出 $f\left(\frac{\pi}{6},\frac{\pi}{4}\right)=0.5$,取 $x_0=\frac{\pi}{6}$,$y_0=\frac{\pi}{4}$,$\Delta x=\frac{\pi}{180}$,$\Delta y=-\frac{\pi}{180}$,由于

$$f_x(x,y)=\cos x\tan y,\quad f_y(x,y)=\sin x\sec^2 y,$$

得 $f_x\left(\frac{\pi}{6},\frac{\pi}{4}\right)=\frac{\sqrt{3}}{2}$,$f_y\left(\frac{\pi}{6},\frac{\pi}{4}\right)=1$,再应用(9.9)便有

$$\begin{aligned}\sin31^\circ\tan44^\circ&=f\left(\frac{\pi}{6}+\frac{\pi}{180},\frac{\pi}{4}-\frac{\pi}{180}\right)\\&\approx0.5+\frac{\sqrt{3}}{2}\cdot\frac{\pi}{180}+1\cdot\left(-\frac{\pi}{180}\right)\approx0.4766.\end{aligned}$$

例 14 测得一圆柱体的底半径和高分别为 20cm 和 50cm,其可能的最大测量误差为 0.1cm,试估计因测量而引起该圆柱体体积的绝对误差和相对误差.

解 底半径为 r、高为 h 的圆柱体体积 $V=\pi r^2h$,

$$\Delta V\approx\mathrm{d}V=\frac{\partial V}{\partial r}\mathrm{d}r+\frac{\partial V}{\partial h}\mathrm{d}h=2\pi rh\,\mathrm{d}r+\pi r^2\mathrm{d}h,$$

根据测量最大误差为 0.1,我们有$|\mathrm{d}r|\leqslant0.1$,$|\mathrm{d}h|\leqslant0.1$,取 $r=20$,$h=50$,$\mathrm{d}r=0.1$,$\mathrm{d}h=0.1$,这样

$$V(20,50)=\pi\cdot20^2\cdot50=62800,$$

$$\mathrm{d}V=2\pi\cdot20\cdot50\cdot0.1+\pi\cdot20^2\cdot0.1=240\pi\approx754,$$

$$\frac{\Delta V}{V}\approx\frac{\mathrm{d}V}{V}=\frac{754}{62800}\times100\%=1.2\%.$$

故体积的最大绝对误差约为 $754\mathrm{cm}^3$,最大相对误差为 1.2%.

当 $\mathrm{d}r=0.1$,$\mathrm{d}h=0$ 时,计算得

$$\Delta v\approx2\pi rh\cdot\mathrm{d}r=200\pi,$$

当 $\mathrm{d}r=0$,$\mathrm{d}h=0.1$ 时,计算得

$$\Delta v\approx\pi r^2\mathrm{d}h=40\pi,$$

根据 $200\pi\div40\pi=5$,我们说圆柱体的体积对 r 的微小变化的敏感度是对 h 的同样大小变化的敏感度的 5 倍.所以对半径的测量更要特别注意.

例 15　某工厂的产量 Q 为其投入的资金 K 和劳力 L 的函数，记为 $Q=Q(K,L)$，已知 $Q(20,64)=2500$，资金的边际产出率 $Q_K(20,64)=350$，劳动力的边际产出率 $Q_L(20,64)=270$，现在工厂准备扩大投入，使 $K=24,L=69$. 试计算扩大投入后该厂产量及产量增量的近似值.

解　依题意设 $K_0=20,L_0=64$，由近似公式(9.8)有

$$\Delta Q\approx Q_K(K_0,L_0)\Delta K+Q_L(K_0,L_0)\Delta L,$$

其中 $\Delta K=24-20=4,\Delta L=69-64=5$，于是

$$\Delta Q\approx 350\times 4+270\times 5=2750,$$

$$Q(24,69)=Q(20,64)+\Delta Q\approx 5250.$$

所以，扩大投入后产量的近似值为 5250 个单位，产量增量的近似值为 2750 个单位.

习题 9.2(A)

1. 求下列函数的偏导数：

(1) $z=\arctan\dfrac{y}{x}$；　　(2) $z=\dfrac{xe^y}{y^2}$；

(3) $z=\sqrt{\ln(xy)}$；　　(4) $z=(1+xy)^y$；

(5) $z=\dfrac{x-y}{x+y}$；　　(6) $f(x,y)=\int_x^y e^{t^2}\,dt$；

(7) $u=x^{\frac{y}{z}}$；　　(8) $u=\sin(x_1+2x_2+\cdots+nx_n)$.

2. 求下列指定的偏导数：

(1) $f(x,y)=\sqrt{2x+3y}$，$f_y(2,4)$；　　(2) $f(x,y)=\sin(y-x)$，$f_x(3,3)$；

(3) $z=\sin\dfrac{x}{y}\cos\dfrac{y}{x}$，$z_y(2,\pi)$；　　(4) $f(x,y,z)=\dfrac{x}{y+z}$，$f_z(3,2,1)$；

(5) $f(x,y)=x+(y-1)\arcsin\sqrt{\dfrac{x}{y}}$，求 $f_x(x,1)$.

3. 设 $T=2\pi\sqrt{\dfrac{l}{g}}$，求证 $l\dfrac{\partial T}{\partial l}+g\dfrac{\partial T}{\partial g}=0$.

4. 求下列函数的二阶偏导数：

(1) $z=\sin(x+y)+\cos(x-y)$；　　(2) $z=x^{\ln t}$；

(3) $z=t\arcsin\sqrt{x}$；　　(4) $z=(x^2+y^2)^{\frac{3}{2}}$.

5. 求下列指定的高阶偏导数：

(1) $u=xy^2+yz^2+zx^2$，$u_{zzx}(2,0,1)$；　　(2) $z=x\sin y$，$\dfrac{\partial^3 z}{\partial y^2\partial x}$；

(3) $u=e^{xyz}$，u_{yzy}；　　(4) $u=\ln(x+\sqrt{1-y^2})$，u_{xy}.

6. 验证：

(1) $u=x^2-y^2$ 满足拉普拉斯方程 $u_{xx}+u_{yy}=0$；

(2) $u=e^{-a^2k^2t}\sin kx$ 满足热传导方程 $u_t=a^2u_{xx}$；

(3) $u(x,t)=f(x+at)+g(x-at)$满足波动方程 $u_{tt}=a^2u_{xx}$，其中 f 与 g 是任何二次可微的一元函数；

(4) $u=\dfrac{1}{\sqrt{x^2+y^2+z^2}}$满足三维拉普拉斯方程 $u_{xx}+u_{yy}+u_{zz}=0$.

7. 三个电阻 R_1,R_2,R_3 并联后的总电阻由公式

$$\frac{1}{R}=\frac{1}{R_1}+\frac{1}{R_2}+\frac{1}{R_3}$$

确定，求$\dfrac{\partial R}{\partial R_1}$.

8. 对下列函数验证 $z_{xy}=z_{yx}$：

(1) $z=x^3e^{-y^2}$；　　(2) $z=\sin(xy)+\ln(x+y)$.

9. 计划测量长和宽来计算一个长而窄的矩形的面积，应当对哪一边的测量更细心？为什么？

10. 求下列函数的全微分：

(1) $w=3x^2+4xy-2y^3$；　　(2) $z=\dfrac{y}{\sqrt{x^2+y^2}}$；

(3) $u=e^x\cos(xy)$；　　(4) $w=\ln\sqrt{x^2+y^2+z^2}$.

(5) $z=e^{y/x}$；　　(6) $w=x\tan(yz)$.

11. 求函数 $z=\dfrac{y}{x}$当 $x=2,y=1,\Delta x=0.1,\Delta y=-0.2$ 时的全增量和全微分.

12. 设 $z=5x^2+y^2$，(x,y)从$(1,2)$变到$(1.05,2.1)$，试比较 Δz 和 dz.

13. 用全微分求下列函数在指定点的近似值：

(1) $f(x,y)=\sqrt{20-x^2-7y^2}$，$(1.95,1.08)$；

(2) $f(x,y,z)=xy^2\sin\pi z$，$(3.99,4.98,4.03)$.

14. 测得一长方体的长、宽、高分别为 80cm，60cm 和 50cm，可能的最大测量误差为 0.2cm. 试用全微分估计由测量值计算出的长方体表面积的最大误差.

15. 已测得一电阻两端的电压 $U=110$V，电流强度 $I=1.5$A，其绝对误差 $\delta_U=0.05$V，$\delta_I=0.1$A，求电阻 R 的值，并计算绝对误差 δ_R 和相对误差 δ_R^* 的值.

16. 用全微分求下列各式的近似值：

(1) $\sqrt[3]{28}\cdot\sqrt[4]{15}$；　　(2) $(1.97)^{1.05}$.

17. 设某厂商生产 x 个单位的产品 A 与 y 单位的产品 B 的利润为

$$P(x,y)=10x+20y-x^2+xy-0.5y^2-10000,$$

试求 $P_x(10,20)$与 $P_y(10,20)$，并解释所得结果.

习题 9.2(B)

1. 设 $f(x,y)=x(x^2+y^2)^{-\frac{3}{2}}e^{\sin(x^2y)}$，求 $f_x(1,0)$.

2. 求下列函数的偏导数：

(1) $z=\ln(x+\sqrt{x^2-y^2})$；　　(2) $z=\arctan\dfrac{y}{x^2}$.

3. 有 4 个小于 50 的正数被四舍五入到保留一位小数，然后相乘. 试用全微分估计由于舍入使乘积可能产生的最大误差.

4. 证明 $f(x,y)=\sqrt{|xy|}$ 在点(0,0)处连续，两个偏导数存在，但在该点不可微.

5. 设

$$f(x,y)=\begin{cases}(x^2+y^2)\sin\dfrac{1}{x^2+y^2}, & x^2+y^2\neq 0,\\ 0, & x^2+y^2=0.\end{cases}$$

证明 $f_x(x,y)$，$f_y(x,y)$ 在(0,0)的任何邻域内存在而不连续，但 $f(x,y)$ 在(0,0)处可微.

6. 考虑二元函数 $f(x,y)$ 的下面四条性质：

① $f(x,y)$ 在点 (x_0,y_0) 处连续，

② $f(x,y)$ 在点 (x_0,y_0) 处的两个偏导数连续，

③ $f(x,y)$ 在点 (x_0,y_0) 处可微，

④ $f(x,y)$ 在点 (x_0,y_0) 处的两个偏导数存在.

若用"$P\Rightarrow Q$"表示可由性质 P 推出性质 Q，则有________.（研 2002）

(A) ②⇒③⇒①；　　(B) ③⇒②⇒①；

(C) ③⇒④⇒①；　　(D) ③⇒①⇒④.

7. 二元函数 $f(x,y)=\begin{cases}\dfrac{xy}{x^2+y^2}, & x^2+y^2\neq 0,\\ 0, & x^2+y^2=0\end{cases}$ 在(0,0)处________.（研 1998）

(A) 连续，偏导数存在；　　(B) 连续，偏导数不存在；

(C) 不连续，偏导数存在；　　(D)不连续，偏导数不存在.

9.3　链式法则与隐式求导法

9.3.1　链式法则

在一元函数微分法中，链式法则是最重要的求导法则之一，本节将链式法则推广到多元函数微分法. 下面分几种情况进行讨论：

第一种情况　$z=f(x,y)$，其中 x 与 y 是 t 的函数.

定理 9.5（链式法则 1）　设 $x=g(t)$ 和 $y=h(t)$ 均在点 t 可微，$z=f(x,y)$ 在对应点 (x,y) 可微，则复合函数 $z=f[g(t),h(t)]$ 在点 t 可微，且有

$$\frac{\mathrm{d}z}{\mathrm{d}t}=\frac{\partial z}{\partial x}\cdot\frac{\mathrm{d}x}{\mathrm{d}t}+\frac{\partial z}{\partial y}\cdot\frac{\mathrm{d}y}{\mathrm{d}t}. \tag{9.10}$$

证　设 Δt 是 t 的增量，相应地 x 与 y 就有增量 Δx 和 Δy，从而 z 有增量 Δz. 由于 $z=f(x,y)$ 在对应点 (x,y) 可微，根据(9.3)有

$$\Delta z=\frac{\partial z}{\partial x}\Delta x+\frac{\partial z}{\partial y}\Delta y+o(\rho),$$

在上式两端同除以 Δt，我们得到

$$\frac{\Delta z}{\Delta t}=\frac{\partial z}{\partial x}\cdot\frac{\Delta x}{\Delta t}+\frac{\partial z}{\partial y}\cdot\frac{\Delta y}{\Delta t}+\frac{o(\rho)}{\Delta t},$$

由于 $g(t)$ 和 $h(t)$ 可微即可导,因而连续. 这样,当 $\Delta t\to 0$ 时,必有 $\Delta x\to 0$,$\Delta y\to 0$,则

$$\rho\to 0\quad 且\quad \lim_{\Delta t\to 0}\frac{\Delta x}{\Delta t}=\frac{\mathrm{d}x}{\mathrm{d}t},\quad \lim_{\Delta t\to 0}\frac{\Delta y}{\Delta t}=\frac{\mathrm{d}y}{\mathrm{d}t}.$$

此时若 $\rho=0$,当然有 $\frac{o(\rho)}{\Delta t}=0$;若 $\rho\neq 0$,则

$$\frac{o(\rho)}{\Delta t}=\frac{o(\rho)}{\rho}\cdot\frac{\rho}{\Delta t}=\pm\frac{o(\rho)}{\rho}\cdot\sqrt{\left(\frac{\Delta x}{\Delta t}\right)^2+\left(\frac{\Delta y}{\Delta t}\right)^2}\to 0\quad(\Delta t\to 0).$$

故总有

$$\lim_{\Delta t\to 0}\frac{o(\rho)}{\Delta t}=0.$$

所以

$$\begin{aligned}\frac{\mathrm{d}z}{\mathrm{d}t}&=\lim_{\Delta t\to 0}\frac{\Delta z}{\Delta t}=\frac{\partial z}{\partial x}\cdot\lim_{\Delta t\to 0}\frac{\Delta x}{\Delta t}+\frac{\partial z}{\partial y}\cdot\lim_{\Delta t\to 0}\frac{\Delta y}{\Delta t}+\lim_{\Delta t\to 0}\frac{o(\rho)}{\Delta t}\\&=\frac{\partial z}{\partial x}\cdot\frac{\mathrm{d}x}{\mathrm{d}t}+\frac{\partial z}{\partial y}\cdot\frac{\mathrm{d}y}{\mathrm{d}t}.\end{aligned}$$

(9.10)在形式上可看作是对全微分(9.4)两端除以 $\mathrm{d}t$ 而得,常将这里的 $\frac{\mathrm{d}z}{\mathrm{d}t}$ 称为全导数.

例 1 设 $z=x^2y$,其中 $x=\mathrm{e}^t$,$y=\sin t$,求 $\frac{\mathrm{d}z}{\mathrm{d}t}$.

解 由(9.10)得

$$\begin{aligned}\frac{\mathrm{d}z}{\mathrm{d}t}&=\frac{\partial z}{\partial x}\cdot\frac{\mathrm{d}x}{\mathrm{d}t}+\frac{\partial z}{\partial y}\cdot\frac{\mathrm{d}y}{\mathrm{d}t}=2xy\cdot\mathrm{e}^t+x^2\cdot\cos t\\&=2\mathrm{e}^t\cdot\sin t\cdot\mathrm{e}^t+\mathrm{e}^{2t}\cdot\cos t\\&=\mathrm{e}^{2t}(2\sin t+\cos t).\end{aligned}$$

这里已将答案全部用 t 表示,但在某些情况下同时用 x,y,t 表示全导数可能更方便. 这个例题还可以先将 x 和 y 用 t 的函数代入 z 的表达式,得到 z 是 t 的一元函数,再利用一元函数的求导法则同样可求出 $\frac{\mathrm{d}z}{\mathrm{d}t}$.

例 2 $z=f(x^2,\mathrm{e}^x)$,求 $\frac{\mathrm{d}z}{\mathrm{d}x}$.

解 记 $u=x^2$,$v=\mathrm{e}^x$,则 $z=f(u,v)$.

$$\frac{\mathrm{d}u}{\mathrm{d}x}=2x,\quad \frac{\mathrm{d}v}{\mathrm{d}x}=\mathrm{e}^x,$$

$$\frac{\mathrm{d}z}{\mathrm{d}x}=\frac{\partial z}{\partial u}\cdot 2x+\frac{\partial z}{\partial v}\cdot\mathrm{e}^x=2x\cdot\frac{\partial z}{\partial u}+\mathrm{e}^x\cdot\frac{\partial z}{\partial v}.$$

第二种情况　$z=f(x,y)$，其中 x 与 y 是 s 和 t 的函数.

根据偏导数的计算方法，在求$\frac{\partial z}{\partial t}$时，将 s 看成常量计算 z 关于 t 的导数，应用定理 9.5 有

$$\frac{\partial z}{\partial t}=\frac{\partial z}{\partial x}\cdot\frac{\partial x}{\partial t}+\frac{\partial z}{\partial y}\cdot\frac{\partial y}{\partial t}. \tag{9.11}$$

类似可以得到

$$\frac{\partial z}{\partial s}=\frac{\partial z}{\partial x}\cdot\frac{\partial x}{\partial s}+\frac{\partial z}{\partial y}\cdot\frac{\partial y}{\partial s}. \tag{9.12}$$

于是我们得到下列法则：

定理 9.6（链式法则 2）　设 $x=g(s,t)$ 和 $y=h(s,t)$ 在点 (s,t) 的偏导数均存在，$z=f(x,y)$ 在对应点 (x,y) 可微，则复合函数 $z=f[g(s,t),h(s,t)]$ 在点 (s,t) 的两个偏导数存在，且

$$\frac{\partial z}{\partial s}=\frac{\partial z}{\partial x}\cdot\frac{\partial x}{\partial s}+\frac{\partial z}{\partial y}\cdot\frac{\partial y}{\partial s},$$

$$\frac{\partial z}{\partial t}=\frac{\partial z}{\partial x}\cdot\frac{\partial x}{\partial t}+\frac{\partial z}{\partial y}\cdot\frac{\partial y}{\partial t}.$$

例 3　设 $z=e^x\sin y, x=st, y=s+t$，求$\frac{\partial z}{\partial s}$和$\frac{\partial z}{\partial t}$.

解

$$\begin{aligned}\frac{\partial z}{\partial s}&=\frac{\partial z}{\partial x}\cdot\frac{\partial x}{\partial s}+\frac{\partial z}{\partial y}\cdot\frac{\partial y}{\partial s}\\&=e^x\sin y\cdot t+e^x\cos y\cdot 1\\&=e^{st}[t\cdot\sin(s+t)+\cos(s+t)],\end{aligned}$$

$$\begin{aligned}\frac{\partial z}{\partial t}&=\frac{\partial z}{\partial x}\cdot\frac{\partial x}{\partial t}+\frac{\partial z}{\partial y}\cdot\frac{\partial y}{\partial t}\\&=e^x\sin y\cdot s+e^x\cos y\cdot 1\\&=e^{st}[s\cdot\sin(s+t)+\cos(s+t)].\end{aligned}$$

为了帮助记忆链式法则，也为了理清各变量之间的关系，我们按各变量间的复合关系画成图 9.13 那样的树形图. 首先从因变量 z 向中间变量 x 和 y 画两个枝（表示 z 是 x 和 y 的函数），然后再分别从 x 和 y 向自变量 s,t 画枝（表示 x 和 y 是 s,t 的函数），这样就得到了树形图. 正确地绘制树形图有利于我们认清哪些变量是中间变量，哪些变量是自变量，及变量之间的复合关系. 求$\frac{\partial z}{\partial s}$时，我们只要把从 z 至 s 的每条路径上的各偏导数相乘，然后再将这些积相加：

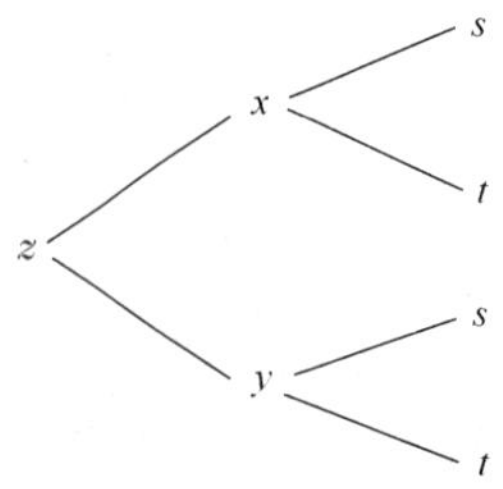

图 9.13

$$\frac{\partial z}{\partial s}=\frac{\partial z}{\partial x}\cdot\frac{\partial x}{\partial s}+\frac{\partial z}{\partial y}\cdot\frac{\partial y}{\partial s}.$$

类似地，考查从 z 到 t 的路径，可以写出$\frac{\partial z}{\partial t}$.

在上面两种特定形式链式法则的基础上，我们建立一般的多元复合函数的链式法则：

定理 9.7（链式法则的一般情形） 设 u 是 $x_1,x_2,\cdots,x_n$ 的 n 元可微函数，而每个 x_j 都是 $t_1,t_2,\cdots,t_m$ 的 m 元函数且各个偏导数$\frac{\partial x_j}{\partial t_i}$均存在（$1\leqslant j\leqslant n;1\leqslant i\leqslant m$），则 u 作为 $t_1,t_2,\cdots,t_m$ 的复合函数有下列求偏导数的公式：

$$\boxed{\frac{\partial u}{\partial t_i}=\frac{\partial u}{\partial x_1}\cdot\frac{\partial x_1}{\partial t_i}+\frac{\partial u}{\partial x_2}\cdot\frac{\partial x_2}{\partial t_i}+\cdots+\frac{\partial u}{\partial x_n}\cdot\frac{\partial x_n}{\partial t_i},\quad i=1,2,\cdots,m.}\tag{9.13}$$

当 $m=1$ 时，式(9.13)中的$\frac{\partial u}{\partial t_1}$及$\frac{\partial x_j}{\partial t_1}$应分别改写成$\frac{\mathrm{d}u}{\mathrm{d}t_1}$和$\frac{\mathrm{d}x_j}{\mathrm{d}t_1}$($j=1,2,\cdots,n$). 并称这时的$\frac{\mathrm{d}u}{\mathrm{d}t_1}$为全导数. 显然，链式法则 1 和链式法则 2 分别是 $n=2,m=1$ 和 $n=2,m=2$ 的特殊情形.

例 4 设 $z=uv\sin t$，其中 $u=\mathrm{e}^t,v=\cos t$. 求全导数$\frac{\mathrm{d}z}{\mathrm{d}t}$.

解 根据题意画出树形图（图 9.14），由(9.13)得

$$\begin{aligned}\frac{\mathrm{d}z}{\mathrm{d}t}&=\frac{\partial z}{\partial u}\cdot\frac{\mathrm{d}u}{\mathrm{d}t}+\frac{\partial z}{\partial v}\cdot\frac{\mathrm{d}v}{\mathrm{d}t}+\frac{\partial z}{\partial t}\cdot\frac{\mathrm{d}t}{\mathrm{d}t}\\&=v\sin t\cdot\mathrm{e}^t+u\sin t\cdot(-\sin t)+uv\cos t\cdot 1\\&=\cos t\sin t\cdot\mathrm{e}^t+\mathrm{e}^t\sin t(-\sin t)+\mathrm{e}^t\cos t\cos t\cdot 1\\&=\mathrm{e}^t(\sin t\cdot\cos t-\sin^2 t+\cos^2 t).\end{aligned}$$

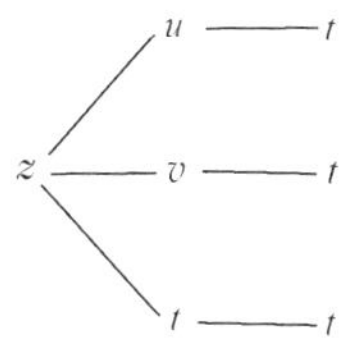

图 9.14

解题过程中出现$\frac{\partial z}{\partial t}$指的是 z 为 u,v,t 的函数，u,v 看作常量，z 对 t 求导. 该题中的 t 既是中间变量，又是自变量，初学者特别容易混淆，请注意区分.

例 5 设 $z=f(x^2y^2,x^2+y^2)$，其中 f 具有二阶连续偏导数，求$\frac{\partial z}{\partial x},\frac{\partial^2 z}{\partial x\partial y}$.

解 可以将题中函数看作复合函数

$$z=f(u,v),\quad 其中\ u=x^2y^2,v=x^2+y^2.$$

为了表达简便，我们引入以下记号：

$$f_1'=\frac{\partial z}{\partial u},\quad f_2'=\frac{\partial z}{\partial v},\quad f_{12}''=\frac{\partial^2 z}{\partial u\partial v},\quad f_{21}''=\frac{\partial^2 z}{\partial v\partial u},\quad f_{11}''=\frac{\partial^2 z}{\partial u^2},\quad f_{22}''=\frac{\partial^2 z}{\partial v^2}.$$

由链式法则和树形图 9.15 得

$$\frac{\partial z}{\partial x}=\frac{\partial f}{\partial u}\cdot\frac{\partial u}{\partial x}+\frac{\partial f}{\partial v}\cdot\frac{\partial v}{\partial x}=f'_1\cdot 2xy^2+f'_2\cdot 2x=2xy^2\cdot f'_1+2x\cdot f'_2.$$

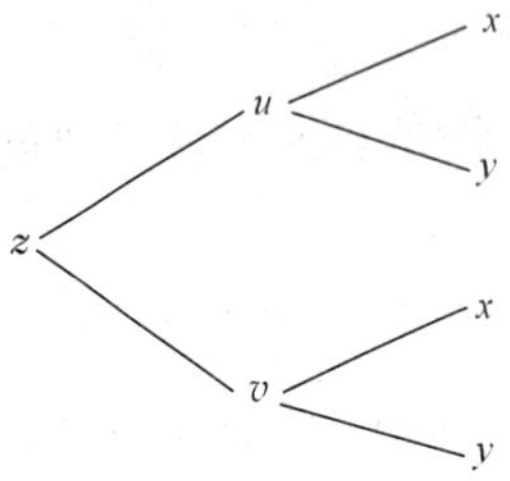

图 9.15

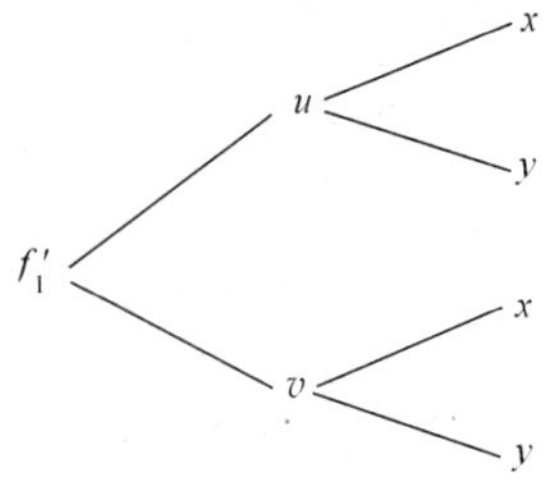

图 9.16

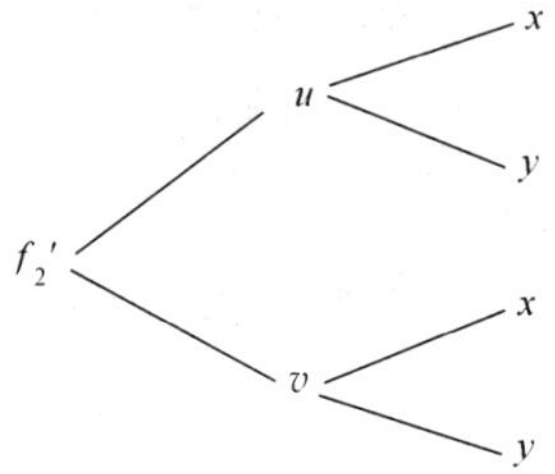

图 9.17

由链式法则和树形图 9.16、图 9.17 得

$$\frac{\partial f'_1}{\partial y}=\frac{\partial f'_1}{\partial u}\cdot\frac{\partial u}{\partial y}+\frac{\partial f'_1}{\partial v}\cdot\frac{\partial v}{\partial y}=f''_{11}\cdot 2x^2y+f''_{12}\cdot 2y,$$

$$\frac{\partial f'_2}{\partial y}=\frac{\partial f'_2}{\partial u}\cdot\frac{\partial u}{\partial y}+\frac{\partial f'_2}{\partial v}\cdot\frac{\partial v}{\partial y}=f''_{21}\cdot 2x^2y+f''_{22}\cdot 2y,$$

所以

$$\begin{aligned}\frac{\partial^2 z}{\partial x\partial y}&=2x\cdot\left(2y\cdot f'_1+y^2\cdot\frac{\partial f'_1}{\partial y}\right)+2x\cdot\frac{\partial f'_2}{\partial y}\\&=2x\cdot\left(2y\cdot f'_1+y^2\cdot\frac{\partial f'_1}{\partial y}+\frac{\partial f'_2}{\partial y}\right)\\&=4xy\cdot(f'_1+x^2y^2f''_{11}+y^2f''_{12}+x^2f''_{21}+f''_{22})\\&=4xy\cdot[f'_1+x^2y^2f''_{11}+(y^2+x^2)f''_{21}+f''_{22}],\end{aligned}$$

上面最后一个等式用到了 $f''_{12}=f''_{21}$.

多元复合函数的求导,需注意的是分清谁是中间变量,谁是自变量,以及变量间的函数关系,初学者最好画出树形图. 求偏导或全导数时记得要经过每一个中间变量. 由于变量个数多,要分清哪些变量暂时不变,哪些变量在变化. 偏导数表达式(9.13)中右边项数等于树形图中从 u 到 t_i 的路径条数,每项中因子个数等于每条路径的节数.

根据复合函数求导的链式法则,可得到重要的全微分形式不变性. 我们仍以二元函数为例来说明.

设 $z=f(u,v)$ 具有连续的偏导数,则有全微分

$$\mathrm{d}z=\frac{\partial z}{\partial u}\mathrm{d}u+\frac{\partial z}{\partial v}\mathrm{d}v,$$

这里 u,v 是自变量. 如果 u,v 是中间变量,且都是 x,y 的函数,$u=\psi(x,y)$,$v=\varphi(x,y)$,且这两个函数也具有连续偏导数,则复合函数

$$z=f[\psi(x,y),\varphi(x,y)]$$

的全微分为

$$\mathrm{d}z=\frac{\partial z}{\partial x}\mathrm{d}x+\frac{\partial z}{\partial y}\mathrm{d}y,$$

由定理 9.6 知$\frac{\partial z}{\partial x}=\frac{\partial z}{\partial u}\cdot\frac{\partial u}{\partial x}+\frac{\partial z}{\partial v}\cdot\frac{\partial v}{\partial x},\frac{\partial z}{\partial y}=\frac{\partial z}{\partial u}\cdot\frac{\partial u}{\partial y}+\frac{\partial z}{\partial v}\cdot\frac{\partial v}{\partial y}$,代入上式得

$$\begin{aligned}\mathrm{d}z&=\left(\frac{\partial z}{\partial u}\cdot\frac{\partial u}{\partial x}+\frac{\partial z}{\partial v}\cdot\frac{\partial v}{\partial x}\right)\mathrm{d}x+\left(\frac{\partial z}{\partial u}\cdot\frac{\partial u}{\partial y}+\frac{\partial z}{\partial v}\cdot\frac{\partial v}{\partial y}\right)\mathrm{d}y\\&=\frac{\partial z}{\partial u}\left(\frac{\partial u}{\partial x}\mathrm{d}x+\frac{\partial u}{\partial y}\mathrm{d}y\right)+\frac{\partial z}{\partial v}\left(\frac{\partial v}{\partial x}\mathrm{d}x+\frac{\partial v}{\partial y}\mathrm{d}y\right)\\&=\frac{\partial z}{\partial u}\mathrm{d}u+\frac{\partial z}{\partial v}\mathrm{d}v.\end{aligned}$$

由此可见,无论 z 是自变量 u,v 的函数或中间变量 u,v 的函数,它的全微分形式均为

$$\mathrm{d}z=\frac{\partial z}{\partial u}\mathrm{d}u+\frac{\partial z}{\partial v}\mathrm{d}v. \tag{9.14}$$

这种性质叫做**全微分形式不变性**.

例 6 利用全微分形式不变性解本节的例 4.

解

$$\begin{aligned}\mathrm{d}z&=\frac{\partial z}{\partial u}\mathrm{d}u+\frac{\partial z}{\partial v}\mathrm{d}v+\frac{\partial z}{\partial t}\mathrm{d}t\\&=v\sin t\cdot\mathrm{d}u+u\sin t\cdot\mathrm{d}v+uv\cos t\cdot\mathrm{d}t\\&=v\sin t\cdot(\mathrm{e}^t\mathrm{d}t)+u\sin t\cdot(-\sin t\mathrm{d}t)+uv\cos t\cdot\mathrm{d}t\\&=(v\sin t\cdot\mathrm{e}^t-u\sin^2t+uv\cos t)\mathrm{d}t.\end{aligned}$$

将 u 和 v 用 t 的函数代入,进一步整理得

$$\mathrm{d}z=\mathrm{e}^t(\sin t\cdot\cos t-\sin^2t+\cos^2t)\mathrm{d}t,$$

所以$\frac{\mathrm{d}z}{\mathrm{d}t}=\mathrm{e}^t(\sin t\cdot\cos t-\sin^2t+\cos^2t)$.

利用全微分形式不变性有时可以同时求得几个偏导数.

例 7 本节的例 3.

解

$$\begin{aligned}\mathrm{d}z&=\mathrm{d}(\mathrm{e}^x\sin y)\\&=\mathrm{e}^x\sin y\mathrm{d}x+\mathrm{e}^x\cos y\mathrm{d}y\\&=\mathrm{e}^x\sin y(t\mathrm{d}s+s\mathrm{d}t)+\mathrm{e}^x\cos y(\mathrm{d}s+\mathrm{d}t)\\&=\mathrm{e}^x(t\sin y+\cos y)\mathrm{d}s+\mathrm{e}^x(s\sin y+\cos y)\mathrm{d}t\\&=\mathrm{e}^{st}[t\sin(s+t)+\cos(s+t)]\mathrm{d}s+\mathrm{e}^{st}[s\sin(s+t)+\cos(s+t)]\mathrm{d}t,\end{aligned}$$

即

$$\mathrm{d}z=\mathrm{e}^{st}[t\sin(s+t)+\cos(s+t)]\mathrm{d}s+\mathrm{e}^{st}[s\sin(s+t)+\cos(s+t)]\mathrm{d}t.$$

比较 $\mathrm{d}z=\frac{\partial z}{\partial s}\mathrm{d}s+\frac{\partial z}{\partial t}\mathrm{d}t$ 可知:

$$\frac{\partial z}{\partial s}=e^{st}[t\sin(s+t)+\cos(s+t)],$$

$$\frac{\partial z}{\partial t}=e^{st}[s\sin(s+t)+\cos(s+t)].$$

这与例 3 的结果是一样的.

9.3.2 隐式求导法

在第 3 章中我们引入了隐函数的概念,并介绍了不经过显化直接由方程

$$F(x,y)=0 \tag{9.15}$$

求它所确定的隐函数的导数的方法. 现在介绍隐函数存在定理,并根据多元函数求导的链式法则导出隐函数的导数公式,形成一套隐式求导法.

定理 9.8(隐函数存在定理 1)　设函数 $F(x,y)$满足三个条件:

(1) $F(x,y)$在点(x_0,y_0)的某一邻域内具有连续的偏导数;

(2) $F(x_0,y_0)=0$;

(3) $F_y(x_0,y_0)\neq 0$.

那么在点(x_0,y_0)的某一邻域内能唯一确定一个具有连续导数的函数 $y=f(x)$,它满足 $y_0=f(x_0)$,并有

$$\boxed{\frac{dy}{dx}=-\frac{F_x}{F_y}.} \tag{9.16}$$

这里省略对定理的证明,仅对(9.16)作如下推导:

将方程 $F(x,y)=0$ 所确定的函数 $y=f(x)$代入方程(9.15)得

$$F[x,f(x)]\equiv 0,$$

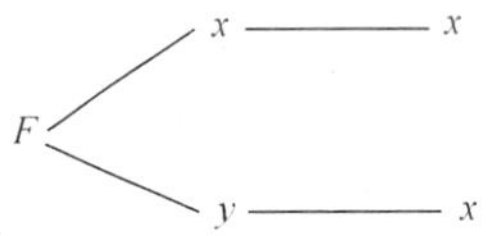

图 9.18

上式的左端可以看成是 x 的复合函数,将上式的两端对 x 求导,由链式法则和树形图 9.18 得

$$\frac{\partial F}{\partial x}\cdot 1+\frac{\partial F}{\partial y}\cdot\frac{dy}{dx}=0,$$

即

$$F_x+F_y\cdot\frac{dy}{dx}=0,$$

由于 F_y 连续且 $F_y(x_0,y_0)\neq 0$,所以存在(x_0,y_0)的某一邻域,在该邻域内 $F_y\neq 0$. 于是由上式得

$$\frac{dy}{dx}=-\frac{F_x}{F_y}.$$

例 8　函数 $y=f(x)$是由方程 $e^y+xy-e=0$ 确定的隐函数,求$\dfrac{dy}{dx}$.

解 设 $F(x,y)=e^y+xy-e$，则 $F_x(x,y)=y$，$F_y(x,y)=e^y+x$，由(9.16)得

$$\frac{dy}{dx}=-\frac{F_x}{F_y}=-\frac{y}{e^y+x}.$$

例 9 函数 $y=f(x)$是由方程 $x-y+\frac{1}{2}\sin y=0$ 确定的隐函数，求$\frac{d^2y}{dx^2}$.

解 设 $F(x,y)=x-y+\frac{1}{2}\sin y$，则 $F_x(x,y)=1$，$F_y(x,y)=-1+\frac{1}{2}\cos y$，由(9.16)得

$$\frac{dy}{dx}=-\frac{F_x}{F_y}=\frac{1}{1-\frac{1}{2}\cos y}=\frac{2}{2-\cos y},$$

$$\frac{d^2y}{dx^2}=\frac{-2\sin y\cdot\frac{dy}{dx}}{(2-\cos y)^2}=\frac{-4\sin y}{(2-\cos y)^3},$$

这里在计算$\frac{d^2y}{dx^2}$时，应注意 y 是 x 的函数.

隐函数存在定理可以推广到多元隐函数.既然一个二元方程满足一定条件时可以确定一个一元函数，那么一个三元方程

$$F(x,y,z)=0$$

满足一定条件时应该也能确定一个二元函数，这就是下面的定理.

定理 9.9(隐函数存在定理 2) 设函数 $F(x,y,z)$满足三个条件：

(1) $F(x,y,z)$在点(x_0,y_0,z_0)的某一邻域内具有连续的偏导数；

(2) $F(x_0,y_0,z_0)=0$；

(3) $F_z(x_0,y_0,z_0)\neq 0$，

那么在点(x_0,y_0,z_0)的某一邻域内能唯一确定一个具有连续偏导数的函数 $z=f(x,y)$，它满足 $z_0=f(x_0,y_0)$，并有

$$\boxed{\frac{\partial z}{\partial x}=-\frac{F_x}{F_z},\quad \frac{\partial z}{\partial y}=-\frac{F_y}{F_z}.}\tag{9.17}$$

这里只对(9.17)作如下推导：

由于 $F[x,y,f(x,y)]=0$，两端分别对 x 和 y 求偏导，根据链式法则和树形图 9.19 得

$$F_x\cdot 1+F_z\cdot\frac{\partial z}{\partial x}=0,\quad F_y\cdot 1+F_z\cdot\frac{\partial z}{\partial y}=0.$$

因 F_z 连续且 $F_z(x_0,y_0,z_0)\neq 0$，所以存在点(x_0,y_0,z_0)的某一邻域，在该邻域内 $F_z\neq 0$，于是，

$$\frac{\partial z}{\partial x}=-\frac{F_x}{F_z},\quad \frac{\partial z}{\partial y}=-\frac{F_y}{F_z}.$$

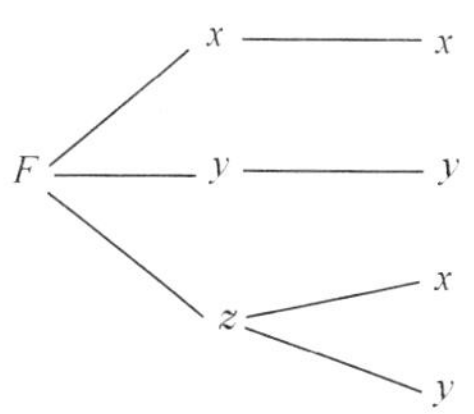

图 9.19

或者,由方程 $F(x,y,z)=0$,在定理的条件下,用全微分形式不变性,在点 (x_0,y_0,z_0) 的某一邻域内可写出

$$\mathrm{d}F = F_x\mathrm{d}x + F_y\mathrm{d}y + F_z\mathrm{d}z = 0,$$

移项整理得 $\mathrm{d}z=-\frac{F_x}{F_z}\mathrm{d}x-\frac{F_y}{F_z}\mathrm{d}y$,从而得到(9.17).

例 10　由方程 $\frac{x}{z}-\ln\frac{z}{y}=0$ 确定 z 是 x,y 的函数,求 $\frac{\partial z}{\partial x},\frac{\partial^2 z}{\partial x^2}$.

解　设 $F(x,y,z)=\frac{x}{z}-\ln\frac{z}{y}$,则 $F_x=\frac{1}{z}$,$F_z=-\frac{x}{z^2}-\frac{1}{z}=-\frac{x+z}{z^2}$,由(9.17)得

$$\frac{\partial z}{\partial x}=-\frac{F_x}{F_z}=\frac{z}{x+z},$$

在此基础上再对 x 求偏导有

$$\frac{\partial^2 z}{\partial x^2}=\frac{\frac{\partial z}{\partial x}\cdot(x+z)-z\cdot\left(1+\frac{\partial z}{\partial x}\right)}{(x+z)^2}=\frac{x\cdot\frac{\partial z}{\partial x}-z}{(x+z)^2}=-\frac{z^2}{(x+z)^3}.$$

例 11　设 $\phi(u,v)$ 具有连续的一阶偏导数,方程 $\phi(cx-az,cy-bz)=0$ 确定了函数 $z=z(x,y)$,求 az_x+bz_y.

解　令 $F(x,y,z)=\phi(cx-az,cy-bz)$,由隐函数求导公式得

$$z_x=-\frac{F_x}{F_z}=-\frac{c\phi'_1}{-a\phi'_1-b\phi'_2}=\frac{c\phi'_1}{a\phi'_1+b\phi'_2},$$

$$z_y=-\frac{F_y}{F_z}=-\frac{c\phi'_2}{-a\phi'_1-b\phi'_2}=\frac{c\phi'_2}{a\phi'_1+b\phi'_2},$$

故

$$az_x+bz_y=c.$$

下面我们将隐函数存在定理作另一方面的推广. 我们增加方程的个数,即考虑方程组的情形,如

$$\begin{cases}F(x,y,u,v)=0,\\ G(x,y,u,v)=0.\end{cases}$$

一般情况下,从两个方程可以解出两个未知数(变量),因此由两个方程组成的方程组可能确定出两个函数. 我们略去存在定理,下面以具体的例子说明由方程组确定的函数的求导问题.

例 12　由方程组 $\begin{cases}xu-yv=0,\\ yu+xv=1\end{cases}$ 确定函数 $u=u(x,y)$ 和 $v=v(x,y)$,求 $\frac{\partial u}{\partial x},\frac{\partial u}{\partial y},\frac{\partial v}{\partial x}$ 和 $\frac{\partial v}{\partial y}$.

解　从题设可知方程组确定 u,v 是 x,y 的函数,方程组关于 x 求偏导(y 暂时

不变)得

$$\begin{cases} 1\cdot u+x\cdot\dfrac{\partial u}{\partial x}-y\cdot\dfrac{\partial v}{\partial x}=0, \\ y\cdot\dfrac{\partial u}{\partial x}+1\cdot v+x\cdot\dfrac{\partial v}{\partial x}=0. \end{cases}$$

整理得

$$\begin{cases} x\cdot\dfrac{\partial u}{\partial x}-y\cdot\dfrac{\partial v}{\partial x}=-u, \\ y\cdot\dfrac{\partial u}{\partial x}+x\cdot\dfrac{\partial v}{\partial x}=-v. \end{cases}$$

解上面关于$\dfrac{\partial u}{\partial x}$和$\dfrac{\partial v}{\partial x}$的二元线性方程组，当 $x^2+y^2\neq 0$ 时，得

$$\frac{\partial u}{\partial x}=-\frac{xu+yv}{x^2+y^2},\quad \frac{\partial v}{\partial x}=\frac{yu-xv}{x^2+y^2}.$$

若题中方程组关于 y 求偏导(x 暂时不变)，同理可得

$$\frac{\partial u}{\partial y}=\frac{xv-yu}{x^2+y^2},\quad \frac{\partial v}{\partial y}=-\frac{xu+yv}{x^2+y^2}.$$

例 13　由方程组$\begin{cases} z-x^2-y^2=0, \\ x^2+2y^2+3z^2=20 \end{cases}$确定函数 $y=y(x)$和 $z=z(x)$，求$\dfrac{\mathrm{d}y}{\mathrm{d}x}$，$\dfrac{\mathrm{d}z}{\mathrm{d}x}$.

解　从题设可知方程组确定 y,z 是 x 的函数，方程组关于 x 求导得

$$\begin{cases} \dfrac{\mathrm{d}z}{\mathrm{d}x}-2x-2y\cdot\dfrac{\mathrm{d}y}{\mathrm{d}x}=0, \\ 2x+4y\cdot\dfrac{\mathrm{d}y}{\mathrm{d}x}+6z\cdot\dfrac{\mathrm{d}z}{\mathrm{d}x}=0. \end{cases}$$

整理得

$$\begin{cases} \dfrac{\mathrm{d}z}{\mathrm{d}x}-2y\cdot\dfrac{\mathrm{d}y}{\mathrm{d}x}=2x, \\ 3z\cdot\dfrac{\mathrm{d}z}{\mathrm{d}x}+2y\cdot\dfrac{\mathrm{d}y}{\mathrm{d}x}=-x. \end{cases}$$

解上面关于$\dfrac{\mathrm{d}y}{\mathrm{d}x}$和$\dfrac{\mathrm{d}z}{\mathrm{d}x}$的二元线性方程组，得

$$\frac{\mathrm{d}y}{\mathrm{d}x}=-\frac{x(6z+1)}{2y(3z+1)},\quad \frac{\mathrm{d}z}{\mathrm{d}x}=\frac{x}{3z+1}.$$

习题 9.3(A)

1. 用链式法则求$\dfrac{\mathrm{d}z}{\mathrm{d}t}$：

(1) $z=e^{xy}, x=t^2, y=t^3$;

(2) $z=x^2+ue^y+\sin xu, x=t, y=t^2, u=t^3$;

(3) $z=e^{x-2y}, x=\sin t, y=t^3$;

(4) $z=e^{-x^2-y^2}, x=t, y=\sqrt{t}$;

(5) $z=\ln(x^2+y^2), x=t+\dfrac{1}{t}, y=t(t-1)$;

(6) $z=u^3v^2+e^t, u=\sin t, v=\cos t$.

2. 用链式法则求$\dfrac{\partial z}{\partial s}$和$\dfrac{\partial z}{\partial t}$:

(1) $z=u^2+v^2, u=s+t, v=s-t$;

(2) $z=pq\sin r, p=2s+t, q=s-t, r=st$;

(3) $z=\sqrt{u^2+v^2+w^2}, u=3e^t\sin s, v=3e^t\cos s, w=4e^t$;

(4) $z=xe^y+ye^{-x}, x=e^t, y=st^2$.

3. 设 $z=\arctan(xy)$,而 $y=e^x$,求$\dfrac{dz}{dx}$.

4. 设 $w=x^2+y^2+z^2, x=st, y=s\cos t, z=s\sin t$,求$\left.\dfrac{\partial w}{\partial s}\right|_{\substack{s=1\\t=0}}, \left.\dfrac{\partial w}{\partial t}\right|_{\substack{s=1\\t=0}}$.

5. 设 $z=y^2\tan x, x=t^2uv, y=u+tv^2$ 求$\left.\dfrac{\partial z}{\partial t}\right|_{\substack{t=2\\u=1\\v=0}}, \left.\dfrac{\partial z}{\partial u}\right|_{\substack{t=2\\u=1\\v=0}}, \left.\dfrac{\partial z}{\partial v}\right|_{\substack{t=2\\u=1\\v=0}}$.

6. 假设有一圆锥体,它的底半径以 1.8cm/s 的速率在增大;而高度则以 2.5cm/s 的速率在降低.求底半径为 120cm、高为 140cm 时圆锥体体积的变化率.

7. 设 $w=\sqrt{xyu}, y=\sqrt{x}, u=\cos x$,求$\dfrac{dw}{dx}$.

8. 设函数 $z=f(x+y,xy)$的二阶偏导连续,求$\dfrac{\partial^2 z}{\partial x\partial y}$.

9. 求下列隐函数的导数$\dfrac{dy}{dx}$:

(1) $x^2-xy+y^3=0$;　　(2) $x\cos y+y\cos x=0$;

(3) $\sin y+e^x-xy^2=0$;　　(4) $\ln\sqrt{x^2+y^2}=\arctan\dfrac{y}{x}$;

(5) $y=1+y^x$;　　(6) $\arctan\dfrac{x+y}{a}-\dfrac{y}{a}=0$.

10. 求下列隐函数的偏导数$\dfrac{\partial z}{\partial x}$及$\dfrac{\partial z}{\partial y}$:

(1) $xy+yz-xz=0$;　　(2) $x+2y+2z-2\sqrt{xyz}=0$;

(3) $xe^y+yz+ze^x=0$;　　(4) $x-z=\ln\dfrac{z}{y}$.

11. 设方程 $e^z-xyz=0$ 确定函数 $z(x,y)$,求$\dfrac{\partial^2 z}{\partial y^2}$.

12. 求由下列方程组所确定的函数的导数$\dfrac{dx}{dz}, \dfrac{dy}{dz}$:

$$\begin{cases} x+y+z=0, \\ x^2+y^2+z^2=1. \end{cases}$$

13. 设函数 F 具有连续编导数，求由下列方程所确定的函数 $z=f(x,y)$ 的全微分 $\mathrm{d}z$：

(1) $F(x+y,y+z,z+x)=0$； (2) $z=F(xz,z-y)$.

习题 9.3(B)

1. 设 $z=\ln(x+y^2)$，$x=\sqrt{1+t}$，$y=1+\sqrt{t}$，求 $\dfrac{\mathrm{d}z}{\mathrm{d}t}$.

2. 设 $f(u,v)$ 为二元可微函数，$z=f(x^y,y^x)$，则 $\dfrac{\partial z}{\partial x}=$________.（研 2007）

3. 求下列函数的一阶偏导数(其中 f 具有一阶连续偏导数)：

(1) $z=u\ln(u-v)$，而 $u=\mathrm{e}^{-x}$，$v=\ln y$；

(2) $z=f(x^2-y^2,\mathrm{e}^{xy})$；

(3) $u=f(x,xy,xyz)$.

4. 设 $z=xy+xF(u)$，其中 $u=\dfrac{y}{x}$ 且 $F(u)$ 可微，证明

$$x\frac{\partial z}{\partial x}+y\frac{\partial z}{\partial y}=z+xy.$$

5. 设 $z=f(x,y)$，$x=s+t$，$y=s-t$，其中 f 可微，验证

$$\left(\frac{\partial z}{\partial x}\right)^2-\left(\frac{\partial z}{\partial y}\right)^2=\frac{\partial z}{\partial s}\frac{\partial z}{\partial t}.$$

6. 设函数 $f(x,y)$ 具有二阶连续偏导数，$z=f(x,xy)$，则 $\dfrac{\partial^2 z}{\partial x\partial y}=$________.（研 2009）

7. 方程组 $\begin{cases} x=u+v, \\ y=u^2+v^2, \\ z=u^3+v^3 \end{cases}$ 确定函数 $z=z(x,y)$，求该函数的偏导数.

8. 设函数 $z=f(x,y)$ 在点 $(1,1)$ 处可微，且 $f(1,1)=1$，$\left.\dfrac{\partial f}{\partial x}\right|_{(1,1)}=2$，$\left.\dfrac{\partial f}{\partial y}\right|_{(1,1)}=3$，$\varphi(x)=f[x,f(x,x)]$，求 $\left.\dfrac{\mathrm{d}}{\mathrm{d}x}\varphi^3(x)\right|_{x=1}$.（研 2001）

9. 设函数 $z=z(x,y)$ 由方程 $F\left(\dfrac{y}{x},\dfrac{z}{x}\right)=0$ 确定，其中 F 为可微函数，且 $F_2'\neq 0$，则 $x\dfrac{\partial z}{\partial x}+y\dfrac{\partial z}{\partial y}=$________.（研 2010）

(A) x； (B) z； (C) $-x$； (D) $-z$.

10. 设函数 $f(u)$ 在 $(0,+\infty)$ 内具有二阶导数，且 $z=f(\sqrt{x^2+y^2})$ 满足等式 $\dfrac{\partial^2 z}{\partial x^2}+\dfrac{\partial^2 z}{\partial y^2}=0$.

(1) 验证 $f''(u)+\dfrac{f'(u)}{u}=0$；

(2) 若 $f(1)=0$，$f'(1)=1$，求函数 $f(u)$ 的表达式.（研 2006）

9.4　方向导数与梯度

9.4.1　方向导数

在许多实际问题中，常常需要考虑函数 $z=f(x,y)$（或 $u=f(x,y,z)$）在一点 P 沿某一方向的变化率问题. 例如，预报某地的风向和风力就必须知道气压在该处沿各个方向的变化率. 我们用方向导数来解决这类问题.

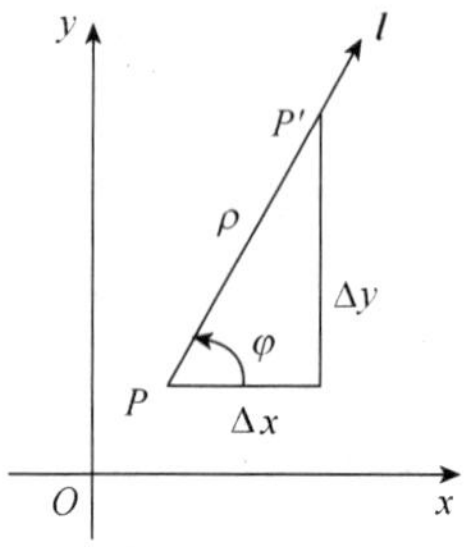

图 9.20

设函数 $z=f(x,y)$ 在点 $P(x,y)$ 的某一邻域 $U(P)$ 内有定义. 从点 P 引射线 $\boldsymbol{l}$，设 x 轴正向到射线 $\boldsymbol{l}$ 的转角为 φ（图 9.20），并设 $P'(x+\Delta x,y+\Delta y)$ 为 $\boldsymbol{l}$ 上的另一点且 $P'\in U(P)$，我们考虑函数的增量 $f(x+\Delta x,y+\Delta y)-f(x,y)$ 与 P,P' 两点间的距离 $\rho=\sqrt{(\Delta x)^2+(\Delta y)^2}$ 的比值. 当 P' 沿着 $\boldsymbol{l}$ 趋于 P 时，如果这个比的极限存在，则称该极限为**函数 $f(x,y)$ 在点 P 沿 $\boldsymbol{l}$ 的方向导数**，记作 $\dfrac{\partial f}{\partial \boldsymbol{l}}$，即

$$\frac{\partial f}{\partial \boldsymbol{l}}=\lim_{\rho\to 0}\frac{f(x+\Delta x,y+\Delta y)-f(x,y)}{\rho}. \tag{9.18}$$

如果函数在 (x,y) 处的偏导数存在，则偏导数就是函数沿坐标轴正方向的变化率. 实际上，

若 $\boldsymbol{l}$ 的方向为 x 轴的正方向，则 $\dfrac{\partial f}{\partial \boldsymbol{l}}=\lim\limits_{\Delta x\to 0^+}\dfrac{f(x+\Delta x,y)-f(x,y)}{\Delta x}=f_x$.

若 $\boldsymbol{l}$ 的方向为 y 轴的正方向，则 $\dfrac{\partial f}{\partial \boldsymbol{l}}=\lim\limits_{\Delta y\to 0^+}\dfrac{f(x,y+\Delta y)-f(x,y)}{\Delta y}=f_y$.

若 $\boldsymbol{l}$ 的方向为 x 轴的负方向，则 $\dfrac{\partial f}{\partial \boldsymbol{l}}=\lim\limits_{\Delta x\to 0^-}\dfrac{f(x+\Delta x,y)-f(x,y)}{-\Delta x}=-f_x$.

若 $\boldsymbol{l}$ 的方向为 y 轴的负方向，则 $\dfrac{\partial f}{\partial \boldsymbol{l}}=\lim\limits_{\Delta y\to 0^-}\dfrac{f(x,y+\Delta y)-f(x,y)}{-\Delta y}=-f_y$.

关于方向导数 $\dfrac{\partial f}{\partial \boldsymbol{l}}$ 的存在及计算，我们有下面的定理：

定理 9.10　如果函数 $z=f(x,y)$ 在点 $P(x,y)$ 可微，那么函数在该点沿任一方向 $\boldsymbol{l}$ 的方向导数都存在，且有

$$\frac{\partial f}{\partial \boldsymbol{l}}=\frac{\partial f}{\partial x}\cdot\cos\varphi+\frac{\partial f}{\partial y}\cdot\sin\varphi, \tag{9.19}$$

其中 φ 为 x 轴正向到 $\boldsymbol{l}$ 方向的转角.

证 由于函数 $z=f(x,y)$ 在点 $P(x,y)$ 可微，函数的增量可表达为

$$f(x+\Delta x,y+\Delta y)-f(x,y)=\frac{\partial f}{\partial x}\cdot\Delta x+\frac{\partial f}{\partial y}\cdot\Delta y+o(\rho),$$

等式两边除以 ρ 得

$$\begin{aligned}\frac{f(x+\Delta x,y+\Delta y)-f(x,y)}{\rho}&=\frac{\partial f}{\partial x}\cdot\frac{\Delta x}{\rho}+\frac{\partial f}{\partial y}\cdot\frac{\Delta y}{\rho}+\frac{o(\rho)}{\rho}\\&=\frac{\partial f}{\partial x}\cdot\cos\varphi+\frac{\partial f}{\partial y}\cdot\sin\varphi+\frac{o(\rho)}{\rho},\end{aligned}$$

所以

$$\lim_{\rho\to 0}\frac{f(x+\Delta x,y+\Delta y)-f(x,y)}{\rho}=\frac{\partial f}{\partial x}\cdot\cos\varphi+\frac{\partial f}{\partial y}\cdot\sin\varphi.$$

这就证明了方向导数存在且有

$$\frac{\partial f}{\partial \boldsymbol{l}}=\frac{\partial f}{\partial x}\cdot\cos\varphi+\frac{\partial f}{\partial y}\cdot\sin\varphi.$$

注 这里若将 $\boldsymbol{l}$ 上的单位向量记为 $\boldsymbol{e}$，则 $\boldsymbol{e}=\{\cos\varphi,\sin\varphi\}$.

例 1 求函数 $f(x,y)=x^2y^3$ 在点 $(2,-1)$ 沿向量 $\boldsymbol{l}=\{2,5\}$ 方向的方向导数.

解 由于 $f_x=2xy^3$，$f_y=3x^2y^2$ 得

$$f_x(2,-1)=-4,\quad f_y(2,-1)=12.$$

向量 $\boldsymbol{l}=\{2,5\}$ 上的单位向量 $\boldsymbol{e}=\frac{\{2,5\}}{\sqrt{2^2+5^2}}=\left\{\frac{2}{\sqrt{29}},\frac{5}{\sqrt{29}}\right\}$，从而由(9.19)得

$$\begin{aligned}\left.\frac{\partial f}{\partial \boldsymbol{l}}\right|_{(2,-1)}&=f_x(2,-1)\cdot\cos\varphi+f_y(2,-1)\cdot\sin\varphi\\&=-4\cdot\frac{2}{\sqrt{29}}+12\cdot\frac{5}{\sqrt{29}}=\frac{52}{\sqrt{29}}.\end{aligned}$$

例 2 设由原点到点 (x,y) 的径向量为 $\boldsymbol{r}$，x 轴正向到 $\boldsymbol{r}$ 的转角为 ϕ，x 轴正向到单位向量 $\boldsymbol{e}$ 的转角为 θ，$r=f(x,y)=\sqrt{x^2+y^2}\ (|\boldsymbol{r}|\neq 0)$，求 $\frac{\partial r}{\partial \boldsymbol{e}}$.

解 如图 9.21 所示，因为 $f_x=\frac{x}{\sqrt{x^2+y^2}}=\frac{x}{r}=\cos\phi$，$f_y=\frac{y}{\sqrt{x^2+y^2}}=\frac{y}{r}=\sin\phi$，所以由(9.19)得

$$\begin{aligned}\frac{\partial r}{\partial \boldsymbol{e}}&=f_x(x,y)\cdot\cos\theta+f_y(x,y)\cdot\sin\theta\\&=\cos\phi\cdot\cos\theta+\sin\phi\cdot\sin\theta=\cos(\theta-\phi).\end{aligned}$$

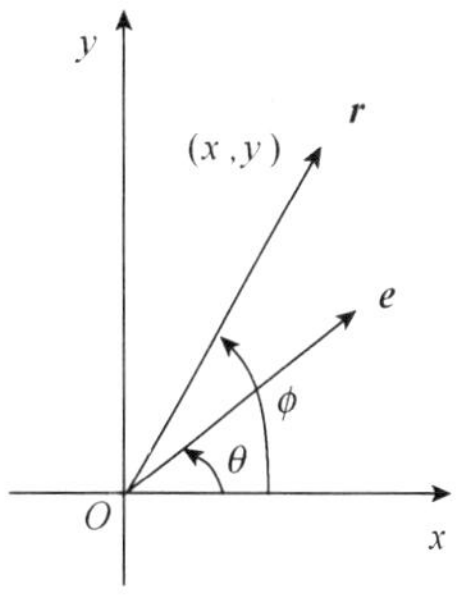

图 9.21

对于三元函数 $f(x,y,z)$，在空间任一点 (x_0,y_0,z_0) 处沿非零向量 $\boldsymbol{l}$ 方向的方向导数同样可以定义为函数的增

量 $f(P')-f(P)$ 与 P,P' 两点间的距离 $\rho=\sqrt{(\Delta x)^2+(\Delta y)^2+(\Delta z)^2}$ 的比值的极限. 如果 $f(x,y,z)$ 在点 (x_0,y_0,z_0) 处可微，那么可以用证明定理 9.10 的方法类似推得

$$\left.\frac{\partial f}{\partial \boldsymbol{l}}\right|_{(x_0,y_0,z_0)}=f_x(x_0,y_0,z_0)\cos\alpha+f_y(x_0,y_0,z_0)\cos\beta+f_z(x_0,y_0,z_0)\cos\gamma, \tag{9.20}$$

其中 $\boldsymbol{e}=\{\cos\alpha,\cos\beta,\cos\gamma\}$ 为与 $\boldsymbol{l}$ 同方向的单位向量.

9.4.2　梯度

梯度是与方向导数相关联的一个概念. 我们将二元函数方向导数的计算式(9.19)表示为两个向量的数量积形式：

$$\frac{\partial f}{\partial \boldsymbol{l}}=\frac{\partial f}{\partial x}\cdot\cos\varphi+\frac{\partial f}{\partial y}\cdot\sin\varphi=\left\{\frac{\partial f}{\partial x},\frac{\partial f}{\partial y}\right\}\cdot\{\cos\varphi,\sin\varphi\},$$

出现在数量积中的第一个向量是 x,y 的一个向量函数，我们把它称为二元函数 f 的**梯度**，记为 $\mathbf{grad}f(x,y)$ 或 $\nabla f(x,y)$，即

$$\mathbf{grad}f(x,y)=\frac{\partial f}{\partial x}\boldsymbol{i}+\frac{\partial f}{\partial y}\boldsymbol{j} \tag{9.21}$$

或

$$\nabla f(x,y)=\frac{\partial f}{\partial x}\boldsymbol{i}+\frac{\partial f}{\partial y}\boldsymbol{j},$$

于是可以将二元函数方向导数的计算式(9.19)写为

$$\frac{\partial f}{\partial \boldsymbol{l}}=\mathbf{grad}f(x,y)\cdot\boldsymbol{e}\text{ 或 }\frac{\partial f}{\partial \boldsymbol{l}}=\nabla f(x,y)\cdot\boldsymbol{e}, \tag{9.22}$$

这表明方向导数 $\frac{\partial f}{\partial \boldsymbol{l}}$ 是梯度向量 $\nabla f(x,y)$ 在 $\boldsymbol{l}$ 上的投影.

对二元以上的多元函数也可引进梯度向量的概念. 例如，对于三元函数 $u=f(x,y,z)$，向量 $\{f_x(x,y,z),f_y(x,y,z),f_z(x,y,z)\}$ 称为函数 $f(x,y,z)$ 的梯度，记为 $\mathbf{grad}f(x,y,z)$ 或 $\nabla f(x,y,z)$，即

$$\nabla f(x,y,z)=\frac{\partial f}{\partial x}\boldsymbol{i}+\frac{\partial f}{\partial y}\boldsymbol{j}+\frac{\partial f}{\partial z}\boldsymbol{k}, \tag{9.23}$$

也可将(9.20)写为

$$\frac{\partial f}{\partial \boldsymbol{l}}=\nabla f(x,y,z)\cdot\boldsymbol{e}=|\nabla f(x,y,z)|\cdot\cos\theta, \tag{9.24}$$

其中 θ 是梯度向量 $\nabla f(x,y,z)$ 与 $\boldsymbol{l}$ 的夹角，这表明方向导数 $\frac{\partial f}{\partial \boldsymbol{l}}$ 是梯度向量 $\nabla f(x,y,$

z)在 $\boldsymbol{l}$ 上的投影. 由(9.24)可以看出,当方向 $\boldsymbol{l}$ 与梯度的方向一致时,$\theta=0$,$\cos\theta=1$,方向导数有最大值,即函数沿梯度方向的方向导数达到最大值,或者说,函数沿梯度的方向增长最快,且最大增长率为梯度的模. 因此,我们说函数在某点的梯度是这样一个向量,它的方向与取得最大方向导数的方向一致,它的模为方向导数的最大值.

例 3 设 $f(x,y,z)=xy^2+yz^3$. 求(1) $f(x,y,z)$的梯度;(2) $f(x,y,z)$在点$(2,-1,1)$沿方向 $\boldsymbol{l}=2\boldsymbol{i}+2\boldsymbol{j}-\boldsymbol{k}$ 的方向导数.

解 (1) $\dfrac{\partial f}{\partial x}=y^2$,$\dfrac{\partial f}{\partial y}=2xy+z^3$,$\dfrac{\partial f}{\partial z}=3yz^2$,所以

$$\nabla f(x,y,z)=\{y^2,2xy+z^3,3yz^2\}.$$

(2) 在点$(2,-1,1)$,$\nabla f(2,-1,1)=\{1,-3,-3\}$,又 $\boldsymbol{l}$ 方向的单位向量为

$$\boldsymbol{e}=\frac{\{2,2,-1\}}{\sqrt{2^2+2^2+(-1)^2}}=\frac{1}{3}\{2,2,-1\},$$

故所求方向导数为

$$\frac{\partial f(2,-1,1)}{\partial \boldsymbol{l}}=\nabla f(2,-1,1)\cdot\boldsymbol{e}=\frac{1}{3}\{1,-3,-3\}\cdot\{2,2,-1\}=-\frac{1}{3}.$$

例 4 假设在一金属球内任意一点处的温度 T 与该点到球心(设为坐标原点)的距离(单位:m)成反比,且已知在点$(1,2,2)$的温度为 120℃.

(1) 证明球内任意点处温度 T 升高最快的方向总是指向原点的方向;

(2) 求 T 在点$(1,2,2)$最大变化率;

(3) 求 T 在点$(1,2,2)$沿指向点$(2,1,3)$方向的变化率.

解 (1) 根据题意可设 $T(x,y,z)=\dfrac{c}{\sqrt{x^2+y^2+z^2}}$,因在点$(1,2,2)$的温度为120℃,于是 $c=360$,则

$$\frac{\partial T}{\partial x}=-\frac{cx}{\sqrt{(x^2+y^2+z^2)^3}},$$

$$\frac{\partial T}{\partial y}=-\frac{cy}{\sqrt{(x^2+y^2+z^2)^3}},$$

$$\frac{\partial T}{\partial z}=-\frac{cz}{\sqrt{(x^2+y^2+z^2)^3}},$$

由(9.23)得

$$\nabla T(x,y,z)=-\frac{c}{\sqrt{(x^2+y^2+z^2)^3}}\{x,y,z\},$$

所以 T 的梯度方向与$\{-x,-y,-z\}$相同,指向原点. 故温度 T 升高最快的方向

总是指向原点的方向.

(2) $\nabla T(1,2,2)=-\dfrac{360}{27}\{1,2,2\}=-\dfrac{40}{3}\{1,2,2\}, |\nabla T(1,2,2)|=40.$

T 在点(1,2,2)最大变化率为 40℃/m.

(3) 点(1,2,2)指向点(2,1,3)的方向向量 $\boldsymbol{l}$ 为$\{1,-1,1\}$,与其同方向的单位向量 $\boldsymbol{e}$ 为$\dfrac{1}{\sqrt{3}}\{1,-1,1\}$,根据(9.24)得

$$\frac{\partial T}{\partial \boldsymbol{l}}=\nabla T(1,2,2)\cdot\boldsymbol{e}=-\frac{40}{3}\{1,2,2\}\cdot\frac{1}{\sqrt{3}}\{1,-1,1\}=-\frac{40\sqrt{3}}{9}.$$

T 在点(1,2,2)沿指向点(2,1,3)方向的变化率为$-\dfrac{40\sqrt{3}}{9}$,即沿该方向温度每米降低$\dfrac{40\sqrt{3}}{9}$℃.

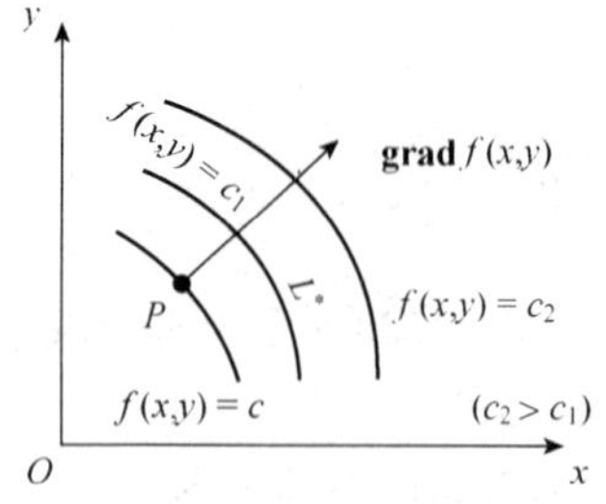

图 9.22

下面我们简单介绍二元函数梯度向量与等值线的关系.

函数 $z=f(x,y)$,其梯度向量是$\dfrac{\partial f}{\partial x}\boldsymbol{i}+\dfrac{\partial f}{\partial y}\boldsymbol{j}$,其等值线为 $f(x,y)=c$,见图9.22,由隐函数求导法则知,等值线 $f(x,y)=c$ 上任一点 $P(x,y)$处切线的斜率$\dfrac{\mathrm{d}y}{\mathrm{d}x}=-\dfrac{f_x}{f_y}$,切线刚好垂直于梯度向量.或者说,函数 $z=f(x,y)$在点 $P(x,y)$的梯度的方向与过点 P 的等值线 $f(x,y)=c$ 在这点的法线的方向相同,且从数值较低的等值线指向数值较高的等值线.等间距画等值线时,等值线较密时梯度的模较大,等值线较稀疏时梯度的模较小.

习题 9.4(A)

1. 求下列函数在指定点沿指定角度 φ 的方向导数:

(1) $f(x,y)=y^x,(1,2),\varphi=\dfrac{\pi}{2}$;

(2) $f(x,y)=\sin(x+2y),(4,-2),\varphi=-\dfrac{2\pi}{3}$.

2. 求函数 $z=x^2+y^2$ 在点(1,2)处沿从点(1,2)到点$(2,2+\sqrt{3})$的方向的方向导数.

3. 设 $f(x,y)=\dfrac{x}{y}$,$\boldsymbol{l}=\{-1,3\}$,求 f 在点 $P(6,-2)$沿方向 $\boldsymbol{l}$ 的方向导数.

4. 求函数 $z=\ln(x+y)$在抛物线 $y^2=9x$ 上点(1,3)处,沿着这抛物线在该点处与 x 轴正向的切线方向的方向导数.

5. 求函数 $u=xy^2+z^3-xyz$ 在点(1,1,2)处沿方向角为 $\alpha=\frac{\pi}{3}$，$\beta=\frac{\pi}{4}$，$\gamma=\frac{\pi}{3}$ 的方向的方向导数.

6. 求下列函数在指定点的最大变化率及其对应的方向：

(1) $f(x,y)=\ln(x^2+y^2)$，(−1,2)；

(2) $f(x,y,z)=\frac{x}{y}+\frac{y}{z}$，(4,2,1).

7. 求下列函数的梯度：

(1) $u=\sqrt{x^2+y^2}$；　　(2) $u=\frac{xyz}{x+y+z}$；

(3) $u=\sum\limits_{i=1}^{n}x_i$；　　(4) $u=e^{x+y}\sin(xy)$.

8. 设一带电平板上的电位分布为 $u=50-x^2-4y^2$，试问在点(1,−2)处：

(1) 沿哪个方向电位升高得最快？速率为多少？

(2) 沿哪个方向电位下降得最快？速率为多少？

(3) 什么方向上电位没有变化？

9. 设 u，v 都是 x，y 的可微函数，a，b 均为常数. 试证明梯度的如下运算性质：

(1) $\nabla(au+bv)=a\nabla u+b\nabla v$；　　(2) $\nabla(uv)=u\nabla v+v\nabla u$；

(3) $\nabla\left(\frac{u}{v}\right)=\frac{v\nabla u-u\nabla v}{v^2}$；　　(4) $\nabla u^n=nu^{n-1}\nabla u$.

习题 9.4(B)

1. 设 f 是具有连续偏导数的二元函数，$A(1,3)$，$B(3,3)$，$C(1,7)$，$D(6,15)$. 若 f 在点 A 沿方向 AB 和方向 AC 的方向导数分别为 3 和 26，试求 f 在点 A 沿方向 AD 的方向导数.

2. 求函数 $z=1-\left(\frac{x^2}{a^2}+\frac{y^2}{b^2}\right)$ 在点 $\left(\frac{a}{\sqrt{2}},\frac{b}{\sqrt{2}}\right)$ 处沿曲线 $\frac{x^2}{a^2}+\frac{y^2}{b^2}=1$ 在这点的向内的法线方向的方向导数.

3. 求函数 $u=x+y+z$ 在球面 $x^2+y^2+z^2=1$ 上点 (x_0,y_0,z_0)，沿球面在该点的向外的法线方向的方向导数.

4. 假设你在攀登一座形状满足方程 $z=1000-0.01x^2-0.02y^2$ 的山峰，且正处在坐标(60，100，764)位置. 为了最快到达山顶，此时你应选择哪个方向行进？

5. 证明函数 $f(x,y)=\sqrt[3]{xy}$ 在原点连续、两个偏导数存在，但不可微.

6. 求函数 $u=\ln(x+\sqrt{y^2+z^2})$ 在点 $A(1,0,1)$ 沿点 A 指向点 $B(3,-2,2)$ 的方向的方向导数.（研 1996）

9.5 微分法在几何上的应用

9.5.1 空间曲线的切线与法平面

我们在 8.8 节介绍了空间曲线 Γ 的向量形式为 $\boldsymbol{r}(t)=\{x(t),y(t),z(t)\}$ 时，

在曲线 Γ 上取 $t=t_0$ 时的对应点 $M(x_0,y_0,z_0)$，曲线在 M 处切向量为

$$\boldsymbol{r}'(t_0)=\{x'(t_0),y'(t_0),z'(t_0)\},$$

曲线在 M 处的切线 MT 方程为

$$\frac{x-x_0}{x'(t_0)}=\frac{y-y_0}{y'(t_0)}=\frac{z-z_0}{z'(t_0)}. \tag{9.25}$$

过 M 与切线 MT 垂直的平面称为曲线 Γ 在点 M 处的**法平面**，它是过 M 以 $\boldsymbol{r}'(t_0)$ 为法向量的平面，其方程为

$$\{x'(t_0),y'(t_0),z'(t_0)\}\cdot\{x-x_0,y-y_0,z-z_0\}=0,$$

即

$$\boxed{x'(t_0)(x-x_0)+y'(t_0)(y-y_0)+z'(t_0)(z-z_0)=0.} \tag{9.26}$$

如果曲线以其他形式给出，我们选定一个变量为参变量，从而求出曲线的切向量，也可写出切线方程. 例如，把 x 选为参变量，可得曲线过 M 的切线方程为

$$\frac{x-x_0}{1}=\frac{y-y_0}{y'(x_0)}=\frac{z-z_0}{z'(x_0)},$$

曲线在点 M 的法平面方程为

$$(x-x_0)+y'(x_0)\cdot(y-y_0)+z'(x_0)\cdot(z-z_0)=0. \tag{9.27}$$

例 1　求曲线 $\begin{cases}x^2+y^2+z^2=9,\\ xy-z=0\end{cases}$ 在点(1,2,2)处的切线方程与法平面方程.

解　选 x 为参变量，由方程组可确定 y 和 z 是 x 的函数，将方程组中每一个方程关于 x 求导得

$$\begin{cases}2x+2y\cdot y'(x)+2z\cdot z'(x)=0,\\ y+x\cdot y'(x)-z'(x)=0.\end{cases}$$

将点(1,2,2)的坐标值代入上式得

$$\begin{cases}2+4\cdot y'(1)+4\cdot z'(1)=0,\\ 2+y'(1)-z'(1)=0.\end{cases}$$

解线性方程组可得 $y'(1)=-\frac{5}{4}$，$z'(1)=\frac{3}{4}$. 于是曲线在点(1,2,2)的切向量为 $\left\{1,-\frac{5}{4},\frac{3}{4}\right\}$，即$\{4,-5,3\}$. 所以，由(9.25)得曲线在点(1,2,2)的切线方程为

$$\frac{x-1}{4}=\frac{y-2}{-5}=\frac{z-2}{3}.$$

由(9.26)得曲线在点(1,2,2)法平面方程为

$$4(x-1)-5(y-2)+3(z-2)=0,$$

即

$$4x-5y+3z=0.$$

9.5.2 空间曲面的切平面与法线

设空间曲面 Σ 的方程为

$$F(x,y,z)=0,$$

$M(x_0,y_0,z_0)$ 是曲面 Σ 上的一点,并设函数 $F(x,y,z)$ 的偏导数在该点连续. 如图 9.23 所示,Γ 为曲面 Σ 上过 M 的曲线,假定其向量函数为

$$\boldsymbol{r}(t)=\{x(t),y(t),z(t)\},$$

由于 Γ 在曲面 Σ 上,所以 Γ 上的任何点 $(x(t),y(t),z(t))$ 都满足曲面 Σ 的方程,即

$$F[x(t),y(t),z(t)]=0, \tag{9.28}$$

如果 $x(t),y(t),z(t)$ 都是可微函数,将(9.28)对 t 求导,根据链式法则得

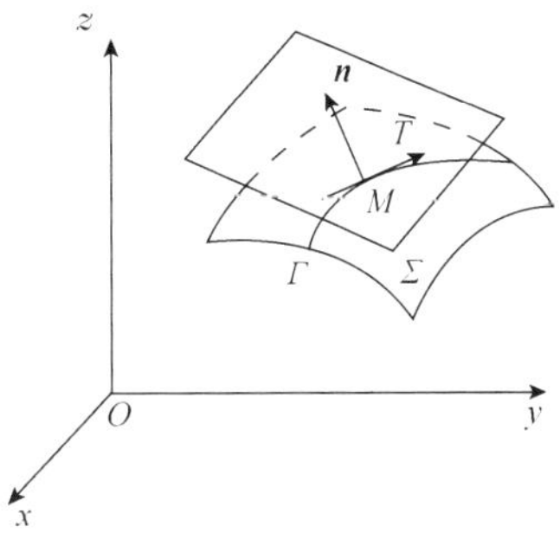

图 9.23

$$F_x\frac{\mathrm{d}x}{\mathrm{d}t}+F_y\frac{\mathrm{d}y}{\mathrm{d}t}+F_z\frac{\mathrm{d}z}{\mathrm{d}t}=0. \tag{9.29}$$

注意到 $\nabla F=\{F_x,F_y,F_z\}$,$\boldsymbol{r}'(t)=\left\{\frac{\mathrm{d}x}{\mathrm{d}t},\frac{\mathrm{d}y}{\mathrm{d}t},\frac{\mathrm{d}z}{\mathrm{d}t}\right\}$,(9.29)可以写成

$$\nabla F\cdot\boldsymbol{r}'(t)=0,$$

特别当 $t=t_0$ 时,对应于曲面上点 $M(x_0,y_0,z_0)$,上式为

$$\nabla F(x_0,y_0,z_0)\cdot\boldsymbol{r}'(t_0)=0. \tag{9.30}$$

(9.30)表明 F 在点 M 的梯度向量 $\nabla F(x_0,y_0,z_0)$ 与曲线 Γ 在该点的切向量 $\boldsymbol{r}'(t_0)$ 垂直(图 9.23),或者说,曲面 Σ 上过 M 的任意光滑曲线 Γ 在该点的切线垂直于同一个向量 $\nabla F(x_0,y_0,z_0)$,所以曲面 Σ 上过点 M 的一切光滑曲线在该点的切线都在同一个平面上,我们称该平面为曲面 $F(x,y,z)=0$ 在点 M 处的**切平面**,其方程为

$$\boxed{F_x(x_0,y_0,z_0)(x-x_0)+F_y(x_0,y_0,z_0)(y-y_0)+F_z(x_0,y_0,z_0)(z-z_0)=0.} \tag{9.31}$$

该切平面的法向量为 $\nabla F(x_0,y_0,z_0)$,我们也称向量 $\nabla F(x_0,y_0,z_0)$ 为曲面 Σ 在点 M 的**法向量**. 曲面 Σ 在点 M 处的切平面过点 M 的法线称为曲面在该点的**法**

线，其方程为

$$\boxed{\frac{x-x_0}{F_x(x_0,y_0,z_0)}=\frac{y-y_0}{F_y(x_0,y_0,z_0)}=\frac{z-z_0}{F_z(x_0,y_0,z_0)}.} \tag{9.32}$$

如果曲面Σ的方程为$z=f(x,y)$，则可化为$z-f(x,y)=0$，根据(9.31)，其在点M处的切平面方程为

$$-f_x(x_0,y_0)(x-x_0)-f_y(x_0,y_0)(y-y_0)+(z-z_0)=0,$$

可化为

$$\boxed{z-z_0=f_x(x_0,y_0)(x-x_0)+f_y(x_0,y_0)(y-y_0).} \tag{9.33}$$

由于在点(x_0,y_0,z_0)附近切平面与曲面很接近，在点(x_0,y_0,z_0)附近可以用切平面代替曲面，因此在点(x_0,y_0)附近$f(x,y)$的值可以用切平面在相应点的z值代替，即将曲面局部线性化，便得到(9.9).

例 2　求椭球面$\frac{x^2}{4}+y^2+\frac{z^2}{9}=3$在点$(-2,1,3)$处的切平面方程和法线方程.

解　设$F(x,y,z)=\frac{x^2}{4}+y^2+\frac{z^2}{9}-3$，则$\nabla F=\left\{\frac{x}{2},2y,\frac{2z}{9}\right\}$，椭球面的方程为$F(x,y,z)=0$，椭球面在点$(-2,1,3)$处的法向量为$\left\{-1,2,\frac{2}{3}\right\}$，或$\{-3,6,2\}$，所以由(9.32)，椭球面在点$(-2,1,3)$处的法线方程为

$$\frac{x+2}{-3}=\frac{y-1}{6}=\frac{z-3}{2},$$

由(9.31)，椭球面在点$(-2,1,3)$处的切平面方程为

$$-3(x+2)+6(y-1)+2(z-3)=0,$$

即

$$3x-6y-2z+18=0.$$

例 3　在曲面$z=xy$上求一点，使这点处的法线垂直于平面$x+3y+z+9=0$，并写出该法线方程.

解　设$F(x,y,z)=z-xy$，则

$$F_x=-y,\quad F_y=-x,\quad F_z=1,$$
$$\nabla F=\{-y,-x,1\},$$

为了使曲面的法线垂直于已知平面，只要∇F平行于平面$x+3y+z+9=0$的法向量$\{1,3,1\}$，即

$$\frac{-y}{1}=\frac{-x}{3}=\frac{1}{1},$$

可得 $x=-3,y=-1$,代入曲面方程得 $z=3$. 故所求点为$\{-3,-1,3\}$. 曲面在该点处的法线方程为

$$\frac{x+3}{1}=\frac{y+1}{3}=\frac{z-3}{1}.$$

习题 9.5(A)

1. 求曲线 $x=t,y=t^2,z=t^3$ 在点(1,1,1)处的法平面方程.

2. 椭球面 $4x^2+2y^2+z^2=16$ 与平面 $y=2$ 的交线为椭圆,求该椭圆在(1,2,2)处的切线方程.

3. 求曲线$\begin{cases}x^2+y^2+z^2=6,\\x+y+z=0\end{cases}$在点(1,-2,1)处的切线及法平面方程.

4. 求球面 $x^2+y^2+z^2=14$ 在点(1,2,3)处的切平面及法线方程.

5. 求抛物面 $z=x^2+y^2-1$ 在点(2,1,4)处的切平面及法线方程.

6. 求曲线$\begin{cases}xyz=1,\\y^2=x\end{cases}$在点(1,1,1)处的切线的方向余弦.

7. 试证明:

(1) 椭球面$\frac{x^2}{a^2}+\frac{y^2}{b^2}+\frac{z^2}{c^2}=1$ 在点(x_0,y_0,z_0)处的切平面方程为

$$\frac{x_0x}{a^2}+\frac{y_0y}{b^2}+\frac{z_0z}{c^2}=1;$$

(2) 椭圆抛物面$\frac{z}{c}=\frac{x^2}{a^2}+\frac{y^2}{b^2}$在点$(x_0,y_0,z_0)$处的切平面方程为

$$\frac{2x_0x}{a^2}+\frac{2y_0y}{b^2}=\frac{z+z_0}{c}.$$

8. 设平面 $3x+\lambda y-3z+16=0$ 与椭球面 $3x^2+y^2+z^2=16$ 相切,试求 λ 的值.

9. 求曲面 $z=x^2+y^2$ 与平面 $2x+4y-z=0$ 平行的切平面方程.(研 2003)

10. 设函数 $f(x,y)$在(0,0)附近有定义,且 $f_x'(0,0)=3,f_y'(0,0)=1$,则____.(研 2001)

(A) $\mathrm{d}z|_{(0,0)}=3\mathrm{d}x+\mathrm{d}y$;

(B) 曲面 $z=f(x,y)$在点$(0,0,f(0,0))$的法向量为$\{3,1,1\}$;

(C) 曲线$\begin{cases}z=f(x,y),\\y=0\end{cases}$在点$(0,0,f(0,0))$的切向量为$\{1,0,3\}$;

(D) 曲线$\begin{cases}z=f(x,y),\\y=0\end{cases}$在点$(0,0,f(0,0))$的切向量为$\{3,0,1\}$.

11. 求曲面 $x^2+2y^2+3z^2=21$ 在点(1,-2,2)的法线方程.(研 2000)

习题 9.5(B)

1. 求旋转椭球面 $3x^2+y^2+z^2=16$ 上点(-1,-2,3)处的切平面与 xOy 面的夹角的余弦.

2. 试证曲面$\sqrt{x}+\sqrt{y}+\sqrt{z}=\sqrt{a}(a>0)$上任何点处的切平面在各坐标轴上的截距之和等于 a.

3. 证明曲面 $xyz=a^3$ 上任一点的切平面与坐标面围成的四面体的体积为定值.

4. 求曲面$\frac{x^2}{a^2}+\frac{y^2}{b^2}+\frac{z^2}{c^2}=1$在第一卦限的切平面,使其在各坐标面上截取长度相等的线段.

5. 求球面 $x^2+y^2+z^2=14$ 与椭球面 $3x^2+y^2+z^2=16$ 在点$(-1,-2,3)$处的交角(两曲面在交点处的交角定义为它们在该点处的切平面的交角).

9.6　多元函数的最优化问题

9.6.1　极值与最值

在实际问题中会遇到多元函数的最大值或最小值问题,如材料最省问题、最大利润问题等. 与一元函数类似,多元函数的最值与极值有密切联系. 我们以二元函数为例,先讨论极值问题.

定义 9.6　设函数 $z=f(x,y)$在点(x_0,y_0)的某个邻域内有定义,对于该邻域内异于(x_0,y_0)的点(x,y),如果都满足不等式

$$f(x,y)<f(x_0,y_0),$$

则称函数在点(x_0,y_0)有**极大值** $f(x_0,y_0)$;如果都满足不等式

$$f(x,y)>f(x_0,y_0),$$

则称函数在点(x_0,y_0)有**极小值** $f(x_0,y_0)$. 极大值、极小值统称为**极值**,使函数取得极值的点称为**极值点**.

极值概念是一个局部概念. 一个函数在一点取到极值,是指该函数在此点取到了在此点周围一个小范围内的最大值或最小值.

例 1　设函数 $f(x,y)=x^2+4y^2$(图 9.24),其图形为开口朝上的椭圆抛物面,顶点为$(0,0,0)$,显然在$(0,0)$处函数取得极小值 0,$(0,0)$为函数的极小值点.

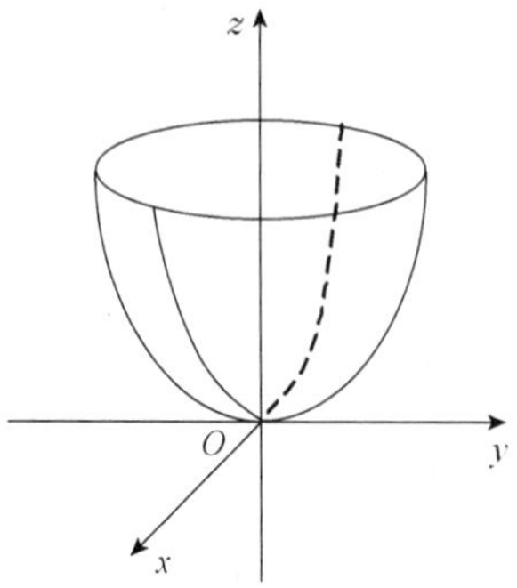

图 9.24

联想到研究一元函数的极值问题的主要工具是导数,类似地,一般可以利用偏导数来讨论二元函数的极值问题. 下面的两个定理就是关于这问题的结论.

定理 9.11(必要条件)　设函数 $z=f(x,y)$在点(x_0,y_0)具有偏导数,且在点(x_0,y_0)处有极值,则它在该点的偏导数必然为零,即

$$f_x(x_0,y_0)=0,\quad f_y(x_0,y_0)=0.$$

证　不妨设 $z=f(x,y)$在点(x_0,y_0)处取得极大值. 根据极大值定义,在点(x_0,y_0)的某邻域内异

于(x_0,y_0)的点(x,y)都满足不等式

$$f(x,y)<f(x_0,y_0),$$

在该邻域内取 $y=y_0$ 而 $x\neq x_0$ 的点,则有

$$f(x,y_0)<f(x_0,y_0),$$

这表示一元函数 $f(x,y_0)$在 $x=x_0$ 处取得极大值,因而

$$\left.\frac{\mathrm{d}f(x,y_0)}{\mathrm{d}x}\right|_{x=x_0}=0,$$

即

$$f_x(x_0,y_0)=0.$$

类似可证得

$$f_y(x_0,y_0)=0.$$

如果函数 $z=f(x,y)$在(x_0,y_0)取到极值,且曲面 $z=f(x,y)$在(x_0,y_0,z_0)处有切平面,应用定理 9.11,有 $f_x(x_0,y_0)=0$,$f_y(x_0,y_0)=0$,所以切平面方程为

$$z-z_0=0.$$

可见在(x_0,y_0,z_0)处切平面平行 xOy 面.

类似地可以推得,如果三元函数 $u=f(x,y,z)$在点(x_0,y_0,z_0)具有偏导数,则它在点(x_0,y_0,z_0)取得极值的必要条件为

$$f_x(x_0,y_0,z_0)=0,\quad f_y(x_0,y_0,z_0)=0,\quad f_z(x_0,y_0,z_0)=0.$$

对于多元函数,我们称使梯度向量为零向量的点为函数的驻点. 这样,从定理可知,可微函数的极值点一定是驻点,但函数的驻点不一定是极值点. 如 $z=xy$,$(0,0)$是驻点,但显然不是极值点. 怎样判定一个驻点是极值点呢? 下面的定理部分地回答了这个问题.

定理 9.12(充分条件) 设函数 $z=f(x,y)$在点(x_0,y_0)的某邻域内连续且有二阶连续偏导数,又 $f_x(x_0,y_0)=0$,$f_y(x_0,y_0)=0$,令

$$D=D(x_0,y_0)=f_{xx}(x_0,y_0)f_{yy}(x_0,y_0)-[f_{xy}(x_0,y_0)]^2. \tag{9.34}$$

(1) 如果 $D>0$ 且 $f_{xx}(x_0,y_0)>0$,则 $f(x_0,y_0)$是极小值;

(2) 如果 $D>0$ 且 $f_{xx}(x_0,y_0)<0$,则 $f(x_0,y_0)$是极大值;

(3) 如果 $D<0$,则 $f(x_0,y_0)$不是极值.

(4) 当 $D=0$ 时,$f(x_0,y_0)$是否为极值需用其他方法判别.

定理证明略. 为了便于记忆,我们可将 D 写成行列式:

$$\begin{vmatrix} f_{xx} & f_{xy} \\ f_{yx} & f_{yy} \end{vmatrix}.$$

该行列式称为**黑塞行列式**.

例2　求 $f(x,y)=x^4+y^4-4xy$ 的极值.

解　$f_x(x,y)=4x^3-4y$, $f_y(x,y)=4y^3-4x$, 由 $\begin{cases}f_x(x,y)=0,\\ f_y(x,y)=0,\end{cases}$ 即 $\begin{cases}4x^3-4y=0,\\ 4y^3-4x=0\end{cases}$ 解得驻点为(0,0),(1,1),(−1,−1).

$f_{xx}(x,y)=12x^2$,　$f_{yy}(x,y)=12y^2$,　$f_{yx}(x,y)=f_{xy}(x,y)=-4$,
由(9.34),

$$D(x,y)=\begin{vmatrix}f_{xx} & f_{xy}\\ f_{yx} & f_{yy}\end{vmatrix}=f_{xx}f_{yy}-f_{xy}f_{yx}=144x^2y^2-16.$$

$D(0,0)=-16<0$,根据定理 9.12 得知(0,0)不是极值点;

$D(1,1)=144-16=128>0$ 且 $f_{xx}(1,1)=12>0$,根据定理 9.12 得知(1,1)是极小值点,极小值 $f(1,1)=-2$;

$D(-1,-1)=144-15=128>0$ 且 $f_{xx}(-1,-1)=12>0$,根据定理 9.12 得知(−1,−1)是极小值点,极小值 $f(-1,-1)=-2$.

综合起来,函数 $f(x,y)=x^4+y^4-4xy$ 有两个极值,极小值 $f(1,1)=-2$,极小值 $f(-1,-1)=-2$.

讨论函数极值问题时,如果函数在所考虑的区域内偏导数存在,则由定理9.11可知,极值只可能在驻点处取得. 然而如果函数在个别点处的偏导数不存在,这些点就不是驻点,但仍可能是极值点. 例如 $z=\sqrt{x^2+y^2}$,其图形为圆锥面(图 9.25),在点(0,0)处的偏导数不存在,但函数在点(0,0)处有极小值. 因此在考虑函数的极值问题时,除了寻找函数的驻点外,还要考虑偏导数不存在的点.

定理 9.1 指出,有界闭区域 D 上的二元连续函数一定能取到最大值和最小值. 使函数取得最值的点既可能在 D 的内部,也可能在 D 的边界上. 于是,我们在求最值时将函数在 D 的内部的可能极值点的函数值与函数在 D 的边界上的最大值和最小值计算出来,其中的最大者为函数在 D 上的最大值,其中的最小者为函数在 D 上的最小值.

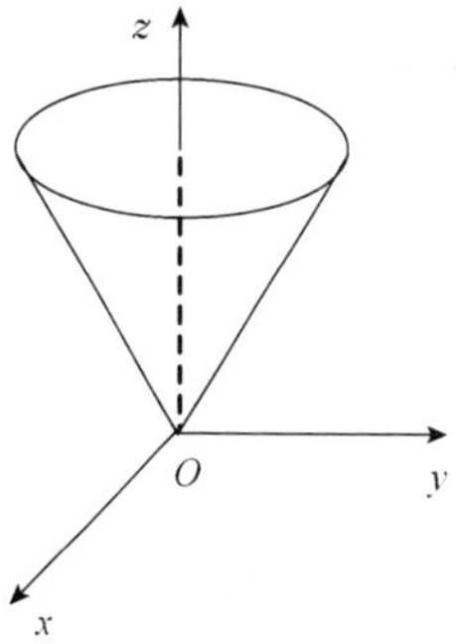

图 9.25

例3　求 $f(x,y)=x^2-2xy+2y$ 在矩形域 $D=\{(x,y)|0\leqslant x\leqslant 3,0\leqslant y\leqslant 2\}$ 上的最大值和最小值.

解　(1) $f_x(x,y)=2x-2y$, $f_y(x,y)=-2x+2$,令 $\begin{cases}f_x(x,y)=0,\\ f_y(x,y)=0,\end{cases}$ 即

$$\begin{cases}2x-2y=0,\\ -2x+2=0,\end{cases}$$

得到唯一驻点为(1,1),$f(x,y)$在矩形域 D 内各点偏导数

都存在，所以 $f(x,y)$ 在 D 内的可能极值只有 $f(1,1)=1$.

(2) 考虑 $f(x,y)$ 在矩形域 D 的边界上的最大值和最小值(图 9.26)：

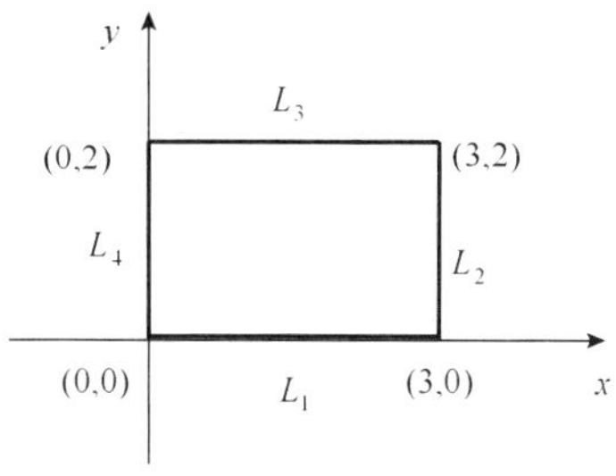

图 9.26

在 L_1 上，$y=0,0\leqslant x\leqslant 3,f(x,y)=x^2$，最大值为 9，最小值为 0；

在 L_2 上，$x=3,0\leqslant y\leqslant 2,f(x,y)=9-6y+2y=9-4y$，最大值为 9，最小值为 1；

在 L_3 上，$y=2,0\leqslant x\leqslant 3,f(x,y)=x^2-4x+4$，最大值为 4，最小值为 0；

在 L_4 上，$x=0,0\leqslant y\leqslant 2,f(x,y)=2y$，最大值为 4，最小值为 0.

所以 $f(x,y)$ 在矩形域 D 的边界上的最大值为 9，最小值为 0.

综合(1)和(2)，$f(x,y)$ 在矩形域 D 上的最大值为 9，最小值为 0.

需要指出的是，一般情况下，要确定函数在 D 的边界上的最大值和最小值往往很复杂. 在通常遇到的实际问题中，若可以根据问题的性质，推断函数的最大值或最小值一定在区域的内部取得，而函数在区域内部又只有唯一的可能极值点，那么可以肯定该点处的函数值就是函数在 D 上的最大值或最小值.

例 4 已知某产品的需求函数为

$$Q=200000p^{-1.5}x^{0.1}y^{0.3},$$

其中 Q 为需求量，x 为广告费用，y 为推销费用，如果生产企业的可变成本为每件产品 25 元，固定成本(不含广告和推销费用)为 8000 元. 求最佳经营时的价格、广告费和推销费.

解 生产 Q 件产品的收益为 $R=pQ$，总成本为 $C=8000+25Q+x+y$，故利润函数为

$$\begin{aligned} L &= R-C=pQ-(8000+25Q+x+y) \\ &= (p-25)Q-x-y-8000 \\ &= 200000(p-25)p^{-1.5}x^{0.1}y^{0.3}-x-y-8000, \end{aligned}$$

最佳经营时应使总利润取最大值. 由极值必要条件得

$$\begin{aligned} L_p &= 100000p^{-2.5}x^{0.1}y^{0.3}(75-p)=0, \\ L_x &= 20000(p-25)p^{-1.5}x^{-0.9}y^{0.3}-1=0, \\ L_y &= 60000(p-25)p^{-1.5}x^{0.1}y^{-0.7}-1=0. \end{aligned}$$

由 $L_p=0$ 解得 $p_0=75$，由 $L_x=0$ 和 $L_y=0$ 有 $y=3x$，将 $p_0=75$ 和 $y=3x$ 代入 $L_x=0$，可得

$$x^{0.6}=50\times 20000\times 75^{-1.5}\times 3^{0.3}\approx 2140.64,$$

由此可得 $x_0\approx 355554$(元)，$y_0=3x_0\approx 1066662$(元)，最佳经营时的价格为 75 元，广告费约为 355554 元，推销费约为 1066662 元.

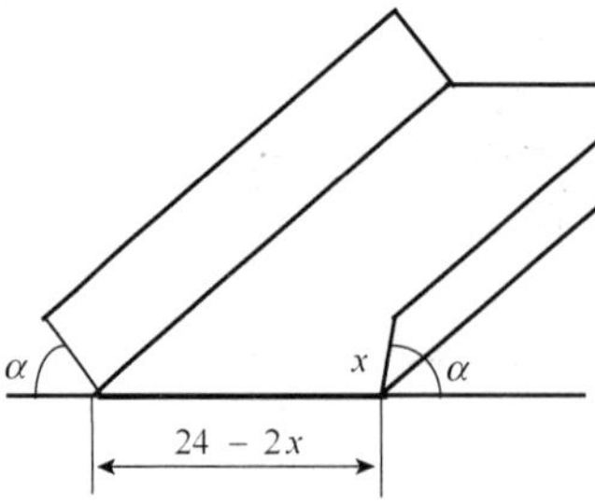

图 9.27

例 5　有一宽为 24cm 的长方形铁板，把它两边折起来做成一断面为等腰梯形的水槽. 应该怎样折才能使断面的面积最大？

解　如图 9.27 所示，设折起来的边长为 x cm、倾角为 α，那么梯形断面的下底长为 $24-2x$，上底长为 $24-2x+2x\cos\alpha$，高为 $x\sin\alpha$，所以断面面积

$$A(x,\alpha)=24x\sin\alpha-2x^2\sin\alpha+x^2\cos\alpha\sin\alpha$$

是 x,α 的二元函数，其中 $(x,\alpha)\in D=\{(x,\alpha)\mid 0<x<12,0<\alpha\leqslant\pi/2\}$. 令

$$\begin{cases}A_x=24\sin\alpha-4x\sin\alpha+2x\sin\alpha\cos\alpha=0,\\A_\alpha=24x\cos\alpha-2x^2\cos\alpha+x^2(\cos^2\alpha-\sin^2\alpha)=0.\end{cases}$$

由于 $\sin\alpha\neq 0$，从上面第一式中得出 $x\cos\alpha=2x-12$ 代入第二式，整理方程组可得

$$\begin{cases}x\cos\alpha=2x-12,\\3x^2-24x=0.\end{cases}$$

又由于 $x\neq 0$，故解得 $x=8,\cos\alpha=1/2$，结合 α 的范围便知道 $\alpha=\pi/3$. 这样我们得到了断面面积函数在 D 内唯一的驻点 $(8,\pi/3)$，且实践经验告诉我们断面面积函数的最大值一定在 D 内取得，所以断面面积的最大值为 $A(8,\pi/3)$. 即折起来的边长为 8cm，倾角为 $\pi/3$ 时断面的面积最大.

9.6.2　条件极值的拉格朗日乘子法

上面所讨论的极值问题，对于函数的自变量一般只要求落在定义域内，并无其他条件，这种极值称为**无条件极值**. 但是在实际问题中，常会遇到对函数的自变量还有附加条件的极值问题，例如，求表面积为 a^2 而体积最大的长方体的体积，可设体积 $V=xyz$，其中 x,y,z 必须满足 $2xz+2yz+2xy=a^2$，这种对自变量有附加条件的极值称为**条件极值**. 上一段涉及的函数在有界闭区域 D 的边界上的最大最小值问题也往往是条件极值问题. 处理条件极值问题，我们以前采用的方法是将条件代入，从而化为无条件极值问题. 如刚刚讲的例子，我们从条件 $2xz+2yz+2xy=a^2$ 中解出 $z=\dfrac{a^2-2xy}{2x+2y}$ 代入 $V=xyz$，问题转化为求 $V=xy\cdot\dfrac{a^2-2xy}{2x+2y}$ 的无条件极值问题. 然而，当问题比较复杂时转化为无条件极值问题有困难，我们可用下面介绍的拉格朗日乘子法来处理.

现在我们来寻找函数 $z=f(x,y)$ 在条件 $\phi(x,y)=0$ 下取得极值的条件.

假设 (x_0,y_0) 为满足条件的极值点，$f(x,y)$，$\phi(x,y)$ 在 (x_0,y_0) 的某一邻域内一阶偏导数连续，如果 $\phi_y(x_0,y_0)\neq 0$，则由隐函数存在定理可知，$\phi(x,y)=0$ 能确定函数 $y=\varphi(x)$，将其代入 $z=f(x,y)$ 得

$$z=f[x,\varphi(x)].$$

上式关于 x 求导得

$$\frac{\mathrm{d}z}{\mathrm{d}x}=f_x(x,y)+f_y(x,y)\cdot\frac{\mathrm{d}y}{\mathrm{d}x},$$

又由隐函数求导法则得

$$\frac{\mathrm{d}y}{\mathrm{d}x}=-\frac{\phi_x}{\phi_y},$$

所以

$$\frac{\mathrm{d}z}{\mathrm{d}x}=f_x(x,y)-f_y(x,y)\cdot\frac{\phi_x(x,y)}{\phi_y(x,y)}.$$

因 (x_0,y_0) 为函数 $z=f[x,\varphi(x)]$ 的无条件极值点，故有

$$\left.\frac{\mathrm{d}z}{\mathrm{d}x}\right|_{x=x_0}=f_x(x_0,y_0)-f_y(x_0,y_0)\cdot\frac{\phi_x(x_0,y_0)}{\phi_y(x_0,y_0)}=0.$$

上式表明 $\nabla f(x_0,y_0)$ 与 $\nabla\phi(x_0,y_0)$ 平行，即存在 μ，使得

$$\nabla f(x_0,y_0)=\mu\nabla\phi(x_0,y_0). \tag{9.35}$$

结合 $\phi(x_0,y_0)=0$，(x_0,y_0) 应满足下列方程组：

$$\begin{cases}f_x(x_0,y_0)=\mu\phi_x(x_0,y_0),\\ f_y(x_0,y_0)=\mu\phi_y(x_0,y_0),\\ \phi(x_0,y_0)=0.\end{cases}$$

如果我们引进函数 $F(x,y)=f(x,y)-\mu\phi(x,y)$，上面的方程组可化为

$$\begin{cases}F_x(x_0,y_0)=0,\\ F_y(x_0,y_0)=0,\\ \phi(x_0,y_0)=0.\end{cases}$$

我们也可以从直观的图形来得到(9.35). 为了求函数 $z=f(x,y)$ 在条件 $\phi(x,y)=0$ 下的极值，我们在同一个图中画 $z=f(x,y)$ 的等值线和曲线 $\phi(x,y)=0$（图 9.28). 在曲线 $\phi(x,y)=0$ 上找一点，该点使 $z=f(x,y)$ 取得极值，故曲线 $\phi(x,y)=0$ 与等值线 $f(x,y)=k$ 在该点相切，于是我们得到(9.35).

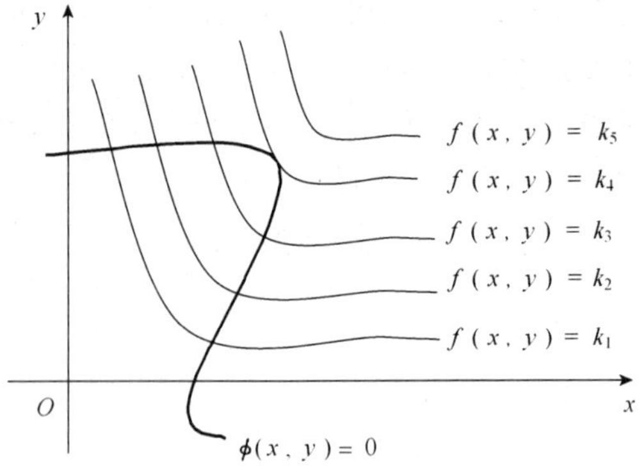

图 9.28

由以上讨论,我们得到下面的结论.

拉格朗日乘子法　为了找函数 $z=f(x,y)$ 在条件 $\phi(x,y)=0$ 下的可能极值点,构造辅助函数

$$F(x,y,\lambda)=f(x,y)+\lambda\phi(x,y),$$

由方程组

$$\begin{cases}F_x(x,y,\lambda)=0,\\F_y(x,y,\lambda)=0,\\F_\lambda(x,y,\lambda)=\phi(x,y)=0\end{cases}\tag{9.36}$$

解出 x,y,则(x,y)就是所要找的可能极值点的坐标(其中的 λ 可以不求出其值).

例 6　设某工厂生产 A 和 B 两种产品,产量分别为 x 和 y(单位:千件),利润(单位:万元)函数为

$$L(x,y)=18x-x^2+16y-4y^2-2,$$

已知生产这两种产品时,每千件产品均需消耗某种原料 2000 千克,现有该原料 12000 千克,问两种产品各生产多少千件时,总利润最大? 最大总利润为多少?

解　依题设有约束条件

$$2000x+2000y=12000,\text{即 } x+y=6,$$

于是,设拉格朗日函数为

$$F(x,y,\lambda)=18x-x^2+16y-4y^2-2+\lambda(x+y-6),$$

令

$$\begin{cases}F_x=18-2x+\lambda=0,\\F_y=16-8y+\lambda=0,\\F_\lambda=x+y-6=0,\end{cases}$$

消去 λ,解得 $x=5,y=1$. 由于最大利润确实存在,所以 $x=5,y=1$ 时取得最大利润,$L(5,1)=3$,即最大利润为 3 万元.

例 7 试在球面 $x^2+y^2+z^2=4$ 上求出与点 $M(3,1,-1)$距离最近和最远的点.

解 设点 $P(x,y,z)$为球面上的一点,则

$$x^2+y^2+z^2=4,$$

即

$$x^2+y^2+z^2-4=0. \tag{9.37}$$

P 到 M 的距离为

$$d=\sqrt{(x-3)^2+(y-1)^2+(z+1)^2}.$$

为了简化运算,我们把求 d 在条件(9.37)下的极值转化为求 d^2 在条件(9.37)下的极值,设

$$f(x,y,z)=d^2=(x-3)^2+(y-1)^2+(z+1)^2,$$

作拉格朗日函数

$$F(x,y,z,\lambda)=(x-3)^2+(y-1)^2+(z+1)^2+\lambda(x^2+y^2+z^2-4),$$

对该函数求一阶偏导数,并令这些偏导数为零,得

$$\begin{cases}2(x-3)+2\lambda x=0,\\ 2(y-1)+2\lambda y=0,\\ 2(z+1)+2\lambda z=0,\\ x^2+y^2+z^2-4=0.\end{cases}$$

消去 λ 可得

$$\begin{cases}\dfrac{x-3}{x}=\dfrac{y-1}{y},\\ \dfrac{y-1}{y}=\dfrac{z+1}{z},\\ x^2+y^2+z^2-4=0.\end{cases}$$

解得 $x=\dfrac{6}{\sqrt{11}},y=\dfrac{2}{\sqrt{11}},z=-\dfrac{2}{\sqrt{11}}$ 或 $x=-\dfrac{6}{\sqrt{11}},y=-\dfrac{2}{\sqrt{11}},z=\dfrac{2}{\sqrt{11}}$.

这样,我们只得到了椭圆上的两点 $P_1\left(\dfrac{6}{\sqrt{11}},\dfrac{2}{\sqrt{11}},-\dfrac{2}{\sqrt{11}}\right),P_2\left(-\dfrac{6}{\sqrt{11}},-\dfrac{2}{\sqrt{11}},\dfrac{2}{\sqrt{11}}\right)$为可能的极值点. $d^2(P_1,M)=15-4\sqrt{11},d^2(P_2,M)=15+4\sqrt{11}$,由于球面离 M 点的最近点与最远点一定存在,所以最近点应为 $P_1\left(\dfrac{6}{\sqrt{11}},\dfrac{2}{\sqrt{11}},\right.$

$-\frac{2}{\sqrt{11}}\Big)$，最远点应为 $P_2\left(-\frac{6}{\sqrt{11}},-\frac{2}{\sqrt{11}},\frac{2}{\sqrt{11}}\right)$.

例 8　在第一卦限内作椭球面 $\frac{x^2}{4}+\frac{y^2}{9}+\frac{z^2}{3}=1$ 的切平面，使该切平面与三坐标面所围成的四面体的体积最小，求这切平面的切点.

解　设 (x_0,y_0,z_0) 为椭球面上的点，则

$$\frac{x_0^2}{4}+\frac{y_0^2}{9}+\frac{z_0^2}{3}=1.$$

椭球面在点 (x_0,y_0,z_0) 处的法向量为

$$\boldsymbol{n}=\left\{\frac{x_0}{2},\frac{2y_0}{9},\frac{2z_0}{3}\right\},$$

切平面方程为

$$\frac{x_0}{2}(x-x_0)+\frac{2y_0}{9}(y-y_0)+\frac{2z_0}{3}(z-z_0)=0,$$

将上式整理得

$$\frac{x_0}{2}x+\frac{2y_0}{9}y+\frac{2z_0}{3}z=2.$$

切平面在三坐标轴上的截距分别为 $\frac{4}{x_0},\frac{9}{y_0},\frac{3}{z_0}$，所以切平面与三坐标面所围成的四面体的体积 $V=\frac{18}{x_0y_0z_0}$. 求 V 的最小值点，就是求 $x_0y_0z_0$ 的最大值点.

作拉格朗日函数

$$F(x_0,y_0,z_0,\lambda)=x_0y_0z_0+\lambda\left(\frac{x_0^2}{4}+\frac{y_0^2}{9}+\frac{z_0^2}{3}-1\right).$$

对该函数求一阶偏导数，并令这些偏导数为零，得

$$\begin{cases}F'_1=y_0z_0+\lambda\frac{x_0}{2}=0,\\ F'_2=x_0z_0+\lambda\frac{2y_0}{9}=0,\\ F'_3=x_0y_0+\lambda\frac{2z_0}{3}=0,\\ F'_4=\frac{x_0^2}{4}+\frac{y_0^2}{9}+\frac{z_0^2}{3}-1=0,\end{cases}$$

消去 λ 得唯一解

$$x_0=\frac{2}{\sqrt{3}},\quad y_0=\sqrt{3},\quad z_0=1.$$

所以可能的极值点只有$\left(\frac{2}{\sqrt{3}},\sqrt{3},1\right)$. 考虑到实际情况,体积的最小值存在,故$\left(\frac{2}{\sqrt{3}},\sqrt{3},1\right)$应为所要找的点.

习题 9.6(A)

1. 求下列函数的驻点和极值:

(1) $f(x,y)=x^2+y^2+x^2y+4$; (2) $f(x,y)=3x^2y+y^3-3x^2-3y^2+2$;

(3) $f(x,y)=x^2+y^2+\frac{1}{x^2y^2}$; (4) $f(x,y)=e^x\cos y$.

2. 求下列函数在有界闭区域 D 上的最大值和最小值:

(1) $f(x,y)=x^2+y^2+x^2y, D=\{(x,y)\mid |x|\leqslant 1,|y|\leqslant 1\}$;

(2) $f(x,y)=1+xy-x-y$, D 由抛物线 $y=x^2$ 和直线 $y=4$ 所围;

(3) $f(x,y)=2x^2+x+y^2-2, D=\{(x,y)\mid x^2+y^2\leqslant 4\}$;

(4) $z=x^2+y^2-xy-x-y$, D 由 $x\geqslant 0, y\geqslant 0, x+y\leqslant 3$ 所围.

3. 用拉格朗日乘子法求下列函数在附加条件下的最大值和最小值:

(1) $f(x,y,z)=xyz, x^2+2y^2+3z^2=6$;

(2) $f(x,y)=e^{-xy}, x^2+4y^2\leqslant 1$;

(3) $f(x,y)=x+2y, x+y+z=1, y^2+z^2=4$.

4. 求曲面 $z^2=xy+1$ 上与原点距离最近的点.

5. 要制作一个容积为 V 的长方体鱼缸,底和四周分别用石板和玻璃材料. 若同面积的石板费用是玻璃的 5 倍,试求出使材料费用最省的鱼缸尺寸.

6. 平面 $x+y+2z-2=0$ 与抛物面 $z=x^2+y^2$ 的交线是一椭圆,求原点到该椭圆的最长与最短距离.

7. 某工厂生产两种产品,其产量分别为 q_1(单位:件)和 q_2(单位:件),总成本函数 C(单位:元)是

$$C=q_1^2+2q_1q_2+q_2^2+5,$$

两种产品的需求函数分别是

$$q_1=2600-p_1,\qquad q_2=1100-p_2,$$

其中 p_1 和 p_2 分别是两种产品的单价(单位:元/件). 为使工厂获得最大利润,试确定两种产品的产出水平.

8. 有一下部为圆柱形、上部为圆锥形的帐篷,它的容积为常数 K. 今要使所用的布最少,试证帐篷尺寸间应有关系式为 $R=\sqrt{5}H, h=2H$(其中 R,H 分别为圆柱形的底半径及高,h 为圆锥形的高).

9. 在 xOy 面上求一点,使它到平面上 n 个已知点

$$(x_1,y_1),(x_2,y_2),\cdots,(x_n,y_n)$$

的距离的平方和为最小.

习题 9.6(B)

1. 在 xOy 面上求一点使它到 $x=0,y=0$ 及 $x+2y-16=0$ 三直线的距离平方之和最小.

2. 如果一元函数 $f(x)$ 在某区间内仅有一个极大(小)值,那么该极大(小)值就一定是 $f(x)$ 在同一区间上的最大(小)值. 试通过 $f(x,y)=3xe^y-x^3-e^{3y}$ 说明这个结论对于二元函数不成立.

3. 求二元函数 $f(x,y)=x^2(2+y^2)+y\ln y$ 的极值.(研 2009)

4. 求函数 $f(x,y)=x^2+2y^2-x^2y^2$ 在区域 $D=\{(x,y)\mid x^2+y^2\leqslant 4,y\geqslant 0\}$ 上的最大值和最小值.(研 2007)

5. 已知曲线 $C:\begin{cases}x^2+y^2-2z^2=0,\\ x+y+3z=5,\end{cases}$ 求 C 上距离 xOy 面最远的点和最近的点.(研 2008)

6. 设有一小山,取它的底面所在的平面为 xOy 面,其底部所占的区域为 $D=\{(x,y)\mid x^2+y^2-xy\leqslant 75\}$,小山的高度函数为 $h(x,y)=75-x^2-y^2$.

(1) 设 $M(x_0,y_0)$ 为区域 D 上一点,问 $h(x,y)$ 在该点沿平面上什么方向的方向导数最大?若记此方向导数的最大值为 $g(x_0,y_0)$,试写出 $g(x_0,y_0)$ 的表达式;

(2) 现欲利用此小山开展攀岩活动,为此需要在山脚寻找一上山坡度最大的点作为攀登的起点. 也就是说,要在 D 的边界线 $x^2+y^2-xy=75$ 上找出使(1)中的 $g(x,y)$ 达到最大值的点. 试确定攀登起点的位置.(研 2002)

7. 设 $f(x,y)$ 与 $\varphi(x,y)$ 均为可微函数,且 $\varphi_y'(x,y)\neq 0$. 已知 (x_0,y_0) 是 $f(x,y)$ 在约束条件 $\varphi(x,y)=0$ 下的一个极值点,下列选项正确的是________.

(A) 若 $f_x'(x_0,y_0)=0$,则 $f_y'(x_0,y_0)=0$;

(B) 若 $f_x'(x_0,y_0)=0$,则 $f_y'(x_0,y_0)\neq 0$;

(C) 若 $f_x'(x_0,y_0)\neq 0$,则 $f_y'(x_0,y_0)=0$;

(D) 若 $f_x'(x_0,y_0)\neq 0$,则 $f_y'(x_0,y_0)\neq 0$.(研 2006)

9.7　演示与实验

本章演示与实验包括四个方面的内容:一、二元函数极限的存在性的研究;二、偏导数和全微分的计算;三、等值线与梯度场的绘制;四、极值与条件极值的计算.

9.7.1　用 Mathematica 研究二元函数极限的存在性

我们知道,二元函数极限要比一元函数极限复杂许多,这里通过例题的形式介绍如何使用 Mathematica 来研究二元函数极限的存在性.

例 1　用 Mathematica 讨论下列极限的存在性,如果存在极限,试估计其极限值.

(1) $\lim\limits_{(x,y)\to(0,0)}\dfrac{xy^2}{x^2+y^4}$;　　(2) $\lim\limits_{(x,y)\to(0,0)}(x^2+y^2)^{x^2y^2}$.

解 实验设计的基本思想是:要讨论函数在某个点处的极限,则随机地取一个不断逼近该点的点列,观察函数在这些点列上取值的变化趋势,根据变化趋势猜测其结果,最后寻求数学意义上的严格证明.

In[1]:=f[x_,y_]:= $\frac{xy^2}{x^2+y^4}$; (* 函数定义 *)

下面调用 Random 函数随机地生成一个不断逼近(0,0)的点列(x_i,y_i),计算函数在这些点列上取值 $f(x_i,y_i)$. 这里 Random[Real,{-t,t}]的功能:生成一个位于区间[$-t$,t]的一个实数. 下面的命令是让 t 从 1 以间隔 0.01 变化到 0.01,从而得到 100 个不断逼近原点的点,再计算出函数在这些点上的取值.

```
In[2]:=data = Table[f[Random[Real,{-t,t}],
  Random[Real,{-t,t}]],{t,1,0.01,-0.01}]
Out[2]={-0.00345922,…,-0.0182038,-0.0244692}
```

(* 为节省篇幅,只列出首尾数据 *)

为了对数据趋势有一个直观的认识,以序号作为横坐标,函数值作为纵坐标,将上述数据画在坐标平面上,如图 9.29,点的分布可谓一盘散沙,毫无趋势可言.

```
In[3]:= ListPlot[data]
```

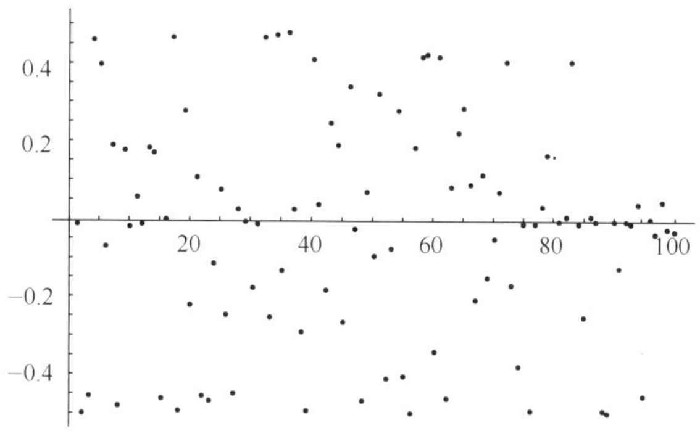

图 9.29

从图形可看出,此数列没有朝某个确定数无限接近的趋势,因此可猜测该数列无极限(其严格证明留给读者完成). 下面作出函数 $f(x,y)$在(0,0)点附近的图形,如图 9.30,可以看出,函数在原点附近变化急剧,从而导致函数在该点极限不存在.

```
In[4]:=Plot3D[f[x,y],{x,-0.5,0.5},{y,-0.5,0.5},
    PlotPoints→{64,64},Mesh→False]
```

下面讨论第 2 个极限的存在性,步骤同上.

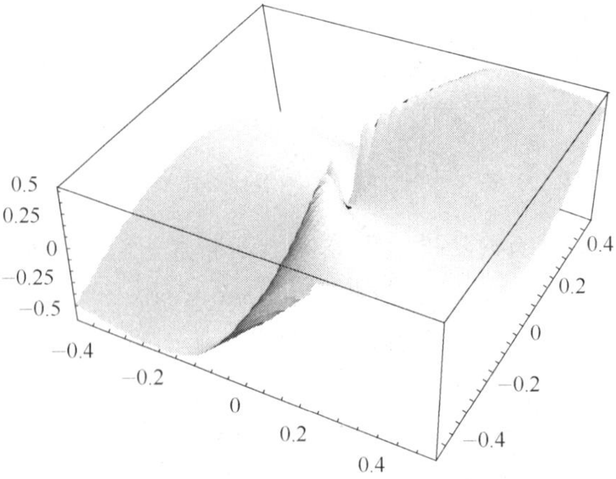

图 9.30

```
In[5]:= g[x_,y_]:=(x^2+y^2)^(x^2 y^2)
In[6]:=data=Table[g[Random[Real,{-t,t}],
Random[Real,{-t,t}]],{t,2,0.1,-0.01}]
Out[6]={9.88965,23.5697,…,0.998714,0.999985,
        0.999908,0.999959,0.999999}
```

从数据本身就可看出该数列有极强的变化趋势，即不断逼近1，下面作出数列图形和函数图形，分别为图9.31、图9.32.从图9.32可看出，在(0,0)点附近，曲面还是比较平坦的.

```
In[7]:= ListPlot[data]
In[8]:=Plot3D[g[x,y],{x,-0.5,0.5},{y,-0.5,0.5},
PlotPoints→{64,64},Mesh→False]
```

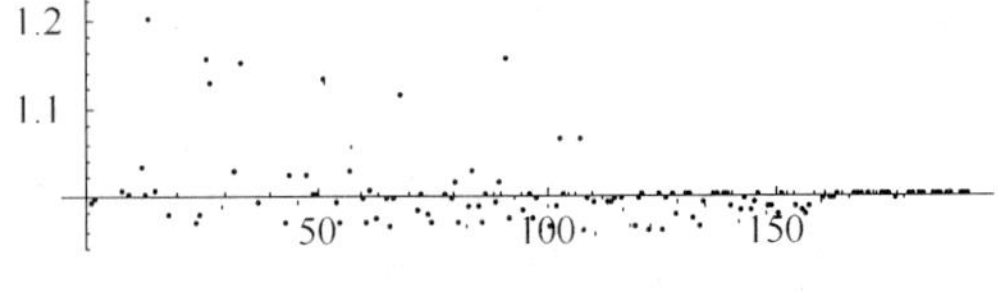

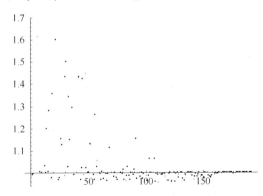

图 9.31

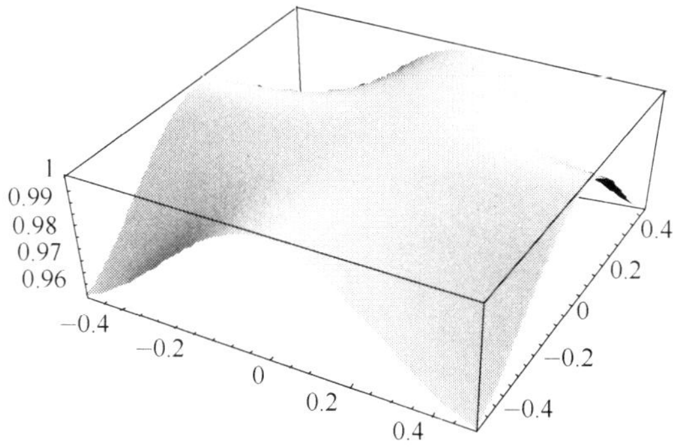

图 9.32

9.7.2 多元函数的偏导数和全微分的计算

Mathematica 求多元函数偏导数命令是 D,其一般格式如下:

D[f,x]	计算$\frac{\partial f}{\partial x}$
D[f,{x,n}]	计算$\frac{\partial^n f}{\partial x^n}$
D[f,x_1,x_2,...,x_k]	计算$\frac{\partial^k f}{\partial x_1\cdots\partial x_k}$
Dt[f]	计算全微分 df

另外,借助输入模板,D[f,x]可输入成$\partial_x f$ 的形式,D[f,x,y]可输入成$\partial_{x,y}f$的形式.

例 2 设 $z=\sin(x\ y)$,求$\frac{\partial^2 z}{\partial x^2}$,$\frac{\partial^3 z}{\partial x^2\partial y}$.

解 In[1]:=**D[Sin[x y],{x,2}]** (* 也可输入成$\partial_{x,x}$Sin[x y]的形式 *)

Out[1]= − y^{2}Sin[x y]

In[2]:=**D[Sin[x y],{x,2},y]**

Out[2]= − xy^{2}Cos[x y] − 2ySin[x y]

例 3 设 $z=f(x^2y^2,x^2+y^2)$,其中 f 具有二阶连续偏导数,求$\frac{\partial z}{\partial x}$,$\frac{\partial^2 z}{\partial x\partial y}$.

解 In[3]:=**z[x_,y_]:=f[x^2 y^2,x^2 + y^2]**;

In[4]:=**D[z[x,y],x]**

Out[4]=2xf$^{(0,1)}$[x^{2}y^2,x^2 + y^2] + 2xy^{2}f$^{(1,0)}$[x^{2}y^2,x^2 + y^2]

In[5]:=**$\partial_{x,y}$z[x,y]**

Out[5]=4xyf$^{(1,0)}$[x^{2}y^2,x^2 + y^2] + 2x(2yf$^{(0,2)}$[x^{2}y^2,x^2 + y^2] + 2x^{2}yf$^{(1,1)}$[x^{2}y^2, x^2 + y^2]) + 2xy^2(2yf$^{[1,1]}$[x^{2}y^2,x^2 + y^2] + 2x^{2}yf$^{(2,0)}$[x^{2}y^2,x^2 + y^2])

其中,记号 $f^{(1,0)}$ 表示 f_1',记号 $f^{(1,1)}$ 表示 f_{12}'',记号 $f^{(2,0)}$ 表示 f_{11}'',记号 $f^{(0,2)}$ 表示 f_{22}''. 本题是 9.3 节例 5,可以看到,两处求得的结果是相同的.

例 4　求 $u=\sin x+2xy+e^{yz}$ 的全微分.

解　In[6]:=**Dt[Sin[x] + 2x y + e$^{y z}$]**

Out[6]=2yDt[x] + Cos[x]Dt[x] + 2xDt[y] + e$^{y z}$(zDt[y] + yDt[z])

其中,Dt[x]表示对 x 的微分 dx,类似地,Dt[y],Dt[z]分别表示 dy,dz. 为了将上述计算结果化为标准形式,即按 dx,dy,dz 合并同类项,可以输入下面的命令:

In[7]:=**Collect[% ,{Dt[x],Dt[y],Dt[z]}]**

Out[7]=(2y + Cos[x])Dt[x] + (2x + e$^{y z}$z)Dt[y] + e$^{y z}$yDt[z]

9.7.3　二元函数的等值线和梯度向量

在 Mathematica 中画等值线的命令是 ContourPlot,要画出二元函数在指定区域的等值线图,调用格式是

ContourPlot[f,{x,xmin,xmax},{y,ymin,ymax}]

较为常用的选项:

Contours→k　　　　指定等值线的条数为 k;

ContourShading→True(False) 是否在等值线图上用明暗表示函数值的大小.

例 5　作出函数 $f(x,y)=\dfrac{xy}{e^{x^2+y^2}}$ 在区域$\{(x,y)\mid -1<x<1,-1<y<1\}$上的函数图形和等值线图形.

解　In[1]:=**f[x_,y_]: = xy/E^(x^2 + y^2);**

In[2]:=**Plot3D[f[x,y],{x, - 2,2},{y, - 2,2},PlotPoints→30]**

函数图形见图 9.33,用默认的选项作等值线图,见图 9.34,用不同的明暗程度表示不同的数值,越亮的地方数值越大,越暗的地方数值越小;再修改选项作图,将明暗色调去除,并指定等值线的条数,如图 9.35 所示,且命名为 g1. 对照图 9.33 和图 9.34,对等值线图应该会有更深刻的理解.

In[3]:=**ContourPlot[f[x,y],{x, - 2,2},{y, - 2,2}]**

In[4]:=**g1 = ContourPlot[f[x,y],{x, - 2,2},{y, - 2,2},**
　　Contours→16,ContourShading→False]

假设二元函数在定义域内的每一点偏导数都存在,则对应定义域内每一点,都对应一个梯度向量,而梯度向量是一个二维向量,因此一个函数的梯度可看成是定义在函数的定义域上取值为向量的向量值函数(向量场),而在 Mathematica 的图

形程序包中有专门用来绘制向量场的命令 PlotVectorField,使用该命令,我们可以画出函数的梯度向量场.注意:要使用这个命令,必须先将包含此命令的程序包调进内存.

In[5]:=<<Graphics`PlotField`

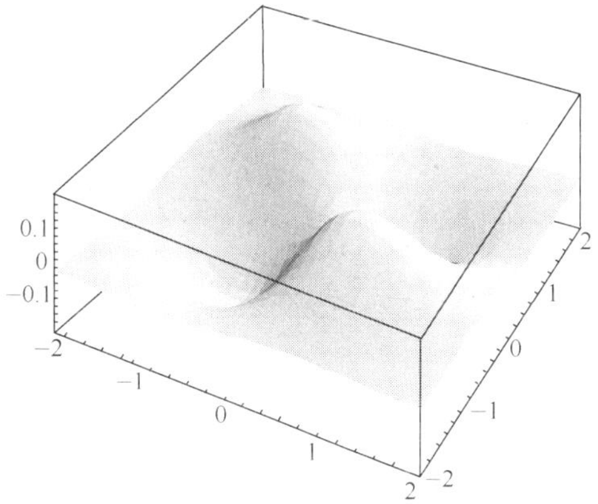

图 9.33

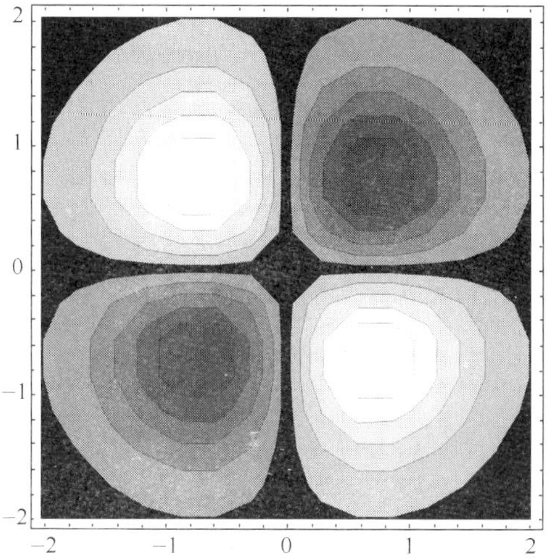

图 9.34

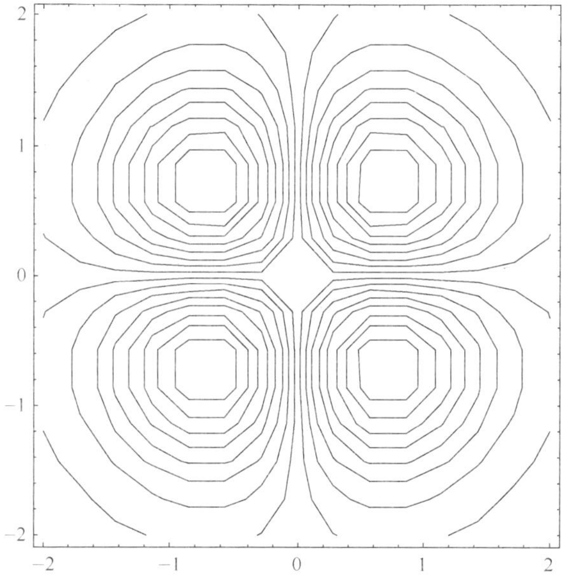

图 9.35

先定义梯度向量值函数 grad$f[x,y]$，注意用立即赋值方式"＝"，而不是延迟赋值方式"：＝".

```
In[6]:=gradf[x_,y_]={∂xf[x,y],∂yf[x,y]}
```

Out[6]=$\{-e^{-x^2-y^2}y+2e^{-x^2-y^2}x^2y,-e^{-x^2-y^2}x+2e^{-x^2-y^2}xy^2\}$

在指定区域作梯度向量场图形，命名为 g2(图 9.36).

```
In[7]:=g2=PlotVectorField[gradf[x,y],{x,-2,2},{y,-2,2}]
```

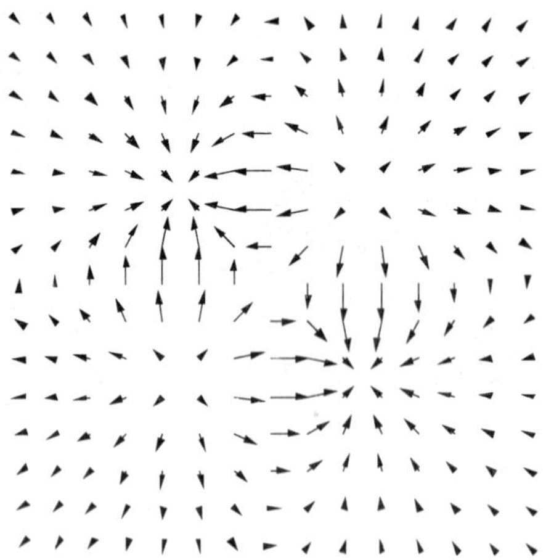

图 9.36

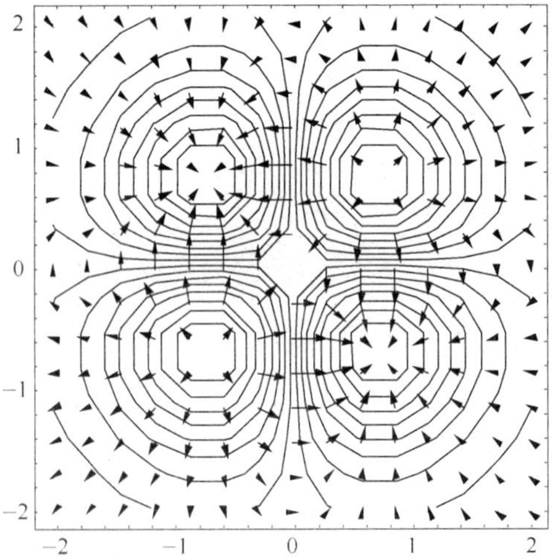

图 9.37

```
In[8]:=Show[g1,g2]    (*将 g1,g2 合到一起,如图 9.37 所示*)
```

图 9.37 可以验证本章的一个结论：$z=f(x,y)$在定义域内任一点的梯度向量总是垂直于过该点的等值线，并且是从数值较低的等值线指向数值较高的等值线.

9.7.4　多元函数的无条件极值与条件极值

例 6　求函数 $f(x,y)=3x^2y+y^3-3x^2-3y^2+2$ 极值点和极值.

解　由多元函数极值的必要条件，极值一定在驻点或不可导点达到，所以必须首先找到它的驻点和不可导点. 显然此函数无不可导点，故只需求出它的驻点：

```
In[1]:=f[x_,y_]:=3x^2 y+y^3-3x^2-3y^2+2;   (*定义函数*)
In[2]:=sol=Solve[{∂xf[x,y]==0,∂yf[x,y]==0},{x,y}]
Out[2]={{x→-1,y→1},{x→0,y→0},{x→0,y→2},{x→1,y→1}}
```

解得一阶偏导数为零的点共有 4 个，下面我们由极值的充分条件，只需分别考虑各驻点处的 f_{xx} 和 $D=f_{xx}f_{yy}-f_{xy}^2$ 的符号，便可判别各驻点是否是极值点以及是何极值点. 先定义黑塞行列式函数 Hessan[x,y].

In[3]:= **Hessan[x_,y_] = Det[{{$\partial_{x,x}$f[x,y],$\partial_{x,y}$f[x,y]},{$\partial_{y,x}$f[x,y], $\partial_{y,y}$f[x,y]}}]**

Out[3]=$36-36x^2-72y+36y^2$

In[4]:= **Hessan[x,y]/. sol** (* 计算在各个驻点处黑塞行列式的值 *)

Out[4]={-36,36,36,-36}

由 Out[4]可知,第一、四个驻点为非极值点,第二、三个驻点是极值点,为判断到底是何种极值点,还需看各点处的 f_{xx} 的符号

In[5]:= **$\partial_{x,x}$f[x,y]/. sol**

Out[5]={0,-6,6,0}

In[6]:= **f[x,y]/. sol**

Out[6]={0,2,-2,0}

由 Out[5]可知,第二个极值点(0,0)是极大值点、第三个极值点(0,2)是极小值点,由 Out[6]可知,相应的极大值为 2,极小值为 −2.

上面所用的方法是先找出所有可疑极值点,然后对每个可疑极值点进行甄别,这样可保证所有极值点都能找到. 这里再介绍一种更为简便的方法:先通过作图,观察极值点的大致位置,再调用求极小值命令 FindMinimum 求出极小值点和极小值,如果要求极大值点和极大值,可将函数乘以 −1,再对新的函数调用 FindMinimum 求出极小值点和极小值,则这个极小值点就是原来函数的极大值点,该极小值的相反数就是原来函数的极大值. 仍以本题为例:

In[6]:= **Plot3D[f[x,y],{x,-2,2},{y,-1,3}]**

In[7]:= **ContourPlot[f[x,y],{x,-2,2},{y,-1,3},Contours→30]**

作出函数的图形见图 9.38,等值线图见图 9.39,结合两个图形观察,可确定在(0,2)附近存在一个极小值点,在(0,0)附近存在一个极大值点,调用 FindMinimum 命令,以初值(0.1,1.5)搜索极小值点.

In[8]:= **FindMinimum[f[x,y],{x,0.1},{y,1.5}]**

Out[8]={-2.,{x→5.75271×10^{-9},y→2.}}

调用 FindMinimum 命令,以初值(0.1,0.1)搜索极大值点,注意要作一个相反数变换.

In[9]:= **FindMinimum[-f[x,y],{x,0.1},{y,0.1}]**

Out[9]={-2.,{x→2.22986×10^{-17},y→2.22986×10^{-17}}}

也可得到相应的数值结果.

例 7 求函数 $f(x,y)=e^{-xy}$ 在条件 $x^2+4y^2=1$ 下的最大值和最小值.

解 用拉格朗日乘子法求条件极值,先定义拉格朗日函数 $F[x,y,\lambda]$.

In[9]:= **f[x_,y_]:= $e^{-x\ y}$;**

```
g[x_,y_]:= x^2 + 4y^2 - 1;
F[x_,y_,λ_]:= f[x,y] + λ g[x,y];
```

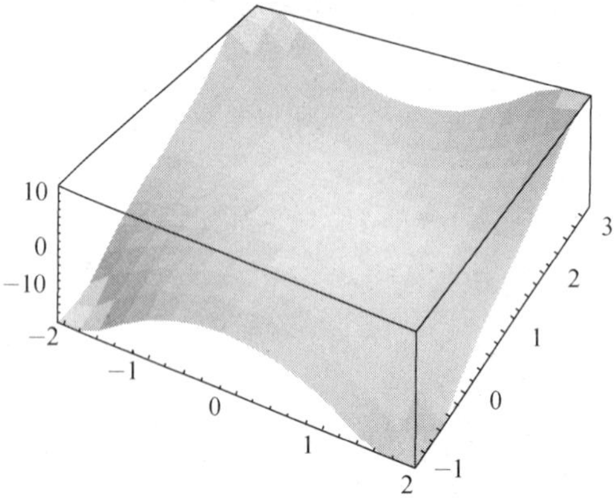

图 9.38

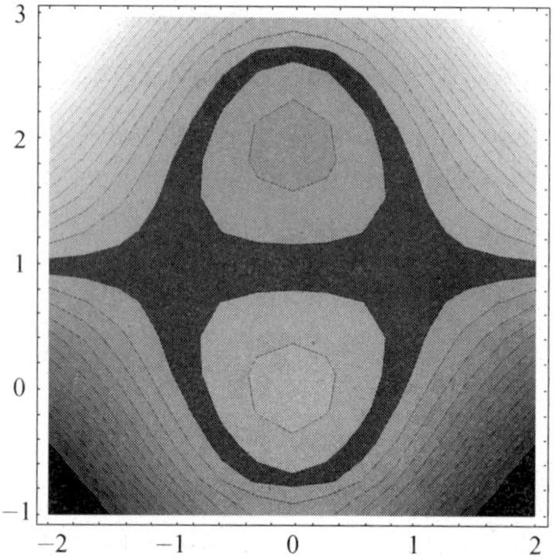

图 9.39

解方程组,求出所有可能极值点,并将方程组的解赋给变量 sol.

In[11]:= **sol = Solve[{∂ₓF[x,y,λ] = = 0,∂ᵧF[x,y,λ] = = 0,∂_λF[x,y,λ] = = 0},{x,y,λ}]**

Out[11]= $\left\{\left\{\lambda\to\frac{1}{4e^{1/4}},y\to-\frac{1}{2\sqrt{2}},x\to-\frac{1}{\sqrt{2}}\right\},\left\{\lambda\to\frac{1}{4e^{1/4}},y\to\frac{1}{2\sqrt{2}},x\to\frac{1}{\sqrt{2}}\right\}\right.$

$\left.\left\{\lambda\to-\frac{e^{1/4}}{4},y\to-\frac{1}{2\sqrt{2}},x\to\frac{1}{\sqrt{2}}\right\},\left\{\lambda\to-\frac{-e^{1/4}}{4},y\to\frac{1}{2\sqrt{2}},x\to-\frac{1}{\sqrt{2}}\right\}\right\}$

下面计算每个可能极值点处的函数值,进行比较,从而得出最大值和最小值.

In[12]:= **f[x,y]/.sol**

Out[12]= $\left\{\frac{1}{e^{1/4}},\frac{1}{e^{1/4}},e^{1/4},e^{1/4}\right\}$

故最大值 $f\left(-\frac{1}{\sqrt{2}},\frac{1}{2\sqrt{2}}\right)=f\left(\frac{1}{\sqrt{2}},-\frac{1}{2\sqrt{2}}\right)=e^{\frac{1}{4}}$,

最小值 $f\left(-\frac{1}{\sqrt{2}},-\frac{1}{2\sqrt{2}}\right)=f\left(\frac{1}{\sqrt{2}},\frac{1}{2\sqrt{2}}\right)=e^{-\frac{1}{4}}$.

下面用图形方式验证我们得到的结果. 本题有较直观的几何背景,$f(x,y)=e^{-xy}$表示一个空间曲面,而 $x^2+4y^2=1$ 表示一个椭圆柱面,二者相交有一交线,这条交线的最高点和最低点的高度便是题中要求的最大值和最小值,下面先用三维参数作图命令 ParametricPlot3D 画出椭圆柱面,见图 9.40,再用直角坐标三维作图命令 Plot3D 画出曲面，如图 9.41 所示，然后调整视点，将二者画在同一个坐标系内，如图 9.42 所示，从而可清楚地观察到交线的形状，这对我们验证上面的结果大有帮助.

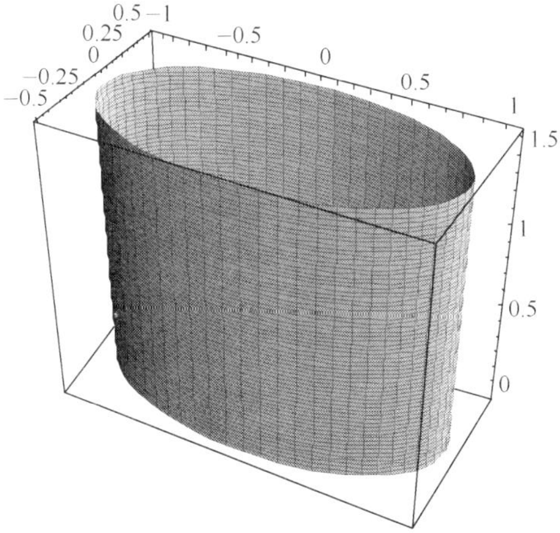

图 9.40

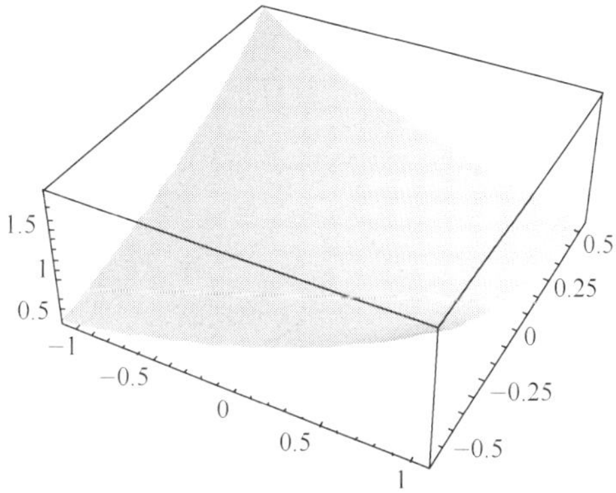

图 9.41

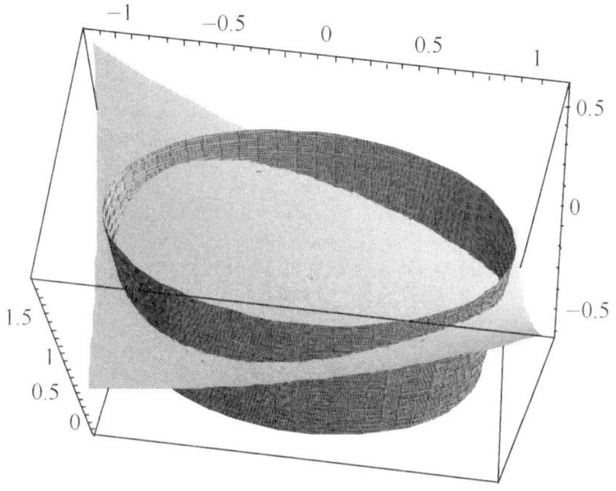

图 9.42

```
In[12]:=g1 = ParametricPlot3D[{Cos[t],Sin[t]/2,z},{t,0,2π},{z,
        -0.1,1.5},PlotPoints→{64,64}]
In[13]:=g2 = Plot3D[f[x,y],{x,-1.1,1.1},{y,-0.6,0.6},Mesh→
        False,PlotPoints→30]
In[14]:=Show[g1,g2,ViewPoint→{0.167,-1.365,3.092}]
```

习题 9.7

1. 用 Mathematica 研究下列极限的存在性，若存在，试估计其极限值：

(1) $\lim\limits_{(x,y)\to(0,0)}\dfrac{x^2y}{x^2+y^2}$；　(2) $\lim\limits_{(x,y)\to(0,0)}\dfrac{xy}{x^2+y^2}$；

(3) $\lim\limits_{(x,y)\to(0,0)}\left(x\sin\dfrac{1}{y}+y\sin\dfrac{1}{x}\right)$；　(4) $\lim\limits_{(x,y)\to(0,0)}\dfrac{x^2y}{x+y}$.

2. 用 Mathematica 计算下列函数的偏导数或全微分：

(1) $z=\sin(xy)+\ln(x+y)$，求$\dfrac{\partial z}{\partial x}$，$\dfrac{\partial^2 z}{\partial x\partial y}$，$\dfrac{\partial^2 z}{\partial y^2}$；

(2) $z=(x^2+y^2)\mathrm{e}^{\frac{xy}{x^2+y^2}}$，求$\dfrac{\partial z}{\partial y}$，$\dfrac{\partial^2 z}{\partial x\partial y}$，$\dfrac{\partial^4 z}{\partial x^2\partial y^2}$；

(3) $z=3x^2+4xy+2y^3$，求 $\mathrm{d}z$；

(4) $w=\ln\sqrt{x^2+y^2+z^2}$，求 $\mathrm{d}w$.

3. 用 Mathematica 验证：

(1) $u=x^2-y^2$ 满足拉普拉斯方程 $u_{xx}+u_{yy}=0$；

(2) $u=\mathrm{e}^{-a^2k^2t}\sin kx$ 满足热传导方程 $u_t=a^2u_{xx}$.

4. 用 Mathematica 画出函数 $f(x,y)=x^2-xy-2y^2$ 在区域$\{(x,y)\mid -4\leqslant x\leqslant 4,-4\leqslant y\leqslant 4\}$的等值线图和梯度向量场.

5. 用 Mathematica 求下列函数的极值：

(1) $f(x,y)=x^2+y^2+\dfrac{1}{x^2y^2}$；

(2) $f(x,y)=(6x-x^2)(4y-y^2)$；

(3) $f(x,y,z)=xyz$ 在约束条件 $x+\dfrac{y}{2}+\dfrac{z}{3}=1$ 下的条件极值；

(4) 抛物面 $z=x^2+y^2$ 被平面 $x+y+z=1$ 所截，截口成一椭圆，求原点到这椭圆的最长与最短距离.

第 10 章　多 重 积 分

前面我们讨论了多元函数的微分学,下面将讨论多元函数的积分学. 由于问题背景和提法的不同,多元函数有各种不同的积分概念,因而多元函数积分学具有十分丰富的内容. 在本章中,我们将一元函数的定积分概念推广到多元函数的重积分概念,这些概念在讨论一般形状的物体的体积、质量、重心等问题时有着广泛的应用.

10.1　二重积分的概念

10.1.1　二重积分的定义

1. 曲顶柱体的体积

以 xOy 面上的有界闭区域 D 为底,连续函数 $z=f(x,y)((x,y)\in D, f(x,y)\geqslant 0)$ 形成的曲面 S 为顶,区域 D 的边界曲线 C 作准线、母线平行于 z 轴的柱面为侧面,形成的立体称为**曲顶柱体**(图 10.1). 现在考虑曲顶柱体的体积 V 的计算问题.

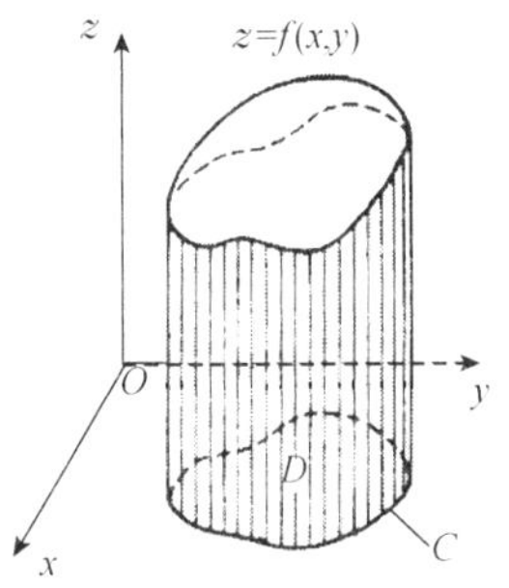

图 10.1

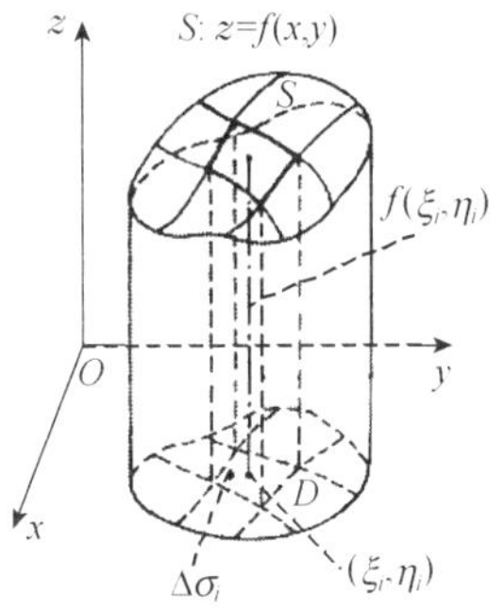

图 10.2

用一组曲线网将 xOy 面上的区域 D 划分为 n 个小区域: $\Delta\sigma_1, \Delta\sigma_2, \cdots, \Delta\sigma_n$. 它们的面积也同时用 $\Delta\sigma_i$ $(i=1,2,\cdots,n)$ 表示. 以各小区域的边界为准线,作母线平行 z 轴的柱面把曲顶柱体分为 n 个小曲顶柱体(图 10.2). 当 n 充分大且每个小区域的直径(区域的直径是指区域中任意两点距离的最大值)充分小时,小区域 $\Delta\sigma_i$

上的连续函数 $f(x,y)$ 变化不大. 在每一个小区域 $\Delta\sigma_i$ 中任取一点 $P_i(\xi_i,\eta_i)$，以 $f(\xi_i,\eta_i)$ 作为 $\Delta\sigma_i$ 上的小曲顶柱体高度的近似值. 因此 $\Delta\sigma_i$ 上的小曲顶柱体体积的近似值为 $\Delta V_i\approx f(\xi_i,\eta_i)\Delta\sigma_i$，从而整个曲顶柱体体积 V 的近似值为

$$V\approx\sum_{i=1}^{n}f(\xi_i,\eta_i)\Delta\sigma_i.$$

记 $\Delta\sigma_i$ 的直径 $d(\Delta\sigma_i)(i=1,2,\cdots,n)$ 中的最大值为 λ，当 λ 充分小时，$\Delta\sigma_i$ 上的小曲顶柱体高度 $f(x,y)$（连续函数）与 $f(\xi_i,\eta_i)$ 的误差将充分小，所以当 $\lambda\to0$ 时，得到曲顶柱体体积的精确值

$$V=\lim_{\lambda\to0}\sum_{i=1}^{n}f(\xi_i,\eta_i)\Delta\sigma_i.$$

它是一个和式的极限. 与一元函数定积分定义为和式的极限类似，我们可以定义它为二元函数 $f(x,y)$ 的积分，即二重积分.

2. 二重积分的定义

定义 10.1　设二元函数 $z=f(x,y)$ 为定义在有界闭区域 D 上的有界函数，将区域 D 任意划分为 n 个小区域：$\Delta\sigma_1,\Delta\sigma_2,\cdots,\Delta\sigma_n$，其面积也用 $\Delta\sigma_i(i=1,2,\cdots,n)$ 表示. $d(\Delta\sigma_i)$ 为小区域 $\Delta\sigma_i$ 的直径，$\lambda=\max\limits_{1\leqslant i\leqslant n}\{d(\Delta\sigma_i)\}$，任取点 $(\xi_i,\eta_i)\in\Delta\sigma_i$，作和

$$I_n=\sum_{i=1}^{n}f(\xi_i,\eta_i)\Delta\sigma_i,$$

如果当 $\lambda\to0$ 时，I_n 的极限总存在，则称 $f(x,y)$ 在区域 D 上（黎曼）可积，并称极限值 I 为 $f(x,y)$ 在区域 D 上的二重积分，记为 $\iint\limits_D f(x,y)\mathrm{d}\sigma$，即

$$\boxed{\iint\limits_D f(x,y)\mathrm{d}\sigma=\lim_{\lambda\to0}\sum_{i=1}^{n}f(\xi_i,\eta_i)\Delta\sigma_i.}\tag{10.1}$$

这里，$f(x,y)$ 为被积函数，$f(x,y)\mathrm{d}\sigma$ 为积分表达式，$\mathrm{d}\sigma$ 为面积元素（或面积微元），x,y 是积分变量，D 是积分区域.

根据二重积分的定义，以及前面对曲顶柱体体积的讨论知，有界闭区域 D 上以曲面 $S:z=f(x,y)$ 为顶的曲顶柱体的体积 V 就是 $f(x,y)$ 的二重积分 $\iint\limits_D f(x,y)\mathrm{d}\sigma$. 在考虑曲顶柱体的体积时，我们曾假设 $f(x,y)\geqslant0$，如果去掉这个条件，二重积分 $\iint\limits_D f(x,y)\mathrm{d}\sigma$ 实际上是体积的**代数和**，即对应 $f(x,y)\geqslant0$ 部分的曲顶柱体体积的正值与对应 $f(x,y)\leqslant0$ 部分的曲顶柱体体积的负值之和，这与"定积分是曲边梯形面积的代数和"这一性质是相类似的.

如果 $f(x,y)\equiv1$，则二重积分 $\iint\limits_D f(x,y)\mathrm{d}\sigma$ 就是区域 D 上高度为 1 的平顶柱体

的体积，其值为 $A(D)\cdot 1$，故 $\iint\limits_D 1\mathrm{d}\sigma$ 在数值上就是积分区域 D 的面积 $A(D)$，即

$$\boxed{\iint\limits_D \mathrm{d}\sigma = A(D).}$$

在二重积分的定义中，积分区域 D 的划分方式是任意的，如果在直角坐标系中用平行于坐标轴的直线网来划分 D，那么除了包含边界点的一些小区域外，其余的小区域都是矩形闭区域. 设矩形闭区域 $\Delta\sigma_i$ 的边长为 Δx_j 和 Δy_k，则 $\Delta\sigma_i=\Delta x_j\Delta y_k$，所以在直角坐标系中记 $\mathrm{d}\sigma=\mathrm{d}x\mathrm{d}y$，因此二重积分也可以记为

$$\iint\limits_D f(x,y)\mathrm{d}x\mathrm{d}y,$$

其中 $\mathrm{d}x\mathrm{d}y$ 称为直角坐标系中的面积元素.

3. 平面薄片的质量

下面用微元法来建立变密度平面薄片的质量公式.

设有一平面薄片占有 xOy 面上的有界闭区域 D，它在点 (x,y) 处的面密度为 $\rho(x,y)$，这里 $\rho(x,y)>0$，且在 D 上连续，试求此平面薄片的质量.

取 D 在点 (x,y) 处的一块微面积 $\mathrm{d}\sigma$，则它的微质量 $\mathrm{d}M=\rho(x,y)\mathrm{d}\sigma$，把区域 D 上所有 (x,y) 处的微质量加起来，得到平面薄片的总质量为

$$\boxed{M=\iint\limits_D \mathrm{d}M=\iint\limits_D \rho(x,y)\mathrm{d}\sigma.} \tag{10.2}$$

与一元函数定积分一样，二重积分符号 $\iint\limits_D$ 也是微元状态下的一种求和.

4. 二重积分的存在定理

我们知道，闭区间上的一元连续函数是可积的. 同样，二元连续函数也是可积的.

定理 10.1 若二元函数 $f(x,y)$ 在有界闭区域 D 上连续，则 $f(x,y)$ 在 D 上可积.

10.1.2 二重积分的性质

由于二重积分与一重积分一样，都是黎曼积分，因此，它们有相类似的积分性质. 这些性质容易根据重积分的定义来证明.

1.（**线性性**） 若 $f_1(x,y)$，$f_2(x,y)$ 在有界闭区域 D 上可积，则对任何常数 k_1，k_2，有

$$\iint\limits_D [k_1 f_1(x,y)+k_2 f_2(x,y)]\mathrm{d}\sigma = k_1\iint\limits_D f_1(x,y)\mathrm{d}\sigma + k_2\iint\limits_D f_2(x,y)\mathrm{d}\sigma.$$

2.(**区域可加性**)　若 $f(x,y)$ 在有界闭区域 D_1 和 D_2 上均可积，其中 D_1 和 D_2 除边界外没有公共部分，则 $f(x,y)$ 在 $D=D_1\cup D_2$ 上也可积，且有

$$\iint\limits_D f(x,y)\mathrm{d}\sigma = \iint\limits_{D_1} f(x,y)\mathrm{d}\sigma + \iint\limits_{D_2} f(x,y)\mathrm{d}\sigma.$$

3.(**单调性**)　若 f 和 g 在有界闭区域 D 上均可积，且在 D 上恒有

$$f(x,y)\leqslant g(x,y),$$

则

$$\iint\limits_D f(x,y)\mathrm{d}\sigma \leqslant \iint\limits_D g(x,y)\mathrm{d}\sigma.$$

推论 1　若在区域 D 上 $f(x,y)\geqslant 0$，则 $\iint\limits_D f(x,y)\mathrm{d}\sigma \geqslant 0$.

推论 2　$\left|\iint\limits_D f(x,y)\mathrm{d}\sigma\right| \leqslant \iint\limits_D |f(x,y)|\mathrm{d}\sigma$（注意：$-|f(x,y)|\leqslant f(x,y)\leqslant |f(x,y)|$）.

推论 3　若在区域 D 上 $m\leqslant f(x,y)\leqslant M$，则

$$mA(D)\leqslant \iint\limits_D f(x,y)\mathrm{d}\sigma \leqslant MA(D).$$

4.(**积分中值定理**)　设 $f(x,y)$ 在有界闭区域 D 上连续，则存在点 $(\xi,\eta)\in D$，使

$$\iint\limits_D f(x,y)\mathrm{d}\sigma = f(\xi,\eta)A(D),$$

其中，$f(\xi,\eta)=\dfrac{1}{A(D)}\iint\limits_D f(x,y)\mathrm{d}\sigma$ 实际上是 $f(x,y)$ 在区域 D 上的**平均值**.

例 1　试估计二重积分 $\iint\limits_D \ln(1+x^2+y^2)\mathrm{d}\sigma$ 的值，其中 $D=\{(x,y)\mid 1\leqslant x^2+y^2\leqslant 2\}$.

解　对每一点 $(x,y)\in D$，有 $\ln2\leqslant\ln(1+x^2+y^2)\leqslant\ln3$，所以有

$$\iint\limits_D \ln2\mathrm{d}\sigma \leqslant \iint\limits_D \ln(1+x^2+y^2)\mathrm{d}\sigma \leqslant \iint\limits_D \ln3\mathrm{d}\sigma.$$

而 D 的面积 $A(D)=\pi(\sqrt{2})^2-\pi\cdot1^2=\pi$，所以

$$\pi\ln2 \leqslant \iint\limits_D \ln(1+x^2+y^2)\mathrm{d}\sigma \leqslant \pi\ln3.$$

习题 10.1(A)

1. 按所给出的直线分割区域 D，并按点 (ξ_i,η_i) 的选择方式，计算积分和式作为二重积分的

近似值，并求分割的最大直径.

(1) $f(x,y)=x^2+4y$；$D=\{(x,y)\mid 0\leqslant x\leqslant 2,0\leqslant y\leqslant 3\}$；$x=1,y=1,y=2$；$(\xi_i,\eta_i)$为 $\Delta\sigma_i$ 的右上角点；

(2) $f(x,y)=x^2-y^2$；$D=\{(x,y)\mid 0\leqslant x\leqslant 5,0\leqslant y\leqslant 2\}$；$x=1,x=3,x=4,y=\frac{1}{2},y=1$；$(\xi_i,\eta_i)$为 $\Delta\sigma_i$ 的左上角点.

2. 用二重积分表示下列立体的体积.

(1) 上半球体：$\{(x,y,z)\mid x^2+y^2+z^2\leqslant R^2,z\geqslant 0\}$；

(2) 由抛物面 $z=2-x^2-y^2$，柱面 $x^2+y^2=1$ 及 xOy 面所围成的空间立体.

3. 一带电薄板位于 xOy 面上，占有闭区域 D，薄板上电荷分布的面密度为 $\mu=\mu(x,y)$，且 $\mu(x,y)$在 D 上连续，试用二重积分表示该板上的全部电荷 Q.

4. 利用二重积分性质，比较下列各组二重积分的大小.

(1) $\iint\limits_D \ln(x+y+1)\mathrm{d}\sigma$ 与 $\iint\limits_D \ln(x^2+y^2+1)\mathrm{d}\sigma$，其中 D 是矩形区域：$0\leqslant x\leqslant 1,0\leqslant y\leqslant 1$；

(2) $\iint\limits_D \sin^2(x+y)\mathrm{d}\sigma$ 与 $\iint\limits_D (x+y)^2\mathrm{d}\sigma$，其中 D 是任一平面有界闭区域；

(3) $\iint\limits_D \mathrm{e}^{xy}\mathrm{d}\sigma$ 与 $\iint\limits_D \mathrm{e}^{2xy}\mathrm{d}\sigma$，其中 D 是矩形区域：$-1\leqslant x\leqslant 0,0\leqslant y\leqslant 1$.

5. 利用二重积分性质，估计下列二重积分的值.

(1) $\iint\limits_D \sin(x^2+y^2)\mathrm{d}\sigma$，$D=\left\{(x,y)\mid \frac{\pi}{4}\leqslant x^2+y^2\leqslant\frac{3\pi}{4}\right\}$；

(2) $\iint\limits_D \frac{\mathrm{d}\sigma}{\ln(4+x+y)}$，$D=\{(x,y)\mid 0\leqslant x\leqslant 4,0\leqslant y\leqslant 8\}$；

(3) $\iint\limits_D \mathrm{e}^{x^2+y^2}\mathrm{d}\sigma$，$D=\left\{(x,y)\mid x^2+y^2\leqslant\frac{1}{4}\right\}$.

习题 10.1(B)

1. 将一平面薄板铅直浸没于水中，取 x 轴铅直向下，y 轴位于水平面上，并设薄板占有 xOy 面上的闭区域 D，试用二重积分表示薄板的一侧所受到的水压力.

2. 设给定 xOy 面上的有界闭区域 $D=\{(x,y)\mid x^2+y^2\leqslant 1\}$，试说明 $f(x,y)=h$(正的常数)及 $f(x,y)=\sqrt{1-x^2-y^2}$ 在 D 上均可积，并利用立体体积求出二重积分

$$\iint\limits_D h\,\mathrm{d}\sigma \text{ 及} \iint\limits_D \sqrt{1-x^2-y^2}\,\mathrm{d}\sigma.$$

3. 设 $f(x,y)$是连续函数，试求极限

$$\lim_{r\to 0^+}\frac{1}{\pi r^2}\iint\limits_{x^2+y^2\leqslant r^2} f(x,y)\mathrm{d}\sigma.$$

4. 若 $D_2\subset D_1$，$f(x,y)$是 D_1 上非负连续函数，试证明：$\iint\limits_{D_1} f(x,y)\mathrm{d}\sigma\geqslant\iint\limits_{D_2} f(x,y)\mathrm{d}\sigma$.

5. 设 $f(x,y)$在有界闭区域 D 上非负连续，

(1) 若 $f(x,y)\not\equiv 0$，则 $\iint\limits_D f(x,y)\mathrm{d}\sigma > 0$；

(2) 若 $\iint\limits_D f(x,y)\mathrm{d}\sigma = 0$，则 $f(x,y)\equiv 0$.

6. 设 $I_1=\iint\limits_D \cos\sqrt{x^2+y^2}\,\mathrm{d}\sigma$，$I_2=\iint\limits_D \cos(x^2+y^2)\mathrm{d}\sigma$，$I_3=\iint\limits_D \cos(x^2+y^2)^2\mathrm{d}\sigma$，其中 $D=\{(x,y)\mid x^2+y^2\leqslant 1\}$，试比较 I_1,I_2,I_3 的大小.(研 2005)

10.2　二重积分的计算

本节讨论二重积分的计算方法，其基本思路是将二重积分化为二次积分(累次积分)来计算. 我们分别在直角坐标系和极坐标系中进行讨论.

10.2.1　二重积分在直角坐标系下的计算

1. 矩形区域上的积分

我们借助几何直观来给出二重积分的计算法.

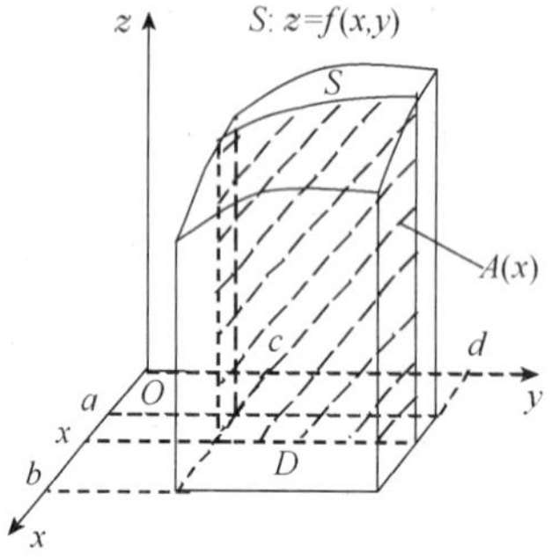

图 10.3

如果二重积分 $\iint\limits_D f(x,y)\mathrm{d}\sigma$ 的积分区域是矩形区域(图 10.3)

$$D=\{(x,y)\mid a\leqslant x\leqslant b, c\leqslant y\leqslant d\}. \tag{10.3}$$

在$[a,b]$上任取一定点 x，则曲顶柱体被平面 $x=x$ 所截的截面 $A(x)$ 是一个曲边梯形(图10.3 中阴影部分)，其面积为

$$A(x)=\int_c^d f(x,y)\mathrm{d}y.$$

上述积分中视 x 为常数，称为**偏积分**. 因此，根据平行截面面积已知的立体体积的计算方法，整个曲顶柱体的体积(即二重积分)，就是

$$\iint\limits_D f(x,y)\mathrm{d}\sigma=\int_a^b A(x)\mathrm{d}x,$$

所以

$$\iint\limits_D f(x,y)\mathrm{d}x\mathrm{d}y=\int_a^b\left(\int_c^d f(x,y)\mathrm{d}y\right)\mathrm{d}x. \tag{10.4}$$

上述积分称为**累次积分**或**二次积分**，即先求里面的偏积分 $\int_c^d f(x,y)\mathrm{d}y$，得到的值是 x 的函数，再关于 x 积分. 同理

$$\iint_D f(x,y)\mathrm{d}x\mathrm{d}y = \int_c^d \left(\int_a^b f(x,y)\mathrm{d}x\right)\mathrm{d}y. \tag{10.5}$$

为了方便，我们经常把上述两个累次积分记为

$$\int_a^b \left(\int_c^d f(x,y)\mathrm{d}y\right)\mathrm{d}x = \int_a^b \mathrm{d}x\int_c^d f(x,y)\mathrm{d}y,$$

$$\int_c^d \left(\int_a^b f(x,y)\mathrm{d}x\right)\mathrm{d}y = \int_c^d \mathrm{d}y\int_a^b f(x,y)\mathrm{d}x.$$

二重积分的累次积分有两种次序(10.4)和(10.5)，在实际计算时应选择一种较容易计算的积分次序来计算.

例 1　计算二重积分 $I=\iint_D y^2 x\mathrm{d}\sigma$，其中 $D=\{(x,y)\mid -3\leqslant x\leqslant 2, 0\leqslant y\leqslant 1\}$.

解

$$I = \int_{-3}^2 \mathrm{d}x\int_0^1 y^2 x\mathrm{d}y = \left(\int_{-3}^2 x\mathrm{d}x\right)\left(\int_0^1 y^2\mathrm{d}y\right) = \frac{-5}{2}\cdot\frac{1}{3} = -\frac{5}{6}.$$

例 2　计算 $\iint_D y\sin(xy)\mathrm{d}\sigma$，其中 $D: 0\leqslant x\leqslant 1, 0\leqslant y\leqslant \frac{\pi}{2}$.

解　先对 y 积分，然后对 x 积分，由分部积分法得到

$$\begin{aligned} I &= \int_0^1 \mathrm{d}x\int_0^{\pi/2} y\sin(xy)\mathrm{d}y = \int_0^1 \left[-\frac{y}{x}\cos(xy) + \frac{1}{x^2}\sin(xy)\right]\Bigg|_{y=0}^{y=\pi/2}\mathrm{d}x \\ &= \int_0^1 \left[-\frac{\pi}{2x}\cos\left(\frac{\pi x}{2}\right) + \frac{1}{x^2}\sin\left(\frac{\pi x}{2}\right)\right]\mathrm{d}x = -\frac{1}{x}\sin\left(\frac{\pi x}{2}\right)\Bigg|_0^1 = \frac{\pi}{2} - 1, \end{aligned}$$

其中，对 x 的积分实际上是反常积分，在利用牛顿-莱布尼茨公式代入 $x=0$ 时，用了极限. 然而，如果我们先对 x 积分，再对 y 积分，则累次积分就简单多了，

$$\begin{aligned} I &= \int_0^{\pi/2} \mathrm{d}y\int_0^1 y\sin(xy)\mathrm{d}x = \int_0^{\pi/2} [-\cos(xy)]\big|_{x=0}^{x=1}\mathrm{d}y \\ &= \int_0^{\pi/2} (1-\cos y)\mathrm{d}y = \frac{\pi}{2} - 1. \end{aligned}$$

2. 正规区域上的积分

在平面直角坐标系下正规区域分为 X 型区域与 Y 型区域.

如果二重积分 $\iint_D f(x,y)\mathrm{d}\sigma$ 的区域 D 可以表示为

$$D = \{(x,y) \mid g_1(x) \leqslant y \leqslant g_2(x), a \leqslant x \leqslant b\}, \tag{10.6}$$

则称区域 D 为 X 型区域，即区域 D 在下方曲线 $y=g_1(x)$ 和上方曲线 $y=g_2(x)$ 之间，其特点是，垂直于 x 轴且穿过 D 内部的直线与 D 的边界相交不多于两点，如图 10.4.

在 $[a,b]$ 上任取一定点 x，用平面 $x=x$ 去截曲顶柱体，得到截面

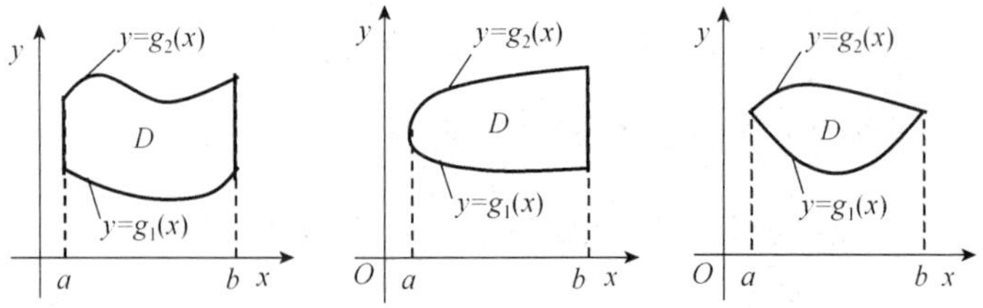

图 10.4

$$A(x):\begin{cases}0\leqslant z\leqslant f(x,y),g_1(x)\leqslant y\leqslant g_2(x),\\ x=x.\end{cases}$$

它是一个曲边梯形,其图形与图 10.3 类似,面积为

$$A(x)=\int_{g_1(x)}^{g_2(x)}f(x,y)\mathrm{d}y,$$

因此,曲顶柱体的体积,即二重积分可化为累次积分

$$\iint_D f(x,y)\mathrm{d}x\mathrm{d}y=\int_a^b A(x)\mathrm{d}x=\int_a^b\mathrm{d}x\int_{g_1(x)}^{g_2(x)}f(x,y)\mathrm{d}y. \tag{10.7}$$

如果二重积分 $\iint\limits_D f(x,y)\mathrm{d}\sigma$ 的区域 D 可以表示为

$$D=\{(x,y)\mid h_1(y)\leqslant x\leqslant h_2(y),c\leqslant y\leqslant d\}, \tag{10.8}$$

则称区域 D 为 Y 型区域,即区域 D 在左方曲线 $x=h_1(y)$ 和右方曲线 $x=h_2(y)$ 之间,其特点是,垂直于 y 轴且穿过 D 内部的直线与 D 的边界相交不多于两点. 此时,二重积分可化为累次积分

$$\iint_D f(x,y)\mathrm{d}x\mathrm{d}y=\int_c^d\mathrm{d}y\int_{h_1(y)}^{h_2(y)}f(x,y)\mathrm{d}x. \tag{10.9}$$

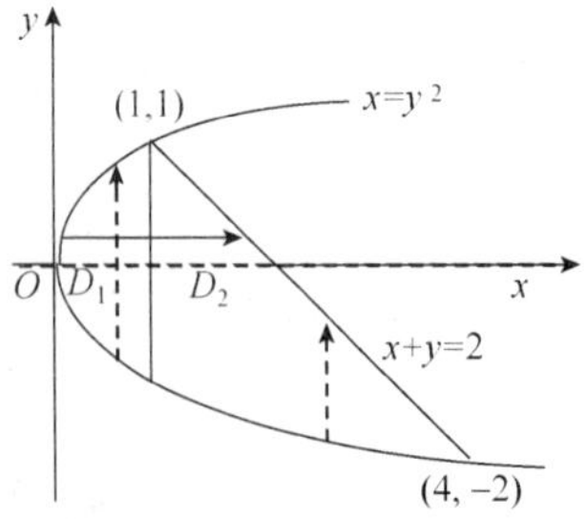

图 10.5

例 3　计算 $\iint\limits_D(2x-y)\mathrm{d}\sigma$,其中 D 由曲线 $x=y^2$ 和直线 $x+y=2$ 围成.

解　如图 10.5 所示,积分区域 D 可以表示为 Y 型区域:

$$D=\{(x,y)\mid y^2\leqslant x\leqslant 2-y,-2\leqslant y\leqslant 1\},$$

所以可选用先 x 后 y 的**累次积分次序**,先对 x 从左方曲线 $x=y^2$ 积分到右方曲线 $x=2-y$(图 10.5 中用实线箭头指示出了对 x 积分的路径),然后再对 y 积分,即

$$\iint_D(2x-y)\mathrm{d}\sigma=\int_{-2}^1\mathrm{d}y\int_{y^2}^{2-y}(2x-y)\mathrm{d}x=\int_{-2}^1\left[x^2-yx\right]\Bigg|_{x=y^2}^{x=2-y}\mathrm{d}y$$

$$=\int_{-2}^{1}(4-6y+2y^2+y^3-y^4)\,dy$$
$$=\left(4y-3y^2+\frac{2}{3}y^3+\frac{1}{4}y^4-\frac{1}{5}y^5\right)\Bigg|_{-2}^{1}=\frac{333}{20}.$$

如果选用先 y 后 x 的累次积分次序，由于上方曲线不能用一个公式表达，则必须把积分区域 D 分成两个子区域 D_1，D_2 来分别积分，图 10.5 中用虚线箭头指示出了先对 y 积分的路径，因此有

$$\iint_D(2x-y)\,d\sigma=\iint_{D_1}(2x-y)\,d\sigma+\iint_{D_2}(2x-y)\,d\sigma$$
$$=\int_0^1 dx\int_{-\sqrt{x}}^{\sqrt{x}}(2x-y)\,dy+\int_1^4 dx\int_{-\sqrt{x}}^{2-x}(2x-y)\,dy$$
$$=\int_0^1 4x\sqrt{x}\,dx+\int_1^4\left(-2+\frac{13}{2}x+2x\sqrt{x}-\frac{5}{2}x^2\right)dx$$
$$=\frac{8}{5}+\frac{301}{20}=\frac{333}{20}.$$

例 4　计算 $\iint_D|y-x^2|\,dxdy$，D：$-1\leqslant x\leqslant 1$，$0\leqslant y\leqslant 1$.

解　积分区域可以分解为 $D=D_1\cup D_2$，如图 10.6 所示，其中

$$D_1=\{(x,y)\mid 0\leqslant y\leqslant x^2,-1\leqslant x\leqslant 1\},$$
$$D_2=\{(x,y)\mid x^2\leqslant y\leqslant 1,-1\leqslant x\leqslant 1\},$$

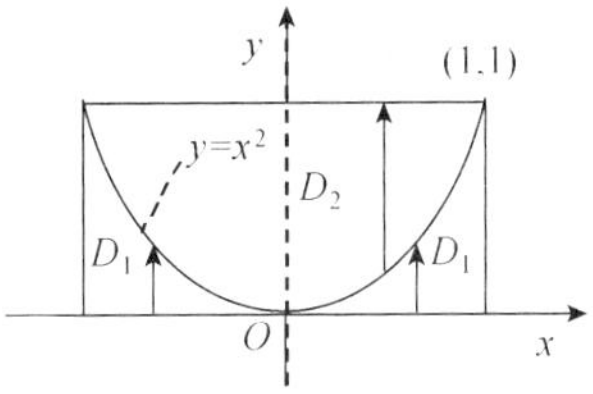

图 10.6

在 D_1 上 $|y-x^2|=x^2-y$，而在 D_2 上 $|y-x^2|=y-x^2$，所以有

$$\iint_D|y-x^2|\,dxdy=\iint_{D_1}|y-x^2|\,dxdy+\iint_{D_2}|y-x^2|\,dxdy$$
$$=\int_{-1}^{1}dx\int_0^{x^2}(x^2-y)\,dy+\int_{-1}^{1}dx\int_{x^2}^{1}(y-x^2)\,dy$$
$$=\int_{-1}^{1}\left(\frac{1}{2}-x^2+x^4\right)dx=\int_0^1(1-2x^2+2x^4)\,dx$$
$$=1-\frac{2}{3}+\frac{2}{5}=\frac{11}{15}.$$

3. 任意区域上的积分

如果积分区域 D 本身不是正规区域，但它能分解为几块正规区域的并集，即其中每块小区域是 X 型或 Y 型区域，例如，$D=D_1\cup D_2\cup D_3$（图 10.7），则

$$\iint_D f(x,y)\mathrm{d}x\mathrm{d}y=\iint_{D_1} f(x,y)\mathrm{d}x\mathrm{d}y+\iint_{D_2} f(x,y)\mathrm{d}x\mathrm{d}y+\iint_{D_3} f(x,y)\mathrm{d}x\mathrm{d}y,$$

然后分别在区域 D_1,D_2,D_3 上化为累次积分来计算.

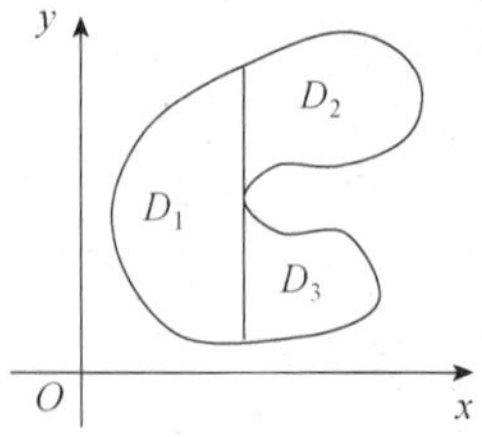

图 10.7

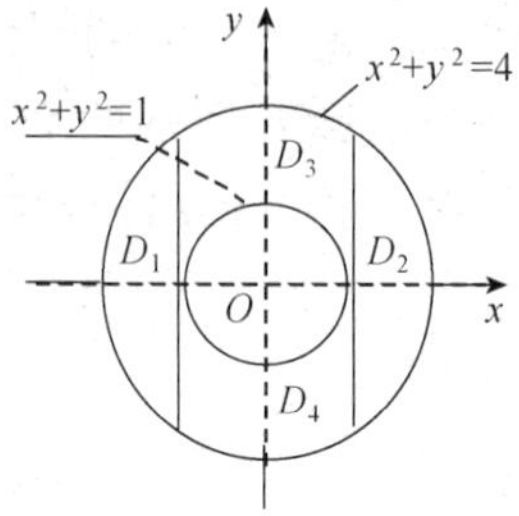

图 10.8

***例 5**　化二重积分 $\iint_D f(x,y)\mathrm{d}x\mathrm{d}y$ 为累次积分,其中 $D:1\leqslant x^2+y^2\leqslant 4$.

解　如图 10.8 所示,把积分区域划分为四个子区域,则

$$\begin{aligned}\iint_D f(x,y)\mathrm{d}x\mathrm{d}y=&\iint_{D_1} f(x,y)\mathrm{d}x\mathrm{d}y+\iint_{D_2} f(x,y)\mathrm{d}x\mathrm{d}y\\&+\iint_{D_3} f(x,y)\mathrm{d}x\mathrm{d}y+\iint_{D_4} f(x,y)\mathrm{d}x\mathrm{d}y\\=&\int_{-2}^{-1}\mathrm{d}x\int_{-\sqrt{4-x^2}}^{\sqrt{4-x^2}} f(x,y)\mathrm{d}y+\int_1^2\mathrm{d}x\int_{-\sqrt{4-x^2}}^{\sqrt{4-x^2}} f(x,y)\mathrm{d}y\\&+\int_{-1}^{1}\mathrm{d}x\int_{\sqrt{1-x^2}}^{\sqrt{4-x^2}} f(x,y)\mathrm{d}y+\int_{-1}^{1}\mathrm{d}x\int_{-\sqrt{4-x^2}}^{-\sqrt{1-x^2}} f(x,y)\mathrm{d}y.\end{aligned}$$

从例 5 可以看出,当积分区域 D 为圆环时,在直角坐标系下计算二重积分相当麻烦.后面将介绍在极坐标系下的计算.

4. 交换积分次序

二重积分 $\iint_D f(x,y)\mathrm{d}\sigma$ 有两个次序的累次积分(10.7)和(10.9),这两个累次积分次序可以相互交换,即从一种累次积分次序变换到另一种累次积分次序.在实际计算时,交换积分次序有时是很有效的.

例 6　计算 $\int_0^2\mathrm{d}x\int_x^2 \mathrm{e}^{-y^2}\mathrm{d}y$.

解　关于 y 的偏积分 $\int_x^2 \mathrm{e}^{-y^2}\mathrm{d}y$ 是一概率积分,难以积出,但交换积分次序后,

积分就容易了,积分区域如图 10.9 所示,所以

$$\int_0^2 dx\int_x^2 e^{-y^2}dy=\int_0^2 dy\int_0^y e^{-y^2}dx=\int_0^2 ye^{-y^2}dy$$
$$=\frac{1}{2}(1-e^{-4}).$$

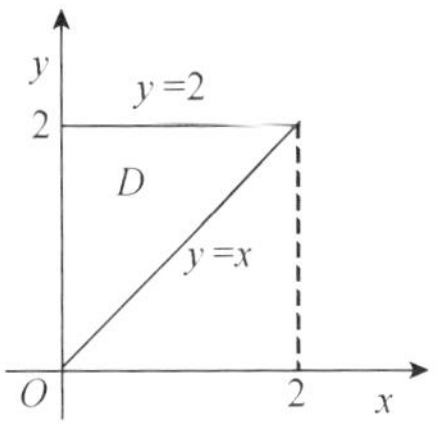

图 10.9

例 7 计算 $\iint\limits_D x^3\sin(y^3)d\sigma$, D 是抛物线 $y=x^2$ 和直线 $y=1$, $x=0$ 所围成的位于第一象限的闭区域.

解 如图 10.10 所示,区域 D 既是 X 型区域,也是 Y 型区域,若将 D 看成 X 型区域,则 D 可表示为

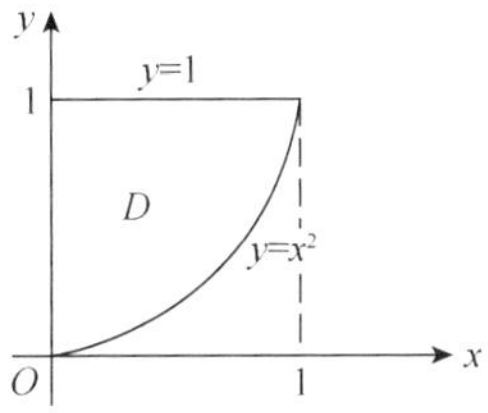

图 10.10

$$D=\{(x,y)\mid x^2\leqslant y\leqslant 1,0\leqslant x\leqslant 1\},$$

于是

$$\iint\limits_D x^3\sin(y^3)d\sigma=\int_0^1 dx\int_{x^2}^1 x^3\sin(y^3)dy.$$

计算无法继续下去.

若改变积分次序,将 D 看成 Y 型区域,则 D 可表示为

$$D=\{(x,y)\mid 0\leqslant x\leqslant \sqrt{y},0\leqslant y\leqslant 1\},$$

于是

$$\iint\limits_D x^3\sin(y^3)d\sigma=\int_0^1 dy\int_0^{\sqrt{y}} x^3\sin(y^3)dx$$
$$=\int_0^1 \sin(y^3)\cdot\left(\frac{1}{4}x^4\right)\Big|_0^{\sqrt{y}}dy$$
$$=\frac{1}{4}\int_0^1 y^2\sin(y^3)dy$$
$$=\frac{1}{12}\int_0^1 \sin(y^3)d(y^3)$$
$$=-\frac{1}{12}\cos(y^3)\Big|_0^1=\frac{1}{12}(1-\cos 1).$$

例 8 交换二次积分次序 $\int_0^2 dy\int_{y/2}^{3-y} f(x,y)dx$.

解 积分区域如图 10.11,先关于 y 积分时,由于上方曲线是分段表达的,所以要分解成 D_1, D_2 区域上两个积分,

$$\int_0^2 dy\int_{y/2}^{3-y} f(x,y)dx$$
$$=\int_0^1 dx\int_0^{2x} f(x,y)dy+\int_1^3 dx\int_0^{3-x} f(x,y)dy.$$

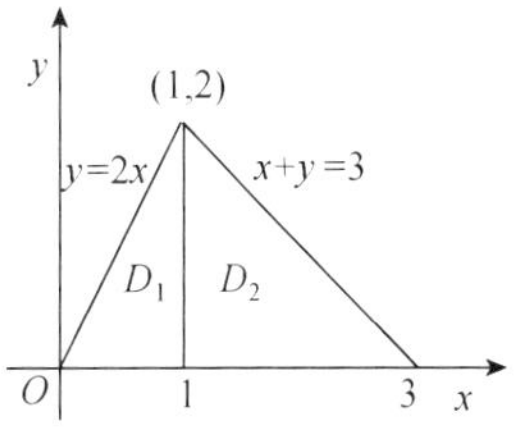

图 10.11

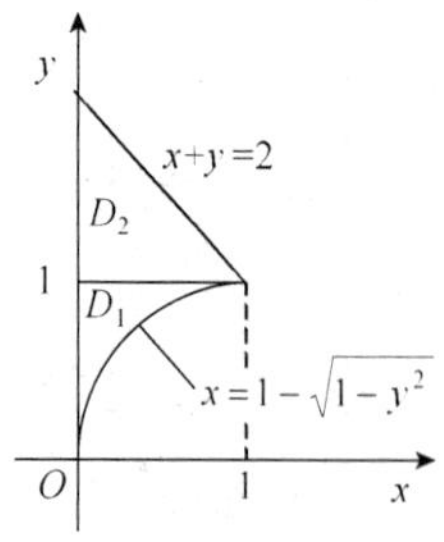

图 10.12

例 9　交换积分次序

$$\int_0^1 dy\int_0^{1-\sqrt{1-y^2}} f(x,y)dx+\int_1^2 dy\int_0^{2-y} f(x,y)dx.$$

解　积分区域如图 10.12,先对 y 后对 x 积分时,可以把两个积分区域 D_1, D_2 合并为一个,所以

$$\int_0^1 dy\int_0^{1-\sqrt{1-y^2}} f(x,y)dx+\int_1^2 dy\int_0^{2-y} f(x,y)dx$$

$$=\int_0^1 dx\int_{\sqrt{1-(x-1)^2}}^{2-x} f(x,y)dy.$$

10.2.2　二重积分在极坐标下的计算

有些二重积分,其积分区域 D 的边界曲线用极坐标方程来表示比较方便(图 10.13),而且被积函数利用极坐标变量 r,θ 表达也比较简单,这时,我们就可以考虑用极坐标来计算二重积分.

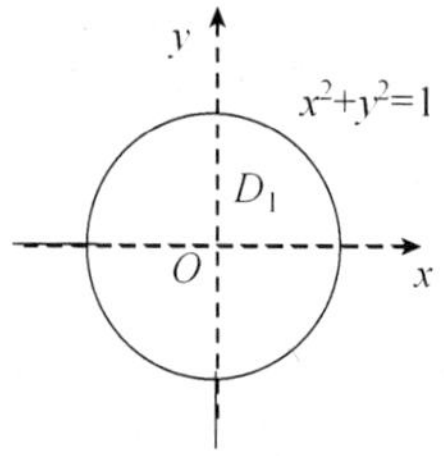

(a) $D_1=\{(r,\theta)\mid 0\leqslant r\leqslant 1, 0\leqslant\theta\leqslant 2\pi\}$

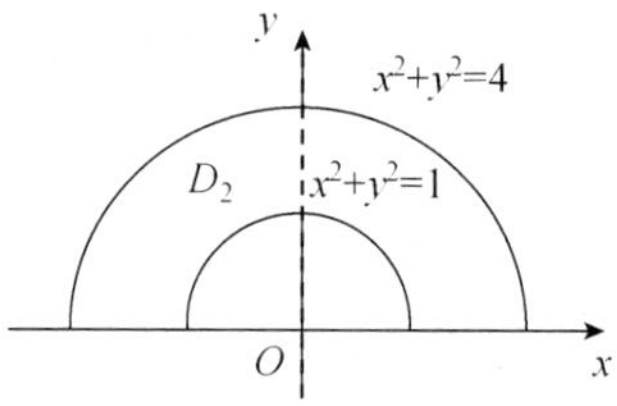

(b) $D_2=\{(r,\theta)\mid 1\leqslant r\leqslant 2, 0\leqslant\theta\leqslant \pi\}$

图 10.13

直角坐标与极坐标之间的转换关系为

$$x=r\cos\theta,\quad y=r\sin\theta.$$

在极坐标系中,我们采用两族曲线 $\theta=$常数及 $r=$常数,即一族过极点的射线与一族以极点为圆心的同心圆来细分区域 D,见图 10.14(a),子区域 $\Delta\sigma$ 近似地可看作边长为 Δr 与 $r\Delta\theta$ 的长方形,故面积为

$$\Delta\sigma\approx r\Delta r\Delta\theta.$$

于是可得极坐标中的面积元素为

$$d\sigma=r\,dr\,d\theta.$$

因此就得到直角坐标下的二重积分变换为极坐标下的二重积分的变换公式

$$\boxed{\iint_D f(x,y)d\sigma=\iint_D f(r\cos\theta,r\sin\theta)r\,dr\,d\theta.}\tag{10.10}$$

接下来的工作就是要把(10.10)的右端的二重积分化为二次积分. 如果极点在

区域 D 的外面,且从极点出发穿过 D 内部的射线与 D 的边界相交不多于两点(图 10.14(b)),则区域 D 可表示为

$$D=\{(r,\theta)\mid r_1(\theta)\leqslant r\leqslant r_2(\theta),\alpha\leqslant\theta\leqslant\beta\},$$

则二重积分可化为二次积分:

$$\iint_D f(x,y)\mathrm{d}\sigma=\int_\alpha^\beta \mathrm{d}\theta\int_{r_1(\theta)}^{r_2(\theta)} f(r\cos\theta,r\sin\theta)r\mathrm{d}r.$$

如果极点在区域 D 的里面(图 10.14(c)),且区域可以表示为

$$D=\{(r,\theta)\mid 0\leqslant r\leqslant r(\theta),0\leqslant\theta\leqslant 2\pi\},$$

则

$$\iint_D f(x,y)\mathrm{d}\sigma=\int_0^{2\pi}\mathrm{d}\theta\int_0^{r(\theta)} f(r\cos\theta,r\sin\theta)r\mathrm{d}r.$$

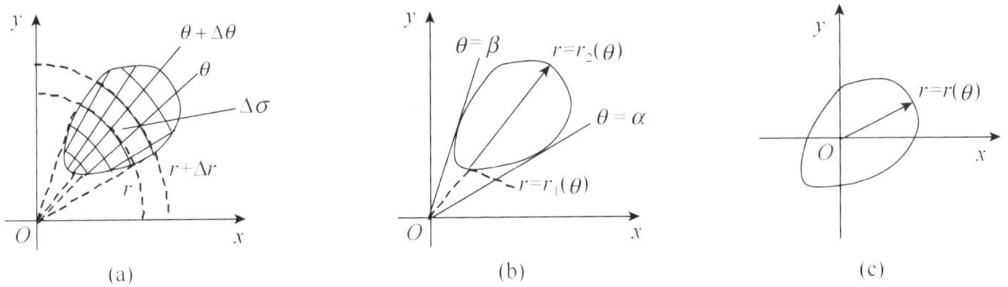

图 10.14

例 10　将例 5 中的二重积分 $\iint_D f(x,y)\mathrm{d}x\mathrm{d}y$ 化为极坐标下的二次积分,其中积分区域为 D:$1\leqslant x^2+y^2\leqslant 4$.

解　积分区域可以表示为

$$D=\{(r,\theta)\mid 1\leqslant r\leqslant 2,0\leqslant\theta\leqslant 2\pi\}.$$

所以

$$\iint_D f(x,y)\mathrm{d}x\mathrm{d}y=\int_0^{2\pi}\mathrm{d}\theta\int_1^2 f(r\cos\theta,r\sin\theta)r\mathrm{d}r.$$

例 11　计算 $\iint_D \sin\theta\mathrm{d}\sigma$,其中 D 是极坐标下,第一象限内,曲线 $r=2$ 外,心脏线 $r=2(1+\cos\theta)$ 内的那部分区域.

解　如图 10.15 所示,区域 D 可以表示为

$$D=\left\{(r,\theta)\mid 2\leqslant r\leqslant 2(1+\cos\theta),0\leqslant\theta\leqslant\frac{\pi}{2}\right\},$$

所以

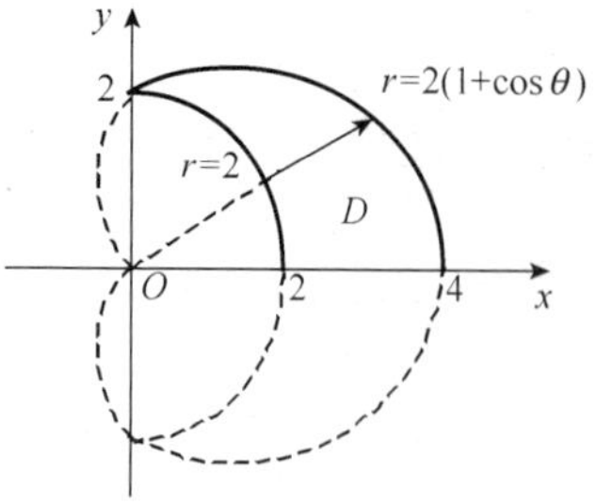

图 10.15

$$\iint\limits_D \sin\theta \mathrm{d}\sigma = \int_0^{\pi/2} \mathrm{d}\theta \int_2^{2(1+\cos\theta)} r\sin\theta \mathrm{d}r$$

$$= \int_0^{\pi/2} \sin\theta \left[\frac{1}{2}r^2\right]\Bigg|_{r=2}^{r=2(1+\cos\theta)} \mathrm{d}\theta$$

$$= \int_0^{\pi/2} 2\sin\theta(2\cos\theta + \cos^2\theta)\mathrm{d}\theta$$

$$= -\left(2\cos^2\theta + \frac{2}{3}\cos^3\theta\right)\Bigg|_0^{\pi/2} = \frac{8}{3}.$$

例 12　计算积分 $I = \int_0^{+\infty} \mathrm{e}^{-x^2} \mathrm{d}x$.

解　这是一个一元函数的反常积分. 下面我们用反常二重积分来求解它. 由于被积函数为偶函数,故 $\int_{-\infty}^{+\infty} \mathrm{e}^{-x^2} \mathrm{d}x = 2I$.

$$(2I)^2 = \int_{-\infty}^{+\infty} \mathrm{e}^{-x^2} \mathrm{d}x \cdot \int_{-\infty}^{+\infty} \mathrm{e}^{-y^2} \mathrm{d}y = \iint\limits_{\mathbf{R}^2} \mathrm{e}^{-(x^2+y^2)} \mathrm{d}x\mathrm{d}y$$

$$= \int_0^{2\pi} \mathrm{d}\theta \int_0^{+\infty} r\mathrm{e}^{-r^2} \mathrm{d}r = 2\pi \cdot \left(-\frac{1}{2}\mathrm{e}^{-r^2}\right)\Bigg|_0^{+\infty}$$

$$= \pi.$$

所以,$I = \frac{\sqrt{\pi}}{2}$.

* 在二重积分的计算中,有时可以利用积分区域的对称性和被积函数关于 x 或 y 的奇偶性来简化计算.

例 13　计算 $\iint\limits_D xy^2 \mathrm{d}\sigma$, 其中 D 是圆周 $x^2 + y^2 = 4$ 及 y 轴围成的右半闭区域.

解　如图 10.16 所示,积分区域关于 x 轴对称,被积函数 $f(x,y) = xy^2$ 是 y 的偶函数,设 $D_1 = \{(x,y) \mid 0 \leqslant x \leqslant \sqrt{4-y^2}, 0 \leqslant y \leqslant 2\}$,则

$$\iint\limits_D xy^2 \mathrm{d}\sigma = 2\iint\limits_{D_1} xy^2 \mathrm{d}\sigma = 2\int_0^2 \mathrm{d}y \int_0^{\sqrt{4-y^2}} xy^2 \mathrm{d}x$$

$$= 2\int_0^2 y^2 \cdot \left(\frac{1}{2}x^2\right)\Bigg|_0^{\sqrt{4-y^2}} \mathrm{d}y = \int_0^2 y^2(4-y^2)\mathrm{d}y = \frac{64}{15}.$$

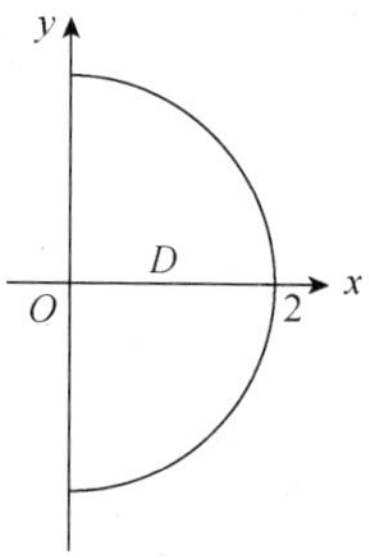

图 10.16

例 14　计算 $\iint\limits_D (x^3 + x^2 y)\mathrm{d}x\mathrm{d}y$, 其中 D 是由双曲线 $x^2 - y^2 = 1$,直线 $y=0$,$y=1$ 围成的有界闭区域.

解　如图 10.17 所示,积分区域关于 y 轴对称,被积函数 $f(x,y) = x^3 + x^2 y$,其中 x^3 是 x 的奇函数,$x^2 y$ 是 x 的偶函数,所以

$$\iint\limits_D x^3 \mathrm{d}x\mathrm{d}y = 0.$$

设 $D_1=\{(x,y)\,|\,0\leqslant x\leqslant\sqrt{1+y^2},0\leqslant y\leqslant 1\}$，则

$$\iint\limits_D (x^3+x^2y)\mathrm{d}x\mathrm{d}y$$

$$=2\iint\limits_{D_1} x^2y\,\mathrm{d}x\mathrm{d}y = 2\int_0^1\mathrm{d}y\int_0^{\sqrt{1+y^2}}x^2y\,\mathrm{d}x$$

$$=\frac{2}{3}\int_0^1 y(1+y^2)^{\frac{3}{2}}\mathrm{d}y = \frac{1}{3}\int_0^1(1+y^2)^{\frac{3}{2}}\mathrm{d}(1+y^2)$$

$$=\frac{2}{15}(1+y^2)^{\frac{5}{2}}\Big|_0^1=\frac{2}{15}(4\sqrt{2}-1).$$

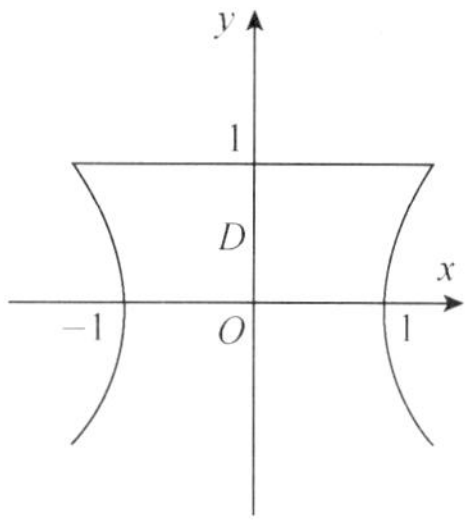

图 10.17

例 15 求双纽线$(x^2+y^2)^2=2a^2(x^2-y^2)$所围图形的面积.

解 先将双纽线方程化为极坐标形式

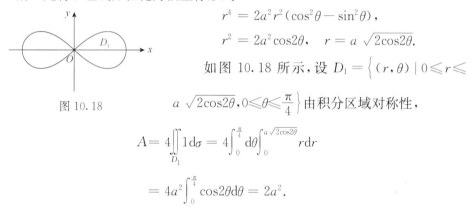

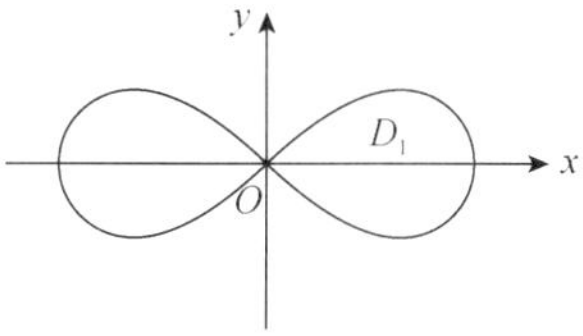

图 10.18

$$r^4=2a^2r^2(\cos^2\theta-\sin^2\theta),$$

$$r^2=2a^2\cos2\theta,\quad r=a\sqrt{2\cos2\theta}.$$

如图 10.18 所示，设 $D_1=\left\{(r,\theta)\,|\,0\leqslant r\leqslant a\sqrt{2\cos2\theta},0\leqslant\theta\leqslant\frac{\pi}{4}\right\}$由积分区域对称性，

$$A=4\iint\limits_{D_1}1\mathrm{d}\sigma=4\int_0^{\frac{\pi}{4}}\mathrm{d}\theta\int_0^{a\sqrt{2\cos2\theta}}r\mathrm{d}r$$

$$=4a^2\int_0^{\frac{\pi}{4}}\cos2\theta\mathrm{d}\theta=2a^2.$$

10.2.3 二重积分的物理应用

前面的讨论已经涉及了一些二重积分的几何及物理应用.例如，平面区域的面积、曲顶柱体的体积、平面薄片的质量等问题都可用二重积分来解决．下面我们继续讨论面密度为已知的平面薄片之重心和转动惯量等物理问题.

设平面薄片在 xOy 面上所占闭区域为 D，其上任一点(x,y)处的面密度为$\rho(x,y)$，假设$\rho(x,y)$在 D 上连续.

我们已经知道，平面薄片 D 的质量为

$$m=\iint\limits_D\rho(x,y)\mathrm{d}\sigma. \tag{10.11}$$

平面薄片 D 的微元 $\mathrm{d}\sigma$ 的(微)质量是 $\mathrm{d}m=\rho(x,y)\mathrm{d}\sigma$，它关于 y 轴的一阶静力矩为 $x\rho(x,y)\mathrm{d}\sigma$，故整个平面薄片 D 关于 y 轴的静力矩为

$$M_y = \iint_D x\rho(x,y)\,\mathrm{d}\sigma.$$

同样,平面薄片 D 关于 x 轴的静力矩为

$$M_x = \iint_D y\rho(x,y)\,\mathrm{d}\sigma.$$

设平面薄片 D 的质心(重心)位置在$(\bar{x},\bar{y})$,则

$$m\bar{x} = M_y,\quad m\bar{y} = M_x.$$

所以平面薄片 D 的质心(重心)坐标$(\bar{x},\bar{y})$的计算公式为

$$\bar{x} = \frac{M_y}{m} = \frac{\iint\limits_D x\rho(x,y)\,\mathrm{d}\sigma}{\iint\limits_D \rho(x,y)\,\mathrm{d}\sigma},\tag{10.12}$$

$$\bar{y} = \frac{M_x}{m} = \frac{\iint\limits_D y\rho(x,y)\,\mathrm{d}\sigma}{\iint\limits_D \rho(x,y)\,\mathrm{d}\sigma}.\tag{10.13}$$

当平面薄片的面密度 $\rho(x,y)$为常数,即薄片质量均匀分布时,薄片的质心(重心)称为薄片的形心,其坐标为

$$\bar{x} = \frac{1}{A(D)}\iint_D x\,\mathrm{d}\sigma,\quad \bar{y} = \frac{1}{A(D)}\iint_D y\,\mathrm{d}\sigma.\tag{10.14}$$

平面薄片绕 x 轴,y 轴及坐标原点 O 旋转的转动惯量 I_x,I_y,I_O 分别就是它关于 x 轴,y 轴及坐标原点 O 的二阶矩,类似于一阶矩,我们可得到 I_x,I_y,I_O 的重积分表达式

$$I_x = \iint_D y^2\rho(x,y)\,\mathrm{d}\sigma,$$

$$I_y = \iint_D x^2\rho(x,y)\,\mathrm{d}\sigma,$$

$$I_O = \iint_D (x^2+y^2)\rho(x,y)\,\mathrm{d}\sigma = I_x + I_y.$$

例 16　设 D 是心脏线 $r=a(1+\cos\theta)$所围的区域,求 D 的形心.

解　D 的面积为

$$\begin{aligned}A(D) &= \iint_D \mathrm{d}\sigma = \int_0^{2\pi}\mathrm{d}\theta\int_0^{a(1+\cos\theta)} r\,\mathrm{d}r = \frac{1}{2}\int_0^{2\pi} a^2(1+\cos\theta)^2\,\mathrm{d}\theta\\ &= \frac{1}{2}\int_0^{2\pi} a^2\left(1+2\cos\theta+\frac{1+\cos 2\theta}{2}\right)\mathrm{d}\theta = \frac{3}{2}\pi a^2.\end{aligned}$$

设 D 的形心坐标为$(\bar{x},\bar{y})$,由公式(10.14)得

$$\bar{x}=\frac{1}{A(D)}\iint_D x\,\mathrm{d}\sigma=\frac{2}{3\pi a^2}\int_0^{2\pi}\mathrm{d}\theta\int_0^{a(1+\cos\theta)}r^2\cos\theta\mathrm{d}r$$
$$=\frac{2}{3\pi a^2}\int_0^{2\pi}\frac{1}{3}a^3(1+\cos\theta)^3\cos\theta\mathrm{d}\theta$$
$$=\frac{2a}{9\pi}\int_0^{2\pi}(\cos\theta+3\cos^2\theta+3\cos^3\theta+\cos^4\theta)\mathrm{d}\theta$$
$$=\frac{2a}{9\pi}\left[\frac{3}{2}+\left(\frac{1}{4}+\frac{1}{4}\cdot\frac{1}{2}\right)\right]\cdot 2\pi=\frac{5a}{6}.$$

由于心脏线关于 x 轴对称,故 $\bar{y}=0$. 所以,D 的形心位置在点$\left(\frac{5a}{6},0\right)$处.

例 17 求半径为 a 的均匀半圆薄片(面密度为常量 μ)关于其直径边的转动惯量.

解 如图 10.19 所示,薄片所占闭区域

$$D=\{(x,y)\mid x^2+y^2\leqslant a^2, y\geqslant 0\},$$

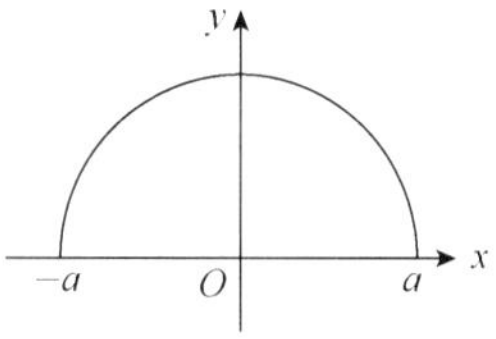

图 10.19

所求转动惯量即半圆薄片关于 x 轴的转动惯量:

$$I_x=\iint_D \mu y^2\mathrm{d}\sigma=\mu\int_0^{\pi}\mathrm{d}\theta\int_0^a r^2\sin^2\theta\cdot r\mathrm{d}r$$
$$=\frac{a^4}{4}\mu\int_0^{\pi}\sin^2\theta\mathrm{d}\theta=\frac{1}{4}\mu a^4\int_0^{\pi}\frac{1-\cos2\theta}{2}\mathrm{d}\theta$$
$$=\frac{1}{4}\mu a^4\cdot\frac{\pi}{2}=\frac{1}{4}Ma^2,$$

其中 $M=\frac{1}{2}\pi a^2\mu$ 为半圆薄片的质量.

习题 10.2(A)

1. 画出下列各题中给出的区域 D,并将二重积分 $\iint_D f(x,y)\mathrm{d}\sigma$ 化为两种次序不同的二次积分:

(1) D 由曲线 $y=\ln x$,直线 $x=2$ 及 x 轴所围成;

(2) D 由抛物线 $y=x^2$ 与直线 $2x+y=3$ 所围成;

(3) D 由 $y=0$ 及 $y=\sin x(0\leqslant x\leqslant\pi)$所围成;

(4) D 由曲线 $y=x^3$,$x=-1$ 及 $y=1$ 所围成.

2. 计算下列二重积分:

(1) $\iint_D (xy^2+\mathrm{e}^{x+2y})\mathrm{d}\sigma$, $D=\{(x,y)\mid -1\leqslant x\leqslant 1, 0\leqslant y\leqslant 1\}$;

(2) $\iint_D xy\mathrm{e}^{xy^2}\mathrm{d}\sigma$, $D=\{(x,y)\mid 0\leqslant x\leqslant 1, 0\leqslant y\leqslant 1\}$;

(3) $\iint\limits_D x^2 y\sin(xy^2)\mathrm{d}\sigma$, $D=\left\{(x,y)\mid 0\leqslant x\leqslant\frac{\pi}{2}, 0\leqslant y\leqslant 2\right\}$;

(4) $\iint\limits_D \frac{x^2}{y^2}\mathrm{d}\sigma$, D 由曲线 $x=2, y=x, xy=1$ 所围成;

(5) $\iint\limits_D x\cos(x+y)\mathrm{d}\sigma$, D 由点 $(0,0), (\pi,0), (\pi,\pi)$ 为顶点的三角形区域;

(6) $\iint\limits_D x\sqrt{y}\mathrm{d}\sigma$, D 由抛物线 $y=\sqrt{x}$ 和 $y=x^2$ 围成;

(7) $\iint\limits_D xy\mathrm{d}\sigma$, D 由抛物线 $y^2=x$ 与直线 $y=x-2$ 所围成.

3. 画出下列各题中的积分区域,并交换积分次序(假定 $f(x,y)$ 在积分区域内连续):

(1) $\int_0^1\mathrm{d}y\int_y^{\sqrt{y}} f(x,y)\mathrm{d}x$;　　(2) $\int_0^1\mathrm{d}x\int_0^{x^2} f(x,y)\mathrm{d}y+\int_1^2\mathrm{d}x\int_0^{2-x} f(x,y)\mathrm{d}y$;

(3) $\int_{-2}^1\mathrm{d}y\int_{y^2}^{2-y} f(x,y)\mathrm{d}x$.

4. 计算下列二次积分:

(1) $\int_0^1\mathrm{d}y\int_{y^{1/3}}^1 \sqrt{1-x^4}\mathrm{d}x$;　　(2) $\int_0^\pi\mathrm{d}x\int_x^\pi \frac{\sin y}{y}\mathrm{d}y$;

(3) $\int_0^1\mathrm{d}y\int_{3y}^3 \mathrm{e}^{x^2}\mathrm{d}x$.

5. 利用积分区域的对称性和被积函数关于 x 或 y 的奇偶性,计算下列二重积分.

(1) $\iint\limits_D |xy|\mathrm{d}\sigma$, $D: x^2+y^2\leqslant R^2$;

(2) $\iint\limits_D (x^2\tan x+y^3+4)\mathrm{d}x\mathrm{d}y$, $D: x^2+y^2\leqslant 4$;

(3) $\iint\limits_D (1+x+x^2)\arcsin\frac{y}{R}\mathrm{d}\sigma$, $D: (x-R)^2+y^2\leqslant R^2$;

(4) $\iint\limits_D (|x|+|y|)\mathrm{d}x\mathrm{d}y$, $D: |x|+|y|\leqslant 1$.

6. 利用极坐标化二重积分 $\iint\limits_D f(x,y)\mathrm{d}\sigma$ 为二次积分,其中积分区域 D 为

(1) $D: x^2+y^2\leqslant ax, (a>0)$;　　(2) $D: 1\leqslant x^2+y^2\leqslant 4$;

(3) $D: 0\leqslant x\leqslant 1, 0\leqslant y\leqslant 1-x$;　　(4) $D: x^2+y^2\leqslant 2(x+y)$.

7. 利用极坐标计算下列二重积分:

(1) $\iint\limits_D \sqrt{R^2-x^2-y^2}\mathrm{d}x\mathrm{d}y$, $D: x^2+y^2\leqslant Rx$;

(2) $\iint\limits_D (x^2+y^2)\mathrm{d}x\mathrm{d}y$, $D: (x^2+y^2)^2\leqslant a^2(x^2-y^2)$;

(3) $\iint\limits_D \arctan\frac{y}{x}\mathrm{d}x\mathrm{d}y$, $D: 1\leqslant x^2+y^2\leqslant 4, y\geqslant 0, y\leqslant x$;

(4) $\iint\limits_D \frac{\mathrm{e}^{\arctan\frac{y}{x}}}{\sqrt{x^2+y^2}}\mathrm{d}\sigma$, $D: 1\leqslant x^2+y^2\leqslant 4, x\leqslant y\leqslant\sqrt{3}x$.

8. 计算下列二次积分：

(1) $\int_0^1 dx\int_0^{\sqrt{1-x^2}} e^{x^2+y^2}dy$；　　(2) $\int_0^{\sqrt{2}/2} dy\int_y^{\sqrt{1-y^2}} \arctan\frac{y}{x}dx$；

(3) $\int_0^2 dy\int_{-\sqrt{4-y^2}}^{\sqrt{4-y^2}} x^2y^2dx$；　　(4) $\int_0^2 dx\int_0^{\sqrt{2x-x^2}} \sqrt{x^2+y^2}dy$.

9. 利用二重积分求下列平面区域的面积：

(1) D 由曲线 $y=e^x, y=e^{-x}$ 及 $x=1$ 围成；

(2) D 由曲线 $y=x+1, y^2=-x-1$ 围成；

(3) D 由双纽线 $(x^2+y^2)^2=4(x^2-y^2)$ 围成；

(4) $D=\{(r\cos\theta, r\sin\theta)\mid 2\leqslant r\leqslant 4\sin\theta\}$.

10. 利用二重积分求下列各题中的立体 Ω 的体积：

(1) Ω 为第一卦限中由圆柱面 $y^2+z^2=4$ 与平面 $x=2y, x=0, z=0$ 所围成；

(2) $\Omega=\{(x,y,z)\mid x^2+y^2\leqslant z\leqslant 1+\sqrt{1-x^2-y^2}\}$.

11. 求占有下列区域 D 的平面薄片的质量与重心(质心)：

(1) D 是以 $(0,0),(2,1),(0,3)$ 为顶点的三角形区域；$\rho(x,y)=x+y$；

(2) D 是第一象限中由抛物线 $y=x^2$ 与直线 $y=1$ 围成的区域；$\rho(x,y)=xy$；

(3) D 由心脏线 $r=1+\sin\theta$ 所围成的区域；$\rho(x,y)=2$.

12. 求题 11(2) 中平面薄片的转动惯量 I_x, I_y, I_O.

习题 10.2(B)

1. 设 $D=\{(x,y)\mid a\leqslant x\leqslant b, c\leqslant y\leqslant d\}$，证明：

$$\iint_D f(x)g(y)dxdy=\left(\int_a^b f(x)dx\right)\left(\int_c^d g(y)dy\right).$$

2. (1) 设 $f(x,y)$ 在区域 D 上连续，其中 D 由 $x=b, y=a, y=x$ 围成 $(0<a<b)$，证明：

$$\int_a^b dx\int_a^x f(x,y)dy=\int_a^b dy\int_y^b f(x,y)dx;$$

(2) 若 $f(x)$ 在 $[a,b]$ 上连续，则 $\int_a^b dx\int_a^x f(y)dy=\int_a^b (b-y)f(y)dy$.

3. 计算下列二次积分：

(1) $\int_0^{\pi} dx\int_x^{\sqrt{\pi x}} \frac{\sin y}{y}dy$；　　(2) $\int_0^1 dy\int_{\sqrt{2y-y^2}}^{1+\sqrt{1-y^2}} e^{\frac{xy}{x^2+y^2}}dx$.

4. 计算下列二重积分：

(1) $\iint_D e^x\sin(x+y)d\sigma$，其中 $D=\left\{(x,y)\,\middle|\, |x|\leqslant\frac{\pi}{4}, 0\leqslant y\leqslant\frac{\pi}{2}\right\}$；

(2) $\iint_D y\,d\sigma$，其中 D 由双曲线 $xy=1$ 和直线 $y=x, y=2$ 围成；

(3) $\iint_D xy\,d\sigma$，其中 D 由 $y^2=x^3$ 和 $y=x$ 围成；

(4) $\iint_D \frac{x+y}{x^2+y^2}d\sigma$，其中 $D=\{(x,y)\mid x^2+y^2\leqslant 1, x+y\geqslant 1\}$.

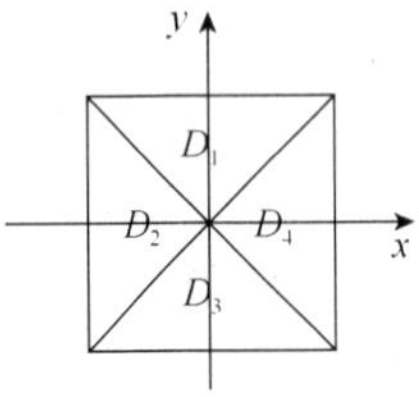

第5题图

5. 如图，正方形$\{(x,y)\mid |x|<1,\ |y|<1\}$被其对角线划分为四个区域$D_k(k=1,2,3,4)$，$I_k=\iint\limits_{D_k} y\cos x\mathrm{d}x\mathrm{d}y$，求$\max\limits_{1\leqslant k\leqslant 4}\{I_k\}$.（研 2009）

6. 在曲线族$y=c(1-x^2)(c>0)$中试选一条曲线，使这条曲线和它在$(-1,0)$及$(1,0)$两点处的法线所围成的图形面积，比这一族曲线中其他曲线以同样办法围成图形的面积都小.

7. 在均匀的半径为R的半圆形薄片的直径上，要接上一个一边与直径等长的同样材料的均匀矩形薄片．为了使整个均匀薄片的重心恰好落在圆心上，问接上去的均匀矩形薄片另一边的长度应是多少？

8. 设$f(x)$在$[a,b]$上连续，证明：$\left(\int_a^b f(x)\mathrm{d}x\right)^2\leqslant(b-a)\int_a^b f^2(x)\mathrm{d}x$.

9. $f(x)$在$[0,1]$连续，$\int_0^1 f(x)\mathrm{d}x=A$，求$\int_0^1\mathrm{d}x\int_x^1 f(x)f(y)\mathrm{d}y$.（研 1995）

10. 计算$\iint\limits_D \max\{xy,1\}\mathrm{d}x\mathrm{d}y$，其中$D=\{(x,y)\mid 0\leqslant x\leqslant 2,0\leqslant y\leqslant 2\}$.（研 2008）

11. 计算二重积分$\iint\limits_D (x+y)^3\mathrm{d}x\mathrm{d}y$，其中$D$由曲线$x=\sqrt{1+y^2}$与直线$x+\sqrt{2}y=0$及$x-\sqrt{2}y=0$围成.（研 2010）

10.3　三重积分

10.3.1　三重积分的概念

1. 三重积分的定义

定义 10.2　设三元函数$f(x,y,z)$在空间有界闭区域Ω上有定义且有界，将Ω任意地划分成除边界曲面外没有公共部分的n个空间子区域$\Delta v_1,\Delta v_2,\cdots,\Delta v_n$，$\Delta v_i(i=1,2,\cdots,n)$也同时记为它们的体积. 在每个空间子区域$\Delta v_i$中任意取一点$(\xi_i,\eta_i,\zeta_i)(i=1,2,\cdots,n)$，作和式

$$\sum_{i=1}^{n} f(\xi_i,\eta_i,\zeta_i)\Delta v_i.$$

若记各子区域直径$d(\Delta v_i)$之最大值为λ，即$\lambda=\max\limits_{1\leqslant i\leqslant n}\{d(\Delta v_i)\}$，若极限

$$\lim_{\lambda\to 0}\sum_{i=1}^{n} f(\xi_i,\eta_i,\zeta_i)\Delta v_i$$

存在，称函数$f(x,y,z)$在Ω上可积，并称此极限为函数$f(x,y,z)$在空间区域Ω上的**三重积分**，记作$\iiint\limits_{\Omega} f(x,y,z)\mathrm{d}v$，即

$$\boxed{\iiint\limits_{\Omega} f(x,y,z)\mathrm{d}v=\lim_{\lambda\to 0}\sum_{i=1}^{n} f(\xi_i,\eta_i,\zeta_i)\Delta v_i.}\tag{10.15}$$

这里的 $f(x,y,z)$ 为**被积函数**，x,y,z 是**积分变量**，$\mathrm{d}v$ 是**体积元素**，Ω 是**积分区域**.

从三重积分的定义可知：

(1) 若函数 $f(x,y,z)$ 在 Ω 上可积，在空间直角坐标系 $Oxyz$ 中，通常以平行于各坐标面的三组平行的平面划分区域 Ω，则 $\Delta v=\Delta x\Delta y\Delta z$，故体积元素可写为 $\mathrm{d}v=\mathrm{d}x\mathrm{d}y\mathrm{d}z$. 于是，三重积分 $\iiint\limits_{\Omega} f(x,y,z)\mathrm{d}v$ 可表示成 $\iiint\limits_{\Omega} f(x,y,z)\mathrm{d}x\mathrm{d}y\mathrm{d}z$.

(2) 若在 Ω 上，$f(x,y,z)\equiv 1$，则三重积分 $\iiint\limits_{\Omega}\mathrm{d}v$ 的值就是空间立体 Ω 的体积 V.

对于三重积分，有以下的积分存在定理：

定理 10.2 若三元函数 $f(x,y,z)$ 在空间有界闭区域 Ω 上有定义且连续，则 $f(x,y,z)$ 在 Ω 上必可积.

2. 三重积分的性质

三重积分有着与二重积分相同的性质，如线性性、积分区域可加性、单调性、积分中值定理等. 读者可以对照二重积分的性质自行写出.

3. 三重积分的应用

1) 体积

由上可知，空间立体 Ω 的体积可以表示为三重积分

$$V(\Omega)=\iiint\limits_{\Omega}\mathrm{d}x\mathrm{d}y\mathrm{d}z. \tag{10.16}$$

2) 质量

以下都设 $\rho(x,y,z)$ 为空间物体 Ω 上的体密度函数. Ω 上的一小块微立体 $\mathrm{d}v$ 的质量为 $\mathrm{d}M=\rho(x,y,z)\mathrm{d}v$，所以，整个空间物体 Ω 的质量为

$$M=\iiint\limits_{\Omega}\mathrm{d}M=\iiint\limits_{\Omega}\rho(x,y,z)\mathrm{d}v. \tag{10.17}$$

3) 质心(重心)，形心，转动惯量

与平面薄片的一阶矩相类似，空间立体 Ω 分别关于 yOz 面、zOx 面和 xOy 面的一阶静力矩为

$$M_{yz}=\iiint\limits_{\Omega}x\rho(x,y,z)\mathrm{d}v,$$

$$M_{zx}=\iiint\limits_{\Omega}y\rho(x,y,z)\mathrm{d}v,$$

$$M_{xy}=\iiint\limits_{\Omega}z\rho(x,y,z)\mathrm{d}v.$$

所以，空间立体 Ω 的质心(重心)坐标 $(\bar{x},\bar{y},\bar{z})$ 为

$$\bar{x}=\frac{M_{yz}}{M}=\frac{\iiint\limits_{\Omega} x\rho(x,y,z)\mathrm{d}v}{\iiint\limits_{\Omega} \rho(x,y,z)\mathrm{d}v},\tag{10.18}$$

$$\bar{y}=\frac{M_{zx}}{M}=\frac{\iiint\limits_{\Omega} y\rho(x,y,z)\mathrm{d}v}{\iiint\limits_{\Omega} \rho(x,y,z)\mathrm{d}v},\tag{10.19}$$

$$\bar{z}=\frac{M_{xy}}{M}=\frac{\iiint\limits_{\Omega} z\rho(x,y,z)\mathrm{d}v}{\iiint\limits_{\Omega} \rho(x,y,z)\mathrm{d}v}.\tag{10.20}$$

如果密度函数为常数,即 $\rho(x,y,z)\equiv c$,质心就成为形心,上述公式中,分子和分母中的 ρ 可以消去.

同样,类似于平面薄片 D 的二阶矩,空间立体 Ω 关于各个坐标面,坐标轴和坐标原点的转动惯量,就是它关于各个坐标面,坐标轴和坐标原点的二阶矩,它们分别为

$$I_{yz}=\iiint\limits_{\Omega} x^2\rho(x,y,z)\mathrm{d}v,$$

$$I_{zx}=\iiint\limits_{\Omega} y^2\rho(x,y,z)\mathrm{d}v,$$

$$I_{xy}=\iiint\limits_{\Omega} z^2\rho(x,y,z)\mathrm{d}v,$$

$$I_x=\iiint\limits_{\Omega} (y^2+z^2)\rho(x,y,z)\mathrm{d}v,$$

$$I_y=\iiint\limits_{\Omega} (z^2+x^2)\rho(x,y,z)\mathrm{d}v,$$

$$I_z=\iiint\limits_{\Omega} (x^2+y^2)\rho(x,y,z)\mathrm{d}v,$$

$$I_o=\iiint\limits_{\Omega} (x^2+y^2+z^2)\rho(x,y,z)\mathrm{d}v.$$

10.3.2　三重积分的计算

和二重积分的计算相仿,也需要把三重积分化为累次积分(三次积分)来进行计算. 我们将分别在空间直角坐标系,柱面坐标系和球面坐标系下介绍三重积分的计算法.

1. 三重积分在直角坐标系和柱面坐标系下的计算

现考虑三重积分

$$\iiint_{\Omega} f(x,y,z)\mathrm{d}v \tag{10.21}$$

的计算．同二重积分一样，其基本思路也是化成累次积分．假定在式(10.21)中的 Ω 是一可求体积的空间有界闭区域，且它是正规的区域，即它的边界面与平行坐标轴的直线至多只有两个交点(当 Ω 不是正规时，常可将 Ω 分成若干个正规的区域之并，利用积分区域可加性进行处理)，函数 $f(x,y,z)$ 在 Ω 上有定义且为连续的.

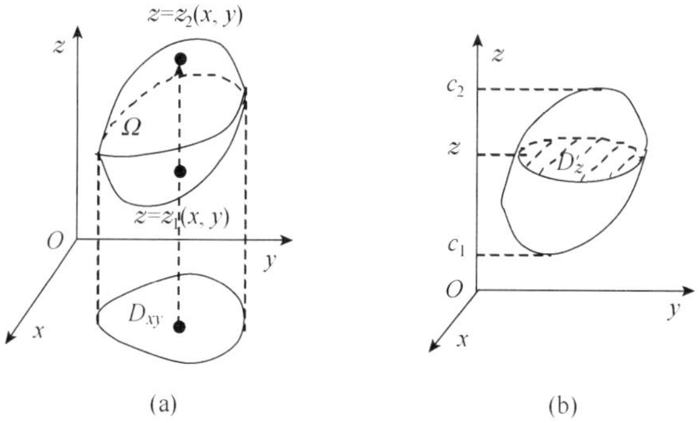

图 10.20

设 Ω 的边界曲面如图 10.20(a)所示，而其在 xOy 面上的投影是 D_{xy}(图 10.20(a))，过 D_{xy} 内的任一点作平行于 z 轴的直线去穿透 Ω 时，与 Ω 的边界有两个交点，设下界面的方程是 $z=z_1(x,y)$，上界面的方程是 $z=z_2(x,y)$，则 Ω 可以表示为

$$\Omega=\{(x,y,z)\mid z_1(x,y)\leqslant z\leqslant z_2(x,y),(x,y)\in D_{xy}\}, \tag{10.22}$$

从而可以先对变量 z 进行积分

$$\boxed{\iiint_{\Omega} f(x,y,z)\mathrm{d}v=\iint_{D_{xy}}\mathrm{d}x\mathrm{d}y\int_{z_1(x,y)}^{z_2(x,y)} f(x,y,z)\mathrm{d}z,} \tag{10.23}$$

其中 $z_1(x,y)$，$z_2(x,y)$都是 D_{xy} 上的连续函数. 然后再求 D_{xy} 上的二重积分. 这一方法称为**先单后重法**，或**穿针法**.

同样，还有另外两种先单后重的积分次序

$$\iiint_{\Omega} f(x,y,z)\mathrm{d}v=\iint_{D_{yz}}\mathrm{d}y\mathrm{d}z\int_{x_1(y,z)}^{x_2(y,z)} f(x,y,z)\mathrm{d}x,$$

$$\iiint_{\Omega} f(x,y,z)\mathrm{d}v=\iint_{D_{zx}}\mathrm{d}x\mathrm{d}z\int_{y_1(x,z)}^{y_2(x,z)} f(x,y,z)\mathrm{d}y.$$

如果 xOy 面上的区域 D_{xy} 可以表示成

$$D_{xy}=\{(x,y)\mid y_1(x)\leqslant y\leqslant y_2(x),a\leqslant x\leqslant b\},\tag{10.24}$$

则可进一步将(10.23)化成

$$\iiint\limits_{\Omega}f(x,y,z)\mathrm{d}v=\int_a^b\mathrm{d}x\int_{y_1(x)}^{y_2(x)}\mathrm{d}y\int_{z_1(x,y)}^{z_2(x,y)}f(x,y,z)\mathrm{d}z.\tag{10.25}$$

上述积分称为三重积分的**累次积分**(或**三次积分**),它是按照变量 z,y,x 的先后次序逐个进行积分的.

事实上,式(10.25)的三重积分次序要求 Ω 可表示成

$$\Omega=\{(x,y,z)\mid z_1(x,y)\leqslant z\leqslant z_2(x,y),y_1(x)\leqslant y\leqslant y_2(x),a\leqslant x\leqslant b\}.$$

同样,如果 Ω 可表示成

$$\Omega=\{(x,y,z)\mid y_1(x,z)\leqslant y\leqslant y_2(x,z),x_1(z)\leqslant x\leqslant x_2(z),c\leqslant z\leqslant d\},$$

则三重积分可化为如下的累次积分:

$$\iiint\limits_{\Omega}f(x,y,z)\mathrm{d}v=\int_c^d\mathrm{d}z\int_{x_1(z)}^{x_2(z)}\mathrm{d}x\int_{y_1(x,z)}^{y_2(x,z)}f(x,y,z)\mathrm{d}y.\tag{10.26}$$

当然,还有其他四种累次积分次序.

如果 Ω 可以表示成

$$\Omega=\{(x,y,z)\mid(x,y)\in D_z,c_1\leqslant z\leqslant c_2\},\tag{10.27}$$

即 Ω 可以由平行于 xOy 平面的截面 $D_z(c_1\leqslant z\leqslant c_2)$ 组成(图 10.20(b)),则我们可以先在 D_z 上计算关于 x,y 的二重积分,然后再关于 z 计算单积分,即

$$\boxed{\iiint\limits_{\Omega}f(x,y,z)\mathrm{d}v=\int_{c_1}^{c_2}\mathrm{d}z\iint\limits_{D_z}f(x,y,z)\mathrm{d}x\mathrm{d}y.}\tag{10.28}$$

上述积分方法称为三重积分的**先重后单法**,或**截面法**.

同样,还有另外两种先重后单的积分次序

$$\iiint\limits_{\Omega}f(x,y,z)\mathrm{d}v=\int_{b_1}^{b_2}\mathrm{d}y\iint\limits_{D_y}f(x,y,z)\mathrm{d}x\mathrm{d}z,$$

$$\iiint\limits_{\Omega}f(x,y,z)\mathrm{d}v=\int_{a_1}^{a_2}\mathrm{d}x\iint\limits_{D_x}f(x,y,z)\mathrm{d}y\mathrm{d}z.$$

三重积分化为先重后单的积分次序后,要将先积的二重积分化为二次积分,最终也化为像公式(10.25)或(10.26)那样的三次积分,这里就不再赘述.

特别地,若积分区域 Ω 是长方体区域

$$\Omega=[a,b]\times[c,d]\times[r,s],\tag{10.29}$$

则三重积分可化为如下的三次积分:

$$\iiint\limits_{\Omega}f(x,y,z)\mathrm{d}v=\int_a^b\mathrm{d}x\int_c^d\mathrm{d}y\int_r^s f(x,y,z)\mathrm{d}z,$$

或

$$\iiint\limits_{\Omega} f(x,y,z)\mathrm{d}v = \int_c^d \mathrm{d}y\int_r^s \mathrm{d}z\int_a^b f(x,y,z)\mathrm{d}x, \tag{10.30}$$

等等.

例 1 计算 $I=\iiint\limits_{\Omega}\mathrm{e}^{-x}z^2\cos(yz)\mathrm{d}x\mathrm{d}y\mathrm{d}z$，其中 $\Omega: 0\leqslant x\leqslant 2, 0\leqslant y\leqslant 1, 0\leqslant z\leqslant \frac{\pi}{2}$.

解 可以选择六种累次积分次序中的任一种，但是对 y,z 的次序，应该选择先对 y 积分较为容易.

$$\begin{aligned} I &= \int_0^2 \mathrm{d}x\int_0^{\pi/2}\mathrm{d}z\int_0^1 \mathrm{e}^{-x}z^2\cos(yz)\mathrm{d}y \\ &= \left(\int_0^2 \mathrm{e}^{-x}\mathrm{d}x\right)\left(\int_0^{\pi/2}\mathrm{d}z\int_0^1 z^2\cos(yz)\mathrm{d}y\right) \\ &= (1-\mathrm{e}^{-2})\int_0^{\pi/2} z[\sin(yz)]\Big|_{y=0}^{y=1}\mathrm{d}z = (1-\mathrm{e}^{-2})\int_0^{\pi/2} z\sin z\mathrm{d}z \\ &= (1-\mathrm{e}^{-2})(-z\cos z+\sin z)\Big|_0^{\pi/2} = 1-\mathrm{e}^{-2}. \end{aligned}$$

例 2 计算抛物面 $x^2+y^2=2z$ 与平面 $z=8$ 所围成的立体 Ω 的体积.

解 $\begin{cases} x^2+y^2=2z, \\ z=8, \end{cases}$ 消去 z 得 $x^2+y^2=16$，所以空间立体 Ω 在 xOy 面上的投影区域为

$$D_{xy}: x^2+y^2\leqslant 16.$$

$$\begin{aligned} V &= \iiint\limits_{\Omega} 1\mathrm{d}v = \iint\limits_{D_{xy}}\mathrm{d}x\mathrm{d}y\int_{\frac{1}{2}(x^2+y^2)}^{8}\mathrm{d}z \\ &= \iint\limits_{D_{xy}}\left[8-\frac{1}{2}(x^2+y^2)\right]\mathrm{d}x\mathrm{d}y \\ &= \int_0^{2\pi}\mathrm{d}\theta\int_0^4\left(8-\frac{1}{2}r^2\right)r\mathrm{d}r \\ &= 2\pi\cdot\left(4r^2-\frac{1}{8}r^4\right)\Big|_0^4 = 64\pi. \end{aligned}$$

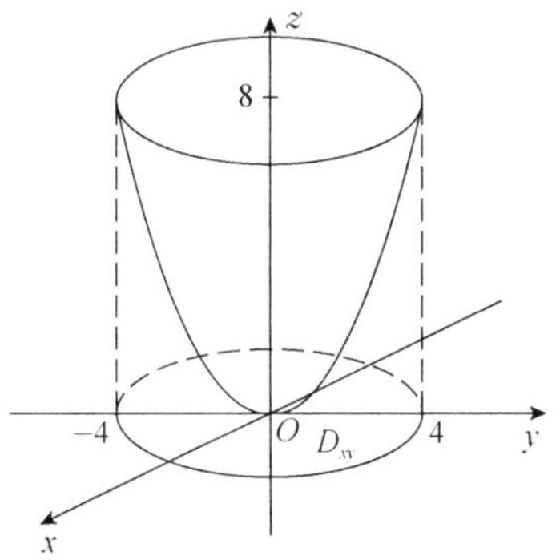

图 10.21

例 3 计算三重积分 $I=\iiint\limits_{\Omega}\left(\frac{x}{a}+\frac{y}{b}+\frac{z}{c}\right)\mathrm{d}x\mathrm{d}y\mathrm{d}z$，其中 Ω 是由三个坐标平面及平面 $\frac{x}{a}+\frac{y}{b}+\frac{z}{c}=1$ 围成的第一卦限内的四面体(图 10.22)，常数 $a,b,c>0$.

解 方法一 设 $I=I_1+I_2+I_3=\iiint\limits_{\Omega}\frac{x}{a}\mathrm{d}v+\iiint\limits_{\Omega}\frac{y}{b}\mathrm{d}v+\iiint\limits_{\Omega}\frac{z}{c}\mathrm{d}v$. 由于

$$\Omega=\left\{(x,y,z)\ \middle|\ 0\leqslant z\leqslant c\left(1-\frac{x}{a}-\frac{y}{b}\right),\right.$$

$$0 \leqslant y \leqslant b\left(1-\frac{x}{a}\right), 0 \leqslant x \leqslant a\},$$

因此可以用穿针法计算积分 I_1，即

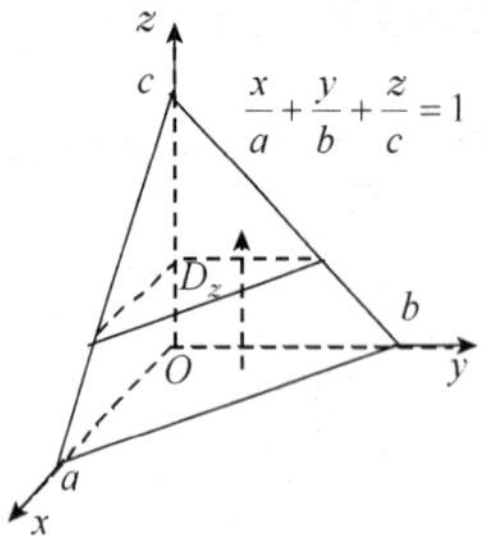

图 10.22

$$\begin{aligned}
I_1 &= \iint\limits_{D_{xy}} \mathrm{d}x\mathrm{d}y \int_0^{c\left(1-\frac{x}{a}-\frac{y}{b}\right)} \frac{x}{a}\mathrm{d}z \\
&= \int_0^a \frac{x}{a}\mathrm{d}x \int_0^{b\left(1-\frac{x}{a}\right)} \mathrm{d}y \int_0^{c\left(1-\frac{x}{a}-\frac{y}{b}\right)} \mathrm{d}z \\
&= \int_0^a \frac{x}{a}\mathrm{d}x \int_0^{b\left(1-\frac{x}{a}\right)} c\left(1-\frac{x}{a}-\frac{y}{b}\right)\mathrm{d}y \\
&= \frac{bc}{2a}\int_0^a x\left(1-\frac{x}{a}\right)^2 \mathrm{d}x \\
&= \frac{abc}{24}.
\end{aligned}$$

根据被积函数和积分区域的对称性和轮换性，同理有 $I_2=I_3=\dfrac{abc}{24}$，所以 $I=\dfrac{abc}{8}$.

方法二　我们还可以选择对 I_3(为什么?)用截面法来计算，即

$$I_3 = \int_0^c \mathrm{d}z \iint\limits_{D_z} \frac{z}{c}\mathrm{d}x\mathrm{d}y = \int_0^c \frac{z}{c}\mathrm{d}z \iint\limits_{D_z} \mathrm{d}x\mathrm{d}y,$$

其中截面 D_z 是三角形区域，此时视 z 为常数，

$$D_z = \left\{(x,y) \mid 0 \leqslant y \leqslant b\left[\left(1-\frac{z}{c}\right)-\frac{x}{a}\right], 0 \leqslant x \leqslant a\left(1-\frac{z}{c}\right)\right\},$$

所以 I_3 中关于 x,y 的重积分就是三角形截面 D_z 的面积，因此

$$I_3 = \int_0^c \frac{z}{c}\mathrm{d}z \iint\limits_{D_z} \mathrm{d}x\mathrm{d}y = \int_0^c \frac{z}{c} \cdot \frac{1}{2}ab\left(1-\frac{z}{c}\right)^2 \mathrm{d}z = \frac{abc}{24}.$$

同样，根据对称性和轮换性，得到 $I=3I_3=\dfrac{abc}{8}$.

例 4　求由上半球面 $x^2+y^2+z^2=8(z \geqslant 0)$ 与圆锥面 $z=\sqrt{x^2+y^2}$ 围成的立体 G 的形心. 如图 10.23.

解　设 G 的形心坐标为 $(\bar{x},\bar{y},\bar{z})$. 由对称性知，$\bar{x}=\bar{y}=0$. G 在 xOy 面上的投影为

$$D_{xy}: x^2+y^2+\left(\sqrt{x^2+y^2}\right)^2 \leqslant 8,$$

即

$$D_{xy}: x^2+y^2 \leqslant 4,$$

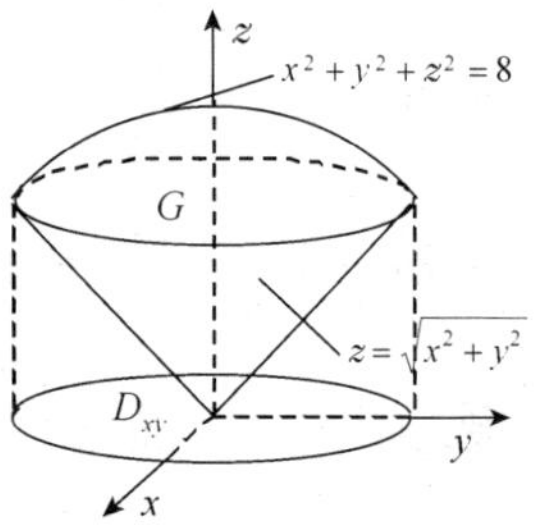

图 10.23

所以，立体的体积为

$$V=\iiint\limits_{G}\mathrm{d}v=\iint\limits_{D_{xy}}\mathrm{d}x\mathrm{d}y\int_{\sqrt{x^2+y^2}}^{\sqrt{8-x^2-y^2}}\mathrm{d}z$$
$$=\iint\limits_{D_{xy}}(\sqrt{8-x^2-y^2}-\sqrt{x^2+y^2})\mathrm{d}x\mathrm{d}y$$
$$=\int_0^{2\pi}\mathrm{d}\theta\int_0^2(\sqrt{8-r^2}-r)r\mathrm{d}r=\frac{32\pi}{3}(\sqrt{2}-1).$$

而立体 G 关于 xOy 面的静力矩为

$$M_{xy}=\iiint\limits_{G}z\mathrm{d}v=\iint\limits_{D_{xy}}\mathrm{d}x\mathrm{d}y\int_{\sqrt{x^2+y^2}}^{\sqrt{8-x^2-y^2}}z\mathrm{d}z$$
$$=\frac{1}{2}\iint\limits_{D_{xy}}[8-2(x^2+y^2)]\mathrm{d}x\mathrm{d}y$$
$$=\int_0^{2\pi}\mathrm{d}\theta\int_0^2(4-r^2)r\mathrm{d}r=8\pi.$$

因此，$\bar{z}=\dfrac{M_{xy}}{V}=\dfrac{3}{4}(\sqrt{2}+1)$. 所以立体 G 的形心坐标为 $(\bar{x},\bar{y},\bar{z})=\left(0,0,\dfrac{3(\sqrt{2}+1)}{4}\right)$.

*在例 2 和例 4 中，当我们计算 D_{xy} 上的二重积分时，由于 D_{xy} 是圆域，我们都采用了极坐标使计算更简洁，实际上这时

$$\mathrm{d}v=r\mathrm{d}r\mathrm{d}\theta\mathrm{d}z.$$

在直角坐标系下，空间中任意一个点 P 与一个有序数组 (x,y,z) 一一对应. 若将 P 在 xOy 面上的投影 Q 的坐标 x,y 换为极坐标 r,θ，这时空间中任意一点 P 与一个有序数组 (r,θ,z) 也是一一对应的(图 10.24). 我们称 (r,θ,z) 为点 P 的**柱面坐标**.

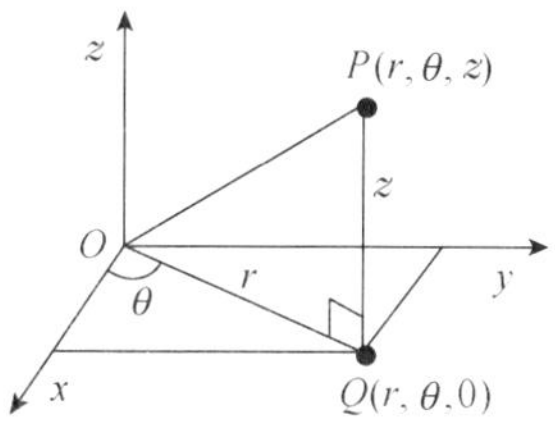

图 10.24

柱面坐标的三组坐标面分别为

$r=$常数，一族以 z 轴为中心轴的圆柱面，

$\theta=$常数，一族过 z 轴的半平面，

$z=$常数，一族平行于 xOy 面的平面.

在柱面坐标下

$$\iiint\limits_{\Omega}f(x,y,z)\mathrm{d}v=\iiint\limits_{\Omega}f(r\cos\theta,r\sin\theta,z)r\mathrm{d}r\mathrm{d}\theta\mathrm{d}z,\qquad(10.31)$$

同样可以化成“先单后重”或“先重后单”的累次积分，即

$$\iiint\limits_{\Omega}f(x,y,z)\mathrm{d}v=\iint\limits_{D_{r\theta}}r\mathrm{d}r\mathrm{d}\theta\int_{z_1(r,\theta)}^{z_2(r,\theta)}f(r\cos\theta,r\sin\theta,z)\mathrm{d}z,$$

或

$$\iiint_{\Omega} f(x,y,z)\mathrm{d}v = \int_{c_1}^{c_2}\mathrm{d}z\iint_{D_z} f(r\cos\theta, r\sin\theta, z)r\mathrm{d}r\mathrm{d}\theta.$$

实际上，上述两式就是把公式(10.23)和(10.28)中关于 x,y 的二重积分化为极坐标积分. 如例 2 改用柱面坐标

$$V = \iiint_{\Omega} 1\mathrm{d}v = \iint_{D_{r\theta}} r\mathrm{d}r\mathrm{d}\theta\int_{\frac{r^2}{2}}^{8}\mathrm{d}z = \int_0^{2\pi}\mathrm{d}\theta\int_0^4\left(8-\frac{1}{2}r^2\right)r\mathrm{d}r = 64\pi.$$

其中累次积分 $\int_0^{2\pi}\mathrm{d}\theta\int_0^4\left(8-\frac{1}{2}r^2\right)r\mathrm{d}r$ 与 D_{xy} 上二重积分用极坐标计算是一样的.

例 5　计算 $I = \iiint_{\Omega}(x^2+y^2)\mathrm{d}v$，其中 Ω 是由曲线 $\begin{cases} y^2=2z \\ x=0 \end{cases}$ 绕 z 轴旋转一周得到的曲面与平面 $z=2$ 和 $z=8$ 围成的空间区域.

解　旋转曲面为 $x^2+y^2=2z$，所以 Ω 可以表示为

$$\Omega = \{(x,y,z) \mid 0 \leqslant x^2+y^2 \leqslant 2z, 2 \leqslant z \leqslant 8\},$$

$$\begin{aligned} I &= \iiint_{\Omega}(x^2+y^2)\mathrm{d}v = \int_2^8\mathrm{d}z\iint_{D_z: x^2+y^2\leqslant 2z}(x^2+y^2)\mathrm{d}x\mathrm{d}y \\ &= \int_2^8\mathrm{d}z\iint_{D_z: r^2\leqslant 2z} r^2\cdot r\mathrm{d}r\mathrm{d}\theta \\ &= \int_2^8\mathrm{d}z\int_0^{2\pi}\mathrm{d}\theta\int_0^{\sqrt{2z}} r^3\mathrm{d}r = \int_2^8(2\pi)\frac{(2z)^2}{4}\mathrm{d}z \\ &= 336\pi. \end{aligned}$$

2. 三重积分在球面坐标系下的计算

空间一点 $P(x,y,z)$ 也可以用三个有序的数 ρ,φ,θ 来确定(图 10.25)，其中 $OP=\rho$，$\overrightarrow{OP}$ 与 z 轴正向的夹角为 φ，从 z 轴正向看，自 $\overrightarrow{OA}$ 按逆时针方向到 $\overrightarrow{OQ}$ 所转过的角为 θ. 这样三个数 ρ,φ,θ 叫做点 P 的**球面坐标**，并规定 ρ,φ,θ 的变化范围为

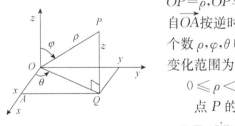

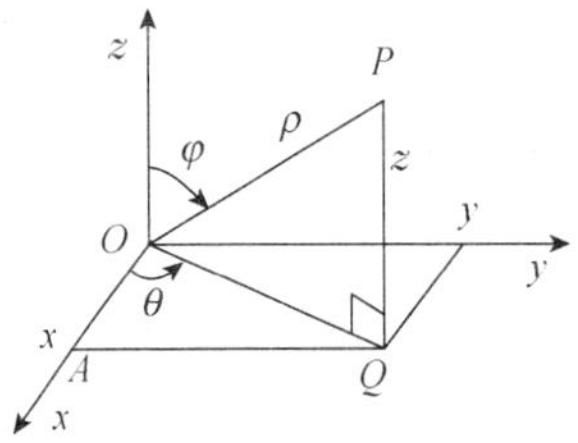

图 10.25

$$0 \leqslant \rho < +\infty,\quad 0 \leqslant \varphi \leqslant \pi,\quad 0 \leqslant \theta \leqslant 2\pi.$$

点 P 的直角坐标与球面坐标之间的关系为

$$x = \rho\sin\varphi\cos\theta,\quad y = \rho\sin\varphi\sin\theta,\quad z = \rho\cos\varphi. \tag{10.32}$$

我们用三族坐标曲面

$\rho=$ 常数(一族以原点为球心的球面)，

$\varphi=$ 常数(一族以原点为顶点,z 轴为对称轴的圆锥面),

$\theta=$ 常数(一族过 z 轴的半平面)

来分割积分区域 Ω,考虑由 ρ,φ,θ 各取得微小增量 $\mathrm{d}\rho,\mathrm{d}\varphi,\mathrm{d}\theta$ 所成的"六面体"体积(图 10.26),不计高阶无穷小,可把这个六面体看作长方体,三边长分别为 $\mathrm{d}\rho,\rho\mathrm{d}\varphi,\rho\sin\varphi\mathrm{d}\theta$,于是得球面坐标系下的体积元素 $\mathrm{d}v=\rho^2\sin\varphi\mathrm{d}\rho\mathrm{d}\varphi\mathrm{d}\theta$,所以三重积分在球面坐标系下的积分表达式为

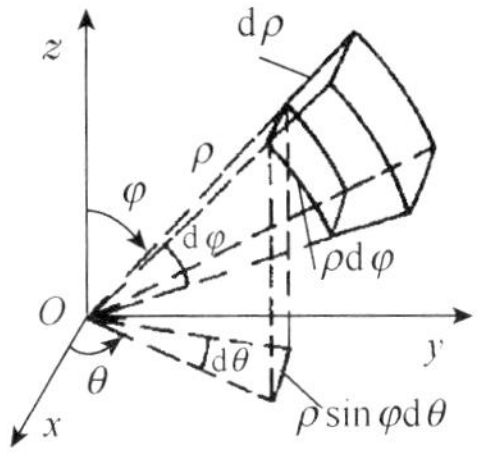

图 10.26

$$\iiint\limits_{\Omega} f(x,y,z)\mathrm{d}v=\iiint\limits_{\Omega} f(\rho\sin\varphi\cos\theta,\rho\sin\varphi\sin\theta,\rho\cos\varphi)\rho^2\sin\varphi\mathrm{d}\rho\mathrm{d}\varphi\mathrm{d}\theta. \quad (10.33)$$

如果被积函数表达式或积分区域表达式(优先考虑)中有三个变量的平方和 $x^2+y^2+z^2$,则适合用球面坐标来计算三重积分.下面通过例题来说明在球面坐标下计算三重积分的方法.

例 6(利用球面坐标的三重积分来求解例 4) 求由球面 $x^2+y^2+z^2=8(z>0)$ 与圆锥面 $z=\sqrt{x^2+y^2}$ 围成的立体 G 的形心.

解 设 G 的形心坐标为$(\bar{x},\bar{y},\bar{z})$. 由对称性知,$\bar{x}=\bar{y}=0$. 如果取球面坐标$x=\rho\sin\varphi\cos\theta,y=\rho\sin\varphi\sin\theta,z=\rho\cos\varphi$,则 G 是由曲面 $\rho=\sqrt{8}\left(\varphi<\dfrac{\pi}{2}\right)$和曲面 $\rho\cos\varphi=\rho\sin\varphi$,即 $\varphi=\dfrac{\pi}{4}$ 所围成,而对 θ 没有限制. 因此 $G=\left\{(\rho,\varphi,\theta)\mid 0\leqslant\rho\leqslant\sqrt{8},0\leqslant\varphi\leqslant\dfrac{\pi}{4},0\leqslant\theta\leqslant 2\pi\right\}$,所以,$G$ 的体积为

$$V=\iiint\limits_{G}\mathrm{d}v=\int_0^{2\pi}\mathrm{d}\theta\int_0^{\pi/4}\mathrm{d}\varphi\int_0^{\sqrt{8}}\rho^2\sin\varphi\mathrm{d}\rho$$

$$=2\pi\left(1-\frac{\sqrt{2}}{2}\right)\frac{(\sqrt{8})^3}{3}=\frac{32\pi}{3}(\sqrt{2}-1).$$

而 G 关于 xOy 面的静力矩为

$$M_{xy}=\iiint\limits_{G} z\mathrm{d}v=\int_0^{2\pi}\mathrm{d}\theta\int_0^{\pi/4}\mathrm{d}\varphi\int_0^{\sqrt{8}}\rho\cos\varphi\cdot\rho^2\sin\varphi\mathrm{d}\rho$$

$$=2\pi\ \frac{1}{2}\left(\frac{\sqrt{2}}{2}\right)^2\ \frac{(\sqrt{8})^4}{4}=8\pi.$$

因此,$\bar{z}=\dfrac{M_{xy}}{V}=\dfrac{3}{4}(\sqrt{2}+1)$. 所以 G 的形心坐标为$(\bar{x},\bar{y},\bar{z})=\left(0,0,\dfrac{3(\sqrt{2}+1)}{4}\right)$.

例 7 计算三重积分 $I=\iiint\limits_{\Omega}\left(\dfrac{x^2}{a^2}+\dfrac{y^2}{b^2}+\dfrac{z^2}{c^2}\right)\mathrm{d}v$,其中 Ω:$1\leqslant x^2+y^2+z^2\leqslant 4$,常数 $a,b,c>0$.

解　我们先来计算三重积分

$$I_3=\iiint\limits_{\Omega}\frac{z^2}{c^2}\mathrm{d}v.$$

取球面坐标

$$x=\rho\sin\varphi\cos\theta,\quad y=\rho\sin\varphi\sin\theta,\quad z=\rho\cos\varphi,$$

则积分区域就成为 Ω：$1\leqslant\rho\leqslant 2$，而 Ω 没有对变量 φ,θ 的限制，故 $0\leqslant\varphi\leqslant\pi$，$0\leqslant\theta\leqslant 2\pi$，所以有

$$I_3=\frac{1}{c^2}\int_0^{2\pi}\mathrm{d}\theta\int_0^{\pi}\mathrm{d}\varphi\int_1^2\rho^2\cos^2\varphi\cdot\rho^2\sin\varphi\mathrm{d}\rho=\frac{124\pi}{15c^2}.$$

根据对称性或轮换性，有 $I_1=\iiint\limits_{\Omega}\frac{x^2}{a^2}\mathrm{d}v=\frac{124\pi}{15a^2}$，$I_2=\iiint\limits_{\Omega}\frac{y^2}{b^2}\mathrm{d}v=\frac{124\pi}{15b^2}$，所以，原三重积分 $I=I_1+I_2+I_3=\frac{124\pi}{15}\left(\frac{1}{a^2}+\frac{1}{b^2}+\frac{1}{c^2}\right)$.

习题 10.3(A)

1. 至少利用三种不同的积分次序计算三重积分 $\iiint\limits_{\Omega}(x^2+yz)\mathrm{d}v$，其中 $\Omega=[0,2]\times[-3,0]\times[-1,1]$.

2. 将三重积分 $\iiint\limits_{\Omega}f(x,y,z)\mathrm{d}v$ 化为累次积分(三次积分)，其中积分区域 Ω 分别是

(1) Ω：$x^2+y^2+z^2\leqslant R^2, z\geqslant 0$；

(2) Ω：由 $x^2+y^2=4, z=0, z=x+y+10$ 所围成；

(3) Ω：$x^2+y^2+z^2\leqslant 2, z\geqslant x^2+y^2$；

(4) Ω：由双曲抛物面 $z=xy$ 及平面 $x+y-1=0, z=0$ 所围成的闭区域.

3. 计算下列三重积分：

(1) $\iiint\limits_{\Omega}y\mathrm{d}v$，其中 Ω 是在平面 $z=x+2y$ 下方，xOy 面上由 $y=x^2, y=0$ 及 $x=1$ 围成的平面区域上方的立体；

(2) $\iiint\limits_{\Omega}\mathrm{e}^{x+y+z}\mathrm{d}v$，其中 Ω 是由平面 $x+y+z=1$ 与三个坐标面围成；

(3) $\iiint\limits_{\Omega}x\sin(y+z)\mathrm{d}x\mathrm{d}y\mathrm{d}z$，其中 $\Omega=\left\{(x,y,z)\,|\,0\leqslant x\leqslant\sqrt{y}, 0\leqslant z\leqslant\frac{\pi}{2}-y\right\}$；

(4) $\iiint\limits_{\Omega}x\mathrm{d}x\mathrm{d}y\mathrm{d}z$，其中 Ω 是由抛物面 $x=4y^2+4z^2$ 与平面 $x=4$ 围成.

4. 用截面法(先重后单法)解下列三重积分问题：

(1) 计算三重积分 $\iiint\limits_{\Omega}\sin z\mathrm{d}v$，其中 Ω 是由锥面 $z=\sqrt{x^2+y^2}$ 和平面 $z=\pi$ 围成；

(2) 设 Ω 是由单叶双曲面 $x^2+y^2-z^2=R^2$ 和平面 $z=0, z=H$ 围成，试求其体积；

(3) 已知物体 Ω 的底面是 xOy 面上的区域 $D=\{(x,y)\,|\,x^2+y^2\leqslant R^2\}$，当垂直于 x 轴的平

面与Ω相交时,截得的均是正三角形.物体的体密度函数为$\rho(x,y,z)=1+\dfrac{x}{R}$,试求其质量;

(4) 试求立体$\Omega=\left\{(x,y,z)\left|\dfrac{x^2}{a^2}+\dfrac{y^2}{b^2}\leqslant z\leqslant 1\right.\right\}$的形心坐标.

5. 利用柱面坐标计算下列三重积分:

(1) $\iiint\limits_{\Omega}(x^2+y^2)\mathrm{d}v$, 其中$\Omega=\{(x,y,z)\mid x^2+y^2\leqslant 4,-1\leqslant z\leqslant 2\}$;

(2) $\iiint\limits_{\Omega}(x^3+xy^2)\mathrm{d}x\mathrm{d}y\mathrm{d}z$, 其中$\Omega$由柱面$x^2+(y-1)^2=1$及平面$z=0,z=2$所围成;

(3) $\iiint\limits_{\Omega}\sqrt{x^2+y^2}\mathrm{d}v$, 其中$\Omega=\{(x,y,z)\mid 0\leqslant z\leqslant 9-x^2-y^2\}$.

6. 利用球面坐标计算下列三重积分:

(1) $\iiint\limits_{\Omega}\mathrm{e}^{\sqrt{x^2+y^2+z^2}}\mathrm{d}v$, 其中$\Omega$:$x^2+y^2+z^2\leqslant a^2$;

(2) $\iiint\limits_{\Omega}x\mathrm{e}^{(x^2+y^2+z^2)^2}\mathrm{d}v$, 其中$\Omega$是第一卦限中球面$x^2+y^2+z^2=1$与球面$x^2+y^2+z^2=4$之间的部分;

(3) $\iiint\limits_{\Omega}y^2\mathrm{d}v$, 其中$\Omega$是单位球在第5卦限部分;

(4) $\iiint\limits_{\Omega}\sqrt{x^2+y^2+z^2}\mathrm{d}v$, 其中$\Omega$是锥面$\varphi=\dfrac{\pi}{6}$上方,上半球面$\rho=2$下方部分.

7. 利用三重积分计算下列立体Ω的体积和形心:

(1) $\Omega=\{(x,y,z)\mid x^2+y^2\leqslant z\leqslant 36-3x^2-3y^2\}$;

(2) Ω为锥面$\varphi=\dfrac{\pi}{3}$上方,球面$\rho=4\cos\varphi$下方的立体.

8. 求一半径为a的半球体的质量与重心. 假设其上任一点体密度与该点到底面之距离成正比.

9. 设物体占域为$\Omega=\{(x,y,z)\mid x^2+y^2\leqslant R^2,|z|\leqslant H\}$,其密度为常数.已知$\Omega$关于$x$轴及$z$轴的转动惯量相等,试证明$H:R=\sqrt{3}/2$.

习题 10.3(B)

1. 填空:(1) 设$\Omega=\{(x,y,z)\mid x^2+y^2+z^2\leqslant 1\}$,则$\iiint\limits_{\Omega}z^2\mathrm{d}x\mathrm{d}y\mathrm{d}z=$________.(研 2009)

(2) 设$\Omega=\{(x,y,z)\mid x^2+y^2\leqslant z\leqslant 1\}$,则$\Omega$的形心的竖坐标$\bar{z}=$________.(研 2010)

2. 选择适当坐标计算下列三重积分:

(1) $\iiint\limits_{\Omega}2z\mathrm{d}v$, 其中$\Omega$由柱面$x^2+y^2=8$,椭圆锥面$z=\sqrt{x^2+2y^2}$及平面$z=0$所围成;

(2) $\iiint\limits_{\Omega}(x+y)\mathrm{d}v$, 其中$\Omega=\{(x,y,z)\mid 1\leqslant z\leqslant 1+\sqrt{1-x^2-y^2}\}$;

(3) $\iiint\limits_{\Omega}\left(\sqrt{x^2+y^2+z^2}+\dfrac{1}{x^2+y^2+z^2}\right)\mathrm{d}v$, 其中$\Omega$由曲面$z^2=x^2+y^2$,$z^2=3x^2+3y^2$及平面$z=1$所围成.

3. 计算三重积分 $\iiint\limits_{\Omega} \frac{\mathrm{d}v}{(x^2+y^2+z^2)^{n/2}}$，其中 n 是整数，$\Omega=\{(x,y,z)\mid r^2\leqslant x^2+y^2+z^2\leqslant R^2\}$；并且，当 n 取何值时，上述积分当 $r\to 0^+$ 时极限存在？

4. 求一底面半径为 a，高为 h 的直立圆锥的形心及关于它的对称轴的转动惯量(设圆锥的密度为1).

5. 在研究山脉的形成时，地质学家要计算从海平面耸起一座山所做的功. 假定山的形状是一直圆锥形的，点 P 附近物质的密度是 $f(P)$，高是 $h(P)$.

(1) 用积分来表示山脉形成过程中所做的总功；

(2) 假定日本的富士山形如一个半径为19(km)，高为4(km)的直圆锥，密度为常数3200(kg/m^3)，那么从最初的海平面上一块陆地变为现在的富士山需做多少功？

6. 设 $f(x)$ 是连续函数，而 $F(t)=\iiint\limits_{x^2+y^2+z^2\leqslant t^2} f(x^2+y^2+z^2)\mathrm{d}x\mathrm{d}y\mathrm{d}z$，求 $F'(t)$.

7. 求极限 $\lim\limits_{t\to+\infty}\frac{1}{t^4}\iiint\limits_{x^2+y^2+z^2\leqslant t^2}\sqrt{x^2+y^2+z^2}\,\mathrm{d}x\mathrm{d}y\mathrm{d}z$.

8. 求积分 $\iiint\limits_{\Omega}(x^2+y^2)\mathrm{d}v$，$\Omega$：曲线 $\begin{cases} y^2=2z, \\ x=0 \end{cases}$ 绕 z 轴旋转一周而成的曲面与平面 $z=8$ 围成的立体.(研1997)

10.4 演示与实验

在一元微积分的演示与实验中，我们知道了如何求函数的定积分以及对函数进行数值积分，对于重积分来说，方法也是类似的，但必须先将其化为累次积分，然后逐次积分，一般格式为

Integrate[〈被积函数〉,{〈积分变量〉,〈下限〉,〈上限〉},{〈积分变量〉,〈下限〉,〈上限〉},…]

注 在利用Integrate函数计算重积分时，要注意积分次序为从右向左，即先积分的变量写在右边，后积分的变量写在左边.

10.4.1 二重积分

例1 求积分 $\iint\limits_{D}(x^2+y^2)\mathrm{d}x\mathrm{d}y$，其中 D 由 xOy 面上的直线 $y=2x$ 及抛物线 $y=x^2$ 所围成.

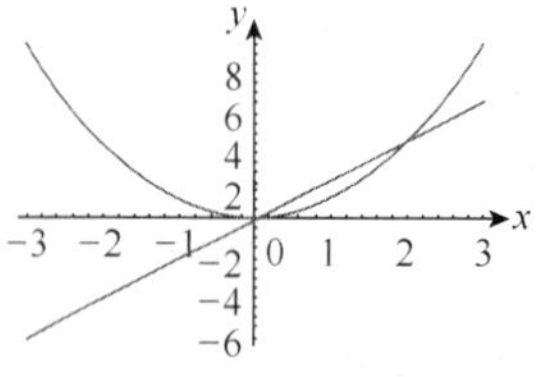

图10.27

解 (1) 在 xOy 面上绘出积分区域 D(图10.27)，求出交点.

In[1]:=**Plot[{2x,x^2},{x,-3,3},TextStyle→{FontSize→12},AxesLabel→{"x","y"},PlotStyle→{RGBColor[0,1,0],RGBColor[0,0,1]}]**

其中:选项 TextStyle→{FontSize→12}是表示坐标轴上的数字大小为 12(默认值为 10).

In[2]:=**Solve[{y==2x,y==x^2},{x,y}]**

Out[2]={{y→0,x→0},{y→4,x→2}}

即得直线与抛物线的交点为(0,0),(2,4).

(2)根据图 10.27,积分区域 $D=\{(x,y)\mid 0\leqslant x\leqslant 2,x^2\leqslant y\leqslant 2x\}$.

(3) 积分 $\iint\limits_D(x^2+y^2)\mathrm{d}x\mathrm{d}y=\int_0^2\mathrm{d}x\int_{x^2}^{2x}(x^2+y^2)\mathrm{d}y$.

In[3]:= **Integrate[x^2+y^2,{x,0,2},{y,x^2,2x}]**(* 注意积分变量 x,y 的书写顺序 *)

Out[3]= $\frac{216}{35}$

即得所求的积分值为$\frac{216}{35}$.

例 2 求在抛物面 $z=x^2+y^2$ 下方,xOy 面上方,圆柱面 $x^2+y^2=2x$ 内部的几何体体积.

解 (1)对所围几何体进行绘图:

In[4]:=**p=ParametricPlot3D[{r*Cos[t],r*Sin[t],r^2},{r,0,2},{t,0,2Pi},TextStyle→{FontSize→12}]**(*图 10.28 *)

In[5]:=**g=ParametricPlot3D[{1+Cos[s],Sin[s],z},{s,0,2Pi},{z,0,4},TextStyle→{FontSize→12},BoxRatios→{1,1,1}]**(*图 10.29 *)

In[6]:=**Show[p,g,ViewPoint→{-1.225,-2.577,1.690}]**(*图 10.30 *)

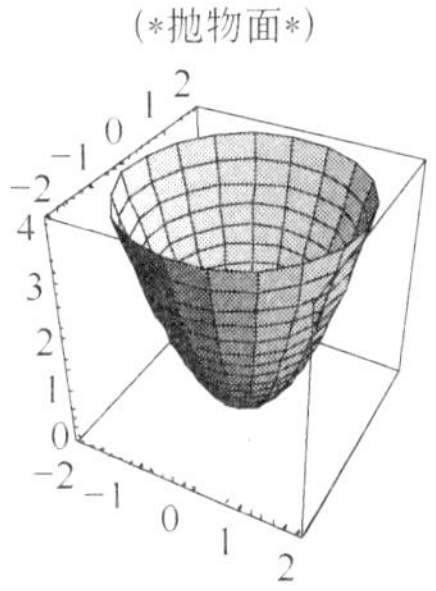

图 10.28

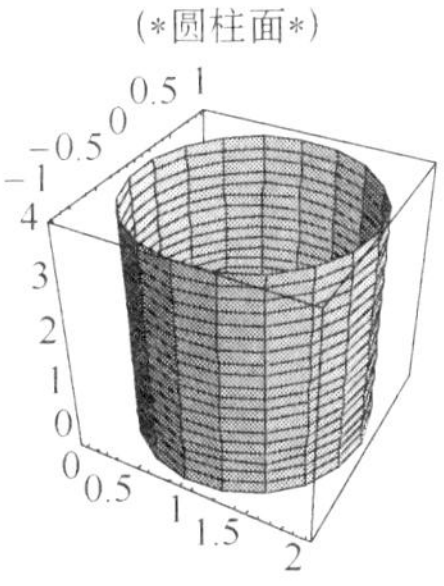

图 10.29

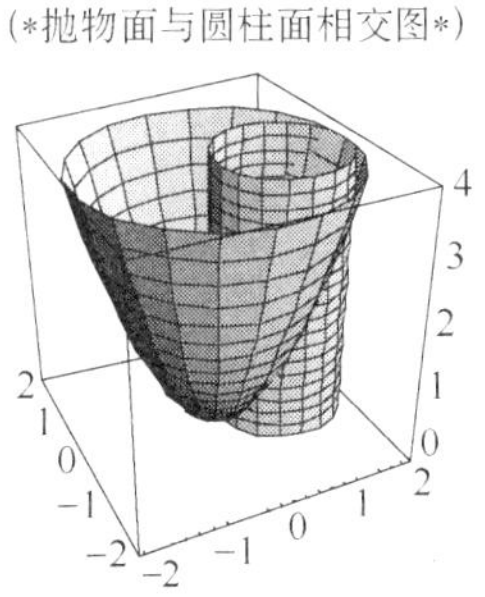

图 10.30

(2)从图 10.28~图 10.30 可以看出立体体积:$V=\iint\limits_D(x^2+y^2)\mathrm{d}x\mathrm{d}y$,其中 $D=\{(x,y)\mid x^2+y^2\leqslant 2x\}$. D 的边界曲线(图 10.31)为

In[7]:=**ParametricPlot[{1+Cos[s],Sin[s]},{s,0,2Pi},AspectRatio→Automatic,TextStyle→{FontSize→12},AxesLabel→{"x","y"}]**

In[8]:=**V=Integrate[x^2 + y^2,{x,0,2},{y, - Sqrt[2x - x^2],Sqrt[2x - x^2]}]**

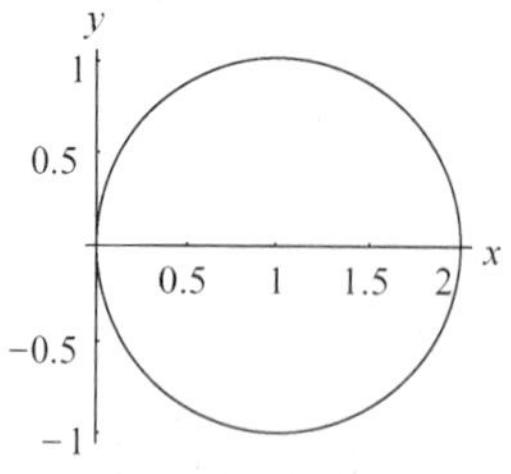

图 10.31

Out[8]=$\frac{3\pi}{2}$.

说明　对于某些被积函数,由于 Mathematica 无法给出它的积分的精确值,如果我们仍采用函数 Integrate,会出现如下结果.

例 3　求积分 $\int_0^1 dx\int_0^x y\cos(xy)dy$.

解

In[9]:=**Integrate[y * Cos[x * y],{x,0,1},{y,0,x}]**

Out[9]=1 - HypergeometricPFQ$\left[\left\{-\frac{1}{4}\right\},\left\{\frac{1}{2},\frac{3}{4}\right\},-\frac{1}{4}\right]+\frac{1}{3}$HypergeometricPFQ$\left[\left\{\frac{3}{4}\right\},\left\{\frac{3}{2},\frac{7}{4}\right\},-\frac{1}{4}\right]$

这显然不是我们想要的结果(注:表达式 HypergeometricPFQ$\left[\left\{\frac{3}{4}\right\},\left\{\frac{3}{2},\frac{7}{4}\right\},-\frac{1}{4}\right]$为 Mathematica 内部设定,它代表一个数值,但无法给出精确值),如果要得到积分的近似值,可以使用 N 函数:

In[10]:=**N[%]**

Out[10]=0. 149429

另一方面,我们也可采用数值积分方法得到同样的结果.

In[11]:=**NIntegrate[y * Cos[x * y],{x,0,1},{y,0,x}]**

Out[11]=0. 149429

10. 4. 2　三重积分

例 4　求三重积分 $\iiint\limits_{\Omega} z^2 dv$,其中 Ω 是由曲面 $z=x^2+2y^2$, $z=6-2x^2-y^2$ 围成.

解　(1) 画出 Ω 的图形(图 10. 32),并求其在 xOy 面上的投影(图 10. 33).

In[12]:=**m = ParametricPlot3D[{u,v,u² + 2v²},{u, - 2,2},{v, - 2,2},DisplayFunction→Identity]**

n = ParametricPlot3D[{u,v,6 - 2u² - v²}],{u, - 2,2},{v, - 2,2},DisplayFunction→Identity]

Show[m,n,DisplayFunction→$DisplayFunction,TextStyle→{FontSize→12},ViewPoint→{2.964, - 0.996,1.294},BoxRatios→{1,1,1}]

上述命令绘出的图形见图 10.32.

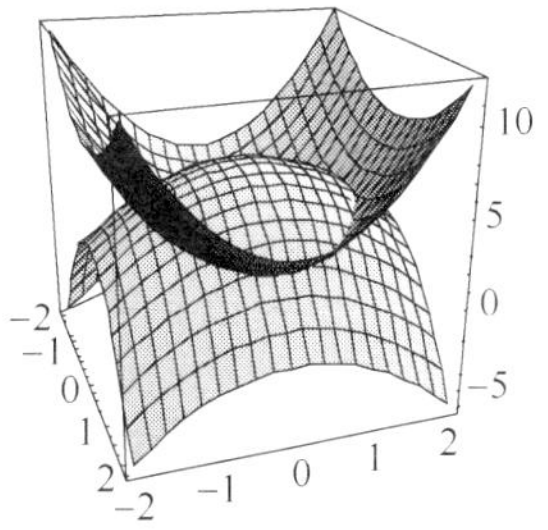

图 10.32

从图 10.32 可以看出 Ω 是以 $z=6-2x^2-y^2$ 为顶、$z=x^2+2y^2$ 为底的一个立体，它在 xOy 面上的投影即为这两个曲面的交线在 xOy 面上的投影曲线所围成的区域，下面我们用函数 **Eliminate**(**Eliminate**[eqns, vars]表示消去一组方程 eqns 中的某些变量 vars)求投影曲线.

In[15]: = **Eliminate[{z == x² + 2y², z == 6 - 2x² - y²}, z]**(* 消去变量 z, 求两个曲面交线的投影柱面 *)

Out[15] = 2 - y² == **x²**

即 $x^2+y^2=2$.

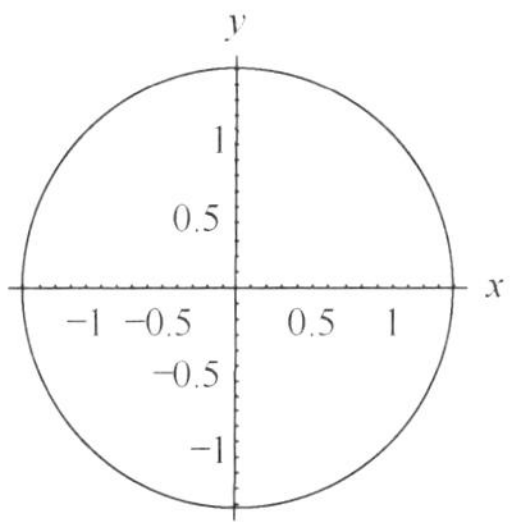

图 10.33

投影区域 $D_{xy}:\{(x,y)\,|\,x^2+y^2\leqslant 2\}$

In[16]: = ≪**Graphics`Graphics`**

In[17]: = **PolarPlot[Sqrt[2], {s, 0, 2Pi}, TextStyle→{FontSize→12}, AspectRatio→Automatic, AxesLabel→{"x", "y"}]**

说明 以上命令可以实现极坐标方程的绘图，但必须先调入 Graphics`Graphics`程序包.

(2) $\iiint\limits_{\Omega} z^2\,\mathrm{d}v=\iint\limits_{D_{xy}}\mathrm{d}x\mathrm{d}y\int_{x^2+2y^2}^{6-2x^2-y^2}z^2\,\mathrm{d}z=\int_{-\sqrt{2}}^{\sqrt{2}}\mathrm{d}x\int_{-\sqrt{2-x^2}}^{\sqrt{2-x^2}}\mathrm{d}y\int_{x^2+2y^2}^{6-2x^2-y^2}z^2\,\mathrm{d}z.$

In[18]: = **Integrate[z^2, {x, - Sqrt[2], Sqrt[2]}, {y, - Sqrt[2 - x^2], Sqrt[2 - x^2]}, {z, x^2 + 2y^2, 6 - 2x^2 - y^2}]**

Out[18] = $\frac{127\pi}{2}$

注 考虑到投影区域为一个圆，故也可以采用柱面坐标来计算此积分.

$$\iiint\limits_{\Omega} z^2\,\mathrm{d}v=\int_0^{2\pi}\mathrm{d}t\int_0^{\sqrt{2}}r\mathrm{d}r\int_{r^2(1+\sin^2 t)}^{6-r^2(1+\cos^2 t)}z^2\,\mathrm{d}z.$$

In[19]: = **Integrate[r * z^2, {t, 0, 2Pi}, {r, 0, Sqrt[2]}, {z, r^2 * (1 + Sin[t]^2), 6 - r^2 * (1 + Cos[t]^2)}]**

Out[19] = $\frac{127\pi}{2}$

即所求的三重积分为$\frac{127\pi}{2}$.

习题 10.4

1. 利用 Mathematica 计算下列重积分(不要求利用计算机绘出积分区域图形):

(1) $\iint\limits_D x\sin y\mathrm{d}x\mathrm{d}y$, 其中 D:$1\leqslant x\leqslant 2,0\leqslant y\leqslant \frac{\pi}{2}$;

(2) $\int_1^2 \mathrm{d}y\int_0^{\ln y} \mathrm{e}^x \mathrm{d}x$;

(3) $\iint\limits_D xy\cos(xy)\mathrm{d}x\mathrm{d}y$, 其中 D:$0\leqslant x\leqslant \frac{\pi}{2},0\leqslant y\leqslant 2$;

(4) $\iint\limits_D \cos(x+y)\mathrm{d}x\mathrm{d}y$, 其中 D:由直线 $x=0,y=\pi,y=x$ 围成;

(5) $\iint\limits_D (6-2x-3y)\mathrm{d}\sigma$, 其中 D:$x^2+y^2\leqslant R^2$;

(6) $\iiint\limits_D xyz\mathrm{d}v$, 其中 Ω 由 $x=a,y=x,z=y,z=0$ 围成;

(7) $\iiint\limits_\Omega xy^2z\mathrm{d}v$, 其中 Ω 由平面 $z=1+x+y,z=0,x+y=1,x=0,y=0$ 围成;

(8) $\iiint\limits_\Omega x\cos(y+z)\mathrm{d}x\mathrm{d}y\mathrm{d}z$, 其中 Ω 由 $y=\sqrt{x},z=0,y=0,x+z=\frac{\pi}{2}$ 围成.

2. 利用计算机计算下列曲面所围立体的体积:

(1) $z=x^2+y^2,y=x^2,y=1,z=0$;

(2) $z=\mathrm{e}^{-x^2-y^2},z=0,x^2+y^2=R^2$.

第 11 章　曲线积分和曲面积分

在上册中，我们曾指出：已知线密度的质线的质量是以线密度为被积函数的定积分. 一般地，定义在直线段上的一个数值变量如果满足一些基本性质，则可以用微元法将这个量的“累积”问题化为一个定积分. 现在，无论是出于理论和实际需要还是仅仅是出于好奇心，都可以问这样的问题：当一个量是定义在光滑曲线段上时，怎样去解决这个量的“累积”问题？同样地，定义在有限平面区域上的一个数值变量的“累积”可以化为二重积分，那么定义在空间光滑曲面片上的量的“累积”怎样计算？本章的主要目的就是对上述问题作一个初步探讨，分别介绍数量值函数和向量值函数的曲线积分和曲面积分的概念，并介绍如何将它们化为定积分和重积分来计算.

11.1　场、数量场的曲线积分

11.1.1　场

场的概念是由 19 世纪英国科学家法拉第在研究电磁力时引入的，他是第一个把定义在空间任意一点上的、代表力的强度和方向的一系列量总括起来作为一个单一的量(即场)来处理的人. 从数学角度来说，定义在某一空间区域 Ω 上的一个场就是一种对应规则，当它将 Ω 中的一个点对应到一个数时，这样的场是一个**数量场**；当它将 Ω 中的一个点对应到一个向量时，这样的场是一个**向量场**. 在我们建立了空间坐标系之后，空间中的点可以由它的坐标 (x,y,z) 表示. 这样，Ω 上的一个数量场可以用定义在 Ω 上的一个函数 $f(x,y,z)$ 来表示，而 Ω 上的一个向量场可以用定义在 Ω 上的一个向量值函数表示：

$$\boldsymbol{F}(x,y,z)=P(x,y,z)\boldsymbol{i}+Q(x,y,z)\boldsymbol{j}+R(x,y,z)\boldsymbol{k}.$$

当 $P(x,y,z)$，$Q(x,y,z)$，$R(x,y,z)$ 在 Ω 上连续时，称该向量场是连续的.

例 1　当 Ω 是一个平面区域时，定义在 Ω 上的场称为平面场. 如 $\boldsymbol{F}(x,y)=\boldsymbol{F}(\boldsymbol{r})=-y\boldsymbol{i}+x\boldsymbol{j}$ 是一个平面向量场.

由于 $\boldsymbol{r}\cdot\boldsymbol{F}(\boldsymbol{r})=0$，这里 $\boldsymbol{r}$ 是点 (x,y) 处的位置向量 $\boldsymbol{r}=x\boldsymbol{i}+y\boldsymbol{j}$，因此向量场 $\boldsymbol{F}(\boldsymbol{r})$ 在场内每一点处都与 $\boldsymbol{r}$ 垂直，也即 $\boldsymbol{F}(\boldsymbol{r})$ 正好与以原点为圆心，$|\boldsymbol{r}|$ 为半径的圆相切(图 11.1).

设 $f(x,y,z)$ 是一个数量场，则 $f(x,y,z)$ 的梯度

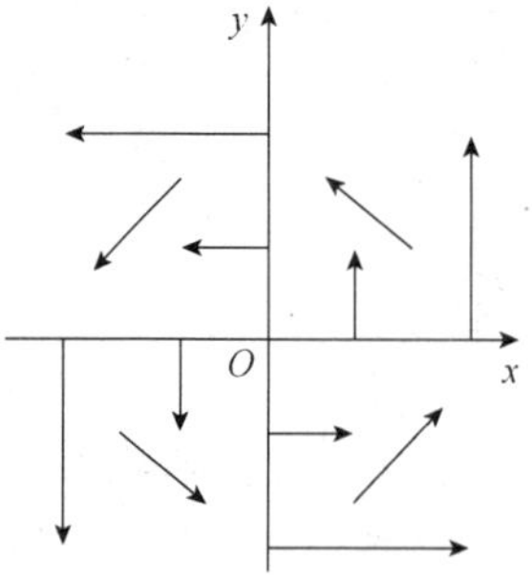

图 11.1

$$\mathbf{grad} f = f_x(x,y,z)\boldsymbol{i} + f_y(x,y,z)\boldsymbol{j} + f_z(x,y,z)\boldsymbol{k}$$

是一个向量场. 一个向量场 $\boldsymbol{F}$ 称为是**有势场**,若存在函数 $f(x,y,z)$ 满足 $\boldsymbol{F}=\mathbf{grad} f$,此时 f 称为是**势函数**.

例 2　引力场是有势场.

解　设质量为 M 的质点放置在坐标原点,质量为 m 的质点放置在点(x,y,z)处,则 M 对 m 的引力 $\boldsymbol{F}$ 的大小为 $|\boldsymbol{F}|=\dfrac{GMm}{|\boldsymbol{r}|^2}$,方向指向坐标原点,这里 $\boldsymbol{r}=x\boldsymbol{i}+y\boldsymbol{j}+z\boldsymbol{k}$. 由于引力方向上的单位向量为$-\dfrac{1}{|\boldsymbol{r}|}\boldsymbol{r}$,因此引力场

$$\boldsymbol{F}=-\frac{GMm}{|\boldsymbol{r}|^3}\boldsymbol{r}=-\frac{GMmx}{(x^2+y^2+z^2)^{3/2}}\boldsymbol{i}-\frac{GMmy}{(x^2+y^2+z^2)^{3/2}}\boldsymbol{j}-\frac{GMmz}{(x^2+y^2+z^2)^{3/2}}\boldsymbol{k}.$$

另一方面,当 $f(x,y,z)=\dfrac{GMm}{(x^2+y^2+z^2)^{1/2}}$时,有

$$f_x=-\frac{GMmx}{(x^2+y^2+z^2)^{3/2}},\quad f_y=-\frac{GMmy}{(x^2+y^2+z^2)^{3/2}},\quad f_z=-\frac{GMmz}{(x^2+y^2+z^2)^{3/2}},$$

因此 $\boldsymbol{F}=\mathbf{grad} f$,即引力场 $\boldsymbol{F}$ 是有势场,且势函数为 $f(x,y,z)=\dfrac{GMm}{(x^2+y^2+z^2)^{1/2}}$.

11.1.2　数量场的曲线积分

1. 质线的质量

在生产实际中,曲线形构件常根据使用时受力需要将构件上各点处截面大小设计为不一样. 因此,若将构件看成 xOy 面上一条曲线 C,可以认为构件曲线的线密度 $\rho(x,y)$是变化的. 称具有线密度的曲线弧段 C 为质线.

设有一条空间质线段 C,其线密度为 $\rho(x,y,z)$,$(x,y,z)\in C$. 将 C 任意分成 n 个子段:$\overset{\frown}{M_0M_1}$,$\overset{\frown}{M_1M_2}$,…,$\overset{\frown}{M_{n-1}M_n}$,其弧长分别是 $\Delta s_1,\Delta s_2,\cdots,\Delta s_n$. 在第 i 个子弧段上任取一点 $P_i^*(\xi_i,\eta_i,\zeta_i)$,那么和式 $\sum\limits_{i=1}^{n}\rho(\xi_i,\eta_i,\zeta_i)\Delta s_i$ 为质线段 C 的质量 M 的近似值. 如果我们记 λ 为所有子弧段的弧长的最大值:$\lambda=\max\limits_{1\leqslant i\leqslant n}\{\Delta s_i\}$,那么就成立 $M=\lim\limits_{\lambda\to 0}\sum\limits_{i=1}^{n}\rho(\xi_i,\eta_i,\zeta_i)\Delta s_i$.

2. 柱面的面积

设有一母线平行于 z 轴的柱面,其准线是 xOy 面中的曲线段 C,顶端曲线由 z

$=f(P)=f(x,y)>0((x,y)\in C)$ 定义(图 11.2).将 C 任意分成 n 个子段:$\overset{\frown}{M_0M_1},\overset{\frown}{M_1M_2},\cdots,\overset{\frown}{M_{n-1}M_n}$,其弧长分别是 $\Delta s_1,\Delta s_2,\cdots,\Delta s_n$. 在第 i 个子弧段上任取一点 $P_i^*(\xi_i,\eta_i)$,则在第 i 个子段上的一小片柱面的面积近似等于 $f(\xi_i,\eta_i)\Delta s_i$,而 $\sum\limits_{i=1}^{n}f(\xi_i,\eta_i)\Delta s_i$ 是整个柱面的面积近似值. 同样地,如果我们记 λ 为所有子弧段的弧长的最大值:$\lambda=\max\limits_{1\leqslant i\leqslant n}\{\Delta s_i\}$,那么柱面的面积 $S=\lim\limits_{\lambda\to 0}\sum\limits_{i=1}^{n}f(\xi_i,\eta_i)\Delta s_i$.

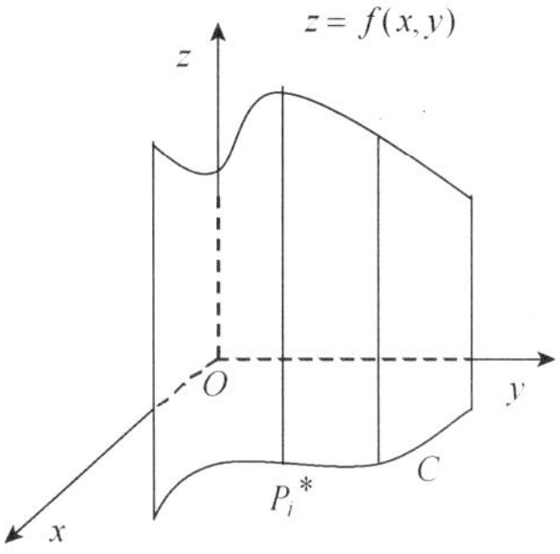

图 11.2

去除上述两个引例的实际背景,我们可抽象出下列定义.

定义 11.1 设 $f(x,y,z)$ 是定义在光滑曲线段 C 上的有界函数. 将 C 任意分成 n 个子段:$\overset{\frown}{M_0M_1},\overset{\frown}{M_1M_2},\cdots,\overset{\frown}{M_{n-1}M_n}$,其弧长分别是 $\Delta s_1,\Delta s_2,\cdots,\Delta s_n$. 在第 i 个子弧段上任取一点 $P_i^*(\xi_i,\eta_i,\zeta_i)$,作出和式 $\sum\limits_{i=1}^{n}f(\xi_i,\eta_i,\zeta_i)\Delta s_i$. 如果不论对曲线段 C 怎样分法,点 P_i^* 怎样取法,在 $\lambda=\max\limits_{1\leqslant i\leqslant n}\{\Delta s_i\}$ 趋于零时,极限

$$\lim_{\lambda\to 0}\sum_{i=1}^{n}f(\xi_i,\eta_i,\zeta_i)\Delta s_i$$

总存在,且极限值唯一,则称函数 $f(x,y,z)$ 在曲线段 C 上可积,称极限值为**数量场 $f(x,y,z)$ 在曲线段 C 上的曲线积分**(也称为**曲线段 C 上对弧长的曲线积分**或**第一类曲线积分**),记作 $\int_C f(x,y,z)\mathrm{d}s$, 即

$$\int_C f(x,y,z)\mathrm{d}s=\lim_{\lambda\to 0}\sum_{i=1}^{n}f(\xi_i,\eta_i,\zeta_i)\Delta s_i,$$

其中 $f(x,y,z)$ 称为**被积函数**,$f(x,y,z)\mathrm{d}s$ 称为**积分表达式**,C 称为是**积分弧段**.

由定义 11.1,质线的质量为 $M=\int_C\rho(x,y,z)\mathrm{d}s$,而柱面的面积为 $S=\int_C f(x,y)\mathrm{d}s$.

数量场的曲线积分具有的一些基本性质同定积分极其类似,证明方法也基本相同,在这里我们仅将它们罗列如下,而略去证明.

(1) (**存在定理**)若 $f(x,y,z)$ 是定义在 C 上的连续函数或分段连续函数,其中 C 是光滑或分段光滑的曲线段,那么 $\int_C f(x,y,z)\mathrm{d}s$ 必定存在.

(2) 设函数 $f(x,y,z)$ 和 $g(x,y,z)$ 在光滑或分段光滑曲线段 C 上可积,k_1 和 k_2 是两个任意常数,那么函数 k_1f+k_2g 在 C 上也可积,且

$$\int_C (k_1 f + k_2 g)\,\mathrm{d}s = k_1\int_C f\,\mathrm{d}s + k_2\int_C g\,\mathrm{d}s.$$

(3) 设曲线段 C 由两段光滑或分段光滑的曲线段 C_1 和 C_2 组成，且函数 $f(x,y,z)$ 分别在 C,C_1 和 C_2 上可积，那么 $\int_C f\,\mathrm{d}s = \int_{C_1} f\,\mathrm{d}s + \int_{C_2} f\,\mathrm{d}s$.

(4)(**中值定理**) 设函数 $f(x,y,z)$ 在光滑或分段光滑的曲线段 C 上连续，s 是 C 的弧长，则存在 $P(\xi,\eta,\zeta)\in C$，使得 $\int_C f\,\mathrm{d}s = f(\xi,\eta,\zeta)\cdot s$.

在质线质量的推导中，我们看到：如果质线段 C 的参数方程为 $x=x(t)$，$y=y(t)$，$z=z(t)$ $(t_0\leqslant t\leqslant t_1)$，那么当第 i 个子段的弧长 Δs_i 很小的时候，在第 i 个子段上的一小段质线近似于是等密度的，因此这一小段质线的质量的近似值为

$$\mathrm{d}M = \rho(x,y,z)\,\mathrm{d}s = \rho[x(t),y(t),z(t)]\sqrt{(x'(t))^2+(y'(t))^2+(z'(t))^2}\,\mathrm{d}t,$$

由微元法可知，整个质线的质量为

$$M = \int_{t_0}^{t_1}\rho[x(t),y(t),z(t)]\sqrt{(x'(t))^2+(y'(t))^2+(z'(t))^2}\,\mathrm{d}t.$$

一般说来，若曲线 C 由参数方程 $x=x(t)$，$y=y(t)$，$z=z(t)$ 给出，则对弧长的曲线积分

$$\boxed{\int_C f(x,y,z)\,\mathrm{d}s = \int_{t_0}^{t_1} f[x(t),y(t),z(t)]\sqrt{(x'(t))^2+(y'(t))^2+(z'(t))^2}\,\mathrm{d}t.} \tag{11.1}$$

需要指出的是，我们是在物理背景下推导出公式(11.1)的，因此要求 $f(x,y,z)>0$. 但是在一般情形下，不需要这个要求公式(11.1)仍然是成立的. 需要说明的是，由于总有 $\mathrm{d}s\geqslant 0$，因此当我们用 $\sqrt{(x'(t))^2+(y'(t))^2+(z'(t))^2}\,\mathrm{d}t$ 去替代 $\mathrm{d}s$ 时，也要求 $\mathrm{d}t\geqslant 0$. 也即，在公式(11.1)中，积分下限 t_0 必须小于或等于积分上限 t_1.

例 3　求对弧长的曲线积分 $\int_C [(x-a)^2+(y-b)^2]\,\mathrm{d}s$，其中 C 是圆周：$(x-a)^2+(y-b)^2=R^2$.

解　记 $f(x,y)=(x-a)^2+(y-b)^2$. 当 $(x,y)\in C$ 时，有 $f(x,y)=R^2$，故 $\int_C [(x-a)^2+(y-b)^2]\,\mathrm{d}s = \int_C R^2\,\mathrm{d}s = R^2\int_C \mathrm{d}s$. 由于 $\int_C \mathrm{d}s$ 为曲线 C 的弧长，因此

$$\int_C [(x-a)^2+(y-b)^2]\,\mathrm{d}s = R^2\cdot 2\pi R = 2\pi R^3.$$

例 4　求抛物柱面 $y=x^2(x\geqslant 0)$ 被平面 $y=1$，曲面 $z=\sqrt{y}$ 和 $z=\sqrt{2y}$ 所截部

分的面积(图 11.3).

解 抛物柱面 $y=x^2$ 的准线为 xOy 面上曲线 $C: y=x^2$ $(0\leqslant x\leqslant 1)$,因此所求曲面片的面积为

$$S=\int_C \sqrt{2y}\,\mathrm{d}s-\int_C \sqrt{y}\,\mathrm{d}s=\int_0^1(\sqrt{2}-1)x\sqrt{1+(2x)^2}\,\mathrm{d}x,$$

$$=\frac{\sqrt{2}-1}{8}\int_0^1(1+4x^2)^{\frac{1}{2}}\mathrm{d}(1+4x^2)$$

$$=\frac{\sqrt{2}-1}{12}(1+4x^2)^{\frac{3}{2}}\Big|_0^1=\frac{\sqrt{2}-1}{12}(5\sqrt{5}-1).$$

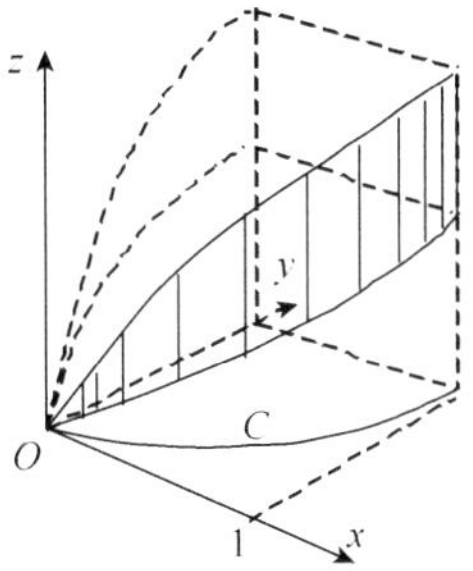

图 11.3

例 5 计算$\int_C \sqrt{x^2+y^2}\,\mathrm{d}s$,其中 C 为曲线 $r=\theta$ $\left(0\leqslant\theta\leqslant\frac{\pi}{4}\right)$.

解 当平面曲线由极坐标 $r=r(\theta)$ 表示时,有 $\mathrm{d}s=\sqrt{r^2(\theta)+(r'(\theta))^2}\,\mathrm{d}\theta$,因此

$$\int_C \sqrt{x^2+y^2}\,\mathrm{d}s=\int_0^{\frac{\pi}{4}}\theta\sqrt{\theta^2+1}\,\mathrm{d}\theta=\frac{1}{3}(1+\theta^2)^{\frac{3}{2}}\Big|_0^{\frac{\pi}{4}}$$

$$=\frac{1}{3}\left[\left(1+\frac{\pi^2}{16}\right)^{\frac{3}{2}}-1\right].$$

例 6 计算$\int_C (x^2+y^2+z^2)\,\mathrm{d}s$,其中 C 为螺旋线 $x=a\cos t, y=a\sin t, z=kt$ 上对应于 t 从 0 到 2π 的一段弧.

解 由公式(11.1),

$$\int_C (x^2+y^2+z^2)\,\mathrm{d}s=\int_0^{2\pi}(a^2+k^2t^2)\sqrt{a^2+k^2}\,\mathrm{d}t$$

$$=\frac{2}{3}\pi\sqrt{a^2+k^2}(3a^2+4\pi^2k^2).$$

***例 7** 1696 年,伯努利提出了最速下降线问题:确定一条连接 A 点和 B 点的曲线,使得一颗珠子在重力作用下沿这条曲线从 A 点滑到 B 点所需时间最少. 这个问题在 1697 年被解决:这样的曲线是唯一的,它是连接 A 点和 B 点的下凸的摆线. 1764 年,欧拉证明了沿摆线弧摆动的摆锤,不论其振幅如何,作一次完全摆动所需的时间是完全相同的. 下面我们验证欧拉的结论.

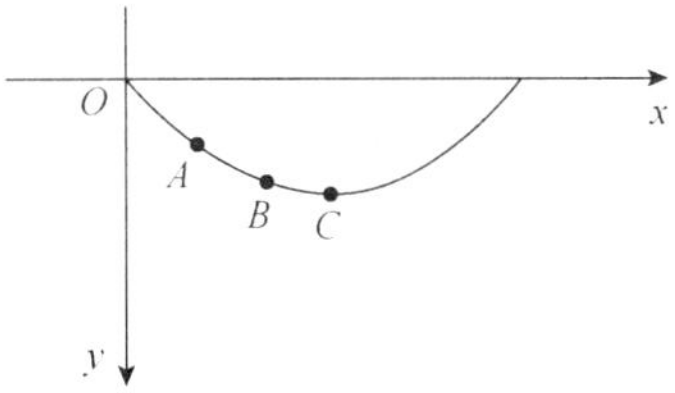

图 11.4

设摆线 L 的方程为 $x=a(\theta-\sin\theta), y=a(1-\cos\theta)$ $(a>0, 0\leqslant\theta\leqslant 2\pi)$. A 为摆线上某一点,它的坐标(x_0, y_0)所对应的参数为 θ_0, C 为摆线上最低点(图 11.4). 我们只需证明,摆锤从 A 点摆到 C 点所

需的时间与 A 点的位置无关.

假设摆锤的质量是 m，初速度 $v_0=0$，在摆线上点 (x,y) 处摆锤的速度 v 由

$$mg(y-y_0)=\frac{1}{2}mv^2$$

决定，故 $v=\sqrt{2g(y-y_0)}$. 另一方面，由于摆锤沿摆线摆动，因此 $\frac{ds}{dt}=v$，其中 s 为点 (x_0,y_0) 到点 (x,y) 的弧长. 这样，$dt=\frac{ds}{\sqrt{2g(y-y_0)}}$，$\overset{\frown}{AC}$ 表示摆线 L 上 A、C 两点间的一段弧，从而摆锤从 A 点摆到 C 点所需的时间

$$T=\int_{\overset{\frown}{AC}}\frac{ds}{\sqrt{2g(y-y_0)}}=\sqrt{\frac{a}{g}}\int_{\theta_0}^{\pi}\sqrt{\frac{1-\cos\theta}{\cos\theta_0-\cos\theta}}d\theta$$

$$=\sqrt{\frac{a}{g}}\int_{\theta_0}^{\pi}\frac{\sin\frac{\theta}{2}}{\sqrt{\cos^2\frac{\theta_0}{2}-\cos^2\frac{\theta}{2}}}d\theta.$$

记 $u=\frac{\cos\frac{\theta}{2}}{\cos\frac{\theta_0}{2}}$，则

$$T=-2\sqrt{\frac{a}{g}}\int_1^0\frac{du}{\sqrt{1-u^2}}=2\sqrt{\frac{a}{g}}\arcsin u\Big|_0^1=\pi\sqrt{\frac{a}{g}},$$

与 A 点的位置无关.

习题 11.1(A)

1. 计算下列的曲线积分：

(1) $\int_C(x+y)ds$，其中 C 为以 $(0,0)$，$(1,1)$，$(-1,1)$ 为顶点的三角形；

(2) $\int_C y ds$，其中 C 为抛物线 $y^2=2x$ 上由点 $(0,0)$ 到点 $(2,2)$ 的一段弧；

(3) $\int_C(x^2+y^2)^n ds$，其中 C 为圆周 $x^2+y^2=R^2$；

(4) $\int_C(x^2+y^2)ds$，其中 C 为曲线 $x=a(\cos t+t\sin t)$，$y=a(\sin t-t\cos t)$，$0\leqslant t\leqslant 2\pi$；

(5) $\int_C e^{\sqrt{x^2+y^2}}ds$，其中 C 为曲线 $r=a\quad\left(0\leqslant\theta\leqslant\frac{\pi}{4}\right)$；

(6) $\int_C x ds$，其中 C 为对数螺线 $r=ae^{k\varphi}(k>0)$ 在圆 $r=a$ 内的部分；

(7) $\int_C xyz ds$，其中 C 为曲线 $x=t$，$y=\frac{2\sqrt{2t^3}}{3}$，$z=\frac{1}{2}t^2$ 上介于 $t=0$ 点和 $t=1$ 点之间的

一段弧；

(8) $\int_C \frac{1}{x^2+y^2+z^2}\mathrm{d}s$,其中 C 为曲线 $x=\mathrm{e}^t\cos t, y=\mathrm{e}^t\sin t, z=\mathrm{e}^t$ 上相应于 t 从 0 变到 2 的一段弧；

(9) $\int_C x^2\mathrm{d}s$,其中 C 为曲面 $x^2+y^2+z^2=4$ 与 $z=\sqrt{3}$ 的交线.

2. 有一根铁丝成半圆形 $x=a\cos t, y=a\sin t(0\leqslant t\leqslant \pi)$,其上每一点密度等于该点的纵坐标,求铁丝的质量.

习题 11.1(B)

1. 求圆柱面 $(x-a)^2+y^2=a^2$ 介于平面 $x-y+z-b=0$ 和 $x-y-z+b=0$ 之间的那部分面积.

2. 计算 $\int_L (x^2+y^2)\mathrm{d}s$,其中 L 为球面 $x^2+y^2+z^2=R^2$ 与平面 $x+y+z=0$ 的交线.

3. $I=\int_L |y|\mathrm{d}s$,其中 $L:(x^2+y^2)^2=a^2(x^2-y^2), a>0$.

4. 已知曲线 $L: y=x^2(0\leqslant x\leqslant\sqrt{2})$,则 $\int_L x\mathrm{d}s=$ ________.(研 2009)

5. 设 L 是椭圆 $\frac{x^2}{4}+\frac{y^2}{3}=1$,其周长记为 a,则 $\oint_L (2xy+3x^2+4y^2)\mathrm{d}s=$ ________.(研 1998)

11.2 向量场的曲线积分

作为引例,考虑下列问题:设 $\boldsymbol{F}(x,y,z)=P(x,y,z)\boldsymbol{i}+Q(x,y,z)\boldsymbol{j}+R(x,y,z)\boldsymbol{k}$ 为空间某区域内的一个引力场,一质点在引力场的作用下沿着有向光滑曲线弧段 C 从点 A 移动到点 B,那么在此过程中引力场对质点做了多少功(图 11.5)?

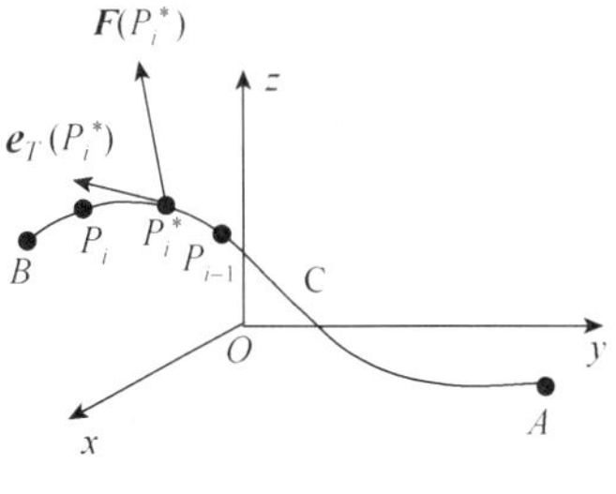

图 11.5

首先把有向弧段 C 任意分成 n 个有向子弧段.设第 i 个子弧段的起点为 P_{i-1},终点为 P_i,弧长为 Δs_i,并在此弧段上任意取一点 $P_i^*(\xi_i,\eta_i,\zeta_i)$,记曲线 C 在点 P_i^* 处的、与曲线方向相同的切向量方向上的单位向量为 $\boldsymbol{e}_T(P_i^*)$.当 Δs_i 很小时,质点沿曲线从 P_{i-1} 移动到 P_i 过程中引力场所做功近似于 $\boldsymbol{F}(P_i^*)\cdot(\Delta s_i\boldsymbol{e}_T(P_i^*))=[\boldsymbol{F}(P_i^*)\cdot\boldsymbol{e}_T(P_i^*)]\Delta s_i$.故 $\sum_{i=1}^{n}[\boldsymbol{F}(P_i^*)\cdot\boldsymbol{e}_T(P_i^*)]\Delta s_i$ 是质点在引力场的作用下沿着有向光滑曲线弧段 C 从点 A 移动到点 B 过程中引力场对质点所做功的近似值,从而功的精确值

$$W=\lim_{\lambda\to 0}\sum_{i=1}^{n}[\boldsymbol{F}(P_i^*)\cdot\boldsymbol{e}_T(P_i^*)]\Delta s_i=\int_C \boldsymbol{F}(x,y,z)\cdot\boldsymbol{e}_T(x,y,z)\mathrm{d}s,$$

这里 $\lambda=\max\limits_{1\leqslant i\leqslant n}\{\Delta s_i\}$.

一般地,我们有下列定义.

定义 11.2　设 $\boldsymbol{F}$ 是在包含有向光滑曲线 C 的某区域 Ω 有定义且连续的向量场,若 $\int_C \boldsymbol{F}\cdot\boldsymbol{e}_T\mathrm{d}s$ 存在,则称此积分为**向量场 $\boldsymbol{F}$ 沿有向曲线 C 的曲线积分**,记为 $\int_C \boldsymbol{F}\cdot\mathrm{d}\boldsymbol{r}=\int_C \boldsymbol{F}\cdot\boldsymbol{e}_T\mathrm{d}s$,这里 $\boldsymbol{r}$ 为曲线 C 的向量表示.

向量场的曲线积分有下列性质:

(1) $\int_C (k_1\boldsymbol{F}_1+k_2\boldsymbol{F}_2)\cdot\mathrm{d}\boldsymbol{r}=k_1\int_C \boldsymbol{F}_1\cdot\mathrm{d}\boldsymbol{r}+k_2\int_C \boldsymbol{F}_2\cdot\mathrm{d}\boldsymbol{r}$,这里 k_1 和 k_2 是常数.

(2) 设 C 由两段曲线弧段 C_1 和 C_2 组成,且 C_1 和 C_2 的定向相同,则

$$\int_C \boldsymbol{F}\cdot\mathrm{d}\boldsymbol{r}=\int_{C_1}\boldsymbol{F}\cdot\mathrm{d}\boldsymbol{r}+\int_{C_2}\boldsymbol{F}\cdot\mathrm{d}\boldsymbol{r}.$$

(3) 以 C^- 表示与 C 方向相反的有向曲线弧段,则 $\int_{C^-}\boldsymbol{F}\cdot\mathrm{d}\boldsymbol{r}=-\int_C \boldsymbol{F}\cdot\mathrm{d}\boldsymbol{r}$.

假设曲线 C 的向量表示为 $\boldsymbol{r}=\boldsymbol{r}(t)$,且当参变量 t 从 a 单调地变到 b 时,$\boldsymbol{r}(t)$ 的终端从 C 的起点沿 C 运动到终点. 在 $a\leqslant b$ 时,有

$$\mathrm{d}s=\sqrt{(x'(t))^2+(y'(t))^2+(z'(t))^2}\mathrm{d}t=|\boldsymbol{r}'(t)|\mathrm{d}t.$$

另一方面,$\boldsymbol{e}_T=\dfrac{1}{|\boldsymbol{r}'(t)|}\boldsymbol{r}'(t)$,因此

$$\boxed{\int_C \boldsymbol{F}\cdot\mathrm{d}\boldsymbol{r}=\int_a^b \boldsymbol{F}(\boldsymbol{r}(t))\cdot\boldsymbol{r}'(t)\mathrm{d}t.}\tag{11.2}$$

在 $a>b$ 时,$\mathrm{d}s=-|\boldsymbol{r}'(t)|\mathrm{d}t$,$\boldsymbol{e}_T=-\dfrac{1}{|\boldsymbol{r}'(t)|}\boldsymbol{r}'(t)$(这是因为 $\boldsymbol{r}'(t)$ 总指向参数增加的一侧),因此我们同样得到 $\int_C \boldsymbol{F}\cdot\mathrm{d}\boldsymbol{r}=\int_a^b \boldsymbol{F}(\boldsymbol{r}(t))\cdot\boldsymbol{r}'(t)\mathrm{d}t$. 不同于公式(11.1),公式(11.2)中积分下限 a 对应于积分曲线 C 的起点,积分上限 b 对应于积分曲线 C 的终点,因此 a 是可能大于 b 的.

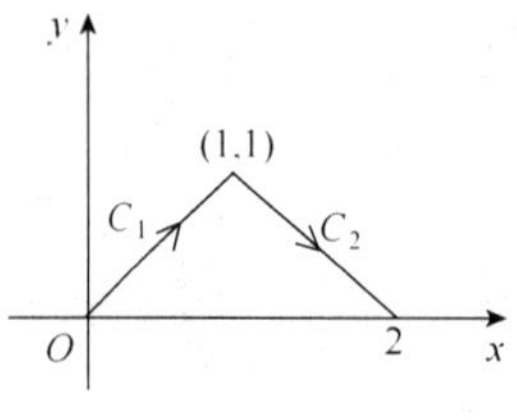

图 11.6

例 1　计算 $\int_C \boldsymbol{F}\cdot\mathrm{d}\boldsymbol{r}$,其中 $\boldsymbol{F}=y\boldsymbol{i}+x\boldsymbol{j}$,$C$ 为从(0,0)到(1,1)再到(2,0)的有向折线段.

解　设 C_1 为从(0,0)到(1,1)的有向线段(图11.6),那么以 x 为参数,C_1 的向量表示为 $\boldsymbol{r}(x)=\{x,x\}$,因此

$\boldsymbol{r}'(x)=\{1,1\}$. 同样，设 C_2 为从(1,1)到(2,0)的有向线段(图 11.6)，则 C_2 的向量表示为 $\boldsymbol{r}(x)=\{x,2-x\}$，从而$\boldsymbol{r}'(x)=\{1,-1\}$. 于是

$$\int_C \boldsymbol{F}\cdot \mathrm{d}\boldsymbol{r}=\int_{C_1}\boldsymbol{F}\cdot \mathrm{d}\boldsymbol{r}+\int_{C_2}\boldsymbol{F}\cdot \mathrm{d}\boldsymbol{r}$$
$$=\int_0^1\{x,x\}\cdot\{1,1\}\mathrm{d}x+\int_1^2\{2-x,x\}\cdot\{1,-1\}\mathrm{d}x$$
$$=\int_0^1 2x\mathrm{d}x+\int_1^2(2-2x)\mathrm{d}x=0.$$

例 2 计算 $\int_C \boldsymbol{F}\cdot \mathrm{d}\boldsymbol{r}$，其中 $\boldsymbol{F}=(y+z)\boldsymbol{i}-x^2\boldsymbol{j}-4y^2\boldsymbol{k}$，$C$：$\boldsymbol{r}(t)=t\boldsymbol{i}+t^2\boldsymbol{j}+t^4\boldsymbol{k}$ 从点(1,1,1) 到点(0,0,0).

解
$$\int_C \boldsymbol{F}\cdot \mathrm{d}\boldsymbol{r}=\int_1^0\{t^2+t^4,-t^2,-4t^4\}\cdot\{1,2t,4t^3\}\mathrm{d}t$$
$$=\int_0^1(16t^7-t^4+2t^3-t^2)\mathrm{d}t=\frac{59}{30}.$$

当 $\boldsymbol{F}(x,y,z)=P(x,y,z)\boldsymbol{i}+Q(x,y,z)\boldsymbol{j}+R(x,y,z)\boldsymbol{k}$，$\boldsymbol{r}(t)=x(t)\boldsymbol{i}+y(y)\boldsymbol{j}+z(t)\boldsymbol{k}$ 时，有 $\mathrm{d}r=[x'(t)\boldsymbol{i}+y'(t)\boldsymbol{j}+z'(t)\boldsymbol{k}]\mathrm{d}t$，因此

$$\int_C \boldsymbol{F}\cdot \mathrm{d}\boldsymbol{r}=\int_{t_0}^{t_1}[P[x(t),y(t),z(t)]x'(t)+Q[x(t),y(t),z(t)]y'(t)$$
$$+R[x(t),y(t),z(t)]z'(t)]\mathrm{d}t.$$

由于 $x'(t)\mathrm{d}t=\mathrm{d}x$，$y'(t)\mathrm{d}t=\mathrm{d}y$，$z'(t)\mathrm{d}t=\mathrm{d}z$，我们也常将上述形式表示成

$$\int_C P(x,y,z)\mathrm{d}x+Q(x,y,z)\mathrm{d}y+R(x,y,z)\mathrm{d}z$$
$$=\int_C P\mathrm{d}x+\int_C Q\mathrm{d}y+\int_C R\mathrm{d}z,$$

即

$$\boxed{\int_C \boldsymbol{F}\cdot \mathrm{d}\boldsymbol{r}=\int_C P\mathrm{d}x+\int_C Q\mathrm{d}y+\int_C R\mathrm{d}z,}\tag{11.3}$$

其中$\int_C P\mathrm{d}x$，$\int_C Q\mathrm{d}y$ 和$\int_C R\mathrm{d}z$ 也常分别称为是对坐标 x，y 和 z 的曲线积分(对坐标的曲线积分也称为**第二类曲线积分**)，而$\int_C P\mathrm{d}x+Q\mathrm{d}y+R\mathrm{d}z$ 是这三个积分之和的简单书写形式.

例 3 计算曲线积分$\int_C y^2\mathrm{d}x$，其中 C 为

(1) 半径为 a，圆心为原点的上半圆周，方向为逆时针；

(2) x 轴上从 $A(a,0)$ 到 $B(-a,0)$ 的有向直线段.

解　(1) C 的参数方程是 $x=a\cos t, y=a\sin t$，从而

$$\int_C y^2 \mathrm{d}x = \int_0^{\pi} a^2 \sin^2 t \cdot (-a\sin t)\mathrm{d}t = a^3 \int_0^{\pi} (1-\cos^2 t)\mathrm{d}\cos t = -\frac{4}{3}a^3.$$

(2) C 的参数方程是 $x=x, y=0$，从而

$$\int_C y^2 \mathrm{d}x = \int_a^{-a} 0\mathrm{d}x = 0.$$

例 4　计算曲线积分 $\int_C (x^2+y)\mathrm{d}x + (x-y)\mathrm{d}y$，其中 C 为

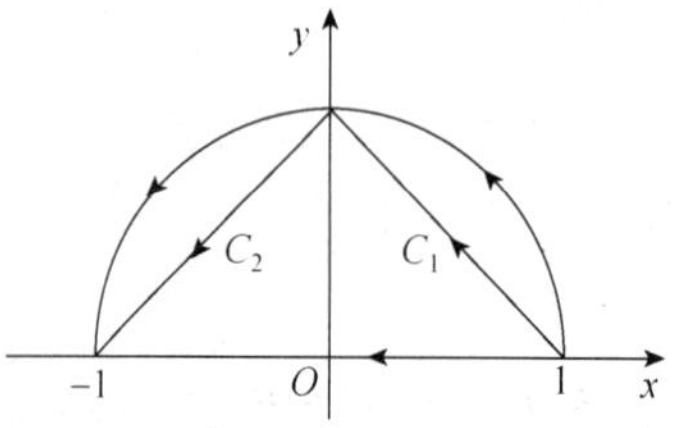

图 11.7

(1) 直线 $y=0$ 上从 $(1,0)$ 到 $(-1,0)$ 的一段；

(2) 上半圆周 $y=\sqrt{1-x^2}$ 从 $(1,0)$ 到 $(-1,0)$；

(3) 沿直线从 $(1,0)$ 到 $(0,1)$，再沿直线从 $(0,1)$ 到 $(-1,0)$（图 11.7）.

解　(1) C 的参数方程是 $x=x, y=0$，从而

$$\int_C (x^2+y)\mathrm{d}x + (x-y)\mathrm{d}y = \int_1^{-1} x^2 \mathrm{d}x = -\frac{2}{3}.$$

(2) C 的参数方程是 $x=\cos t, y=\sin t$，从而

$$\begin{aligned}\int_C (x^2+y)\mathrm{d}x + (x-y)\mathrm{d}y &= \int_0^{\pi} [(\cos^2 t + \sin t)(-\sin t) + (\cos t - \sin t)\cos t]\mathrm{d}t \\ &= \int_0^{\pi} (-\cos^2 t\sin t + \cos 2t - \sin t\cos t)\mathrm{d}t \\ &= \int_0^{\pi} \cos^2 t\mathrm{d}\cos t = -\frac{2}{3}.\end{aligned}$$

(3) C_1 的参数方程是 $x=x, y=-x+1$，C_2 的参数方程是 $x=x, y=x+1$，从而

$$\begin{aligned}&\int_C (x^2+y)\mathrm{d}x + (x-y)\mathrm{d}y \\ =&\int_1^0 [(x^2+(-x+1)) + (x-(-x+1))(-1)]\mathrm{d}x \\ &+\int_0^{-1} [(x^2+(x+1)) + (x-(x+1))]\mathrm{d}x \\ =&\int_1^0 (x^2-3x+2)\mathrm{d}x + \int_0^{-1} (x^2+x)\mathrm{d}x = -\frac{2}{3}.\end{aligned}$$

细心的读者可能已经发现，在例 3 中的两条积分曲线虽然具有相同的起点和终点，但得到的结果是不相同的. 然而在例 4 中，三条不同的积分曲线具有相同的

起点和终点，得到的结果也相同. 这事实上揭示了被积表达式 $P(x,y)\mathrm{d}x+Q(x,y)\mathrm{d}y$ 的某种性质. 在下节中，我们在讲述了格林公式之后将对这一现象给出一个圆满的解答.

习题 11.2(A)

1. 计算下列的曲线积分：

(1) 平面向量场 $\boldsymbol{F}=y\boldsymbol{i}+x\boldsymbol{j}$ 沿定向曲线 C：$x=R\cos t, y=R\sin t\left(0\leqslant t\leqslant\dfrac{\pi}{4}\right)$的曲线积分，其中 C 的定向为参数增加的方向.

(2) $\int_C \boldsymbol{F}\cdot\mathrm{d}\boldsymbol{r}, \boldsymbol{F}=(y^2-z^2)\boldsymbol{i}+2yz\boldsymbol{j}-x^2\boldsymbol{k}, \boldsymbol{r}(t)=t\boldsymbol{i}+t^2\boldsymbol{j}+t^3\boldsymbol{k}(0\leqslant t\leqslant 1)$，方向为 t 减少的方向；

(3) $\int_C \boldsymbol{F}\cdot\mathrm{d}\boldsymbol{r}$，其中 $\boldsymbol{F}=x\boldsymbol{i}+y\boldsymbol{j}+(x+y-1)\boldsymbol{k}$，$C$ 为从点(1,1,1) 到(2,3,4) 的直线段；

(4) $\int_C y\mathrm{d}x+x\mathrm{d}y$，其中 C 为圆周 $x=R\cos t, y=R\sin t$ 的一部分$\left(0\leqslant t\leqslant\dfrac{\pi}{4}\right)$，方向为 t 增加的方向；

(5) $\int_C (x^2-2xy)\mathrm{d}x+(y^2-2xy)\mathrm{d}y$，其中 C 为抛物线 $y=x^2(-1\leqslant x\leqslant 1)$，方向为从点(−1,1) 到点(1,1).

2. 一质点在变力 $\boldsymbol{F}$ 的作用下沿螺旋线 $x=a\cos t, y=a\sin t, z=bt$ 从点$(a,0,0)$ 移动到点$(a,0,2\pi b)$，其中变力 $\boldsymbol{F}$ 的方向始终指向原点，大小和作用点与原点之间的距离成正比，比例系数为 k. 求在此过程中 $\boldsymbol{F}$ 所做的功.

习题 11.2(B)

1. 已知曲线 L 的方程为 $y=1-|x|\ (x\in[-1,1])$，起点是(−1,0)，终点为(1,0)，则曲线积分$\int_L xy\mathrm{d}x+x\mathrm{d}y=$ ________.（研 2010）

2. 计算曲线积分$\int_L \sin 2x\mathrm{d}x+2(x^2-1)y\mathrm{d}y$，其中 L 是曲线 $y=\sin x$ 上从点(0,0) 到点$(\pi,0)$的一段.（研 2008）

3. 计算曲线积分$\oint_C (z-y)\mathrm{d}x+(x-z)\mathrm{d}y+(x-y)\mathrm{d}z$，其中 C 是曲线$\begin{cases}x^2+y^2=1,\\ x-y+z=2,\end{cases}$从 z 轴正向往 z 轴负向看 C 的方向是顺时针的 .（研 1997）

11.3　格林公式及其应用

11.3.1　格林公式

毫无疑问，牛顿-莱布尼茨公式是一个重要的公式，因为它建立了定积分和不定积分这两个从定义上看关系不大的概念之间的联系，将定积分的计算转化为计算被积函数的原函数在区间端点上的值. 从这个角度来说，格林公式的重要性也是自明的，因为格林公式建立了平面闭区域 D 上的二重积分与沿区域 D 的边界 C 的曲线积分之间的关系.

一般地，一条平面曲线可以看成是一个映射 $\varphi:[0,1]\to\mathbf{R}^2$. 当 $\varphi(0)=\varphi(1)$ 时，平面曲线是闭的；当 $t_1,t_2\in[0,1]$，$t_1<t_2$，且 $t_1\neq0$ 或 $t_2\neq1$ 时有 $\varphi(t_1)\neq\varphi(t_2)$，则平面曲线是简单的. 直观地讲，简单的平面曲线就是不自交的曲线.

设 D 是一个平面区域，C 是它的边界（C 可能由多条曲线组成）. 我们称 C 的定向是正向的，如果一个人在 C 上沿这个方向行走时，区域 D 总在他的左侧；称 C 的定向是负向的，如果一个人在 C 上沿这个方向行走时，区域 D 总在他的右侧. 例如，对于区域 $D:1\leqslant x^2+y^2\leqslant4$ 来说，其边界 C 由两条平面简单闭曲线 $C_1:x^2+y^2=1$ 和 $C_2:x^2+y^2=4$ 组成. 如果 C_1 的定向取顺时针方向，C_2 的定向取逆时针方向，则 C 的定向是正向的.

定理 11.1（格林公式）　设函数 $P(x,y)$ 和 $Q(x,y)$ 及其一阶偏导数在平面有界闭区域 D 上连续，其边界 C 由光滑或分段光滑的平面简单闭曲线组成，定向为正向，则成立格林公式：

$$\oint_C P(x,y)\mathrm{d}x+Q(x,y)\mathrm{d}y=\iint_D\left(\frac{\partial Q}{\partial x}-\frac{\partial P}{\partial y}\right)\mathrm{d}\sigma.$$

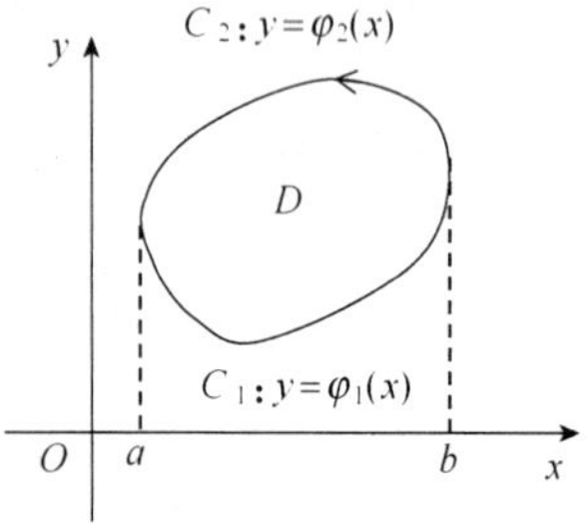

图 11.8

一个平面区域 D 是单连通的，如果落在区域内的任何一条平面简单闭曲线所围的部分均属于 D. 非单连通的区域称为是复连通区域. 例如，区域 $D=\{(x,y)\mid x^2+y^2<1\}$ 是单连通的，而区域 $D=\{(x,y)\mid 0<x^2+y^2<1\}$ 则是复连通的. 格林公式的证明比较繁琐，在这里仅对 D 既是 X 型又是 Y 型的单连通区域的情形给出证明. 对于其他的单连通区域及复连通区域情形，格林公式也照样成立.

证　如图 11.8 所示，设 D 为 X 型区域，D 的边界由 C_1 和 C_2 组成，其中 C_1 由函数 $y=\varphi_1(x)$ 定义，C_2 由函数 $y=\varphi_2(x)$ 定义，因此

$$\oint_C P\mathrm{d}x=\int_{C_1}P\mathrm{d}x+\int_{C_2}P\mathrm{d}x=\int_a^b P[x,\varphi_1(x)]\mathrm{d}x+\int_b^a P[x,\varphi_2(x)]\mathrm{d}x$$

$$=\int_a^b[P[x,\varphi_1(x)]-P[x,\varphi_2(x)]]\mathrm{d}x.$$

另一方面，

$$-\iint_D\frac{\partial P}{\partial y}\mathrm{d}\sigma=-\int_a^b\mathrm{d}x\int_{\varphi_1(x)}^{\varphi_2(x)}\frac{\partial P}{\partial y}\mathrm{d}y=-\int_a^b[P[x,\varphi_2(x)]-P[x,\varphi_1(x)]]\mathrm{d}x,$$

因此

$$\oint_C P\,\mathrm{d}x = -\iint_D \frac{\partial P}{\partial y}\mathrm{d}\sigma;$$

类似可证，$\oint_C Q\mathrm{d}y = \iint_D \frac{\partial Q}{\partial x}\mathrm{d}\sigma$，故成立

$$\oint_C P(x,y)\mathrm{d}x + Q(x,y)\mathrm{d}y = \iint_D \left(\frac{\partial Q}{\partial x} - \frac{\partial P}{\partial y}\right)\mathrm{d}\sigma. \qquad \blacksquare$$

例 1 计算积分 $I = \oint_C (xy^2 - 4y^3)\mathrm{d}x + (x^2y + \sin y)\mathrm{d}y$，其中 C 为圆周 $x^2 + y^2 = a^2$，方向为顺时针.

解 记 D 为平面区域 $x^2 + y^2 \leqslant a^2$，则 C 是 D 的边界，且定向为负向. 由格林公式

$$I = \oint_C (xy^2 - 4y^3)\mathrm{d}x + (x^2y + \sin y)\mathrm{d}y = -\iint_D (2xy - 2xy + 12y^2)\mathrm{d}\sigma$$

$$= -12\iint_D y^2\mathrm{d}\sigma = -12\int_0^{2\pi}\mathrm{d}\theta\int_0^a r^2\sin^2\theta \cdot r\mathrm{d}r = -3\pi a^4.$$

如果我们记 D 的面积为 $A(D)$，D 的边界为 C，定向为正向，则由格林公式有

$$\boxed{A(D) = \iint_D \mathrm{d}\sigma = \frac{1}{2}\oint_C -y\mathrm{d}x + x\mathrm{d}y.} \qquad (11.4)$$

***例 2** 我们用公式(11.4)来证明开普勒第二定律：从太阳到行星的向径在相等的时间内扫过相等的面积.

解 如图 11.9 所示，设太阳在坐标原点，记行星的位置向量为 $\boldsymbol{r}(t)$. 从牛顿第二定律 $\boldsymbol{F} = m\boldsymbol{a} = m\frac{\mathrm{d}^2\boldsymbol{r}}{\mathrm{d}t^2}$ 及万有引力定律 $\boldsymbol{F} = -\frac{GMm}{r^3}\boldsymbol{r}$（其中 $r = |\boldsymbol{r}|$），可以得到

$$\boldsymbol{r}\times\frac{\mathrm{d}^2\boldsymbol{r}}{\mathrm{d}t^2} = \boldsymbol{r}\times\frac{1}{m}\boldsymbol{F} = \frac{GM}{r^3}\boldsymbol{r}\times\boldsymbol{r} = \boldsymbol{0},$$

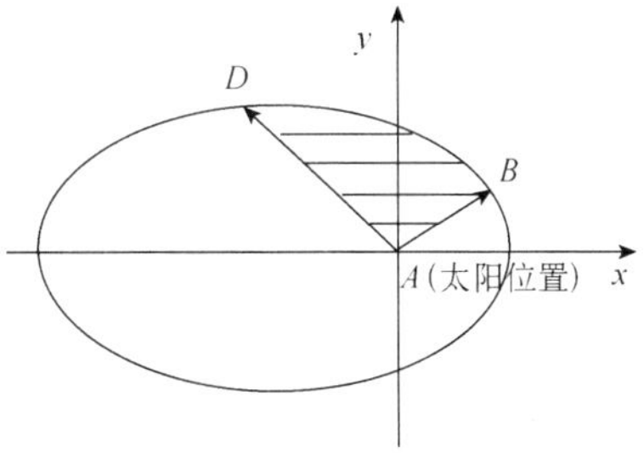

图 11.9

因此

$$\frac{\mathrm{d}}{\mathrm{d}t}\left(\boldsymbol{r}\times\frac{\mathrm{d}\boldsymbol{r}}{\mathrm{d}t}\right) = \frac{\mathrm{d}\boldsymbol{r}}{\mathrm{d}t}\times\frac{\mathrm{d}\boldsymbol{r}}{\mathrm{d}t} + \boldsymbol{r}\times\frac{\mathrm{d}^2\boldsymbol{r}}{\mathrm{d}t^2} = \boldsymbol{0},$$

即 $\boldsymbol{r}\times\frac{\mathrm{d}\boldsymbol{r}}{\mathrm{d}t}$ 是一个常值向量；另一方面，由于 $\boldsymbol{r}$ 和 $\frac{\mathrm{d}\boldsymbol{r}}{\mathrm{d}t}$ 都落在轨道面上，有 $\boldsymbol{r}\times\frac{\mathrm{d}\boldsymbol{r}}{\mathrm{d}t}$ 平行于 $\boldsymbol{k}$. 因此 $\boldsymbol{r}\times\frac{\mathrm{d}\boldsymbol{r}}{\mathrm{d}t} = h\boldsymbol{k}$，其中 h 是常数.

设 $\boldsymbol{r}(t)=x(t)\boldsymbol{i}+y(t)\boldsymbol{j}$，这里参变量 t 为时间，则 $h\boldsymbol{k}=\boldsymbol{r}\times\frac{\mathrm{d}\boldsymbol{r}}{\mathrm{d}t}=\left(x\frac{\mathrm{d}y}{\mathrm{d}t}-y\frac{\mathrm{d}x}{\mathrm{d}t}\right)\boldsymbol{k}$，从而 $x\frac{\mathrm{d}y}{\mathrm{d}t}-y\frac{\mathrm{d}x}{\mathrm{d}t}=h$. 容易验证：如果 C 是过原点的有向直线段 $\overrightarrow{AB}$ 或 $\overrightarrow{AD}$，那么 $\int_C x\mathrm{d}y-y\mathrm{d}x=0$，因此在时间段 $[t_0,t_1]$ 中位置向量所扫过的面积

$$S=\frac{1}{2}\oint_{ABDA}x\mathrm{d}y-y\mathrm{d}x=\frac{1}{2}\oint_{AB+\overset{\frown}{BD}+DA}x\mathrm{d}y-y\mathrm{d}x=\frac{1}{2}\int_{\overset{\frown}{BD}}x\mathrm{d}y-y\mathrm{d}x$$

$$=\frac{1}{2}\int_{t_0}^{t_1}\left(x\frac{\mathrm{d}y}{\mathrm{d}t}-y\frac{\mathrm{d}x}{\mathrm{d}t}\right)\mathrm{d}t=\frac{1}{2}h(t_1-t_0).$$

因此，从太阳到行星的向径在相等的时间内扫过相等的面积.

例 3　计算积分 $I=\oint_C\frac{x\mathrm{d}y-y\mathrm{d}x}{x^2+y^2}$，其中 C 是一条光滑的、不经过原点的平面简单闭曲线，方向为逆时针.

解　记 C 所围的平面区域为 D，则 C 是 D 的边界，且定向为正向.

情形 1　原点不落在 D 的内部.

此时 $P=\frac{-y}{x^2+y^2}$，$Q=\frac{x}{x^2+y^2}$，以及它们的偏导数在 D 上连续，且

$$\frac{\partial P}{\partial y}=\frac{y^2-x^2}{(x^2+y^2)^2}=\frac{\partial Q}{\partial x},$$

由格林公式有 $I=0$.

情形 2　原点落在 D 的内部.

此时格林公式的条件不满足，因此不能直接用格林公式. 选取充分小的 $r>0$，作位于 D 内的圆周 $l: x^2+y^2=r^2$，方向取为逆时针，那么 $C+l^-$ 构成复连通区域 D_1 的边界，且定向为正向(图 11.10). 由于 P,Q 及其偏导数在 D_1 上连续，由格林公式有

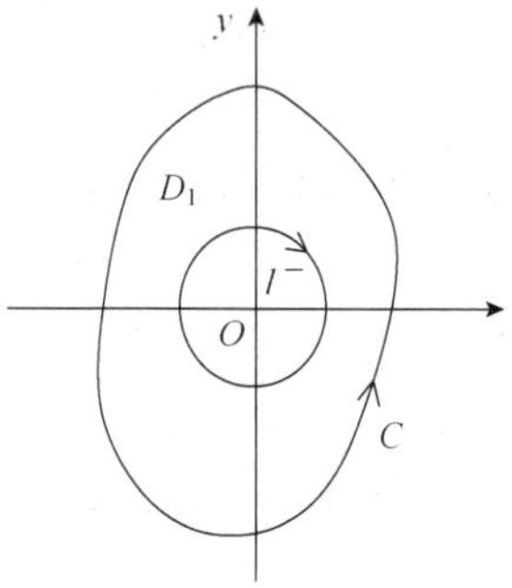

图 11.10

$$\oint_{C+l^-}\frac{-y\mathrm{d}x+x\mathrm{d}y}{x^2+y^2}=\oint_C\frac{-y\mathrm{d}x+x\mathrm{d}y}{x^2+y^2}-\oint_l\frac{-y\mathrm{d}x+x\mathrm{d}y}{x^2+y^2}$$

$$=\iint_{D_1}\left[\frac{y^2-x^2}{(x^2+y^2)^2}-\frac{y^2-x^2}{(x^2+y^2)^2}\right]\mathrm{d}\sigma=0.$$

令 $x=r\cos\theta$，$y=r\sin\theta$，那么

$$I=\oint_C\frac{-y\mathrm{d}x+x\mathrm{d}y}{x^2+y^2}=\oint_l\frac{-y\mathrm{d}x+x\mathrm{d}y}{x^2+y^2}=\int_0^{2\pi}\mathrm{d}\theta=2\pi.$$

11.3.2 平面曲线积分与路径无关的条件

本节的定理 11.2 回答了 11.2 节末提出的问题：$P\mathrm{d}x+Q\mathrm{d}y$ 满足什么样的条件，才能保证 $P\mathrm{d}x+Q\mathrm{d}y$ 沿具有相同起点和终点的不同路径积分所得的值相等？

设 $P(x,y)$ 和 $Q(x,y)$ 在平面区域 D 上具有一阶连续偏导数. 若对于 D 内任意指定的两点 A，B 以及任意两条以 A，B 为起、终点的光滑或分段光滑的路径 C_1 和 C_2，恒成立

$$\int_{C_1} P\mathrm{d}x+Q\mathrm{d}y=\int_{C_2} P\mathrm{d}x+Q\mathrm{d}y,$$

就称曲线积分 $\int_C P\mathrm{d}x+Q\mathrm{d}y$ 在 D 内与路径无关.

定义 11.3 如果 $u(x,y)$ 是区域 D 上的可微函数，其全微分 $\mathrm{d}u=P\mathrm{d}x+Q\mathrm{d}y$，则称 $u(x,y)$ 是表达式 $P\mathrm{d}x+Q\mathrm{d}y$ 的一个**原函数**.

定理 11.2 设函数 $P(x,y)$ 和 $Q(x,y)$ 及其一阶偏导数在平面单连通区域 D 上连续，则下列命题等价：

(1) 曲线积分 $\int_C P\mathrm{d}x+Q\mathrm{d}y$ 在 D 内与路径无关.

(2) 表达式 $P\mathrm{d}x+Q\mathrm{d}y$ 是某个二元函数 $u(x,y)$ 的全微分：$\mathrm{d}u=P\mathrm{d}x+Q\mathrm{d}y$.

(3) 对任何 $(x,y)\in D$，恒成立 $\dfrac{\partial P}{\partial y}=\dfrac{\partial Q}{\partial x}$.

(4) 对 D 内任何一条光滑或分段光滑的闭曲线 C，都有 $\oint_C P\mathrm{d}x+Q\mathrm{d}y=0$.

证 (1)⇒(2) 任意固定 D 内一点 (x_0,y_0). 对于 D 内任意点 (x,y)，考虑从 (x_0,y_0) 到 (x,y) 的曲线积分 $\int_C P\mathrm{d}x+Q\mathrm{d}y$. 由于曲线积分与路径无关，我们可以把这个曲线积分写成 $\int_{(x_0,y_0)}^{(x,y)} P\mathrm{d}x+Q\mathrm{d}y$，并且它是终点 (x,y) 的函数. 令 $u(x,y)=\int_{(x_0,y_0)}^{(x,y)} P\mathrm{d}x+Q\mathrm{d}y$. 下面证明 $\dfrac{\partial u}{\partial x}=P$.

由于积分与路径无关，我们不妨对 $u(x+\Delta x,y)=\int_{(x_0,y_0)}^{(x+\Delta x,y)} P\mathrm{d}x+Q\mathrm{d}y$ 采用从 (x_0,y_0) 到 (x,y) 的曲线 C_1 和从 (x,y) 到 $(x+\Delta x,y)$ 的线段 C_2 作为积分路径(图 11.11)，那么

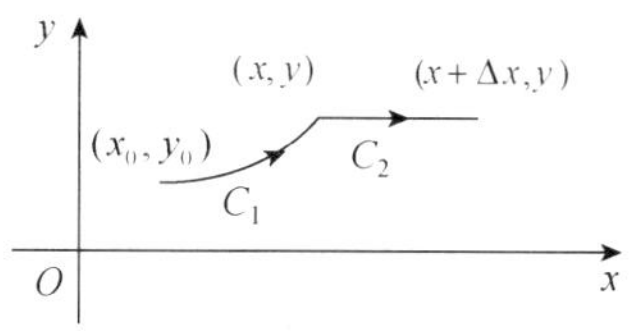

图 11.11

$$u(x+\Delta x,y)-u(x,y)=\int_{(x_0,y_0)}^{(x+\Delta x,y)} P\mathrm{d}x+Q\mathrm{d}y-\int_{(x_0,y_0)}^{(x,y)} P\mathrm{d}x+Q\mathrm{d}y$$

$$= \int_{C_2} P\mathrm{d}x + Q\mathrm{d}y = \int_x^{x+\Delta x} P(x,y)\mathrm{d}x = P(\xi,y)\Delta x,$$

其中 ξ 介于 x 和 $x+\Delta x$ 之间. 再由 $P(x,y)$ 的连续性有

$$\frac{\partial u}{\partial x} = \lim_{\Delta x\to 0}\frac{u(x+\Delta x,y)-u(x,y)}{\Delta x} = \lim_{\Delta x\to 0}P(\xi,y) = P(x,y).$$

由于 (x,y) 是 D 内任意一点,因此上式在 D 内恒成立. 类似地可证 $\frac{\partial u}{\partial y}=Q(x,y)$ 在 D 内也恒成立,从而

$$\mathrm{d}u = \frac{\partial u}{\partial x}\mathrm{d}x + \frac{\partial u}{\partial y}\mathrm{d}y = P\mathrm{d}x + Q\mathrm{d}y.$$

(2)⇒(3)　由条件(2)存在二元函数 $u(x,y)$ 使得 $\frac{\partial u}{\partial x}=P,\frac{\partial u}{\partial y}=Q$. 由 P,Q 具有一阶连续偏导数可知 $u(x,y)$ 具有连续的二阶偏导数,故

$$\frac{\partial P}{\partial y} = \frac{\partial^2 u}{\partial x\partial y} = \frac{\partial^2 u}{\partial y\partial x} = \frac{\partial Q}{\partial x}.$$

(3)⇒(4)　由格林定理结论显然.

(4)⇒(1)　设 C_1 和 C_2 是 D 内两条具有相同起、终点的光滑或分段光滑路径,则 $C_1+C_2^-$ 是 D 内一条光滑或分段光滑的闭曲线,因此

$$\int_{C_1} P\mathrm{d}x + Q\mathrm{d}y - \int_{C_2} P\mathrm{d}x + Q\mathrm{d}y = \int_{C_1+C_2^-} P\mathrm{d}x + Q\mathrm{d}y = 0. \qquad \blacksquare$$

利用这一定理,在计算一些曲线积分时我们可以改变积分路径以达到简化计算的目的. 事实上在本节例 3 中,我们已经这么做了. 下面我们再举一例.

例 4　计算曲线积分 $I = \int_C \frac{(x-y)\mathrm{d}x + (x+y)\mathrm{d}y}{x^2+y^2}$,其中 C 是星形线 $x = a\cos^3 t, y = a\sin^3 t$ 上从点 $A_1(a,0)$ 到点 $B(0,a)$ 再到点 $A_2(-a,0)$ 的一段弧.

解　记 $P(x,y) = \frac{x-y}{x^2+y^2}, Q(x,y) = \frac{x+y}{x^2+y^2}$. 取区域 $D = R^2 - \{(0,y) \mid y \leqslant 0\}$,则 D 是单连通的,且 P,Q 及其一阶偏导在 D 内连续,且

$$\frac{\partial P}{\partial y} = \frac{y^2-2xy-x^2}{(x^2+y^2)^2} = \frac{\partial Q}{\partial x},$$

因此积分与路径无关. 考虑到 P 和 Q 的分母都是 x^2+y^2,可取 C_1 为上半圆周 $x=a\cos t, y=a\sin t$,方向为从 $A_1(a,0)$ 到 $A_2(-a,0)$(图 11.12). 由定理 11.2 有

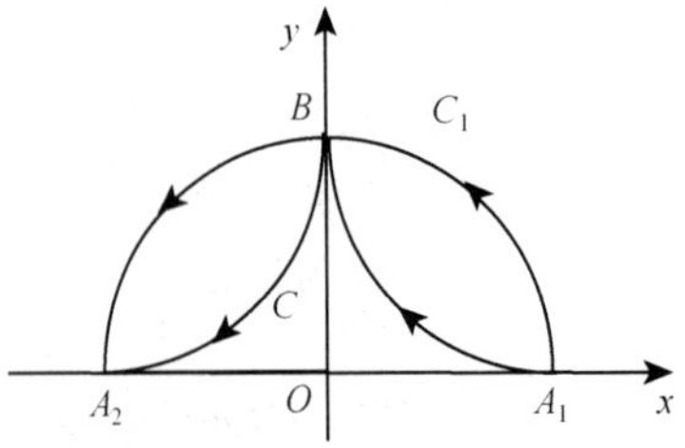

图 11.12

$$I=\int_C \frac{(x-y)\mathrm{d}x+(x+y)\mathrm{d}y}{x^2+y^2}=\int_{C_1}\frac{(x-y)\mathrm{d}x+(x+y)\mathrm{d}y}{x^2+y^2}$$

$$=\int_0^{\pi}\frac{a^2(\cos t-\sin t)(-\sin t)+a^2(\cos t+\sin t)\cos t}{a^2}\mathrm{d}t=\pi.$$

11.3.3 全微分求积,全微分方程

11.3.2 小节证明了,如果在单连通区域 D 内成立$\frac{\partial P}{\partial y}=\frac{\partial Q}{\partial x}$,那么

$$u(x,y)=\int_{(x_0,y_0)}^{(x,y)}P\mathrm{d}x+Q\mathrm{d}y$$

是 $P\mathrm{d}x+Q\mathrm{d}y$ 的一个原函数. 现在设 $u_1(x,y)$是 $P\mathrm{d}x+Q\mathrm{d}y$ 的另一个原函数,那么有 $\mathrm{d}(u_1-u)=\mathrm{d}u_1-\mathrm{d}u=0$,因此 $u_1(x,y)=u(x,y)+C$,也即 $u(x,y)+C$ 是 $P\mathrm{d}x+Q\mathrm{d}y$ 的所有原函数的一般表达式. 求已知表达式 $P\mathrm{d}x+Q\mathrm{d}y$ 的原函数的一般表达式的过程称为是**全微分求积**. 从原函数的一般表达式可知,要全微分求积,只需求出一个原函数即可.

通常我们可以采用下列的方法求原函数:预先固定区域 D 内一点 $M_0(x_0,y_0)$. 任取一点 $M(x,y)$,因$\frac{\partial P}{\partial y}=\frac{\partial Q}{\partial x}$,所以在 D 内曲线积分与路径无关. 积分路径取从 M_0 经 M_1 到 M 的折线(图 11.13),那么

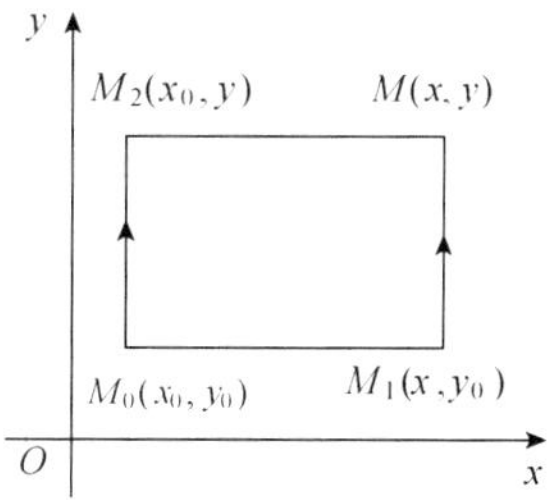

图 11.13

$$u(x,y)=\int_{\overline{M_0M_1}}P\mathrm{d}x+Q\mathrm{d}y+\int_{\overline{M_1M}}P\mathrm{d}x+Q\mathrm{d}y+C$$
$$=\int_{x_0}^{x}P(x,y_0)\mathrm{d}x+\int_{y_0}^{y}Q(x,y)\mathrm{d}y+C. \tag{11.5}$$

当然,积分路径也可以采用从 M_0 经 M_2 到 M 的折线,此时

$$u(x,y)=\int_{\overline{M_0M_2}}P\mathrm{d}x+Q\mathrm{d}y+\int_{\overline{M_2M}}P\mathrm{d}x+Q\mathrm{d}y+C$$
$$=\int_{y_0}^{y}Q(x_0,y)\mathrm{d}y+\int_{x_0}^{x}P(x,y)\mathrm{d}x+C. \tag{11.6}$$

例 5 验证$(x^2+2xy-y^2)\mathrm{d}x+(x^2-2xy-y^2)\mathrm{d}y$ 是某个函数的全微分,并求原函数.

解 $$\frac{\partial}{\partial y}(x^2+2xy-y^2)=2x-2y=\frac{\partial}{\partial x}(x^2-2xy-y^2),$$

因此$(x^2+2xy-y^2)\mathrm{d}x+(x^2-2xy-y^2)\mathrm{d}y$是某个函数的全微分.下面求原函数.

方法一　由公式(11.5)有

$$u(x,y)=\int_0^x x^2\mathrm{d}x+\int_0^y (x^2-2xy-y^2)\mathrm{d}y+C$$
$$=\frac{1}{3}x^3+x^2y-xy^2-\frac{1}{3}y^3+C.$$

方法二　由$\frac{\partial u}{\partial x}=x^2+2xy-y^2$知,$u=\frac{1}{3}x^3+x^2y-xy^2+f(y)$,由$x^2-2xy-y^2=\frac{\partial u}{\partial y}=x^2-2xy+f'(y)$知,$f'(y)=-y^2$. 因此$f(y)=-\frac{1}{3}y^3+C$,从而

$$u(x,y)=\frac{1}{3}x^3+x^2y-xy^2-\frac{1}{3}y^3+C.$$

在单连通区域内若存在二元函数$u(x,y)$使得$\mathrm{d}u=P\mathrm{d}x+Q\mathrm{d}y$,则曲线积分$\int_C P\mathrm{d}x+Q\mathrm{d}y$与积分路径无关,于是

$$\int_{(x_1,y_1)}^{(x_2,y_2)} P\mathrm{d}x+Q\mathrm{d}y=\int_{(x_0,y_0)}^{(x_2,y_2)} P\mathrm{d}x+Q\mathrm{d}y-\int_{(x_0,y_0)}^{(x_1,y_1)} P\mathrm{d}x+Q\mathrm{d}y,$$

即,当$u(x,y)$是$P\mathrm{d}x+Q\mathrm{d}y$的一个原函数时,有一个类似于牛顿-莱布尼茨的积分公式成立:

$$\boxed{\int_{(x_1,y_1)}^{(x_2,y_2)} P\mathrm{d}x+Q\mathrm{d}y=u(x_2,y_2)-u(x_1,y_1).}\qquad(11.7)$$

例 6　(1) 验证$\boldsymbol{F}(x,y)=(3+2xy)\boldsymbol{i}+(x^2-3y^2)\boldsymbol{j}$是一个平面有势场,并求势函数;(2) 计算曲线积分$\int_C \boldsymbol{F}\cdot\mathrm{d}\boldsymbol{r}$,这里$\boldsymbol{r}(t)=\mathrm{e}^t\sin t\boldsymbol{i}+\mathrm{e}^t\cos t\boldsymbol{j}$,方向为从$t=0$到$t=\pi$.

解　(1) 记$P(x,y)=3+2xy$,$Q(x,y)=x^2-3y^2$. 由于$\frac{\partial P}{\partial y}=2x=\frac{\partial Q}{\partial x}$,因此存在$f$,使得$\frac{\partial f}{\partial x}=3+2xy$,$\frac{\partial f}{\partial y}=x^2-3y^2$,即$\mathbf{grad}f=\boldsymbol{F}$,其中势函数

$$f(x,y)=\int_0^x 3\mathrm{d}x+\int_0^y (x^2-3y^2)\mathrm{d}y+C=3x+x^2y-y^3+C.$$

(2) 由公式(11.7),

$$\int_C \boldsymbol{F}\cdot\mathrm{d}\boldsymbol{r}=f(\mathrm{e}^\pi\sin\pi,\mathrm{e}^\pi\cos\pi)-f(\mathrm{e}^0\sin0,\mathrm{e}^0\cos0)=\mathrm{e}^{3\pi}+1.$$

最后,作为全微分求积的一个应用,我们来求解一类一阶微分方程:$P\mathrm{d}x+Q\mathrm{d}y=0$,其中$\frac{\partial P}{\partial y}=\frac{\partial Q}{\partial x}$. 这类微分方程称为是**全微分方程**. 由条件,存在二元函数

$u(x,y)$使得 $\mathrm{d}u=P\mathrm{d}x+Q\mathrm{d}y=0$,因此全微分方程的通解是 $u(x,y)=C$.

例 7 求解微分方程$(1+y\cos xy)\mathrm{d}x+x\cos xy\mathrm{d}y=0$ 的满足 $y(1)=0$ 的特解.

解 由$\frac{\partial}{\partial y}(1+y\cos xy)=\cos xy-xy\sin xy=\frac{\partial}{\partial x}(x\cos xy)$知,原方程是全微分方程.

由$\frac{\partial u}{\partial x}=1+y\cos xy$ 知,$u=x+\sin xy+g(y)$;由 $x\cos xy=\frac{\partial u}{\partial y}=x\cos xy+g'(y)$知,$g'(y)=0$,从而 $g(y)=C_1$. 因此 $u(x,y)=x+\sin xy$ 是$(1+y\cos xy)\mathrm{d}x+x\cos xy\mathrm{d}y$ 的一个原函数,也即原方程的通解是 $x+\sin xy=C$. 以 $x=1,y=0$ 代入求得 $C=1$,故原方程的满足 $y(1)=0$ 的特解是 $x+\sin xy=1$.

习题 11.3(A)

1. 利用格林公式计算下列曲线积分:

(1) $\oint_C(x^2y-2y)\mathrm{d}x+\left(\frac{1}{3}x^3-x\right)\mathrm{d}y$,其中 C 为以 $x=1,y=x,y=2x$ 为边的三角形的正向边界;

(2) $\oint_C(x^2y\cos x+2xy\sin x-y^2\mathrm{e}^x)\mathrm{d}x+(x^2\sin x-2y\mathrm{e}^x)\mathrm{d}y$,其中 C 为正向星形线 $x^{\frac{2}{3}}+y^{\frac{2}{3}}=a^{\frac{2}{3}}\ (a>0)$;

(3) $\oint_C f(xy)(y\mathrm{d}x+x\mathrm{d}y)$,其中 C 是一条光滑的正向平面闭曲线,$f(u)$ 是具有连续导数的函数.

2. 利用格林公式改变积分路径,并计算积分:

(1) $\int_C(x^2-y)\mathrm{d}x-(x+\sin^2y)\mathrm{d}y$,其中 C 为圆周 $y=\sqrt{2x-x^2}$ 上由点$(0,0)$ 沿着顺时针方向到点$(1,1)$ 的一段弧;

(2) $\int_C(2xy+3x\sin x)\mathrm{d}x+(x^2-y\mathrm{e}^y)\mathrm{d}y$,其中 C 为沿摆线 $x=t-\sin t,y=1-\cos t$ 从点$(0,0)$ 到$(\pi,2)$ 的一段弧;

(3) $\oint_C\frac{(x+4y)\mathrm{d}y+(x-y)\mathrm{d}x}{x^2+4y^2}$ 的值,其中 C 为$(x-a)^2+(y-b)^2=1$ 的正向,且 $a^2+b^2\neq1$.

3. 利用曲线积分计算星形线 $x=a\cos^3t,y=a\sin^3t$ 所围区域的面积.

4. 求函数 u,使得

(1) $\mathrm{d}u=(x+2y)\mathrm{d}x+(2x+y)\mathrm{d}y$;

(2) $\mathrm{d}u=\frac{(3y-x)\mathrm{d}x+(y-3x)\mathrm{d}y}{(x+y)^3}$;

(3) $\mathrm{d}u=(2x\cos y+y^2\cos x)\mathrm{d}x+(2y\sin x-x^2\sin y)\mathrm{d}y$.

5. 验证下列方程是全微分方程,并求解:

(1) $(3x^2-2x+3y)\mathrm{d}x+(3x-2y)\mathrm{d}y=0$;

(2) $(\mathrm{e}^x+y\cos x)\mathrm{d}x+(\mathrm{e}^y+\sin x)\mathrm{d}y=0$;

(3) $(\ln y+3y^2)\mathrm{d}x+\left(\dfrac{x}{y}+6xy\right)\mathrm{d}y=0, y>0, y(1)=1$.

习题 11.3(B)

1. 试求参数 λ,使得在不包含 $y=0$ 的区域上曲线积分

$$\int_C \frac{x}{y}(x^2+y^2)^\lambda \mathrm{d}x-\frac{x^2}{y^2}(x^2+y^2)^\lambda \mathrm{d}y$$

与路径无关,并求 $u(x,y)=\int_{(1,1)}^{(x,y)}\dfrac{x}{y}(x^2+y^2)^\lambda \mathrm{d}x-\dfrac{x^2}{y^2}(x^2+y^2)^\lambda \mathrm{d}y$.

2. 设曲线积分 $\int_C xy^2\mathrm{d}x+y\varphi(x)\mathrm{d}y$ 与路径无关,其中 $\varphi(x)$ 具有连续的导数,且 $\varphi(0)=0$,计算 $\int_{(0,0)}^{(1,1)}xy^2\mathrm{d}x+y\varphi(x)\mathrm{d}y$ 的值.

3. 设在上半平面 $D=\{(x,y)\mid y>0\}$ 内,函数 $f(x,y)$ 具有连续偏导数,且对任意的 $t>0$ 都有 $f(tx,ty)=t^{-2}f(x,y)$. 证明:对 D 内的任意分段光滑的有向简单闭曲线 L,都有

$$\oint_L yf(x,y)\mathrm{d}x-xf(x,y)\mathrm{d}y=0.$$ (研 2006)

4. 已知平面区域 $D=\{(x,y)\mid 0\leqslant x\leqslant\pi, 0\leqslant y\leqslant\pi\}$, L 为 D 的正向边界. 试证:

(1) $\oint_L x\mathrm{e}^{\sin y}\mathrm{d}y-y\mathrm{e}^{-\sin x}\mathrm{d}x=\oint_L x\mathrm{e}^{-\sin y}\mathrm{d}y-y\mathrm{e}^{\sin x}\mathrm{d}x$;

(2) $\oint_L x\mathrm{e}^{\sin y}\mathrm{d}y-y\mathrm{e}^{-\sin x}\mathrm{d}x\geqslant 2\pi^2$. (研 2003)

5. 设函数 $f(x)$ 在 $(-\infty,+\infty)$ 内具有一阶连续导数,L 是上半平面 $(y>0)$ 内的有向分段光滑曲线,其起点为 (a,b),终点为 (c,d). 记

$$I=\int_L \frac{1}{y}[1+y^2f(xy)]\mathrm{d}x+\frac{x}{y^2}[y^2f(xy)-1]\mathrm{d}y,$$

(1) 证明曲线积分 I 与路径 L 无关;

(2) 当 $ab=cd$ 时,求 I 的值. (研 2002)

6. 计算曲线积分 $I=\oint_L \dfrac{x\mathrm{d}y-y\mathrm{d}x}{4x^2+y^2}$,其中 L 是以点 $(1,0)$ 为中心,R 为半径的圆周 $(R>1)$ 取逆时针方向. (研 2000)

7. 求 $I=\int_L(\mathrm{e}^x\sin y-b(x+y))\mathrm{d}x+(\mathrm{e}^x\cos y-ax)\mathrm{d}y$,其中 a,b 为正的常数,L 为从点 $A(2a,0)$ 沿曲线 $y=\sqrt{2ax-x^2}$ 到点 $O(0,0)$ 的弧. (研 1999)

8. 确定常数 λ,使在右半平面 $x>0$ 上的向量 $\boldsymbol{A}(x,y)=2xy(x^4+y^2)^\lambda\boldsymbol{i}-x^2(x^4+y^2)^\lambda\boldsymbol{j}$ 为某二元函数 $u(x,y)$ 的梯度,并求 $u(x,y)$. (研 1998)

11.4　曲 面 积 分

在讨论曲面积分之前,我们先介绍曲面面积的概念及计算公式.

11.4.1 曲面的面积

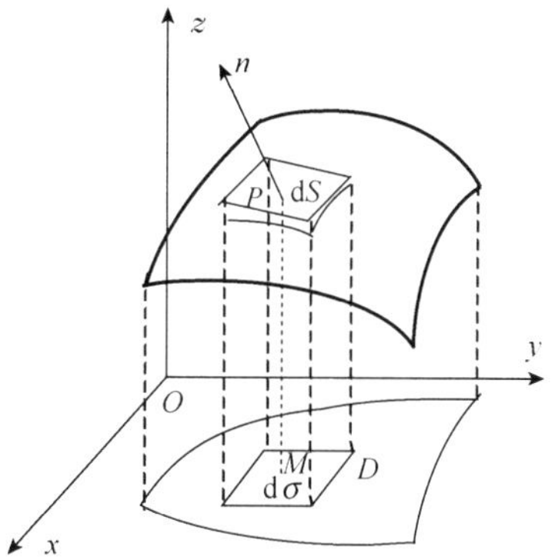

图 11.14

设有界光滑曲面① S 由显式 $z=z(x,y)$ 表示，图 11.14 中 D 是曲面 S 在 xOy 面上的投影区域. 在区域 D 上，取一个小闭区域 $\mathrm{d}\sigma$，其面积也记为 $\mathrm{d}\sigma$，以区域 $\mathrm{d}\sigma$ 的边界为准线，作母线平行于 z 轴的柱面，在曲面 S 上截下一个小曲面. 在 $\mathrm{d}\sigma$ 上任取一点 $M(x,y)$，小曲面上对应的点为 $P(x,y,z(x,y))$，过 P 作曲面的切平面，它被柱面截下一小片平面，其面积记为 $\mathrm{d}S$(图 11.14). 由于 $\mathrm{d}\sigma$ 很小，故可用 $\mathrm{d}S$ 近似代替截下小曲面面积.

曲面 $z=z(x,y)$ 在 P 点的切平面的法向量

$$\boldsymbol{n}=\{z_x(x,y),z_y(x,y),-1\} \quad 或 \quad \{-z_x(x,y),-z_y(x,y),+1\},$$

单位法向量

$$\begin{aligned}\boldsymbol{e}_n&=\{\cos\alpha,\cos\beta,\cos\gamma\}\\&=\frac{1}{\sqrt{1+z_x^2(x,y)+z_y^2(x,y)}}\{z_x(x,y),z_y(x,y),-1\}\end{aligned}$$

或

$$\frac{1}{\sqrt{1+z_x^2(x,y)+z_y^2(x,y)}}\{-z_x(x,y),-z_y(x,y),+1\}.$$

由于 $\mathrm{d}\sigma=|\cos\gamma|\mathrm{d}S$，所以

$$\mathrm{d}S=\frac{1}{|\cos\gamma|}\mathrm{d}\sigma=\sqrt{1+z_x^2(x,y)+z_y^2(x,y)}\,\mathrm{d}\sigma,$$

称 $\mathrm{d}S=\sqrt{1+z_x^2(x,y)+z_y^2(x,y)}\,\mathrm{d}\sigma$ 为**曲面 S 的面积元素**.

若把曲面面积记为 S，则有

$$\boxed{S=\iint_D\sqrt{1+z_x^2+z_y^2}\,\mathrm{d}\sigma.} \tag{11.8}$$

如果曲面 S 由隐式 $F(x,y,z)=0$ 表示，因 $z_x=-\dfrac{F_x}{F_z}$，$z_y=-\dfrac{F_y}{F_z}$，故曲面面积公式(11.8)可改写为

$$\boxed{S=\iint_D\frac{\sqrt{(F_x)^2+(F_y)^2+(F_z)^2}}{|F_z|}\mathrm{d}\sigma.} \tag{11.9}$$

---

① 所谓光滑曲面是指曲面上各点都具有切平面，且当点在曲面上连续移动时切平面也连续转动.

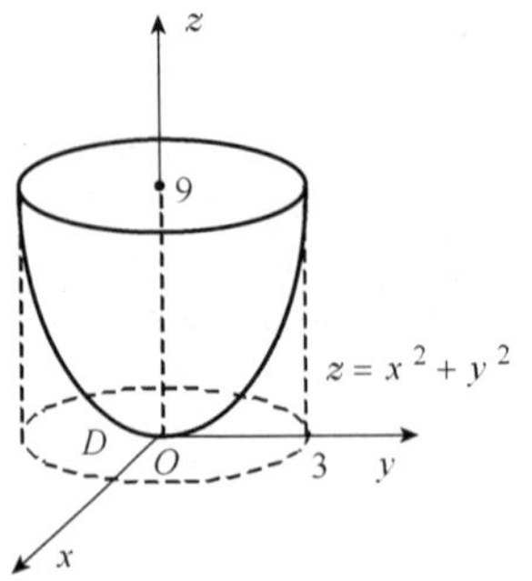

图 11.15

例 1　求抛物面 $z=x^2+y^2, 0\leqslant z\leqslant 9$ 的面积.

解　抛物面(图 11.15)在 xOy 面上的投影区域 D 是 $x^2+y^2\leqslant 9$,由公式(11.8)可得

$$S=\iint_D \sqrt{1+z_x^2+z_y^2}\,d\sigma=\iint_D \sqrt{1+4x^2+4y^2}\,d\sigma$$

$$=\int_0^{2\pi}d\theta\int_0^3 \sqrt{1+4r^2}\,r\,dr$$

$$=2\pi\cdot\frac{1}{8}\int_0^3 \sqrt{1+4r^2}\,d(1+4r^2)$$

$$=\frac{\pi}{6}(4r^2+1)^{\frac{3}{2}}\Big|_0^3=\frac{\pi}{6}(37\sqrt{37}-1).$$

例 2　求半径为 a 的球面的面积.

解　在空间直角坐标系中,球心在原点半径为 a 的球面方程是

$$x^2+y^2+z^2=a^2.$$

球面是关于三个坐标面对称的,球面的面积 S 是球面在第一卦限部分面积的 8 倍. 由于球面在第一卦限的方程是

$$z=\sqrt{a^2-x^2-y^2},$$

它在 xOy 面上的投影域 $D=\{(x,y)\mid x^2+y^2\leqslant a^2, x, y\geqslant 0\}$(图 11.16). 由式(11.8)有

$$S=8\iint_D \sqrt{1+z_x^2+z_y^2}\,d\sigma,$$

$$z_x=\frac{-x}{\sqrt{a^2-x^2-y^2}},\quad z_y=\frac{-y}{\sqrt{a^2-x^2-y^2}}.$$

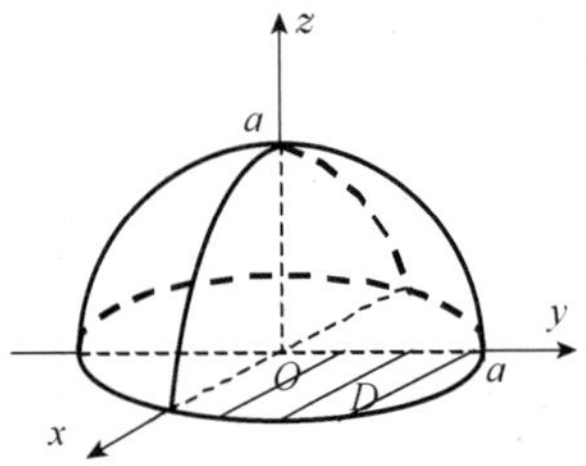

图 11.16

于是

$$S=8a\iint_D \frac{1}{\sqrt{a^2-x^2-y^2}}\,d\sigma=8a\int_0^{\frac{\pi}{2}}d\theta\int_0^a \frac{r}{\sqrt{a^2-r^2}}\,dr$$

$$=4\pi a\int_0^a \frac{r}{\sqrt{a^2-r^2}}\,dr=4\pi a^2.$$

11.4.2　数量场的曲面积分

数量场的曲面积分是从实际问题中抽象出来的. 在 11.1.2 小节中,由质线的质量导出数量场的曲线积分(对弧长的曲线积分)概念,仿照它,由物质曲面的质量也可导出数量场的曲面积分(对面积的曲面积分).

定义 11.4　设函数 $f(x,y,z)$ 是定义在光滑曲面 S 上的有界函数,用曲线网将曲面 S 分割成 n 片小曲面 $S_i(i=1,2,\cdots,n)$,S_i 的面积记作 ΔS_i,在 S_i 上任取一点 $P_i(\xi_i,\eta_i,\zeta_i)$ 作和式

$$\sum_{i=1}^{n} f(\xi_i, \eta_i, \zeta_i) \Delta S_i,$$

若记各小曲面直径 $d(\Delta S_i)(i=1,2,\cdots,n)$ 的最大值为 $\lambda = \max\limits_{1 \leqslant i \leqslant n}\{d(\Delta S_i)\}$，当 $\lambda \to 0$ 时，和式的极限存在，则称此极限为**数量场 $f(x,y,z)$ 在曲面 S 上的曲面积分**（也称为**对面积的曲面积分**或**第一类曲面积分**），记作

$$\iint_S f(x,y,z) \mathrm{d}S = \lim_{\lambda \to 0} \sum_{i=1}^{n} f(\xi_i, \eta_i, \zeta_i) \Delta S_i,$$

其中 $f(x,y,z)$ 称为**被积函数**，S 称为**积分曲面**，$\mathrm{d}S$ 称为**曲面 S 的面积元素**.

数量场的曲面积分也具有线性性质以及关于积分曲面的可加性，这里不再详述. 下面我们给出数量场的曲面积分存在性并对它的计算进行讨论.

定理 11.3 设光滑曲面 S 由方程 $z=z(x,y)$，$(x,y)\in D$ 给定，函数 $f(x,y,z)$ 在包含曲面 S 的一个空间域上连续，则数量场 $f(x,y,z)$ 在曲面 S 上的曲面积分存在，且

$$\iint_S f(x,y,z) \mathrm{d}S = \iint_D f[x,y,z(x,y)] \sqrt{1+z_x^2+z_y^2} \mathrm{d}\sigma. \tag{11.10}$$

证 按数量场曲面积分的定义

$$\iint_S f(x,y,z) \mathrm{d}S = \lim_{\lambda \to 0} \sum_{i=1}^{n} f(\xi_i, \eta_i, \zeta_i) \Delta S_i,$$

由二重积分的中值定理可得第 i 个小曲面面积

$$\Delta S_i = \iint_{\Delta\sigma_i} \sqrt{1+z_x^2+z_y^2} \mathrm{d}\sigma = \sqrt{1+z_x^2+z_y^2}\Big|_{(\xi_i^*, \eta_i^*)} \Delta\sigma_i,$$

其中 $\Delta\sigma_i$ 为 ΔS_i 在 xOy 面上的投影，又 $(\xi_i^*, \eta_i^*) \in \Delta\sigma_i$. 当曲面积分存在时，可选取 $\xi_i = \xi_i^*$，$\eta_i = \eta_i^*$，$\zeta_i = z(\xi_i^*, \eta_i^*)$，从而有

$$\begin{aligned}\iint_S f(x,y,z) \mathrm{d}S &= \lim_{\lambda \to 0} \sum_{i=1}^{n} f[\xi_i^*, \eta_i^*, z(\xi_i^*, \eta_i^*)] \sqrt{1+z_x^2+z_y^2}\Big|_{(\xi_i^*, \eta_i^*)} \Delta\sigma_i \\ &= \iint_D f[x,y,z(x,y)] \sqrt{1+z_x^2+z_y^2} \mathrm{d}\sigma.\end{aligned}$$

■

从公式(11.10)可以看出，对面积的曲面积分变换成二重积分，只需把曲面 S 的方程代入被积函数中，且曲面面积元素用 $\mathrm{d}S = \sqrt{1+z_x^2+z_y^2}\mathrm{d}\sigma$ 代换.

类似地，如果曲面 S 的方程由 $x=x(y,z)$，$(y,z)\in D_{yz}$ 给出，则可得计算公式：

$$\iint_S f(x,y,z) \mathrm{d}S = \iint_{D_{yz}} f[x(y,z),y,z] \sqrt{1+x_y^2+x_z^2} \mathrm{d}\sigma.$$

如果曲面 S 的方程由 $y=y(z,x),(z,x)\in D_{zx}$ 给出，则可得计算公式：

$$\iint_S f(x,y,z)\mathrm{d}S=\iint_{D_{zx}} f[x,y(z,x),z]\sqrt{1+y_x^2+y_z^2}\mathrm{d}\sigma.$$

如果物质曲面 S 上任一点 (x,y,z) 的面密度是 $\rho=\rho(x,y,z)$，则曲面微元 $\mathrm{d}S$ 上的质量 $\mathrm{d}M=\rho(x,y,z)\mathrm{d}S$，因此物质曲面 S 上的质量 M 是

$$M=\iint_S \rho(x,y,z)\mathrm{d}S.$$

类似 10.2.3 小节中平面薄片的重心的计算，物质曲面 S 的重心公式是

$$\bar{x}=\frac{1}{M}\iint_S x\rho(x,y,z)\mathrm{d}S,\quad \bar{y}=\frac{1}{M}\iint_S y\rho(x,y,z)\mathrm{d}S,\quad \bar{z}=\frac{1}{M}\iint_S z\rho(x,y,z)\mathrm{d}S,$$

其中 $M=\iint_S \rho(x,y,z)\mathrm{d}S$.

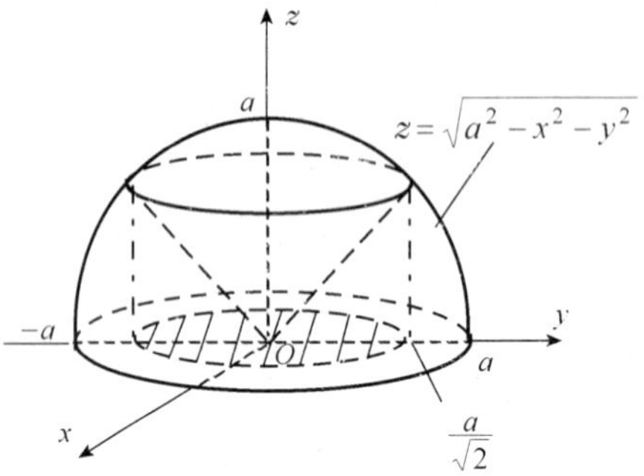

图 11.17

例 3　计算 $\iint_S z^3\mathrm{d}S$，其中积分曲面 S 是 $z=\sqrt{a^2-x^2-y^2}$ 在圆锥 $z=\sqrt{x^2+y^2}$ 里面的部分.

解　由曲面 $z=\sqrt{a^2-x^2-y^2}$ 与曲面 $z=\sqrt{x^2+y^2}$ 的交线，可得曲面 S 在 xOy 面上的投影区域 D_{xy} 是 $\left\{(x,y)\mid x^2+y^2\leqslant\frac{a^2}{2}\right\}$，见图 11.17.

$$z_x=\frac{-x}{\sqrt{a^2-x^2-y^2}},\quad z_y=\frac{-y}{\sqrt{a^2-x^2-y^2}},$$

$$\sqrt{1+z_x^2+z_y^2}=\frac{a}{\sqrt{a^2-x^2-y^2}},$$

根据式(11.10)有

$$\iint_S z^3\mathrm{d}S=\iint_{D_{xy}}(a^2-x^2-y^2)^{\frac{3}{2}}\frac{a}{\sqrt{a^2-x^2-y^2}}\mathrm{d}\sigma=a\iint_{D_{xy}}(a^2-x^2-y^2)\mathrm{d}\sigma,$$

利用极坐标，得

$$\iint_S z^3\mathrm{d}S=a\int_0^{2\pi}\mathrm{d}\theta\int_0^{\frac{a}{\sqrt{2}}}(a^2-r^2)r\mathrm{d}r=2a\pi\left(-\frac{1}{4}\right)\cdot(a^2-r^2)^2\Big|_0^{\frac{a}{\sqrt{2}}}=\frac{3}{8}\pi a^5.$$

如果 S 是封闭曲面，利用分域性质：

$$\oint\!\!\!\oint_S f(x,y,z)\mathrm{d}S=\iint_{S_1} f(x,y,z)\mathrm{d}S+\iint_{S_2} f(x,y,z)\mathrm{d}S+\cdots+\iint_{S_n} f(x,y,z)\mathrm{d}S.$$

例 4 计算 $\oint\!\!\!\oint_S z\mathrm{d}S$ 其中 S 由侧面 $S_1:x^2+y^2=1$，底面 $S_2:x^2+y^2\leqslant 1$（xOy 面上），顶面 $S_3:z=x+1$ 所围成的闭曲面.

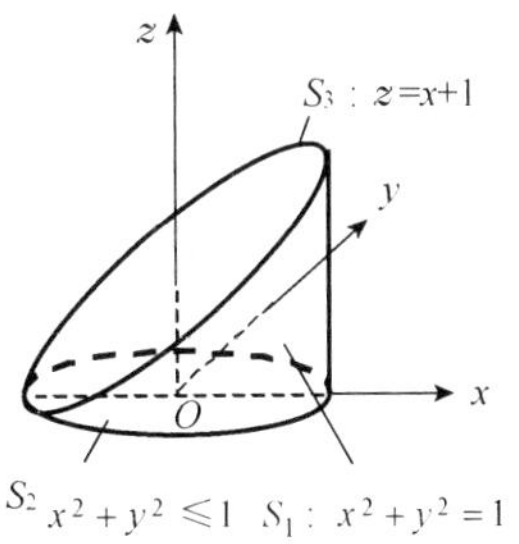

图 11.18

解 曲面 S 如图 11.18 所示. 曲面 $S_1:x^2+y^2=1$ 可表示成 $y=\pm\sqrt{1-x^2}$，它在 zOx 面上的投影区域

$$D_{zx}=\{(z,x)\mid -1\leqslant x\leqslant 1, 0\leqslant z\leqslant 1+x\},$$

$$y_z=0,\quad y_x=\mp\frac{x}{\sqrt{1-x^2}}.$$

这样有

$$\begin{aligned}\iint_{S_1} z\mathrm{d}S &= 2\iint_{D_{zx}} z\sqrt{1+y_z^2+y_x^2}\,\mathrm{d}\sigma=2\iint_{D_{zx}} z\frac{1}{\sqrt{1-x^2}}\mathrm{d}z\mathrm{d}x\\ &=2\int_{-1}^{1}\frac{\mathrm{d}x}{\sqrt{1-x^2}}\int_0^{1+x}z\mathrm{d}z=\int_{-1}^{1}\frac{(1+x)^2}{\sqrt{1-x^2}}\mathrm{d}x\\ &=2\int_0^1\frac{1+x^2}{\sqrt{1-x^2}}\mathrm{d}x=2\left(\arcsin x\Big|_0^1+\int_0^1\frac{x^2}{\sqrt{1-x^2}}\mathrm{d}x\right)\qquad(\text{令 } x=\sin t)\\ &=\pi+2\int_0^{\frac{\pi}{2}}\sin^2 t\mathrm{d}t=\pi+2\cdot\frac{1}{2}\cdot\frac{\pi}{2}=\frac{3\pi}{2}.\end{aligned}$$

曲面 S_2：位于 xOy 面上，故 $z=0$，于是有

$$\iint_{S_2} z\mathrm{d}S=\iint_{S_2} 0\mathrm{d}S=0.$$

曲面 S_3：平面 $z=x+1$ 的一部分，它在 xOy 面上的投影区域是圆域 $D_{xy}:x^2+y^2\leqslant 1$.

$$\mathrm{d}S=\sqrt{1+z_x+z_y}\,\mathrm{d}\sigma=\sqrt{1+1}\,\mathrm{d}\sigma=\sqrt{2}\mathrm{d}\sigma,$$

有

$$\begin{aligned}\iint_{S_3} z\mathrm{d}S &= \iint_{D_{xy}}(1+x)\sqrt{2}\mathrm{d}\sigma=\sqrt{2}\int_0^{2\pi}\mathrm{d}\theta\int_0^1(1+r\cos\theta)r\mathrm{d}r\\ &=\sqrt{2}\int_0^{2\pi}\left(\frac{1}{2}+\frac{1}{3}\cos\theta\right)\mathrm{d}\theta=\sqrt{2}\pi.\end{aligned}$$

于是

$$\iint_S z\mathrm{d}S=\iint_{S_1} z\mathrm{d}S+\iint_{S_2} z\mathrm{d}S+\iint_{S_3} z\mathrm{d}S=\frac{3}{2}\pi+0+\sqrt{2}\pi=\left(\frac{3}{2}+\sqrt{2}\right)\pi.$$

11.4.3 向量场的曲面积分

向量场的曲面积分的定义与向量场的曲线积分的定义完全类似. 向量场的曲线积分与曲线的方向有关,同样,向量场的曲面积分与曲面的方向也有关. 因而要讨论曲面的侧.

1. 曲面的侧与有向曲面

向量场的曲面积分与积分曲面上各点的法向量有关,因此可用法向量的指向来确定曲面的方向.

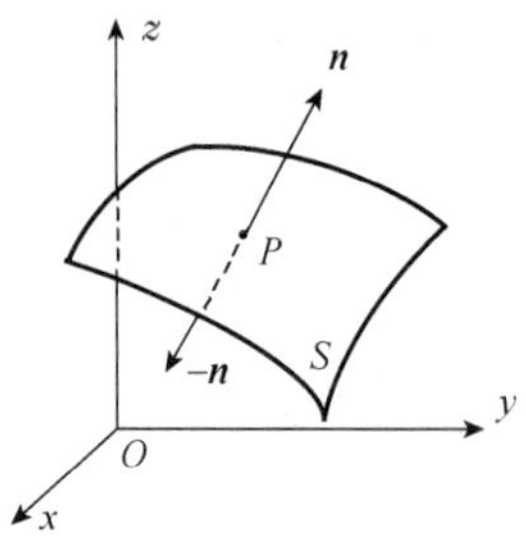

图 11.19

在光滑曲面 S 上任取一点 P,过点 P 的法向量有两个方向,选定一个方向,如 $\boldsymbol{n}$ 为法向量(图 11.19). 在曲面 S 上任取一条起自 P 点又回到 P 点的封闭的曲线,当动点 P 不越过边界沿着封闭的曲线连续地移动回到 P 点时,法向量 $\boldsymbol{n}$ 也连续地移动回到 P 点,且法向量的方向与始发时法向量的方向相同,称曲面 S 是**双侧曲面**,否则称曲面 S 是**单侧曲面**. 通常遇到的曲面都是双侧曲面. 默比乌斯带是单侧曲面的典型例子,将在 11.7.1 小节中介绍.

对于曲面 S 可由法向量来确定它的两侧,选定一个法向量就给定了曲面的一侧,用 $\boldsymbol{n}$ 表示;另一反向的法向量就给定了曲面的另一侧,用 $-\boldsymbol{n}$ 表示. 反之,给定曲面的侧,也确定曲面的法向量的指向. 我们把选定了侧的曲面就称为**有向曲面**.

有向曲面确定了它的侧 $\boldsymbol{n}$,那么另一侧 $-\boldsymbol{n}$ 也可确定. 例如,图 11.20 中,若这些曲面的上侧、右侧、前侧和外侧分别被确定,那么它们的另一侧下侧、左侧、后侧和内侧也分别被确定.

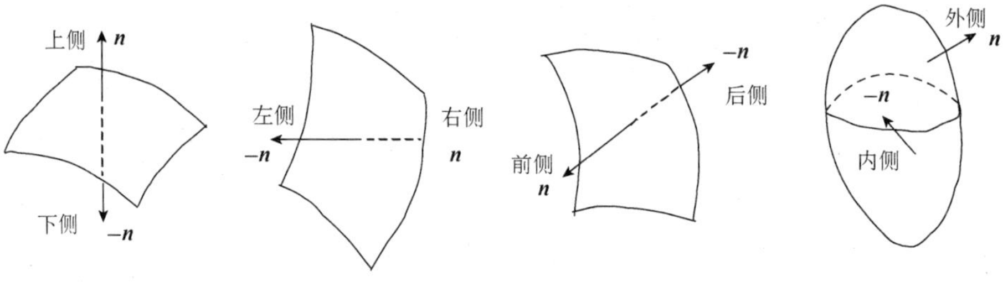

图 11.20

上面仅仅是从几何上来定有向曲面 S 的侧,现用分析的方法来确定有向曲面 S 的侧. 设曲面 S 由 $z=z(x,y)$,$(x,y)\in D$ 给定,$\boldsymbol{n}=\{-z_x,-z_y,+1\}$,$-\boldsymbol{n}=\{z_x,$

$z_y, -1\}$是两个法向量. 法向量的方向余弦分别是

$$\cos\alpha = \frac{-z_x}{\pm\sqrt{1+z_x^2+z_y^2}}, \quad \cos\beta = \frac{-z_y}{\pm\sqrt{1+z_x^2+z_y^2}}, \quad \cos\gamma = \frac{1}{\pm\sqrt{1+z_x^2+z_y^2}}.$$

可以通过分母$\sqrt{1+z_x^2+z_y^2}$前面的"±"号决定有向曲面的侧. 如果取"+"号, 法向量的方向余弦符号组是(−,−,+),这样 $\cos\gamma>0$,则 $\boldsymbol{n}$ 与 z 轴正向夹角为锐角,即 $\boldsymbol{n}$ 指向上方,这就确定了有向曲面 S 的**上侧**. 如果取"−"号,法向量的方向余弦符号组是(+,+,−),这样 $\cos\gamma<0$,则 $\boldsymbol{n}$ 与 z 轴正向夹角为钝角,即 $\boldsymbol{n}$ 指向下方,这就确定了有向曲面 S 的**下侧**.

2. 向量场的曲面积分(对坐标的曲面积分)

1) 流量问题

设有稳定流动(即流速与时间无关)的不可压缩流体(设密度 $\rho=1$)的速度场

$$\boldsymbol{v} = P(x,y,z)\boldsymbol{i} + Q(x,y,z)\boldsymbol{j} + R(x,y,z)\boldsymbol{k},$$

S 是在 $\boldsymbol{v}$ 场中的有向曲面,函数 P,Q,R 都在含 S 的某个空间区域上连续. 下面计算在单位时间内流向 S 指定侧的流体的质量,即流量 Φ.

把 S 分割成 n 个有向小曲面 S_i,它的面积为 $\Delta S_i(i=1,2,\cdots,n)$,在 S_i 上任取一点 P_i,$\boldsymbol{e}_n$ 是单位正法线向量. 以 $\boldsymbol{v}(P_i)$近似代替 S_i 上每一点的流速,用$\boldsymbol{v}(P_i)\cdot\boldsymbol{e}_n(P_i)\Delta S_i$(斜柱体体积,它等于同底等高以 $\boldsymbol{e}_n$ 为轴的柱体体积)与密度 $\rho(=1)$乘积表示流速场$\boldsymbol{v}(P_i)$单位时间通过小曲面 S_i 指定侧的流量近似值(图 11.21),即

$$\Delta\Phi_i \approx \rho\boldsymbol{v}(P_i)\cdot\boldsymbol{e}_n(P_i)\Delta S_i \quad (i=1,2,\cdots,n).$$

作和式,并取 $\lambda\to 0$ 的极限,便可以得到流体流向有向曲面 S 指定侧流量 Φ,即

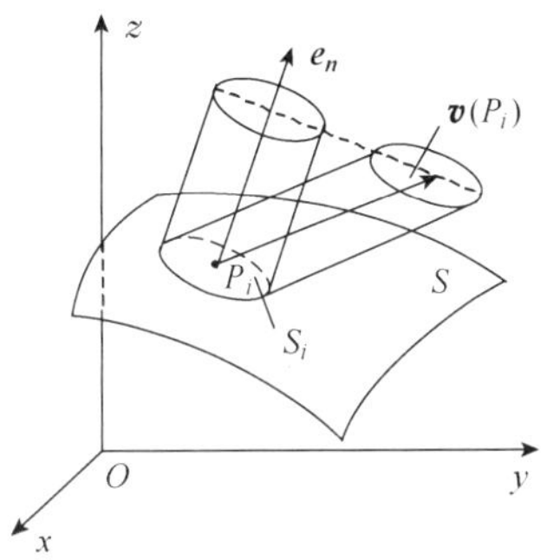

图 11.21

$$\Phi = \iint_S \boldsymbol{v}\cdot\boldsymbol{e}_n \mathrm{d}S.$$

若 $\Phi>0$,则流体流向 S 指定侧有正流量;若 $\Phi<0$,则流体流向 S 指定侧有反流量.

2) 向量场的曲面积分

定义 11.5 设 S 是有向曲面,其上任一点(x,y,z)处的单位法向量为 $\boldsymbol{e}_n$,$\boldsymbol{F}$ 是在包含 S 的某个区域上的连续的向量场,则**向量场 $\boldsymbol{F}$ 在有向曲面 $\boldsymbol{S}$ 上的曲面积分**(记作$\iint_S \boldsymbol{F}\cdot\mathrm{d}\boldsymbol{S}$)定义为函数 $\boldsymbol{F}\cdot\boldsymbol{e}_n$ 在曲面 S 上的曲面积分,即

$$\iint_S \boldsymbol{F} \cdot \mathrm{d}\boldsymbol{S} = \iint_S \boldsymbol{F} \cdot \boldsymbol{e}_n \mathrm{d}S. \tag{11.11}$$

向量场 $\boldsymbol{F}$ 在有向曲面 S 上的曲面积分又称为**第二类曲面积分**.

这里,我们要强调的是:

(1) 积分曲面 S 指定了单位法向量 $\boldsymbol{e}_n$,即指定了曲面 S 的侧,从而对有向曲面 S 进行了定向;

(2) 向量场 $\boldsymbol{F}$ 在有向曲面 S 上的曲面积分等于 $\boldsymbol{F}$ 在曲面 S 法向量 $\boldsymbol{n}$ 上的分量(投影 $(\boldsymbol{F})_n = \boldsymbol{F} \cdot \boldsymbol{e}_n$)对面积的曲面积分;

(3) 式(11.11)中被积函数 $\boldsymbol{F} \cdot \boldsymbol{e}_n$ 是数量函数,它是两个向量函数的数量积 .

下面我们给出曲面积分 $\iint_S \boldsymbol{F} \cdot \mathrm{d}\boldsymbol{S}$ 的坐标形式的表达式.

单位法向量 $\boldsymbol{e}_n$ 可以用方向余弦表示,即 $\boldsymbol{e}_n = \{\cos\alpha, \cos\beta, \cos\gamma\}$,则有

$$\mathrm{d}\boldsymbol{S} = \boldsymbol{e}_n \mathrm{d}S = \{\cos\alpha \mathrm{d}S, \cos\beta \mathrm{d}S, \cos\gamma \mathrm{d}S\},$$

称 $\cos\alpha \mathrm{d}S, \cos\beta \mathrm{d}S, \cos\gamma \mathrm{d}S$ 分别为有向曲面面积元素 $\mathrm{d}\boldsymbol{S}$ 在 yOz 面、zOx 面和 xOy 面上的投影,并分别记为 $\mathrm{d}y\mathrm{d}z, \mathrm{d}z\mathrm{d}x, \mathrm{d}x\mathrm{d}y$,则有 $\mathrm{d}\boldsymbol{S} = \{\mathrm{d}y\mathrm{d}z, \mathrm{d}z\mathrm{d}x, \mathrm{d}x\mathrm{d}y\}$. 把 $\boldsymbol{F}$ 表示成向量形式 $\boldsymbol{F} = P(x,y,z)\boldsymbol{i} + Q(x,y,z)\boldsymbol{j} + R(x,y,z)\boldsymbol{k}$,这样公式(11.11)可表示为

$$\boxed{\begin{aligned}\iint_S \boldsymbol{F} \cdot \mathrm{d}\boldsymbol{S} &= \iint_S [P(x,y,z)\cos\alpha + Q(x,y,z)\cos\beta + R(x,y,z)\cos\gamma]\mathrm{d}S \\ &= \iint_S P(x,y,z)\mathrm{d}y\mathrm{d}z + Q(x,y,z)\mathrm{d}z\mathrm{d}x + R(x,y,z)\mathrm{d}x\mathrm{d}y.\end{aligned}} \tag{11.12}$$

向量场在有向曲面 S 上的曲面积分可用式(11.12)右边形式表示,通常把向量场在有向曲面 S 上的曲面积分也称为**对坐标的曲面积分**(或**第二类曲面积分**). 把积分 $\iint_S P(x,y,z)\mathrm{d}y\mathrm{d}z$ 称为**函数 P 对坐标 y,z 的曲面积分**,积分 $\iint_S Q(x,y,z)\mathrm{d}z\mathrm{d}x$ 称为**函数 Q 对坐标 z,x 的曲面积分**,积分 $\iint_S R(x,y,z)\mathrm{d}x\mathrm{d}y$ 称为**函数 R 对坐标 x,y 的曲面积分**.

积分 $\iint_S \boldsymbol{F} \cdot \mathrm{d}\boldsymbol{S} = \iint_S P(x,y,z)\mathrm{d}y\mathrm{d}z + \iint_S Q(x,y,z)\mathrm{d}z\mathrm{d}x + \iint_S R(x,y,z)\mathrm{d}x\mathrm{d}y$ 又称为对三个坐标的曲面积分之和,故简称对坐标的曲面积分.

这里,我们要注意,对坐标 y,z 的曲面积分 $\iint_S P(x,y,z)\mathrm{d}y\mathrm{d}z$ 不能视为二重积分. 这是由于被积函数 $P(x,y,z)$ 是三元函数,$\mathrm{d}y\mathrm{d}z$ 是有向曲面面积元素 $\mathrm{d}\boldsymbol{S}$ 在

yOz 面上投影，而不是在 yOz 面上的面积元素. 它不是二重积分，但它可以化为二重积分计算，我们在下面进行讨论.

3）对坐标的曲面积分的计算

设有向曲面 S 由直角坐标 $z=z(x,y)$ 给出，且 $\boldsymbol{F}=P(x,y,z)\boldsymbol{i}+Q(x,y,z)\boldsymbol{j}+R(x,y,z)\boldsymbol{k}$ 在 S 上连续，由于 $\iint\limits_S \boldsymbol{F}\cdot d\boldsymbol{S}=\iint\limits_S P(x,y,z)dydz+\iint\limits_S Q(x,y,z)dzdx+\iint\limits_S R(x,y,z)dxdy$ 可分别对三个不同坐标的曲面积分计算，然后把它们相加.

R 对坐标 x,y 的曲面积分

$$\iint\limits_S R(x,y,z)dxdy=\iint\limits_S R(x,y,z)\cos\gamma dS,$$

有向曲面 $z=z(x,y)$ 的单位法向量

$$\boldsymbol{e}_n=\{\cos\alpha,\cos\beta,\cos\gamma\}=\pm\left\{\frac{-z_x}{\sqrt{1+z_x^2+z_y^2}},\frac{-z_y}{\sqrt{1+z_x^2+z_y^2}},\frac{1}{\sqrt{1+z_x^2+z_y^2}}\right\},$$

于是有 $\cos\gamma=\pm\dfrac{1}{\sqrt{1+z_x^2+z_y^2}}$，利用对面积的曲面积分计算

$$\begin{aligned}\iint\limits_S R(x,y,z)dxdy&=\iint\limits_S R(x,y,z)\cos\gamma dS\\&=\iint\limits_{D_{xy}} R[x,y,z(x,y)]\cdot\left[\pm\frac{1}{\sqrt{1+z_x^2+z_y^2}}\right]\sqrt{1+z_x^2+z_y^2}dxdy\\&=\pm\iint\limits_{D_{xy}} R[x,y,z(x,y)]dxdy.\end{aligned}$$

可以得到

$$\boxed{\iint\limits_S R(x,y,z)dxdy=\pm\iint\limits_{D_{xy}} R[x,y,z(x,y)]dxdy.}\tag{11.13}$$

当有向曲面 S 取上侧，$\cos\gamma>0$，公式中取正号；当有向曲面 S 取下侧，$\cos\gamma<0$，公式中取负号.

类似地讨论，可得

有向曲面 S：$x=x(y,z)$，则有 P 对坐标 y,z 的曲面积分

$$\boxed{\iint\limits_S P(x,y,z)dydz=\pm\iint\limits_{D_{yz}} P[x(y,z),y,z]dydz,}\tag{11.14}$$

当有向曲面 S 取前侧，取正号，后侧取负号.

有向曲面 S：$y=y(x,z)$，则有 Q 对坐标 x,z 的曲面积分

$$\iint_S Q(x,y,z)\mathrm{d}z\mathrm{d}x = \pm\iint_{D_{zx}} Q[x,y(x,z),z]\mathrm{d}z\mathrm{d}x, \tag{11.15}$$

当有向曲面 S 取右侧,取正号,左侧取负号.

对 $\iint_S R(x,y,z)\mathrm{d}x\mathrm{d}y$ 而言,说明如下:

(1) 若有向曲面 S 是母线平行 z 轴的柱面,则 $\iint_S R(x,y,z)\mathrm{d}x\mathrm{d}y=0$,这是因为有向曲面 S 在 xOy 面上的投影仅是一曲线,没有投影 D_{xy} 域(图 11.22).

(2) 若有向曲面 S 与平行 z 轴的直线交点有两个或两个以上(图 11.23),可把 S 分成有限块,分块计算后相加.

例 5　计算曲面积分 $\iint_S xyz\,\mathrm{d}x\mathrm{d}y$, S: $x^2+y^2+z^2=1$ 在 $x\geqslant 0, y\geqslant 0$ 部分的外侧(图 11.24).

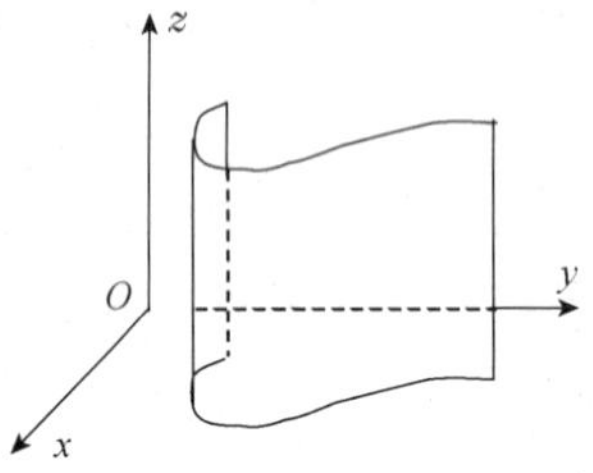

图 11.22

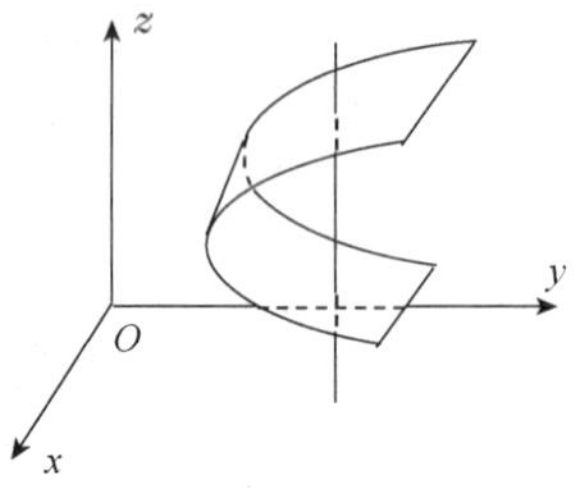

图 11.23

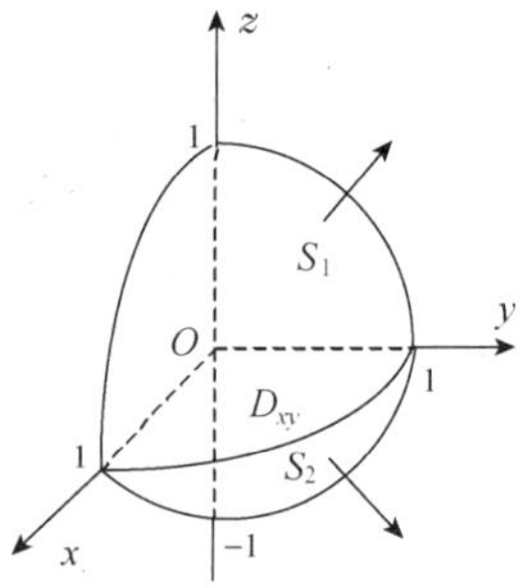

图 11.24

解　有向曲面 S 在 xOy 面上、下两部分的方程是

$$S_1: z=\sqrt{1-x^2-y^2},\quad \text{取上侧};$$

$$S_2: z=-\sqrt{1-x^2-y^2},\quad \text{取下侧};$$

$$D_{xy}=\{(x,y)\mid x^2+y^2\leqslant 1, x\geqslant 0, y\geqslant 0\}.$$

$$\begin{aligned}\iint_S xyz\,\mathrm{d}x\mathrm{d}y &= \iint_{S_1} xyz\,\mathrm{d}x\mathrm{d}y+\iint_{S_2} xyz\,\mathrm{d}x\mathrm{d}y\\ &= \iint_{D_{xy}} xy\sqrt{1-x^2-y^2}\,\mathrm{d}x\mathrm{d}y-\iint_{D_{xy}} xy(-\sqrt{1-x^2-y^2})\,\mathrm{d}x\mathrm{d}y\\ &= 2\iint_{D_{xy}} xy\sqrt{1-x^2-y^2}\,\mathrm{d}x\mathrm{d}y = 2\int_0^{\frac{\pi}{2}}\sin\theta\cos\theta\mathrm{d}\theta\int_0^1 r^3\sqrt{1-r^2}\,\mathrm{d}r\\ &= \sin^2\theta\Big|_0^{\frac{\pi}{2}}\cdot\frac{1}{2}\int_0^1 r^2\sqrt{1-r^2}\,\mathrm{d}(r^2)\qquad (\text{令 } t=\sqrt{1-r^2})\end{aligned}$$

$$=\int_0^1(1-t^2)t^2\mathrm{d}t=\frac{2}{15}.$$

例 6 计算 $I=\iint\limits_S x\mathrm{d}y\mathrm{d}z-3y\mathrm{d}z\mathrm{d}x+z\mathrm{d}x\mathrm{d}y$，其中 S：$3x+4y+12z=12$ 在第一卦限部分的下侧.

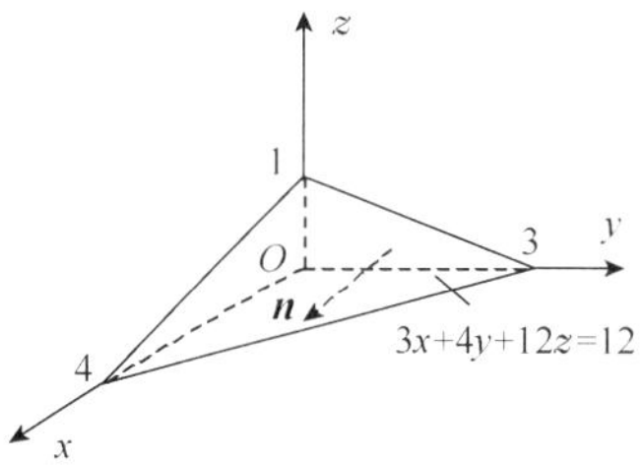

图 11.25

解 由于平面 S：$3x+4y+12z=12$，取它的下侧(图 11.25)，这样平面 S 的法线向量 $\boldsymbol{n}$ 与坐标轴 x,y,z 的夹角都是钝角，应取负号.

$$\iint\limits_S x\mathrm{d}y\mathrm{d}z-3y\mathrm{d}z\mathrm{d}x+z\mathrm{d}x\mathrm{d}y$$

$$=-\iint\limits_{D_{yz}}4\left(1-\frac{y}{3}-z\right)\mathrm{d}y\mathrm{d}z+3\iint\limits_{D_{zx}}3\left(1-z-\frac{x}{4}\right)\mathrm{d}z\mathrm{d}x$$

$$-\iint\limits_{D_{xy}}\left(1-\frac{x}{4}-\frac{y}{3}\right)\mathrm{d}x\mathrm{d}y$$

$$=-4\int_0^3\mathrm{d}y\int_0^{1-\frac{y}{3}}\left(1-\frac{y}{3}-z\right)\mathrm{d}z+9\int_0^4\mathrm{d}x\int_0^{1-\frac{x}{4}}\left(1-z-\frac{x}{4}\right)\mathrm{d}z$$

$$-\int_0^4\mathrm{d}x\int_0^{3\left(1-\frac{x}{4}\right)}\left(1-\frac{x}{4}-\frac{y}{3}\right)\mathrm{d}y$$

$$=-2\int_0^3\left(1-\frac{y}{2}\right)^2\mathrm{d}y+\frac{9}{2}\int_0^4\left(1-\frac{x}{4}\right)^2\mathrm{d}x-\frac{3}{2}\int_0^4\left(1-\frac{x}{4}\right)^2\mathrm{d}x$$

$$=2\left(1-\frac{y}{3}\right)^3\Bigg|_0^3-6\left(1-\frac{x}{4}\right)^3\Bigg|_0^4+2\left(1-\frac{x}{4}\right)^3\Bigg|_0^4$$

$$=-2+6-2=2.$$

当然，此题也可化为第一类曲面积分来计算. 平面 S：$3x+4y+12z=12$ 取下侧，其单位法向量 $\boldsymbol{e}_n=\{\cos\alpha,\cos\beta,\cos\gamma\}=\left\{-\frac{3}{13},-\frac{4}{13},-\frac{12}{13}\right\}$，于是

$$\iint\limits_S x\mathrm{d}y\mathrm{d}z-3y\mathrm{d}z\mathrm{d}x+z\mathrm{d}x\mathrm{d}y$$

$$=\iint\limits_S(x\cos\alpha-3y\cos\beta+z\cos\gamma)\mathrm{d}S$$

$$=\frac{1}{13}\iint\limits_S(-3x+12y-12z)\mathrm{d}S=\frac{1}{13}\iint\limits_S(16y-12)\mathrm{d}S$$

$$=\frac{4}{13}\iint\limits_{D_{xy}}(4y-3)\frac{1}{|\cos\gamma|}\mathrm{d}x\mathrm{d}y=\frac{1}{3}\iint\limits_{D_{xy}}(4y-3)\mathrm{d}x\mathrm{d}y$$

$$=\frac{1}{3}\int_0^3 \mathrm{d}y\int_0^{\frac{4}{3}(3-y)}(4y-3)\mathrm{d}x=\frac{4}{9}\int_0^3(4y-3)(3-y)\mathrm{d}y$$
$$=2.$$

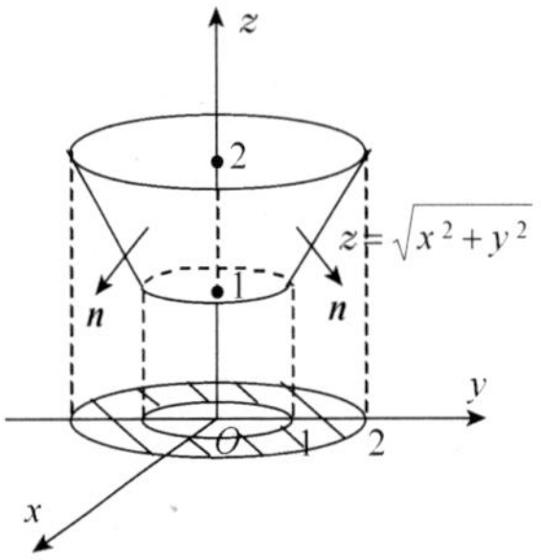

图 11.26

***例 7**　计算曲面积分$\iint\limits_S -y\mathrm{d}z\mathrm{d}x+\left(\frac{x^2}{z}+1\right)\mathrm{d}x\mathrm{d}y$，其中曲面 S：$z=\sqrt{x^2+y^2}\ (1\leqslant z\leqslant 2)$ 下侧.

解　由于有向曲面 S 用显式 $z=\sqrt{x^2+y^2}$ 表示，故可将所求曲面积分合一地转化为在 xOy 面上的二重积分. 曲面 S 在 xOy 面上的投影区域(图 11.26)

$$D_{xy}=\{(x,y)\mid 1\leqslant x^2+y^2\leqslant 4\},\quad z_y=\frac{y}{\sqrt{x^2+y^2}},$$

又曲面 S 取下侧，其单位法向量 $\boldsymbol{e}_n=\{\cos\alpha,\cos\beta,\cos\gamma\}=\left\{\frac{z_x}{\sqrt{1+z_x^2+z_y^2}},\frac{z_y}{\sqrt{1+z_x^2+z_y^2}},-\frac{1}{\sqrt{1+z_x^2+z_y^2}}\right\}$,

$$\iint\limits_S(-y)\mathrm{d}z\mathrm{d}x+\left(\frac{x^2}{z}+1\right)\mathrm{d}x\mathrm{d}y$$
$$=\iint\limits_S\left[(-y)\cos\beta+\left(\frac{x^2}{z}+1\right)\cos\gamma\right]\mathrm{d}S=\iint\limits_S\left[(-y)\frac{\cos\beta}{\cos\gamma}+\left(\frac{x^2}{z}+1\right)\right]\cos\gamma\mathrm{d}S$$
$$=\iint\limits_S\left[-y(-z_y)+\frac{x^2}{z}+1\right]\mathrm{d}x\mathrm{d}y=-\iint\limits_{D_{xy}}\left[-y(-z_y)+\frac{x^2}{\sqrt{x^2+y^2}}+1\right]\mathrm{d}x\mathrm{d}y$$
$$=-\iint\limits_{D_{xy}}\left(\frac{y^2}{\sqrt{x^2+y^2}}+\frac{x^2}{\sqrt{x^2+y^2}}+1\right)\mathrm{d}x\mathrm{d}y=-\iint\limits_{D_{xy}}(\sqrt{x^2+y^2}+1)\mathrm{d}x\mathrm{d}y$$
$$=-\left[\int_0^{2\pi}\mathrm{d}\theta\int_1^2 r^2\mathrm{d}r+\pi(4-1)\right]=-\left(\frac{2\pi}{3}\cdot 7+3\pi\right)=-\frac{23}{3}\pi.$$

习题 11.4(A)

1. 求下列曲面的曲面面积：

(1) 平面 $x+2y+z=4$ 被圆柱面 $x^2+y^2=4$ 所截得部分；

(2) 抛物面 $x=y^2+z^2$ 被圆柱面 $y^2+z^2=9$ 所截得部分.

2. 求锥面 $z=\sqrt{x^2+y^2}$ 被柱面 $z^2=2x$ 所割下部分的曲面面积.

3. 求抛物面壳 $z=\frac{1}{2}(x^2+y^2)(0\leqslant z\leqslant 1)$ 的表面积.

4. 圆锥面 $z=\sqrt{x^2+y^2}\ (1\leqslant z\leqslant 4)$ 的漏斗，其密度 $\rho=10-z$，求漏斗的质量.

5. 求密度 $\rho=z$ 的抛物面壳 $z=\frac{1}{2}(x^2+y^2)(0\leqslant z\leqslant 1)$ 的质量.

6. 计算下列曲面积分：

(1) $\iint\limits_S y\mathrm{d}S$,其中 S 是平面 $3x+2y+z=6$ 在第一卦限的部分；

(2) $\iint\limits_S (y^2+z^2)\mathrm{d}S$,其中 S 是 $x=4-y^2-z^2, x\geqslant 0$；

(3) $\iint\limits_S xy\mathrm{d}S$,其中 S 是由圆柱面 $x^2+z^2=1$,平面 $y=0$ 和 $x+y=2$ 所围成立体区域的整个边界面；

(4) $\iint\limits_S (x^2y+z^2)\mathrm{d}S$,其中 S 是在平面 $z=0$ 和 $z=2$ 之间的圆柱面 $x^2+y^2=9$.

7. 计算 $\iint\limits_S (z^2-2x^2-2y^2)\mathrm{d}S$,$S$ 是圆锥面 $z=\sqrt{3(x^2+y^2)}$ 被柱面 $x^2+y^2=2y$ 截下的部分.

8. 计算下列曲面积分：

(1) $\iint\limits_S x^2y^2z\mathrm{d}x\mathrm{d}y$,其中 S 是球面 $x^2+y^2+z^2=R^2$ 的下半部分的下侧；

(2) $\iint\limits_S z^2\mathrm{d}y\mathrm{d}z$,其中 S 是平面 $x+y+z=1$ 位于第一卦限部分的上侧；

(3) $\iint\limits_S \dfrac{\mathrm{e}^z\mathrm{d}x\mathrm{d}y}{\sqrt{x^2+y^2}}$,其中 S 是锥面 $z=\sqrt{x^2+y^2}$ 及平面 $z=1, z=2$ 所围成立体表面的外侧.

*9. 已知向量场 $\boldsymbol{F}(x,y,z)=-x\boldsymbol{i}-y\boldsymbol{j}+z^2\boldsymbol{k}$,有向曲面 S 是锥面 $z=\sqrt{x^2+y^2}$,$1\leqslant z\leqslant 2$ 的上侧,计算曲面积分 $\iint\limits_S \boldsymbol{F}\cdot\mathrm{d}\boldsymbol{S}$.

习题 11.4(B)

1. 设一高度为 $h(t)$(t 为时间)的雪堆在融化过程中,其侧面满足方程 $z=h(t)-\dfrac{2(x^2+y^2)}{h(t)}$(长度单位为 cm,时间单位为 h),已知体积减少的速率与侧面积成正比(比例系数为 0.9),问高度为 130cm 的雪堆,全部融化需要多少小时?

2. 求柱面 $x^2+y^2=ax(a>0)$ 被球面 $x^2+y^2+z^2=a^2$ 所截部分的曲面面积.

3. 计算曲面积分 $\iint\limits_S x(y-z)\mathrm{d}y\mathrm{d}z+z(x-y)\mathrm{d}x\mathrm{d}y$,其中 S 是圆柱面 $y^2+z^2=1, 0\leqslant x\leqslant 2$ 的外侧.

4. 设 P 为椭球面 $S: x^2+y^2+z^2-yz=1$ 上的动点,若 S 在点 P 处的切平面与 xOy 面垂直,求点 P 的轨迹 C,并计算曲面积分 $I=\iint\limits_\Sigma \dfrac{(x+\sqrt{3})\,|y-2z|}{\sqrt{4+y^2+z^2-4yz}}\mathrm{d}S$,其中 Σ 是椭球面 S 位于曲线 C 上方的部分.(研 2010)

5. 设 S 为椭球面 $\dfrac{x^2}{2}+\dfrac{y^2}{2}+z^2=1$ 的上半部分,点 $P(x,y,z)\in S$,Π 为 S 在点 P 处的切平面,$\rho(x,y,z)$ 为点 $O(0,0,0)$ 到平面 Π 的距离,求 $\iint\limits_S \dfrac{z}{\rho(x,y,z)}\mathrm{d}S$.(研 1999)

6. 计算曲面积分$\iint\limits_S \frac{x\mathrm{d}y\mathrm{d}z+z^2\mathrm{d}x\mathrm{d}y}{x^2+y^2+z^2}$,其中 S 是由曲面 $x^2+y^2=R^2$ 及两平面 $z=R, z=-R(R>0)$ 所围成立体表面的外侧.(研 1994)

11.5　奥-高公式、通量和散度

11.5.1　奥-高公式[①]

格林公式给出了平面区域上的二重积分与围成该区域的封闭边界曲线上的曲线积分之间的关系,而下面要介绍的奥-高公式则表示空间闭区域上的三重积分与围成该空间的封闭边界曲面上的曲面积分之间的关系.

定理 11.4(奥-高定理)　设空间闭区域 Ω 是由光滑或分片光滑的有向闭曲面 S 所围成,函数 $P(x,y,z)$,$Q(x,y,z)$,$R(x,y,z)$及其偏导数在 Ω 上连续,则

$$\iiint\limits_{\Omega}\left(\frac{\partial P}{\partial x}+\frac{\partial Q}{\partial y}+\frac{\partial R}{\partial z}\right)\mathrm{d}v=\oiint\limits_{S}P\mathrm{d}y\mathrm{d}z+Q\mathrm{d}z\mathrm{d}x+R\mathrm{d}x\mathrm{d}y \tag{11.16}$$

或

$$\iiint\limits_{\Omega}\left(\frac{\partial P}{\partial x}+\frac{\partial Q}{\partial y}+\frac{\partial R}{\partial z}\right)\mathrm{d}v=\oiint\limits_{S}(P\cos\alpha+Q\cos\beta+R\cos\gamma)\mathrm{d}S \tag{11.16'}$$

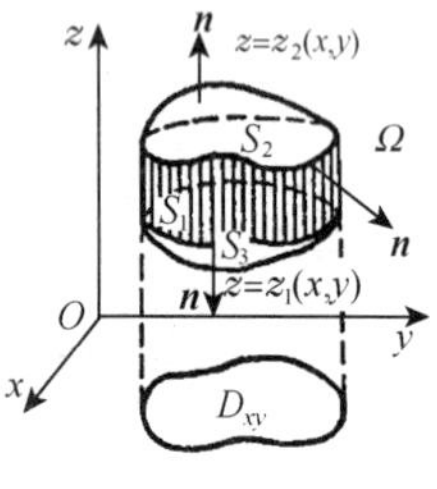

图 11.27

其中曲面 S 取 Ω 的整个边界曲面的外侧;$\cos\alpha,\cos\beta,\cos\gamma$ 是曲面 S 上点(x,y,z)处的正法向的方向余弦. 公式(11.16)称为奥-高公式.

证　首先证明在下面的情况下定理成立.

设平行三个坐标轴的直线与曲面 S 都至多有两个交点(母线平行坐标轴的曲面 S 的侧面除外). 设空间闭区域 Ω 是由定义在 xOy 面区域 D_{xy} 上的光滑的曲面 $S_1: z=z_1(x,y)$(取下侧),$S_2: z=z_2(x,y)$$(z_1(x,y)\leqslant z_2(x,y))$(取上侧)以及 S_3:母线平行坐标轴 z 的柱面(取外侧)所围成(图 11.27). 那么,三重积分

$$\begin{aligned}\iiint\limits_{\Omega}\frac{\partial R}{\partial z}\mathrm{d}v&=\iint\limits_{D_{xy}}\mathrm{d}x\mathrm{d}y\int_{z_1(x,y)}^{z_2(x,y)}\frac{\partial R}{\partial z}\mathrm{d}z=\iint\limits_{D_{xy}}R(x,y,z)\Big|_{z_1(x,y)}^{z_2(x,y)}\mathrm{d}x\mathrm{d}y\\&=\iint\limits_{D_{xy}}\{R[x,y,z_2(x,y)]-R[x,y,z_1(x,y)]\}\mathrm{d}x\mathrm{d}y,\end{aligned} \tag{11.17}$$

而曲面积分

---

① 奥-高公式是奥斯特洛格拉斯基-高斯公式的简称. 奥斯特洛格拉斯基(Остроградский,1801—1861),俄国数学家.

$$\oiint_S R\mathrm{d}x\mathrm{d}y = \iint_{S_1} R\mathrm{d}x\mathrm{d}y + \iint_{S_2} R\mathrm{d}x\mathrm{d}y + \iint_{S_3} R\mathrm{d}x\mathrm{d}y,$$

其中曲面 S_3 是母线平行坐标轴 z 的柱面，它在 xOy 面上的投影是 D_{xy} 域的边界曲线，因而有

$$\iint_{S_3} R\mathrm{d}x\mathrm{d}y = 0,$$

S_1 取下侧，应取－号；S_2 取上侧，应取＋号. 这样

$$\begin{aligned}\oiint_S R\mathrm{d}x\mathrm{d}y &= -\iint_{D_{xy}} R[x,y,z_1(x,y)]\mathrm{d}x\mathrm{d}y + \iint_{D_{xy}} R[x,y,z_2(x,y)]\mathrm{d}x\mathrm{d}y \\ &= \iint_{D_{xy}} \{R[x,y,z_2(x,y)] - R[x,y,z_1(x,y)]\}\mathrm{d}x\mathrm{d}y. \qquad (11.18)\end{aligned}$$

比较式(11.17)与式(11.18)，可得

$$\iiint_\Omega \frac{\partial R}{\partial z}\mathrm{d}v = \oiint_S R\mathrm{d}x\mathrm{d}y.$$

同理可证

$$\iiint_\Omega \frac{\partial P}{\partial x}\mathrm{d}v = \oiint_S P\mathrm{d}y\mathrm{d}z, \quad \iiint_\Omega \frac{\partial Q}{\partial y}\mathrm{d}v = \oiint_S Q\mathrm{d}z\mathrm{d}x.$$

将以上三式相加后，就是奥-高公式

$$\iiint_\Omega \left(\frac{\partial P}{\partial x} + \frac{\partial Q}{\partial y} + \frac{\partial R}{\partial z}\right)\mathrm{d}v = \oiint_S P\mathrm{d}y\mathrm{d}z + Q\mathrm{d}z\mathrm{d}x + R\mathrm{d}x\mathrm{d}y.$$

其次，当有向闭曲面 S 所围成空间闭区域 Ω 不满足前面所述条件时，可以引进若干个辅助面，把 Ω 分割成有限个满足条件的闭区域(图 11.28)，分别在每个闭区域利用奥-高公式计算，然后相加. 图 11.28 中的辅助曲面 S'，在它的两侧的曲面积分绝对值相同，符号相反，相加时恰好抵消，因而公式(11.16)仍然是正确的.

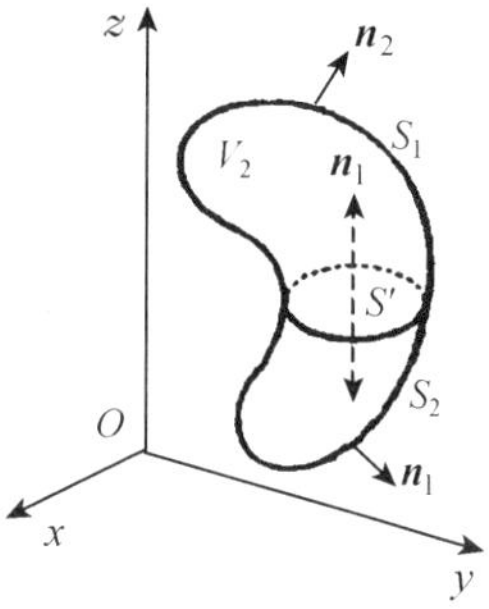

图 11.28

令 $P=x, Q=y, R=z$，由公式(11.16)可得

$$3\iiint_\Omega \mathrm{d}v = \oiint_S x\mathrm{d}y\mathrm{d}z + y\mathrm{d}z\mathrm{d}x + z\mathrm{d}x\mathrm{d}y.$$

这样，空间 Ω 域的体积 V 可用曲面积分表示

$$V = \frac{1}{3}\oiint_S x\mathrm{d}y\mathrm{d}z + y\mathrm{d}z\mathrm{d}x + z\mathrm{d}x\mathrm{d}y.$$

例 1 计算 $I = \iint_S -y\mathrm{d}z\mathrm{d}x + (z+1)\mathrm{d}x\mathrm{d}y$，其中曲面 S 是圆柱面 $x^2+y^2=4$ 被平面 $x+z=2$ 和 $z=0$ 所截出部分的外侧.

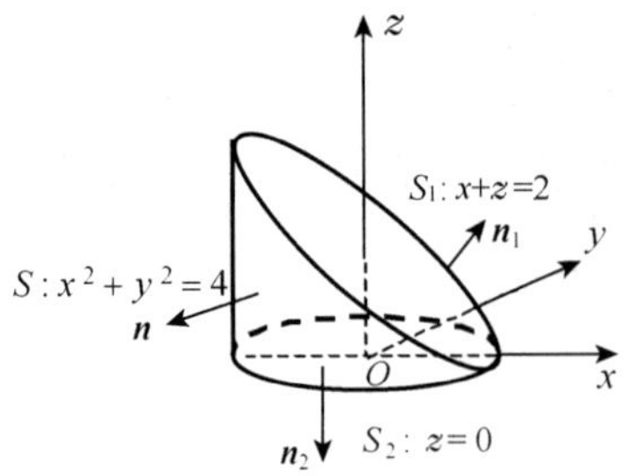

图 11.29

解　添加平面 $S_1: x+z=2$(上侧)和平面 $S_2: z=0$(下侧),使之与曲面 S(外侧)围成空间 Ω 域,取 Ω 的整个边界曲面的外侧(图 11.29). 平面 S_1 和 S_2 在 zOx 面上的投影都是一直线,因此对坐标 z,x 的曲面积分为 0,平面 S_1 和 S_2 在 xOy 面上的投影区域

$$D_{xy}=\{(x,y)\mid x^2+y^2\leqslant 4\}.$$

利用奥-高公式(11.16)计算曲面积分

$$\begin{aligned}I&=\iint_S(-y)\mathrm{d}z\mathrm{d}x+(z+1)\mathrm{d}x\mathrm{d}y\\&=\oiint_{S+S_1+S_2}(-y)\mathrm{d}z\mathrm{d}x+(z+1)\mathrm{d}x\mathrm{d}y-\iint_{S_1}(-y)\mathrm{d}z\mathrm{d}x+(z+1)\mathrm{d}x\mathrm{d}y\\&\quad-\iint_{S_2}(-y)\mathrm{d}z\mathrm{d}x+(z+1)\mathrm{d}x\mathrm{d}y\\&=\iiint_\Omega(-1+1)\mathrm{d}v-\iint_{D_{xy}}(3-x)\mathrm{d}x\mathrm{d}y+\iint_{D_{xy}}\mathrm{d}x\mathrm{d}y\\&=-\int_0^{2\pi}\mathrm{d}\theta\int_0^2(3-r\cos\theta)r\mathrm{d}r+4\pi\\&=-2\pi\cdot\frac{3}{2}r^2\Big|_0^2+4\pi=-8\pi.\end{aligned}$$

例 2　试用奥-高公式计算

$$I=\iint_S(x^2\cos\alpha+y^2\cos\beta+z^2\cos\gamma)\mathrm{d}S,$$

其中 $S: x^2+y^2=z(0\leqslant z\leqslant h)$,$\cos\alpha,\cos\beta,\cos\gamma$ 是曲面 S 的下侧法线的方向余弦.

解　添加一有向平面 $S_1: z=h(x^2+y^2\leqslant h)$ 上侧,它与旋转抛物面 $S: x^2+y^2=z(0\leqslant z\leqslant h)$ 一起围成空间域 Ω. 取 Ω 的整个边界曲面的外侧,利用奥-高公式进行曲面积分计算. 令 D 为 Ω 域在 xOy 面上投影,区域 $D=\{(x,y)\mid x^2+y^2\leqslant h\}$(图 11.30). 我们在 11.4.3 小节中已知道,有向曲面面积元素

$$\begin{aligned}\mathrm{d}\boldsymbol{S}&=\boldsymbol{e}_n\mathrm{d}S=\{\cos\alpha\mathrm{d}S,\cos\beta\mathrm{d}S,\cos\gamma\mathrm{d}S\}\\&=\{\mathrm{d}y\mathrm{d}z,\mathrm{d}z\mathrm{d}x,\mathrm{d}x\mathrm{d}y\}.\end{aligned}$$

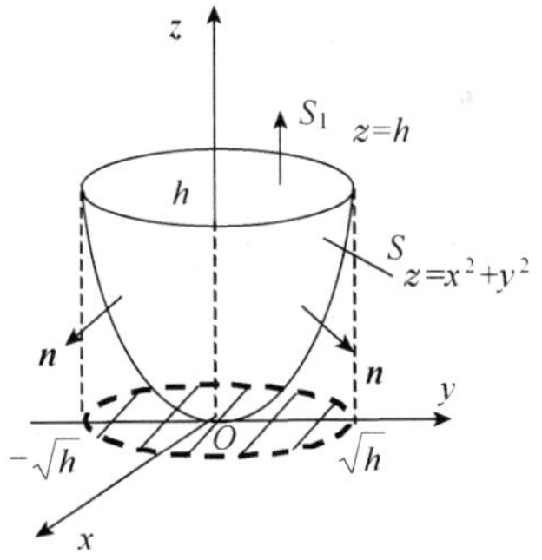

图 11.30

这样,由公式(11.16′)计算曲面积分

$$\iint_S (x^2\cos\alpha + y^2\cos\beta + z^2\cos\gamma)\mathrm{d}S$$

$$= \oiint_{S+S_1} x^2\mathrm{d}y\mathrm{d}z + y^2\mathrm{d}z\mathrm{d}x + z^2\mathrm{d}x\mathrm{d}y - \iint_{S_1} x^2\mathrm{d}y\mathrm{d}z + y^2\mathrm{d}z\mathrm{d}x + z^2\mathrm{d}x\mathrm{d}y$$

$$= \iiint_\Omega 2(x+y+z)\mathrm{d}v - \iint_D h^2\mathrm{d}x\mathrm{d}y = 2\iiint_\Omega z\mathrm{d}v - h^2\pi h$$

$$= 2\int_0^{2\pi}\mathrm{d}\theta\int_0^{\sqrt{h}} r\mathrm{d}r\int_{r^2}^h z\mathrm{d}z - h^2\pi h$$

$$= \int_0^{2\pi}\mathrm{d}\theta\int_0^{\sqrt{h}} r(h^2 - r^4)\mathrm{d}r - \pi h^3 = 2\pi\left(\frac{1}{2}h^2r^2 - \frac{1}{6}r^6\right)\Big|_0^{\sqrt{h}} - \pi h^3$$

$$= \left(\frac{2}{3} - 1\right)\pi h^3 = -\frac{1}{3}\pi h^3.$$

例 3　计算曲面积分

$$\iint_S (x^3 - y)\mathrm{d}y\mathrm{d}z + (x + y^3)\mathrm{d}z\mathrm{d}x + z\mathrm{d}x\mathrm{d}y,$$

其中曲面 $S: z = 2 - \sqrt{x^2+y^2}$ $(1 \leqslant z \leqslant 2)$ 下侧.

解　这里曲面 S 不是封闭的曲面，为了使用奥-高公式，补上一张平面 $S_1: z = 1(x^2+y^2 \leqslant 1)$ 取上侧，使 S 和 S_1 合成一封闭曲面，它所围成空间域 Ω，取 Ω 的整个边界曲面的内侧(图 11.31)，Ω 域在 xOy 面上投影的区域是

$$D = \{(x,y) \mid x^2 + y^2 \leqslant 1\}.$$

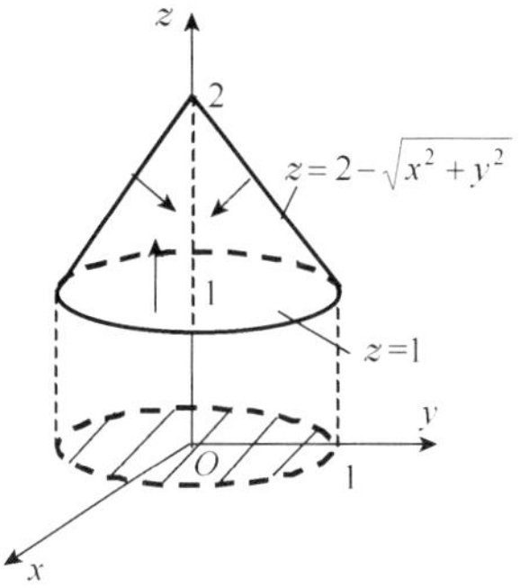

图 11.31

由公式(11.16)，曲面积分

$$\iint_S (x^3 - y)\mathrm{d}y\mathrm{d}z + (x + y^3)\mathrm{d}z\mathrm{d}x + z\mathrm{d}x\mathrm{d}y$$

$$= \oiint_{S+S_1} (x^3 - y)\mathrm{d}y\mathrm{d}z + (x + y^3)\mathrm{d}z\mathrm{d}x + z\mathrm{d}x\mathrm{d}y$$

$$- \iint_{S_1} (x^3 - y)\mathrm{d}y\mathrm{d}z + (x + y^3)\mathrm{d}z\mathrm{d}x + z\mathrm{d}x\mathrm{d}y$$

$$= -\iiint_\Omega [3(x^2 + y^2) + 1]\mathrm{d}v - \iint_D \mathrm{d}x\mathrm{d}y$$

$$= -\int_1^2\mathrm{d}z\int_0^{2\pi}\mathrm{d}\theta\int_0^{2-z}(3r^2+1)r\mathrm{d}r - \pi$$

$$= -2\pi\int_1^2\left[\frac{3}{4}(2-z)^4 + \frac{1}{2}(2-z)^2\right]\mathrm{d}z - \pi$$

$$= 2\pi\left[\frac{3}{20}(2-z)^5+\frac{1}{6}(2-z)^3\right]\Big|_1^2-\pi=-\frac{49}{30}\pi.$$

11.5.2 通量和散度

设有流体的速度场(稳定、不可压缩 $\rho=1$) $\boldsymbol{v}=P(x,y,z)\boldsymbol{i}+Q(x,y,z)\boldsymbol{j}+R(x,y,z)\boldsymbol{k}$,其中 P,Q 和 R 在包含有一光滑有向曲面 S 的空间区域上具有一阶连续偏导数. 由 11.4.2 小节可知,在单位时间内,流体的速度场流 $\boldsymbol{v}$ 通过有向曲面 S 指定侧的流量 Φ 是

$$\Phi=\iint_S \boldsymbol{v}\cdot\boldsymbol{e}_n\mathrm{d}S=\iint_S P\,\mathrm{d}y\mathrm{d}z+Q\mathrm{d}z\mathrm{d}x+R\mathrm{d}x\mathrm{d}y,$$

其中 $\boldsymbol{e}_n$ 是有向曲面 S 的单位法线向量.

如果 S 是有向闭曲面,取外侧,$\Phi=\oiint_S \boldsymbol{v}\cdot\boldsymbol{e}_n\mathrm{d}S$ 表示在单位时间内,通过有向闭曲面 S 指定侧的流量. 因通过曲面 S 流量 Φ 是流出量与流入量之差,所以对于通过曲面 S 流量 Φ 有三种情况:

(1) $\Phi>0$,即流出量大于流入量,这时称曲面 S 内有"源";

(2) $\Phi<0$,即流出量小于流入量,这时称曲面 S 内有"汇";

(3) $\Phi=0$,即流出量等于流入量,这时称曲面 S 内可能既无"源"也无"汇",也可能既有"源"也有"汇","源"和"汇"的流量互相抵消.

一般地,设向量场

$$\boldsymbol{F}=P(x,y,z)\boldsymbol{i}+Q(x,y,z)\boldsymbol{j}+R(x,y,z)\boldsymbol{k},$$

其中 P,Q 和 R 具有一阶连续偏导数,则有曲面积分

$$\begin{aligned}\Phi&=\iint_S \boldsymbol{F}\cdot\mathrm{d}\boldsymbol{S}=\iint_S \boldsymbol{F}\cdot\boldsymbol{e}_n\mathrm{d}S\\&=\iint_S P(x,y,z)\mathrm{d}y\mathrm{d}z+Q(x,y,z)\mathrm{d}z\mathrm{d}x+R(x,y,z)\mathrm{d}x\mathrm{d}y,\end{aligned}$$

称 Φ 为**向量场 $\boldsymbol{F}$ 通向曲面 S 指定侧的通量**.

设 $\boldsymbol{F}=P(x,y,z)\boldsymbol{i}+Q(x,y,z)\boldsymbol{j}+R(x,y,z)\boldsymbol{k}$ 是一向量场,且 P,Q 和 R 具有一阶连续偏导数,则称

$$\frac{\partial P}{\partial x}+\frac{\partial Q}{\partial y}+\frac{\partial R}{\partial z}$$

为**向量场 $\boldsymbol{F}$ 的散度**,记作 $\mathrm{div}\boldsymbol{F}$,即

$$\boxed{\mathrm{div}\boldsymbol{F}=\frac{\partial P}{\partial x}+\frac{\partial Q}{\partial y}+\frac{\partial R}{\partial z}.}\tag{11.19}$$

这里要注意,在空间 Ω 域内定义的向量场上每一点处的散度都是数量,因此定义

了在空间 Ω 中一数量场，即散度场.

例 4 已知向量场 $\boldsymbol{A}=(x+y)^2\boldsymbol{i}+yz\boldsymbol{j}+xz\boldsymbol{k}$，计算 $\mathrm{div}\boldsymbol{A}$ 和在点 $M_0(1,0,1)$ 的散度.

解 设 $P(x,y,z)=(x+y)^2$，$Q(x,y,z)=yz$，$R(x,y,z)=xz$，

$$\frac{\partial P}{\partial x}=2(x+y),\quad \frac{\partial Q}{\partial y}=z,\quad \frac{\partial R}{\partial z}=x.$$

由公式(11.19)可得

$$\mathrm{div}\boldsymbol{A}=3x+2y+z,$$

在点 $M_0(1,0,1)$ 的散度为

$$\mathrm{div}\boldsymbol{A}(M_0)=(3x+2y+z)\big|_{(1,0,1)}=3+1=4.$$

散度还有另一种表达式. 设向量场 $\boldsymbol{F}$，场中有包含 M 点的有向闭曲面 S，闭曲面 S 所围成空间 Ω 域的体积是 V，当 $\Omega\to M$（曲面 S 收缩为一点）时，通向有向闭曲面外侧的平均通量的极限称为向量场 $\boldsymbol{F}$ 在 $\boldsymbol{M}$ 点的散度，即

$$\mathrm{div}\boldsymbol{F}(M)=\lim_{\Omega\to M}\frac{\oint\!\!\!\oint_S \boldsymbol{F}\cdot\boldsymbol{e}_n\mathrm{d}S}{V}.$$

这里，可以看到散度是通量对体积的变化率.

利用奥-高公式和三重积分的中值定理可以证明散度两种表达式是一致的. 事实上，

$$\begin{aligned}\mathrm{div}\boldsymbol{F}(M)&=\lim_{\Omega\to M}\frac{\oint\!\!\!\oint_S \boldsymbol{F}\cdot\boldsymbol{e}_n\mathrm{d}S}{V}=\lim_{\Omega\to M}\frac{\oint\!\!\!\oint_S P\,\mathrm{d}y\mathrm{d}z+Q\mathrm{d}z\mathrm{d}x+R\mathrm{d}x\mathrm{d}y}{V}\\&=\lim_{\Omega\to M}\frac{1}{V}\iiint_\Omega\left(\frac{\partial P}{\partial x}+\frac{\partial Q}{\partial y}+\frac{\partial R}{\partial z}\right)\mathrm{d}V=\lim_{\Omega\to M}\frac{1}{V}\left(\frac{\partial P}{\partial x}+\frac{\partial Q}{\partial y}+\frac{\partial R}{\partial z}\right)\bigg|_{M^*}\cdot V\\&=\left(\frac{\partial P}{\partial x}+\frac{\partial Q}{\partial y}+\frac{\partial R}{\partial z}\right)\bigg|_{M},\end{aligned}$$

其中 $M^*\in\Omega$，当 $\Omega\to M$ 时，$M^*\to M$. 上式与公式(11.19)是一致的.

向量场 $\boldsymbol{F}$ 的散度可用微分算符表示

$$\mathrm{div}\boldsymbol{F}=\nabla\cdot\boldsymbol{F}$$

其中微分算符 $\nabla=\frac{\partial}{\partial x}\boldsymbol{i}+\frac{\partial}{\partial y}\boldsymbol{j}+\frac{\partial}{\partial z}\boldsymbol{k}$，称 ∇ 为 Nabla 算子或 Hamilton 算子.

利用散度，奥-高公式可以表示为

$$\iiint_\Omega \mathrm{div}\boldsymbol{F}\mathrm{d}v=\oint\!\!\!\oint_S P\,\mathrm{d}y\mathrm{d}z+Q\mathrm{d}z\mathrm{d}x+R\mathrm{d}x\mathrm{d}y,$$

或

$$\iiint_\Omega \mathrm{div}\boldsymbol{F}\mathrm{d}v=\oint\!\!\!\oint_S \boldsymbol{F}\cdot\mathrm{d}\boldsymbol{S}=\oint\!\!\!\oint_S \boldsymbol{F}\cdot\boldsymbol{e}_n\mathrm{d}S.$$

如果向量场是流体的速度场 $\boldsymbol{v}(M)$：

(1) 若 $\mathrm{div}\boldsymbol{v}(M)>0$，$M$ 点是“源”，它的值表示源的强度；

(2) 若 $\mathrm{div}\boldsymbol{v}(M)<0$，$M$ 点是“汇”，它的值表示汇的强度；

(3) 若 $\mathrm{div}\boldsymbol{v}(M)=0$，$M$ 点既不是“源”，又不是“汇”.

例 5　设在坐标原点有点电荷 q，它所产生的静电场的电场强度为 $\boldsymbol{E}$，在场中任一点 $P(x,y,z)$(除原点外)处，$\boldsymbol{E}=\dfrac{q}{r^2}\boldsymbol{e}_r$，其中 $r=\sqrt{x^2+y^2+z^2}$ 是 P 点到原点 O 的距离，$\boldsymbol{e}_r$ 表示位置向量 $\boldsymbol{r}$ 的单位向量，试求(1) 电场强度 $\boldsymbol{E}$ 在点 P 的散度；(2)通过以原点为中心、半径为 R 的球面向外侧的电通量.

解　(1) 已知　$\boldsymbol{E}=\dfrac{q}{r^2}\boldsymbol{e}_r=\dfrac{q}{r^3}(x\boldsymbol{i}+y\boldsymbol{j}+z\boldsymbol{k})$，

$$\begin{aligned}\mathrm{div}\boldsymbol{E}&=\frac{\partial}{\partial x}\left(\frac{q}{r^3}x\right)+\frac{\partial}{\partial y}\left(\frac{q}{r^3}y\right)+\frac{\partial}{\partial z}\left(\frac{q}{r^3}z\right)\\&=\frac{q}{r^3}+qx\left(-\frac{3}{r^4}\right)\frac{\partial r}{\partial x}+\frac{q}{r^3}+qy\left(-\frac{3}{r^4}\right)\frac{\partial r}{\partial y}+\frac{q}{r^3}+qz\left(-\frac{3}{r^4}\right)\frac{\partial r}{\partial z}\\&=\frac{3q}{r^3}-\frac{3q}{r^4}\left(\frac{x^2}{r}+\frac{y^2}{r}+\frac{z^2}{r}\right)=\frac{3q}{r^3}-\frac{3q}{r^4}r=0.\end{aligned}$$

可见除了原点外，场中任一点的散度都为零.

(2) 取球面 S 的外侧，通过球面 S 的电通量是

$$N=\oiint\limits_S\boldsymbol{E}\cdot\mathrm{d}\boldsymbol{S},$$

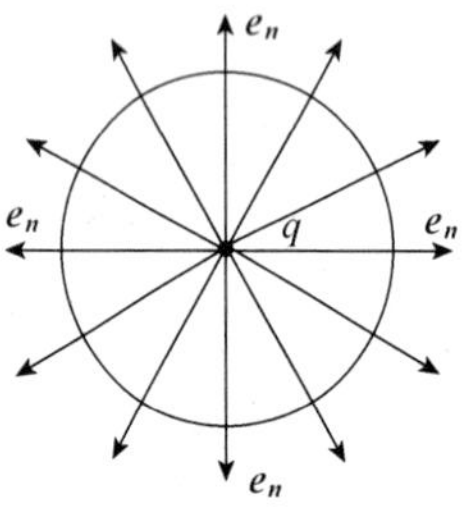

图 11.32

因 $\boldsymbol{E}$ 的方向与 $\boldsymbol{e}_n$ 方向一致(图 11.32)，夹角为 0，故有

$$N=\oiint\limits_S\boldsymbol{E}\cdot\mathrm{d}\boldsymbol{S}=\oiint\limits_S\boldsymbol{E}\cdot\boldsymbol{e}_n\mathrm{d}S=\oiint\limits_S|\boldsymbol{E}|\mathrm{d}S.$$

又因为 $|\boldsymbol{E}|=\left|\dfrac{q}{r^2}\boldsymbol{e}_r\right|=\dfrac{q}{r^2}=\dfrac{q}{R^2}$，于是

$$N=\oiint\limits_S|\boldsymbol{E}|\mathrm{d}S=\oiint\limits_S\frac{q}{R^2}\mathrm{d}S=\frac{q}{R^2}\cdot4\pi R^2=4\pi q.$$

习题 11.5(A)

1. 试用奥-高公式计算下列曲面积分：

(1) $\oiint\limits_S 3x\mathrm{d}y\mathrm{d}z+xy\mathrm{d}z\mathrm{d}x+2xz\mathrm{d}x\mathrm{d}y$，其中 S 是平面 $x=0,x=1,y=0,y=1,z=0$ 和 $z=1$ 所围成立体表面的外侧；

(2) $\oiint\limits_S xz\mathrm{d}y\mathrm{d}z+yz\mathrm{d}z\mathrm{d}x+3z^2\mathrm{d}x\mathrm{d}y$，其中 S 是抛物面 $z=x^2+y^2$ 和 $z=1$ 平面所围成立体表面的外侧.

2. 计算下列曲面积分：

(1) $\oiint\limits_S z\cos y\mathrm{d}y\mathrm{d}z + x\sin z\mathrm{d}z\mathrm{d}x + xz\mathrm{d}x\mathrm{d}y$，其中 S 是平面 $x=0, y=0, z=0$ 和 $2x+y+z=2$ 所围成四面体表面的外侧；

(2) $\oiint\limits_S x^3\mathrm{d}y\mathrm{d}z + 2xz^2\mathrm{d}z\mathrm{d}x + 3y^2z\mathrm{d}x\mathrm{d}y$，其中 S 是抛物面 $z=4-x^2-y^2$ 和 xOy 面所围成立体表面的内侧；

(3) $\iint\limits_S xy\sqrt{1-x^2}\mathrm{d}y\mathrm{d}z + \mathrm{e}^x\sin y\mathrm{d}x\mathrm{d}y$，其中 S 是 $x^2+z^2=1(0\leqslant y\leqslant 2)$ 的外侧.

3. 计算 $I=\iint\limits_S \dfrac{ax\mathrm{d}y\mathrm{d}z+(z+a)^2\mathrm{d}x\mathrm{d}y}{\sqrt{x^2+y^2+z^2}}$，其中 S 为下半球面 $z=-\sqrt{a^2-x^2-y^2}$ 的上侧，a 为大于零的常数.

4. 设空间域 Ω 由曲面 $z=a^2-x^2-y^2$ 与平面 $z=0$ 围成，其中 a 为正常数，取 Ω 表面 S 的外侧，记 Ω 的体积为 V，证明：$\oiint\limits_S x^2yz^2\mathrm{d}y\mathrm{d}z - xy^2z^2\mathrm{d}z\mathrm{d}x + z(1+xyz)\mathrm{d}x\mathrm{d}y = V$.

5. 求向量场 $\boldsymbol{A}$ 在点 M 处的散度：

(1) $\boldsymbol{A}=3x^2yz^2\boldsymbol{i}+4xy^2z^2\boldsymbol{j}+2xyz^3\boldsymbol{k}, M(2,1,1)$；

(2) $\boldsymbol{A}=x^2y\boldsymbol{i}+2yz^2\boldsymbol{j}-3z^2x\boldsymbol{k}, M(2,-1,1)$；

(3) $\boldsymbol{A}=x(1-x^2z)\boldsymbol{i}+y(1-x^2z)\boldsymbol{j}+z(1-x^2z)\boldsymbol{k}, M(x,y,z)$.

6. 求向量场 $\boldsymbol{A}=\{\sin x, \cos x, z^2y\}$ 在点 $M(0,2,3)$ 处的散度 $\mathrm{div}\boldsymbol{A}(M)$.

7. 设 $u=xy\cos z$，计算在点$(2,-1,0)$ 处 $\mathrm{div}(\mathbf{grad}u)$.

8. 设 $\boldsymbol{A}=(axz+x^2)\boldsymbol{i}+(by+xy^2)\boldsymbol{j}+(z-z^2+cxz-2xyz)\boldsymbol{k}$，试确定常数 a,b,c，使 $\boldsymbol{A}$ 成为一无源场(即 $\mathrm{div}\boldsymbol{A}=0$).

习题 11.5(B)

1. 利用奥-高公式计算曲面积分 $\iint\limits_S \boldsymbol{F}\cdot\mathrm{d}\boldsymbol{S}$.

(1) $\boldsymbol{F}=y\mathrm{e}^{z^2}\boldsymbol{i}+y^2\boldsymbol{j}+\mathrm{e}^{xy}\boldsymbol{k}$，$S$ 是由圆柱面 $x^2+y^2=9$，平面 $z=0$ 和 $z=y-3$ 所围成立体表面的外侧；

(2) $\boldsymbol{F}=(x^2+y\sin z)\boldsymbol{i}+(y^3+z\sin x)\boldsymbol{j}+3z\boldsymbol{k}$，$S$ 是由两半球面 $z=\sqrt{4-x^2-y^2}$，$z=\sqrt{1-x^2-y^2}$ 和平面 $z=0$ 所围成立体表面的外侧.

2. 设向量场 $\boldsymbol{A}=xf(x)\boldsymbol{i}-2f(x)y\boldsymbol{j}-x(1+x)z\boldsymbol{k}$，其中 $f(x)$ 是可微函数，且 $f(1)=1$，试确定 $f(x)$，使得向量场 $\boldsymbol{A}$ 成为无源场(即 $\mathrm{div}\boldsymbol{A}=0$).

3. 计算曲面积分 $I=\iint\limits_\Sigma \dfrac{x\mathrm{d}y\mathrm{d}z+y\mathrm{d}z\mathrm{d}x+z\mathrm{d}x\mathrm{d}y}{(x^2+y^2+z^2)^{3/2}}$，其中 Σ 为曲面 $2x^2+2y^2+z^2=4$ 的外侧. (研 2009)

4. 计算曲面积分 $I=\iint\limits_\Sigma xz\mathrm{d}y\mathrm{d}z+2zy\mathrm{d}z\mathrm{d}x+3xy\mathrm{d}x\mathrm{d}y$，其中 Σ 为曲面 $z=1-x^2-\dfrac{y^2}{4}(0\leqslant z\leqslant 1)$ 的上侧. (研 2007)

5. 计算曲面积分 $I=\iint\limits_{\Sigma} 2x^3\,\mathrm{d}y\mathrm{d}z+2y^3\,\mathrm{d}z\mathrm{d}x+3(z^2-1)\mathrm{d}x\mathrm{d}y$,其中 Σ 是曲面 $z=1-x^2-y^2(z\geqslant 0)$ 的上侧.(研 2004)

6. 设对于半空间 $x>0$ 内任意的光滑有向封闭曲面 S,都有

$$\oiint\limits_{S} xf(x)\mathrm{d}y\mathrm{d}z-xyf(x)\mathrm{d}z\mathrm{d}x-\mathrm{e}^{2x}z\mathrm{d}x\mathrm{d}y=0,$$

其中函数 $f(x)$ 在 $(0,+\infty)$ 内具有连续的一阶导数,且 $\lim\limits_{x\to 0}f(x)=1$,求 $f(x)$.(研 2000)

7. 计算 $\oiint\limits_{\Sigma} 2xz\,\mathrm{d}y\mathrm{d}z+yz\,\mathrm{d}z\mathrm{d}x-z^2\,\mathrm{d}x\mathrm{d}y$,其中 Σ 是由曲面 $z=\sqrt{x^2+y^2}$ 与 $z=\sqrt{2-x^2-y^2}$ 所围立体的表面外侧.(研 1993)

*11.6　斯托克斯公式,环流量和旋度

11.6.1　斯托克斯[①]公式

斯托克斯公式是格林公式的推广,它是有向曲面 S 上的曲面积分与沿着曲面 S 边界正向闭曲线 C 的曲线积分之间的关系.

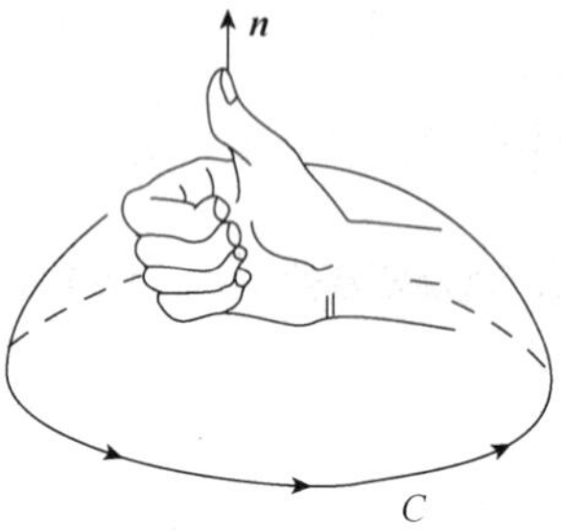

图 11.33

设有一有向曲面 S,它的正法向量 $\boldsymbol{n}$(大拇指方向)与有向曲面 S 的闭边界曲线 C 的方向(其余四指方向)成右手规则(图 11.33),则四指所指方向称为闭曲线 C 的正向.

定理 11.5(斯托克斯定理)　设 S 是光滑或分片光滑的有向曲面,C 是曲面 S 的封闭、光滑或分段光滑的有向边界曲线,函数 $P(x,y,z)$,$Q(x,y,z)$,$R(x,y,z)$ 及其偏导数在包含曲面 S 的空间区域上连续,则有

$$\oint_C P\mathrm{d}x+Q\mathrm{d}y+R\mathrm{d}z=\iint\limits_S\left(\frac{\partial R}{\partial y}-\frac{\partial Q}{\partial z}\right)\mathrm{d}y\mathrm{d}z+\left(\frac{\partial P}{\partial z}-\frac{\partial R}{\partial x}\right)\mathrm{d}z\mathrm{d}x+\left(\frac{\partial Q}{\partial x}-\frac{\partial P}{\partial y}\right)\mathrm{d}x\mathrm{d}y,\tag{11.20}$$

其中曲面 S 的正法向与曲线 C 的正向按右手法则. 式(11.20)称为**斯托克斯公式**.

证明从略.

斯托克斯公式还可以表示为

$$\oint_C P\mathrm{d}x+Q\mathrm{d}y+R\mathrm{d}z=\iint\limits_S\left[\left(\frac{\partial R}{\partial y}-\frac{\partial Q}{\partial z}\right)\cos\alpha+\left(\frac{\partial P}{\partial z}-\frac{\partial R}{\partial x}\right)\cos\beta+\left(\frac{\partial Q}{\partial x}-\frac{\partial P}{\partial y}\right)\cos\gamma\right]\mathrm{d}S.$$

为了便于记忆,借助于行列式的运算,斯托克斯公式又可写成

① 斯托克斯(Stokes,1819—1903),英国数学家.

$$\oint_C P\mathrm{d}x + Q\mathrm{d}y + R\mathrm{d}z = \iint_S \begin{vmatrix} \cos\alpha & \cos\beta & \cos\gamma \\ \dfrac{\partial}{\partial x} & \dfrac{\partial}{\partial y} & \dfrac{\partial}{\partial z} \\ P & Q & R \end{vmatrix} \mathrm{d}S = \iint_S \begin{vmatrix} \mathrm{d}y\mathrm{d}z & \mathrm{d}z\mathrm{d}x & \mathrm{d}x\mathrm{d}y \\ \dfrac{\partial}{\partial x} & \dfrac{\partial}{\partial y} & \dfrac{\partial}{\partial z} \\ P & Q & R \end{vmatrix}. \tag{11.21}$$

例 1 计算$\oint_C -y^2\mathrm{d}x + x\mathrm{d}y + z^2\mathrm{d}z$，其中 C 是平面 $y+z=2$ 和圆柱面 $x^2+y^2=1$ 的交线（在平面上方看 C，C 是逆时针方向，如图 11.34 所示）

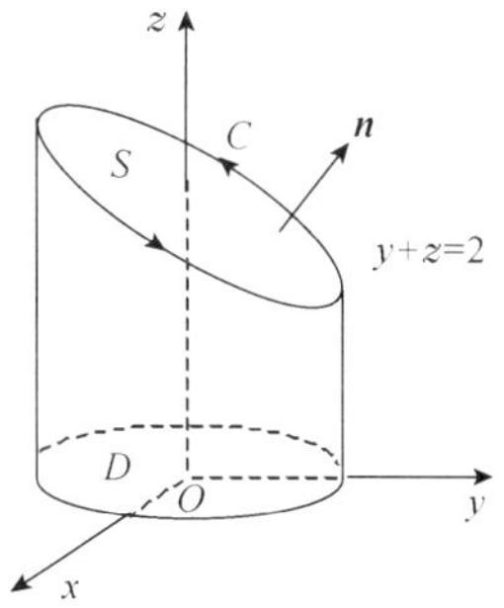

图 11.34

解 曲面 S 视为平面 $y+z=2$ 在圆柱面 $x^2+y^2=1$ 内的部分，取上侧，曲面 S 的正法线向量为 $\boldsymbol{n}$，曲线 C 就是曲面 S 的边界闭曲线.

利用斯托克斯公式计算曲线积分，由式(11.21)得

$$\oint_C -y^2\mathrm{d}x + x\mathrm{d}y + z^2\mathrm{d}z = \iint_S \begin{vmatrix} \mathrm{d}y\mathrm{d}z & \mathrm{d}z\mathrm{d}x & \mathrm{d}x\mathrm{d}y \\ \dfrac{\partial}{\partial x} & \dfrac{\partial}{\partial y} & \dfrac{\partial}{\partial z} \\ -y^2 & x & z^2 \end{vmatrix}$$

$$= \iint_S 0\mathrm{d}y\mathrm{d}z + 0\mathrm{d}z\mathrm{d}x + (1+2y)\mathrm{d}x\mathrm{d}y = \iint_D (1+2y)\mathrm{d}x\mathrm{d}y$$

$$= \iint_D \mathrm{d}x\mathrm{d}y = \pi.$$

例 2 计算曲线积分 $I = \oint_C (y^2-z^2)\mathrm{d}x + (2z^2-x^2)\mathrm{d}y + (3x^2-y^2)\mathrm{d}z$，其中 C 是平面 $x+y+z=2$ 与柱面 $|x|+|y|=1$ 的交线，从 z 轴正向看去 C 是逆时针方向.

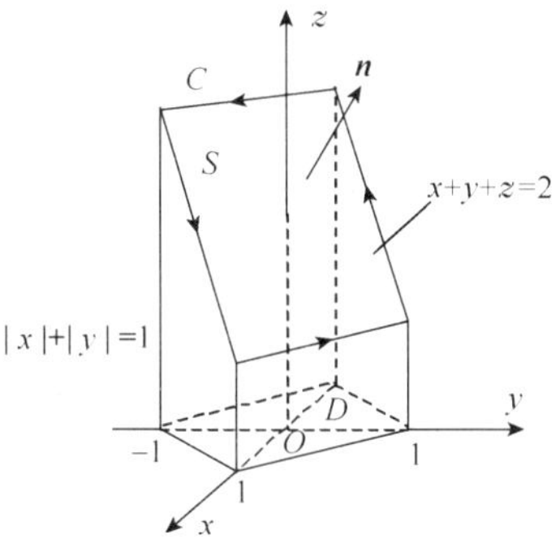

图 11.35

解 考虑到曲线 C 是平面与柱面的交线，且是由四条直线组成的一封闭曲线（图 11.35），故此曲线积分可用斯托克斯公式计算，曲面 S 是平面 $x+y+z=2$ 被柱面 $|x|+|y|=1$ 截下部分平面的上侧，则平面的法线向量的方向余弦 $\cos\alpha=\cos\beta=\cos\gamma=\dfrac{1}{\sqrt{3}}$，利用式(11.21)，

$$I=\iint_S \begin{vmatrix} \cos\alpha & \cos\beta & \cos\gamma \\ \dfrac{\partial}{\partial x} & \dfrac{\partial}{\partial y} & \dfrac{\partial}{\partial z} \\ P & Q & R \end{vmatrix} \mathrm{d}S = \frac{1}{\sqrt{3}}\iint_S \begin{vmatrix} 1 & 1 & 1 \\ \dfrac{\partial}{\partial x} & \dfrac{\partial}{\partial y} & \dfrac{\partial}{\partial z} \\ y^2-z^2 & 2z^2-x^2 & 3x^2-y^2 \end{vmatrix} \mathrm{d}S$$

$$=-\frac{2}{\sqrt{3}}\iint_S (4x+2y+3z)\mathrm{d}S=-2\iint_D (x-y+6)\mathrm{d}x\mathrm{d}y$$

$$=-12\iint_D \mathrm{d}x\mathrm{d}y=-24.$$

由于 D 是 xOy 面的区域 $|x|+|y|\leqslant 1$，它关于 x 轴、y 轴均对称，所以 $\iint_D x\,\mathrm{d}x\mathrm{d}y=\iint_D y\,\mathrm{d}x\mathrm{d}y=0$.

11.6.2　环流量和旋度

设已知一向量场 $\boldsymbol{F}=P(x,y,z)\boldsymbol{i}+Q(x,y,z)\boldsymbol{j}+R(x,y,z)\boldsymbol{k}$，在这向量场中任取一封闭曲线 C，则沿此曲线 C 的曲线积分

$$\oint_C \boldsymbol{F}\cdot\mathrm{d}\boldsymbol{r}=\oint_C \boldsymbol{F}\cdot\boldsymbol{r}'\mathrm{d}t=\oint_C \boldsymbol{F}\cdot\boldsymbol{e}_t\mathrm{d}s=\oint_C (\boldsymbol{F})_t\mathrm{d}s$$

或

$$\oint_C P\mathrm{d}x+Q\mathrm{d}y+R\mathrm{d}z=\oint_C (\boldsymbol{F})_t\mathrm{d}s,$$

称积分 $\oint_C (\boldsymbol{F})_t\mathrm{d}s$ 为向量场 $\boldsymbol{F}$ 沿闭曲线 C 的环流量. 其中 $\boldsymbol{e}_t$ 是定向曲线 C 的单位切线向量，$(\boldsymbol{F})_t$ 是 $\boldsymbol{F}$ 在 $\boldsymbol{e}_t$ 方向上的投影，$\mathrm{d}\boldsymbol{r}=\boldsymbol{r}'\mathrm{d}t=\boldsymbol{e}_t|\boldsymbol{r}'|\mathrm{d}t=\boldsymbol{e}_t\sqrt{x'^2+y'^2+z'^2}\mathrm{d}t=\boldsymbol{e}_t\mathrm{d}s$ 是有向曲线元素.

由此可见，当 $\boldsymbol{F}$ 的方向与曲线 C 的切线方向相同时，环流量达到最大值. 当 $\boldsymbol{F}$ 与切向量 $\boldsymbol{r}'$ 的夹角是锐角时，$\oint_C (\boldsymbol{F})_t\mathrm{d}s>0$，称**正环流**；当 $\boldsymbol{F}$ 与切向量 $\boldsymbol{r}'$ 的夹角是钝角时，$\oint_C (\boldsymbol{F})_t\mathrm{d}s<0$，称**负环流**.

旋度　设 $\boldsymbol{F}=P(x,y,z)\boldsymbol{i}+Q(x,y,z)\boldsymbol{j}+R(x,y,z)\boldsymbol{k}$ 是一向量场，且 P,Q 和 R 具有一阶连续偏导数，则向量 $\left\{\dfrac{\partial R}{\partial y}-\dfrac{\partial Q}{\partial z},\dfrac{\partial P}{\partial z}-\dfrac{\partial R}{\partial x},\dfrac{\partial Q}{\partial x}-\dfrac{\partial P}{\partial y}\right\}$ 称为向量场 $\boldsymbol{F}$ 的**旋度**，记作 $\mathbf{rot}\boldsymbol{F}$（或 $\mathbf{curl}\boldsymbol{F}$），即

$$\mathbf{rot}\boldsymbol{F}=\left(\frac{\partial R}{\partial y}-\frac{\partial Q}{\partial z}\right)\boldsymbol{i}+\left(\frac{\partial P}{\partial z}-\frac{\partial R}{\partial x}\right)\boldsymbol{j}+\left(\frac{\partial Q}{\partial x}-\frac{\partial P}{\partial y}\right)\boldsymbol{k},$$

或

$$\boxed{\mathbf{rot}\boldsymbol{F}=\begin{vmatrix}\boldsymbol{i} & \boldsymbol{j} & \boldsymbol{k}\\ \dfrac{\partial}{\partial x} & \dfrac{\partial}{\partial y} & \dfrac{\partial}{\partial z}\\ P & Q & R\end{vmatrix}.}$$

这里要注意旋度是一向量.向量场 $\boldsymbol{F}$ 的旋度可用微分算符 ∇ 和 $\boldsymbol{F}$ 的矢量积表示,即

$$\mathbf{rot}\boldsymbol{F}=\nabla\times\boldsymbol{F}.$$

于是,斯托克斯公式

$$\oint_C P\,\mathrm{d}x+Q\mathrm{d}y+R\mathrm{d}z=\iint_S\left(\frac{\partial R}{\partial y}-\frac{\partial Q}{\partial z}\right)\mathrm{d}y\mathrm{d}z+\left(\frac{\partial P}{\partial z}-\frac{\partial R}{\partial x}\right)\mathrm{d}z\mathrm{d}x+\left(\frac{\partial Q}{\partial x}-\frac{\partial P}{\partial y}\right)\mathrm{d}x\mathrm{d}y$$

可写成向量的形式

$$\oint_C\boldsymbol{F}\cdot\mathrm{d}\boldsymbol{r}=\iint_S\mathbf{rot}\boldsymbol{F}\cdot\mathrm{d}\boldsymbol{S}=\iint_S\mathbf{rot}\boldsymbol{F}\cdot\boldsymbol{e}_n\mathrm{d}S,\tag{11.22}$$

其中

$$\mathrm{d}\boldsymbol{S}=\boldsymbol{e}_n\mathrm{d}S=(\cos\alpha\boldsymbol{i}+\cos\beta\boldsymbol{j}+\cos\gamma\boldsymbol{k})\mathrm{d}S=\mathrm{d}y\mathrm{d}z\boldsymbol{i}+\mathrm{d}z\mathrm{d}x\boldsymbol{j}+\mathrm{d}x\mathrm{d}y\boldsymbol{k}.$$

斯托克斯公式表明了向量场 $\boldsymbol{F}$ 沿着封闭曲线的环流量等于向量场 $\boldsymbol{F}$ 的旋度通过曲线 C 所张的曲面 S 的通量,曲线 C 方向和曲面 S 正法向符合右手规则.

例 3 设向量场 $\boldsymbol{A}=yz^2\boldsymbol{i}+3zx^2\boldsymbol{j}+xy^2\boldsymbol{k}$,求点 $P(1,1,2)$ 的旋度 $\mathbf{rot}\boldsymbol{A}$.

解 由旋度的定义可得

$$\mathbf{rot}\boldsymbol{A}=\begin{vmatrix}\boldsymbol{i} & \boldsymbol{j} & \boldsymbol{k}\\ \dfrac{\partial}{\partial x} & \dfrac{\partial}{\partial y} & \dfrac{\partial}{\partial z}\\ P & Q & R\end{vmatrix}=\begin{vmatrix}\boldsymbol{i} & \boldsymbol{j} & \boldsymbol{k}\\ \dfrac{\partial}{\partial x} & \dfrac{\partial}{\partial y} & \dfrac{\partial}{\partial z}\\ yz^2 & 3zx^2 & xy^2\end{vmatrix}$$

$$=(2xy-3x^2)\boldsymbol{i}+(2yz-y^2)\boldsymbol{j}+(6zx-z^2)\boldsymbol{k}.$$

$$\mathbf{rot}\boldsymbol{A}(P)=[(2xy-3x^2)\boldsymbol{i}+(2yz-y^2)\boldsymbol{j}+(6zx-z^2)\boldsymbol{k}]|_{(1,1,2)}$$
$$=-\boldsymbol{i}+3\boldsymbol{j}+8\boldsymbol{k}.$$

例 4 利用斯托克斯公式计算 $\iint_S\mathbf{rot}\boldsymbol{F}\cdot\mathrm{d}\boldsymbol{S}$,其中 $\boldsymbol{F}=yz\boldsymbol{i}+xz\boldsymbol{j}+xy\boldsymbol{k}$,$S$ 是球面 $x^2+y^2+z^2=4$ 的一部分(取上侧),它在圆柱面 $x^2+y^2=1$ 的内部,且在 xOy 面的上方(图 11.36).

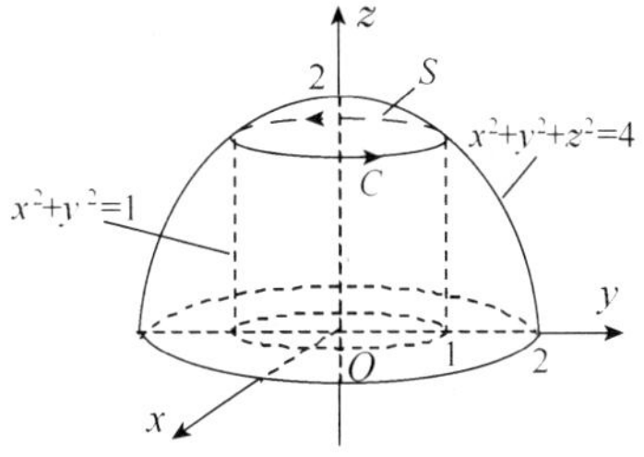

图 11.36

解 封闭曲线 C 是一圆周,曲线 C 的参数式表示为

$$x=\cos t,\quad y=\sin t,\quad z=\sqrt{3},$$

或

$$\boldsymbol{r}=\cos t\boldsymbol{i}+\sin t\boldsymbol{j}+\sqrt{3}\boldsymbol{k}.$$

这样，

$$\boldsymbol{F}[\boldsymbol{r}(t)]=\sqrt{3}\sin t\boldsymbol{i}+\sqrt{3}\cos t\boldsymbol{j}+\sin t\cos t\boldsymbol{k},$$

$$\mathrm{d}\boldsymbol{r}=\boldsymbol{r}'(t)\mathrm{d}t=(-\sin t\boldsymbol{i}+\cos t\boldsymbol{j})\mathrm{d}t.$$

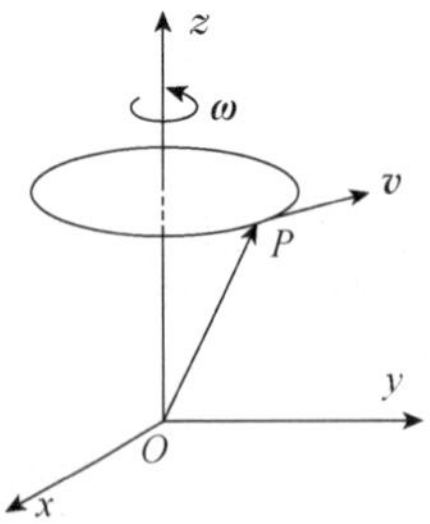

图 11.37

根据斯托克斯公式(11.22)计算曲面积分

$$\iint_S \mathbf{rot}\boldsymbol{F}\cdot\mathrm{d}\boldsymbol{S}=\oint_C\boldsymbol{F}\cdot\mathrm{d}\boldsymbol{r}=\int_0^{2\pi}\sqrt{3}(-\sin^2 t+\cos^2 t)\mathrm{d}t$$

$$=\sqrt{3}\int_0^{2\pi}\cos 2t\mathrm{d}t=0.$$

例 5　设有刚体以等角速度 $\boldsymbol{\omega}=\omega_x\boldsymbol{i}+\omega_y\boldsymbol{j}+\omega_z\boldsymbol{k}$ 绕定轴 L 旋转，求刚体内任意一点 P 的线速度 $\boldsymbol{v}$ 的旋度.

解　取 L 轴为 z 轴，点 $P(x,y,z)$ 的位置向量 $\boldsymbol{r}=OP=x\boldsymbol{i}+y\boldsymbol{j}+z\boldsymbol{k}$(图 11.37)，则 P 点的线速度

$$\boldsymbol{v}=\boldsymbol{\omega}\times\boldsymbol{r}=\begin{vmatrix}\boldsymbol{i}&\boldsymbol{j}&\boldsymbol{k}\\ \omega_x&\omega_y&\omega_z\\ x&y&z\end{vmatrix}$$

$$=(\omega_y z-\omega_z y)\boldsymbol{i}+(\omega_z x-\omega_x z)\boldsymbol{j}+(\omega_x y-\omega_y x)\boldsymbol{k}.$$

于是

$$\mathbf{rot}\boldsymbol{v}=\begin{vmatrix}\boldsymbol{i}&\boldsymbol{j}&\boldsymbol{k}\\ \dfrac{\partial}{\partial x}&\dfrac{\partial}{\partial y}&\dfrac{\partial}{\partial z}\\ \omega_y z-\omega_z y&\omega_z x-\omega_x z&\omega_x y-\omega_y x\end{vmatrix}$$

$$=2(\omega_x\boldsymbol{i}+\omega_y\boldsymbol{j}+\omega_z\boldsymbol{k})=2\boldsymbol{\omega},$$

即速度场 $\boldsymbol{v}$ 的旋度等于角速度 $\boldsymbol{\omega}$ 的 2 倍.

例 6　证明向量场 $\boldsymbol{F}=2xyz^2\boldsymbol{i}+(x^2z^2+z\cos yz)\boldsymbol{j}+(2x^2yz+y\cos yz)\boldsymbol{k}$ 为有势场，并求其势函数.

注　在单连通域内，以下几个概念等价：有势场($\boldsymbol{F}=\mathbf{grad}f$)$\Leftrightarrow$无旋场($\mathbf{rot}\boldsymbol{F}=\mathbf{0}$)$\Leftrightarrow$曲线积分$\int_{M_0}^{M}\boldsymbol{F}\cdot\mathrm{d}\boldsymbol{r}$与路径无关$\Leftrightarrow P\mathrm{d}x+Q\mathrm{d}y+R\mathrm{d}z$ 是某一函数 $f(x,y,z)$ 的全微分(势函数 $u=-f$).

(曲线积分$\int_{M_0}^{M}\boldsymbol{F}\cdot\mathrm{d}\boldsymbol{r}$与路径无关的内容见习题 11.6(A) 第 5 题，其余的证明可由定义得到.)

解　$P=2xyz^2$，$Q=x^2z^2+z\cos yz$，$R=2x^2yz+y\cos yz$.

$$\mathbf{rot}\boldsymbol{F}=\begin{vmatrix}\boldsymbol{i} & \boldsymbol{j} & \boldsymbol{k}\\ \dfrac{\partial}{\partial x} & \dfrac{\partial}{\partial y} & \dfrac{\partial}{\partial z}\\ 2xyz^2 & x^2z^2+z\cos yz & 2x^2yz+y\cos yz\end{vmatrix}=\mathbf{0}.$$

故向量场 $\boldsymbol{F}$ 为有势场，其势函数 $u(x,y,z)$ 计算可依曲线积分与路径无关(图 11.38)，这样势函数

$$\begin{aligned}u(x,y,z)&=-\int_{(0,0,0)}^{(x,y,z)}P\mathrm{d}x+Q\mathrm{d}y+R\mathrm{d}z+C\\&=-\Big[\int_0^x 0\mathrm{d}x+\int_0^y 0\mathrm{d}y\\&\quad+\int_0^z(2x^2yz+y\cos yz)\mathrm{d}z\Big]+C\\&=-x^2yz^2-\sin yz+C.\end{aligned}$$

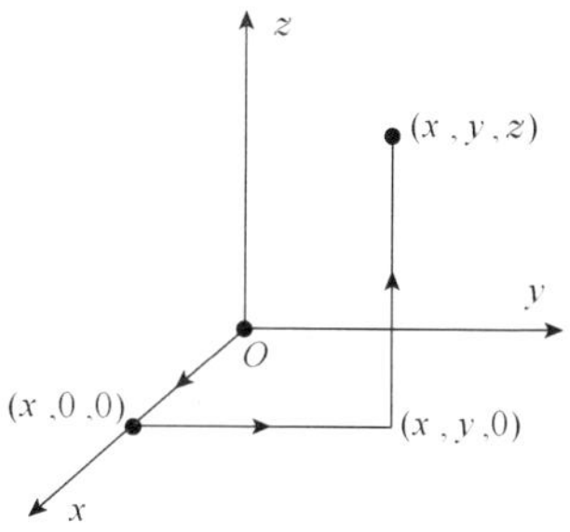

图 11.38

习题 11.6(A)

1. 利用斯托克斯公式计算下列曲线积分，从上方看 C 是逆时针方向.

(1) $\oint_C xz\mathrm{d}x+2xy\mathrm{d}y+3xy\mathrm{d}z$，$C$ 是平面 $3x+y+z=3$ 在第一卦限部分的边界曲线；

(2) $\oint_C z^2\mathrm{d}x+y^2\mathrm{d}y+xy\mathrm{d}z$，$C$ 是以 $(1,0,0)$，$(0,1,0)$ 和 $(0,0,2)$ 为顶点的三角形边界曲线；

(3) $\oint_C 2z\mathrm{d}x+4x\mathrm{d}y+5y\mathrm{d}z$，$C$ 是平面 $z=x+4$ 和圆柱面 $x^2+y^2=4$ 的交线；

(4) $\oint_C x\mathrm{d}x+y\mathrm{d}y+(x^2+y^2)\mathrm{d}z$，$C$ 是抛物面 $z=1-x^2-y^2$ 在第一卦限的边界曲线.

2. 求下列向量场 $\boldsymbol{F}$ 的旋度：

(1) $\boldsymbol{F}=x^2y\boldsymbol{i}+yz^2\boldsymbol{j}+zx^2\boldsymbol{k}$；

(2) $\boldsymbol{F}=\sin x\boldsymbol{i}+\cos x\boldsymbol{j}+z^2\boldsymbol{k}$；

(3) $\boldsymbol{F}=xe^y\boldsymbol{i}-ze^{-y}\boldsymbol{j}+y\ln z\boldsymbol{k}$；

(4) $\boldsymbol{F}=2xy^2\boldsymbol{i}-yz^2\boldsymbol{j}+3x^2z\boldsymbol{k}$.

3. 求向量场 $\boldsymbol{A}=(3xy^2+z^2)\boldsymbol{i}+(y^3-x^2z^2)\boldsymbol{j}+xyz\boldsymbol{k}$ 在点 $M(1,2,-1)$ 处的旋度 $\mathbf{rot}\boldsymbol{A}(M)$.

4. 求向量场 $\boldsymbol{A}=3yz^2\boldsymbol{i}-yz\boldsymbol{j}+(x+2y^2)\boldsymbol{k}$ 在点 $M(1,2,-1)$ 处的旋度 $\mathbf{rot}\boldsymbol{A}(M)$ 及最大的环量面密度(即 $|\mathbf{rot}\boldsymbol{A}(M)|$).

5. **定理** 函数 $P(x,y,z)$，$Q(x,y,z)$，$R(x,y,z)$ 在单连通体 Ω 上具有一阶连续偏导数，则空间曲线积分 $\int_C P\mathrm{d}x+Q\mathrm{d}y+R\mathrm{d}z$ 与路径无关的充分必要条件是 $\dfrac{\partial Q}{\partial x}=\dfrac{\partial P}{\partial y}$，$\dfrac{\partial R}{\partial y}=\dfrac{\partial Q}{\partial z}$，$\dfrac{\partial P}{\partial z}=\dfrac{\partial R}{\partial x}$.

运用该定理验证下列各线积分与路径无关，并计算积分值：

(1) $\int_{(1,1,1)}^{(2,3,4)}x^3\mathrm{d}x+y^3\mathrm{d}y+z^3\mathrm{d}z$；

(2) $\int_{(0,0,0)}^{\left(3,2,\frac{\pi}{2}\right)}(y+\sin z)\mathrm{d}x+x\mathrm{d}y+x\cos z\mathrm{d}z$.

习题 11.6(B)

1. 利用斯托克斯公式把曲面积分 $\iint\limits_S \mathbf{rot}\boldsymbol{F}\cdot \mathrm{d}\boldsymbol{S}$ 化为曲线积分,并计算曲线积分值.

(1) $\boldsymbol{F} = xyz\boldsymbol{i} + x\boldsymbol{j} + \mathrm{e}^{xy}\cos z\boldsymbol{k}$,$S$ 是半球面 $x^2+y^2+z^2=1, z\geqslant 0$ 的上侧;

(2) $\boldsymbol{F} = y^2 z\boldsymbol{i} + xz\boldsymbol{j} + x^2y^2\boldsymbol{k}$,$S$ 是抛物面 $z=x^2+y^2$ 被圆柱面 $x^2+y^2=1$ 截得里面部分的上侧.

2. 一力场 $\boldsymbol{F} = (x^x+z^2)\boldsymbol{i} + (y^y+x^2)\boldsymbol{j} + (z^z+y^2)\boldsymbol{k}$,质点受力场作用沿着球面 $x^2+y^2+z^2=4$,在第一卦限的边界运动,从上方看质点是逆时针方向运动,求质点所做的功 $\left(W = \oint_C \boldsymbol{F}\cdot \mathrm{d}\boldsymbol{r} = \iint\limits_S \mathbf{rot}\boldsymbol{F}\cdot \mathrm{d}\boldsymbol{S}\right)$.

3. 计算空间曲线积分 $I = \oint_L (y-z)\mathrm{d}x + (z-x)\mathrm{d}y + (x-y)\mathrm{d}z$,其中曲线 L 为圆柱面 $x^2+y^2=a^2$ 与平面 $\frac{x}{a}+\frac{z}{h}=1 (a>0, h>0)$ 的交线,从 x 轴正向看去,曲线是逆时针方向.

4. 计算 $I = \oint_L (y^2-z^2)\mathrm{d}x + (2z^2-x^2)\mathrm{d}y + (3x^2-y^2)\mathrm{d}z$,其中 L 是平面 $x+y+z=2$ 与柱面 $|x|+|y|=1$ 的交线,从 z 轴正向看去,L 为逆时针方向.(研 2001)

11.7　演示与实验

11.7.1　默比乌斯带的绘制与动画演示

1. 绘制默比乌斯带

在学习对坐标的曲面积分时,我们总假定所讨论的曲面为双侧曲面:即如果在该曲面上任取一点 P_0,并且指定在该点的有向法线,让动点 P 从点 P_0 出发在曲面上连续移动,如果点 P 沿任意不越过曲面边界的闭曲线回到起始点 P_0,法线的指向总是与过点 P_0 的法线的指向重合,则称该曲面为双侧曲面,否则称为单侧曲面. 我们通常见到的曲面为双侧曲面,而单侧曲面则非常少见. 本演示给出了一个非常典型的单侧曲面的例子:默比乌斯带. 下面我们将利用计算机绘出它的图形. Mathematica 所带的程序包中有绘制默比乌斯带的函数 MoebiusStrip. 首先调入绘图程序包,键入 <<Graphics\`Shapes\`,然后键入 Show[Graphics3D[MoebiusStrip[2,1]]]绘制内径为 2,宽度为 1 的默比乌斯带(图 11.39),

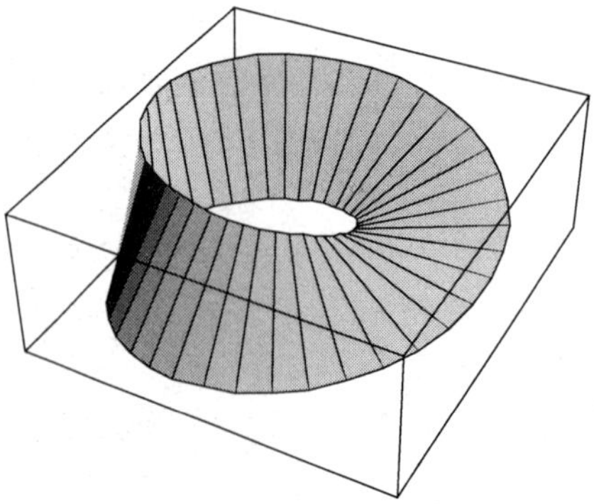

图 11.39

结果如图 11.40 所示.

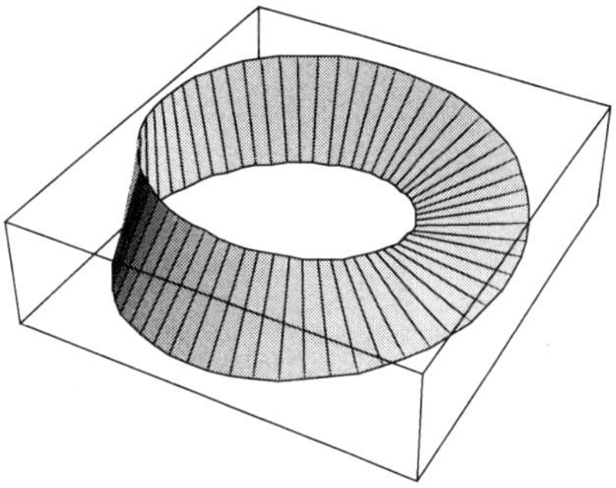

图 11.40

2. 动画演示

为了更好地理解单侧曲面的定义，下面我们用动画演示来进行说明. 首先我们在曲面上任取一点 P_0，作出曲面在此点的法线向量(使用不同颜色的点代表向量的起点和终点，见图 11.41)，然后让动点 P 从 P_0 点出发沿曲面上一闭曲线连续移动，我们看到法线向量的方向也在连续变化，当动点 P 回到 P_0 点时，发现法线向量方向变得与起初的方向正好相反，这即为单侧曲面的特征. 如果我们选中所有图形(下面只给出了 6 个图形：图 11.41～图 11.46)，然后使用 Ctrl＋Y 键，就可以清晰地看到默比乌斯带上的法线向量方向的连续变化过程.

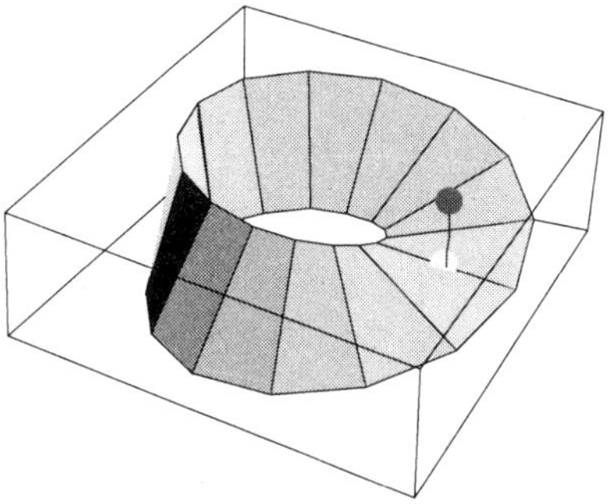

图 11.41

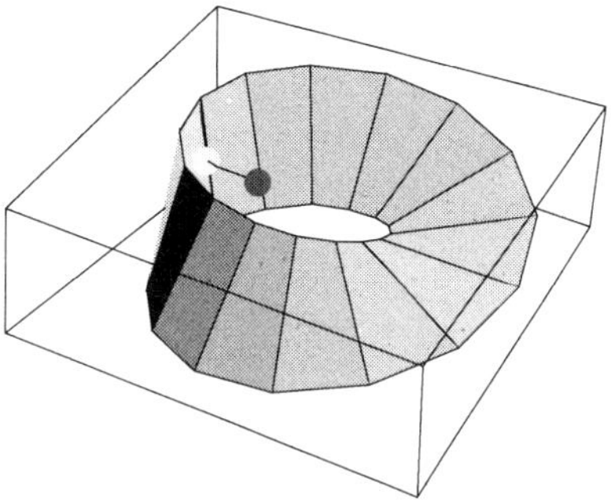

图 11.42

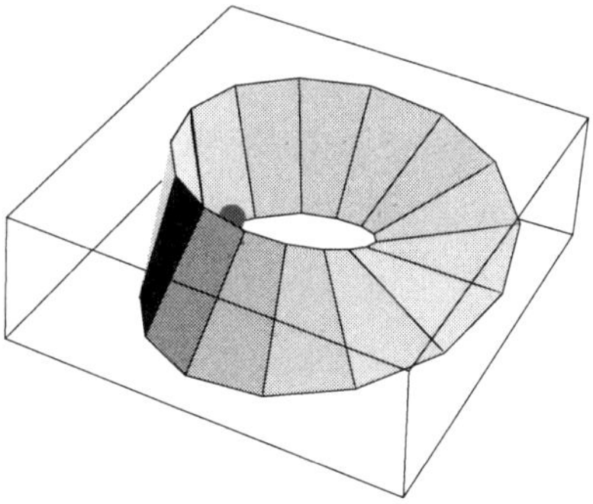

图 11.43

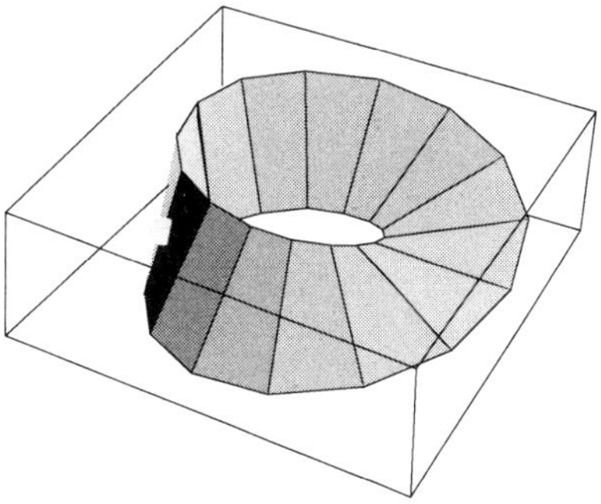

图 11.44

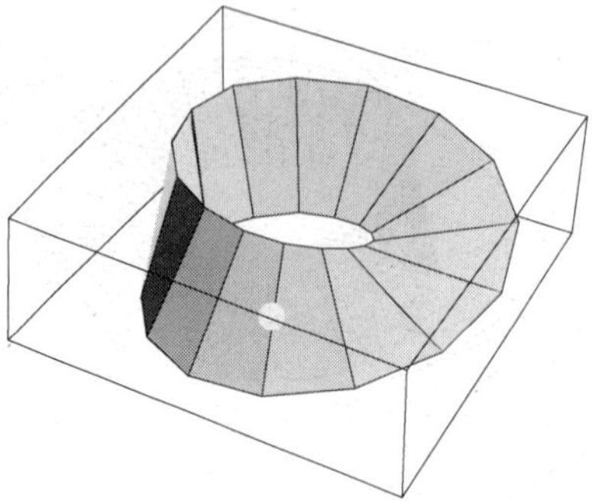

图 11.45

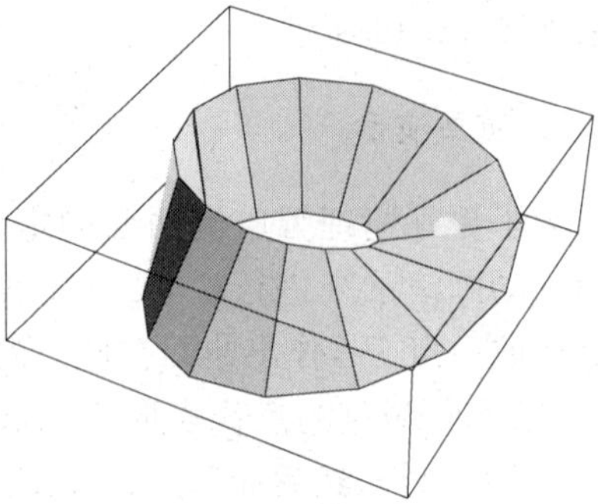

图 11.46

注　有兴趣的同学可以让动画连续做两遍，注意观察发生了什么？

11.7.2　制作动画

在前面的演示与实验中，我们多次提到为了更好地理解某些概念或定理，可以通过看动画演示来达到此目的. 的确，在 Mathematica 中动画制作是相当精彩的一部分内容. 制作原理其实非常简单，它只是把 Mathematica 绘制的许多图形一张张快速地显示出来，从而形成动画. 一般情况下，我们可以使用函数 Do、Table 或 Animate 等来制作动画. 通常情况下，这些函数后面跟绘图函数命令，并且绘图的函数表达式中包含了一个参数，此参数可取有限个离散值，比如 Do[Plot[Sin[x+t * Pi],{x,0,2Pi}],{t,0,2,0.2}]，表示 t 从 0 开始，以 0.2 为步长不断增加，但不超过 2，t 每取一个值就可以绘制一个图形，当参数取遍给定的集合时，就得到了一系列的图形，如果我们把它全部选中，按 Ctrl+Y，就看到了动画. 以下是一个波浪传播曲线的动画.

In[1]: = **Do[Plot[Sin[x + t * Pi], {x, 0, 5Pi}, TextStyle→{FontSize→12}],{t,0,2,0.2}]**

输出结果是产生 11 个图形(见演示光盘，此处不一一列出). 如果我们将这些图形全部选中，然后按 Ctrl+Y 键，这些图形就像放电影一样，一张张放出来，从而达到动画效果. 除此而外，也可以利用函数 Table 或 Animate 生成动画，Table 的使用与 Do 的使用基本相同，但 Animate 的使用，必须先调入程序包<<Graphics`Animation`.

In[2]: = **Table[Plot[Sin[x + t * Pi], {x, 0, 5Pi}, TextStyle→{FontSize→12}],{t,0,2,0.2}]**(* 此处共产生 11 个图形，详见演示光盘 *)

In[3]: = <<**Graphics`Animation`**

In[4]: = **Animate[Plot[Evaluate[Sin[x + t * Pi]],{x,0,5Pi},TextStyle→{Fontsize→12}],{t,0,2,0.2}]**

输出结果是产生 11 个图形，与使用函数 Do 情况相同，此处不详述. 当我们得到了 11 个图形以后，用鼠标左键双击其中的任一张或关闭其他图片，只保留最上面一张(图 11.47)，再用鼠标左键双击这张图片或选中所有图形按 Ctrl＋Y 键，就可以播放动画.

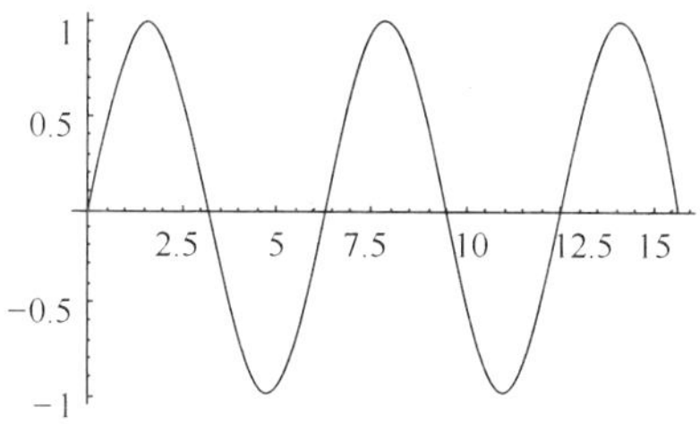

图 11.47

说明 1 为了提高动画效果，可适当调整整个动画的播放时间 AnimationDisPlayTime (Edit\Preferences\Graphics Options\Animation\AnimationDisPlayTime)，一般播放时间为 0.1 秒，若将时间适当延长，则效果更佳；

说明 2 在播放动画的时候，在窗口的左下角会显示类似于录音机上的按钮的图标，你可以利用这些按钮实现动画的正向播放、反向播放、暂停及改变播放速度等操作. 如果你想停止播放，只需用鼠标左键单击工作区内的任一点即可.

11.7.3 散度及旋度的计算

在 Mathematica 中，我们可以计算一个向量场的散度及旋度. 下面以具体的例子进行说明.

例 1 求向量场 $\boldsymbol{F}(x,y,z)=xz\boldsymbol{i}+xyz\boldsymbol{j}-y^2\boldsymbol{k}$ 的散度.

解

In[5]:=<<**Calculus`VectorAnalysis`**

(＊ 调入程序包 Calculus`VectorAnalysis` ＊)

In[6]:=**Div[{x＊z,x＊y＊z,-y²}]**

(＊ 使用 Div 函数求 **F**(x,y,z)的散度，Div[f]:在当前坐标系中求向量场 f 的散度 ＊)

Out[6]=0

(＊ 输出结果为 0，与实际不符！ 主要是因为当前的坐标系为 Xx,Yy,Zz(使用命令 Coordinate[ ]而得)，而不是直角坐标系 ＊)

In[7]:=**Coordinates[ ]**

Out[7]={Xx,Yy,Zz}

In[8]:=**Div[{x＊z,x＊y＊z,-y²},Cartesian[x,y,z]]**

(＊ Div[f,coordsys]:在指定的坐标系 coordsys 中求向量场 f 的散度，Cartesian[x,y,z]是直角坐标系 ＊)

Out[8]=z+xz

即向量场 $\boldsymbol{F}(x,y,z)=xz\boldsymbol{i}+xyz\boldsymbol{j}-y^2\boldsymbol{k}$ 的散度为 $z+xz$.

例 2 求向量场的 $\boldsymbol{F}(x,y,z)=xz\boldsymbol{i}+xyz\boldsymbol{j}-y^2\boldsymbol{k}$ 的旋度.

解

In[9]:=<<**Calculus`VectorAnalysis`**

(＊调入程序包 Calculus`VectorAnalysis`＊)

In[10]:=**Curl[{x＊z,x＊y＊z,-y²}]**

(＊ 使用 Curl 函数求 **F**(x,y,z)的旋度,Curl[f]:在当前坐标系中求向量场 f 的旋度＊)

Out[10]={0,0,0}

(＊输出结果为{0,0,0},与实际不符! 原因同前. ＊)

In[11]:=**Curl[{x＊z,x＊y＊z,-y²},Cartesian[x,y,z]]**

(＊ Curl[f, coordsys]:在指定的坐标系 coordsys 中求向量场 f 的散度,Cartesian[x,y,z]是直角坐标系＊)

Out[11]={-2y-xy,x,yz}

即向量场 $\boldsymbol{F}(x,y,z)=xz\boldsymbol{i}+xyz\boldsymbol{j}-y^2\boldsymbol{k}$ 的旋度为$\{-2y-xy,x,yz\}$.

说明　与散度、旋度一样,我们也可以利用计算机来求一个数量场的梯度(命令格式为:Grad[f,coordsys]表示在指定的坐标系 coordsys 中求数量场 f 的梯度),例子如下:

例 3　求数量场 $f(x,y,z)=\dfrac{x}{y}+\dfrac{y}{z}$的梯度.

In[12]:=<<**Calculus`VectorAnalysis`**

(＊ 调入程序包 Calculus`VectorAnalysis` ＊)

In[13]:=**Grad[x/y + y/z,Cartesian[x,y,z]]**

Out[13]={1/y, -x/y² + 1/z, -y/z²}

即数量场 $f(x,y,z)=\dfrac{x}{y}+\dfrac{y}{z}$的梯度为$\left\{\dfrac{1}{y},-\dfrac{x}{y^2}+\dfrac{1}{z},-\dfrac{y}{z^2}\right\}$.

习题 11.7

1. 制作动画.

(1) 模拟波浪传播动画的制作,制作一个石子扔到水里所产生的水的波浪的动画. 假设波浪是以正弦波进行传播,并随着距离的增加其振幅逐渐变小. 设函数为 $z=\dfrac{\sin r}{\sqrt{r}}$,其中 r 为动点与石子落水处的距离,即 $r=\sqrt{x^2+y^2}$. 通过改变正弦函数的相角,就能产生波动的效果(注:为使波动效果更好,可适当调整三个坐标轴方向上的显示比例,选取正弦函数的相角为变化的参数).

(2) 设一张薄膜贴在 $x=0,x=1,y=0,y=1$ 的方框上,薄膜振动函数

$$u(x,y,t)=\sum_{m=1,n=1}^{m=4,n=4}\frac{16}{m^2n^2\pi^2}(1+\cos n\pi)(1-\cos m\pi)\sin(n\pi x)\sin(m\pi y)\cos(\sqrt{m^2+n^2}\pi t),$$

初始位置是 $u(x,y,0)$，请用 Mathematica 编写一个薄膜振动的动画(选取时间 t 为变化的参数).

(3) 画出椭球面$\frac{x^2}{2}+y^2+2z^2=2$与平面 $x+y=1$ 相交的图形(球面和平面方程需化为参数方程)，并通过改变视点 ViewPoint 的坐标，制作旋转图动画(选取视点的坐标为变化参数).

2. 求下列向量场 $\boldsymbol{F}(x,y,z)$的散度、旋度:

(1) $\boldsymbol{F}(x,y,z)=\sin x\boldsymbol{i}+\cos x\boldsymbol{j}-z^2\boldsymbol{k}$;

(2) $\boldsymbol{F}(x,y,z)=(x-y+z)\boldsymbol{i}+(y-z+x)\boldsymbol{j}+(z-x+y)\boldsymbol{k}$;

(3) $\boldsymbol{F}(x,y,z)=xe^y\boldsymbol{i}-ze^{-y}\boldsymbol{j}-y\ln z\boldsymbol{k}$，在点 $M(1,0,1)$处;

(4) $\boldsymbol{F}(x,y,z)=e^{xyz}\boldsymbol{i}+\sin(x-y)\boldsymbol{j}-\frac{xy}{z}\boldsymbol{k}$.

3. 求下列数量场的梯度:

(1) $F(x,y)=e^x\sin y$;　　(2) $F(x,y,z)=\ln(x^2+y^2+z^2)$.

4. 证明:数量场 $u=\ln(x^2+y^2+z^2)$满足关系式:$u=2\ln 2-\ln(\mathbf{grad}u\cdot\mathbf{grad}u)$.

5. 设 $u=xy\cos z$，计算在点$(2,-1,0)$处的 $\mathrm{div}(\mathbf{grad}u)$.

第 12 章　无穷级数与逼近

无穷级数是逼近理论中的重要内容之一,也是高等数学的一个重要组成部分.本章中我们先介绍数项级数的一些基本性质和收敛判别法,然后讨论函数的幂级数展开与三角级数展开.

函数逼近问题是与极限密切相关的一个问题,在理论和应用中都有着十分重要的意义.函数逼近的基本问题是:对于一个给定的函数,构造一列函数(通常是一些较“简单”的函数)来逼近它.我们将分别讨论用多项式函数和三角函数逼近已知函数.

12.1　无穷级数的概念及性质

12.1.1　基本概念

让我们先看一个例子.设某球从高度 h(m)处落到地面,又回跳到高度 rh(m)处,其中 $0<r<1$,再次落地后,又回跳到 r^2h(m)处,这一过程一直进行下去(图 12.1),求此球在整个运动过程中经过的总路程 L.

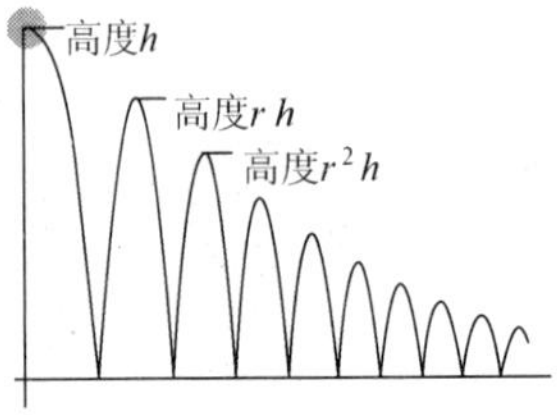

图 12.1

从图 12.1 可看出,球经过的总路程为

$$L = h + 2rh + 2r^2h + 2r^3h + \cdots.$$

显然这不是通常意义下的和,而是无穷和.这样的和是否有意义?若有意义,应怎样计算?本节我们将对这些问题展开讨论.

设$\{a_n\}$是一个数列,称表达式

$$a_1 + a_2 + a_3 + \cdots + a_n + \cdots \tag{12.1}$$

为(常数项)**无穷级数**,简称**数项级数**或**级数**,记为 $\sum\limits_{n=1}^{\infty} a_n$ 或$\sum a_n$.称 a_n 为级数的**通项**或**一般项**.

下面是几个级数的例子:

(1) $1+2+3+\cdots+n+\cdots = \sum\limits_{n=1}^{\infty} n$;

(2) $1-\dfrac{1}{2}+\dfrac{1}{3}-\dfrac{1}{4}+\cdots+\dfrac{(-1)^{n-1}}{n}+\cdots = \sum\limits_{n=1}^{\infty} \dfrac{(-1)^{n-1}}{n}$;

(3) $1+\dfrac{1}{2}+\dfrac{1}{4}+\cdots+\dfrac{1}{2^n}+\cdots = \sum\limits_{n=1}^{\infty} \dfrac{1}{2^{n-1}}\left(\text{或}\sum\limits_{n=0}^{\infty} \dfrac{1}{2^n}\right)$.

直观上看，级数表示了无穷多个实数的“形式和”．然而无穷多个实数的“和”是否有意义，即“和”是否存在？若有意义，如何求“和”？

考查级数 $\sum_{n=1}^{\infty} a_n$ 的前面 n 项的和

$$s_n = a_1 + a_2 + a_3 + \cdots + a_n = \sum_{i=1}^{n} a_i, \tag{12.2}$$

称 s_n 为级数 $\sum_{n=1}^{\infty} a_n$ 的**前 n 项部分和**，称数列 $\{s_n\}$ 为级数 $\sum_{n=1}^{\infty} a_n$ 的**部分和数列**．

例如，级数 $\sum_{n=1}^{\infty} n$ 的部分和 $s_n = \frac{n(n+1)}{2}$；级数 $\sum_{n=1}^{\infty} \frac{1}{2^{n-1}}$ 的部分和 $s_n = 2 - \frac{1}{2^{n-1}}$．自然地，我们可通过求 $\{s_n\}$ 的极限来确定级数 $\sum_{n=1}^{\infty} a_n$ 的和．

定义 12.1 若级数 $\sum_{n=1}^{\infty} a_n$ 的部分和数列 $\{s_n\}$ 收敛，即极限 $\lim_{n\to\infty} s_n$ 存在，则称级数 $\sum_{n=1}^{\infty} a_n$ 收敛，此时称极限 $\lim_{n\to\infty} s_n = s$ 为级数 $\sum_{n=1}^{\infty} a_n$ 的和，记为

$$a_1 + a_2 + a_3 + \cdots + a_n + \cdots = s \text{ 或} \sum_{n=1}^{\infty} a_n = s. \tag{12.3}$$

若级数 $\sum_{n=1}^{\infty} a_n$ 的部分和数列 $\{s_n\}$ 发散，即极限 $\lim_{n\to\infty} s_n$ 不存在，则称级数 $\sum_{n=1}^{\infty} a_n$ 发散．

由定义 12.1 知，收敛级数的和有意义，而发散级数没有和．

设级数 $\sum_{n=1}^{\infty} a_n$ 收敛，其部分和及和分别为 s_n 及 s，称

$$r_n = s - s_n = a_{n+1} + a_{n+2} + \cdots$$

为级数的余项．若以 s_n 作为 s 的近似值，则产生的误差为 $|r_n|$．

例 1 证明级数 $\sum_{n=1}^{\infty} \frac{1}{n(n+1)}$ 收敛，并求它的和．

解 先计算级数的部分和

$$\begin{aligned} s_n &= \frac{1}{1\cdot 2} + \frac{1}{2\cdot 3} + \frac{1}{3\cdot 4} + \cdots + \frac{1}{n(n+1)} \\ &= \left(\frac{1}{1} - \frac{1}{2}\right) + \left(\frac{1}{2} - \frac{1}{3}\right) + \left(\frac{1}{3} - \frac{1}{4}\right) + \cdots + \left(\frac{1}{n} - \frac{1}{n+1}\right) \\ &= 1 - \frac{1}{n+1}. \end{aligned}$$

因为 $\lim_{n\to\infty} s_n = \lim_{n\to\infty}\left(1 - \frac{1}{n+1}\right) = 1$，所以级数 $\sum_{n=1}^{\infty} \frac{1}{n(n+1)}$ 收敛，且 $\sum_{n=1}^{\infty} \frac{1}{n(n+1)} = 1$．

例 2 讨论级数 $\sum_{n=1}^{\infty} n$ 的敛散性．

解　$s_n=1+2+3+\cdots+n=\dfrac{n(n+1)}{2}$,因为$\lim\limits_{n\to\infty}s_n=\lim\limits_{n\to\infty}\dfrac{n(n+1)}{2}=\infty$,所以级数$\sum\limits_{n=1}^{\infty}n$发散.

例 3　讨论等比级数(几何级数)

$$\sum_{n=0}^{\infty}aq^n=a+aq+aq^2+\cdots+aq^n+\cdots\quad(a\neq 0)$$

的敛散性.

解　当$q\neq 1$时,部分和

$$s_n=a+aq+aq^2+\cdots+aq^{n-1}=\frac{a(1-q^n)}{1-q},$$

因此,当$|q|<1$时,$\lim\limits_{n\to\infty}s_n=\dfrac{a}{1-q}$,故此时等比级数收敛. 当$|q|>1$时,$\lim\limits_{n\to\infty}s_n=\infty$,所以此时等比级数发散. 当$q=-1$时,$s_n=\begin{cases}a, & n\text{ 是奇数},\\ 0, & n\text{ 是偶数},\end{cases}$故$\lim\limits_{n\to\infty}s_n$不存在,所以等比级数发散. 当$q=1$时,部分和$s_n=a+a+\cdots+a=na\to\infty(n\to\infty)$,故等比级数发散.

等比级数是一种重要的级数,我们将以上结论总结如下:

> 等比级数(几何级数)$\sum\limits_{n=0}^{\infty}aq^n(a\neq 0)$的敛散性:
>
> 当$|q|<1$时,级数收敛,且和
>
> $$s=\sum_{n=0}^{\infty}aq^n=\frac{a}{1-q};$$
>
> 当$|q|\geqslant 1$时,级数发散.

现在可以回答本节开始时提出的问题,球经过的总路程为

$$L=h+2rh+2r^2h+2r^3h+\cdots=\sum_{n=0}^{\infty}2hr^n-h=\frac{2h}{1-r}-h=\frac{1+r}{1-r}h\,(\mathrm{m}).$$

此结果表明,球经过的总路程是有限的.

例 4　求级数$5-\dfrac{10}{3}+\dfrac{20}{9}-\dfrac{40}{27}+\cdots$的和.

解　所给级数可表示为$\sum\limits_{n=0}^{\infty}5\left(\dfrac{-2}{3}\right)^n$,且$|q|=\left|\dfrac{-2}{3}\right|<1$,由例 3 知,原级数收敛,且和$s=\dfrac{5}{1-\left(-\dfrac{2}{3}\right)}=3$.

例 5　将循环小数$0.3\overline{25}=0.3252525\cdots$表示成分数的形式.

解

$$\begin{aligned}0.3\overline{25} &= \frac{3}{10}+\frac{25}{10^3}+\frac{25}{10^5}+\frac{25}{10^7}+\cdots \\ &= \frac{3}{10}+\left(\frac{25}{10^3}+\frac{25}{10^3}\cdot\frac{1}{10^2}+\frac{25}{10^3}\cdot\frac{1}{10^4}+\cdots\right) \\ &= \frac{3}{10}+\frac{25}{10^3}\cdot\frac{1}{1-\frac{1}{10^2}}=\frac{161}{495}.\end{aligned}$$

例 6　确定 x 的范围,使级数 $\sum\limits_{n=0}^{\infty}x^{2n}$ 收敛,并将级数表示为 x 的函数.

解　级数的一般项 $x^{2n}=(x^2)^n$,由例 3 知,当 $|x^2|<1$,即 $|x|<1$ 时,级数收敛,且

$$\sum_{n=0}^{\infty}x^{2n}=\sum_{n=0}^{\infty}(x^2)^n=\frac{1}{1-x^2};$$

当 $|x|\geqslant 1$ 时,级数发散.

例 7　证明调和级数 $\sum\limits_{n=1}^{\infty}\frac{1}{n}$ 是发散的.

证　假设调和级数 $\sum\limits_{n=1}^{\infty}\frac{1}{n}$ 收敛,其和为 s,则 $\lim\limits_{n\to\infty}(s_{2n}-s_n)=s-s=0$. 然而

$$s_{2n}-s_n=\frac{1}{n+1}+\frac{1}{n+2}+\cdots+\frac{1}{2n}>\frac{n}{2n}=\frac{1}{2}.$$

在上式中让 $n\to\infty$,就有 $0\geqslant\frac{1}{2}$,矛盾出现. 因而假设不成立,所以调和级数 $\sum\limits_{n=1}^{\infty}\frac{1}{n}$ 发散.

12.1.2　收敛级数的简单性质

定理 12.1(级数收敛的必要条件)　如果级数 $\sum\limits_{n=1}^{\infty}a_n$ 收敛,则它的一般项 a_n 收敛于零.

证　设级数 $\sum\limits_{n=1}^{\infty}a_n$ 的部分和为 s_n,且 $s_n\to s(n\to\infty)$,则

$$\lim_{n\to\infty}a_n=\lim_{n\to\infty}(s_n-s_{n-1})=\lim_{n\to\infty}s_n-\lim_{n\to\infty}s_{n-1}=s-s=0. \quad ■$$

由定理 12.1 知,

若级数 $\sum\limits_{n=1}^{\infty}a_n$ 的一般项 a_n 不趋于零,则级数发散.

这一结论可以作为判断级数发散的充分条件. 如级数 $\sum_{n=1}^{\infty}\frac{n}{n+1}$ 和级数 $\sum_{n=1}^{\infty}(-1)^{n-1}\frac{n}{n+1}$ 的一般项均不趋于零,所以都是发散级数.

应该注意,级数的一般项收敛于零不能作为判定级数收敛的充分条件. 有些级数的一般项趋于零但仍然是发散级数,如调和级数 $\sum_{n=1}^{\infty}\frac{1}{n}$ 就是一个典型的例子.

定理 12.2　设级数 $\sum_{n=1}^{\infty}a_n$,$\sum_{n=1}^{\infty}b_n$ 分别收敛于 s 和 t,k 是一常数,则

(1) 级数 $\sum_{n=1}^{\infty}ka_n$ 也收敛,且其和为 ks;

(2) 级数 $\sum_{n=1}^{\infty}(a_n\pm b_n)$ 也收敛,且其和为 $s\pm t$.

证　分别以 s_n,t_n,u_n,v_n 表示级数 $\sum_{n=1}^{\infty}a_n$,$\sum_{n=1}^{\infty}b_n$,$\sum_{n=1}^{\infty}ka_n$,$\sum_{n=1}^{\infty}(a_n\pm b_n)$ 的部分和,则

$$
\begin{aligned}
u_n &= ka_1+ka_2+\cdots+ka_n=ks_n\to ks\quad(n\to\infty),\\
v_n &= (a_1\pm b_1)+(a_2\pm b_2)+\cdots+(a_n\pm b_n)\\
&=(a_1+a_2+\cdots+a_n)\pm(b_1+b_2+\cdots+b_n)\\
&=s_n\pm t_n\to s\pm t\quad(n\to\infty),
\end{aligned}
$$

这表明级数 $\sum_{n=1}^{\infty}ka_n$ 收敛于 ks,级数 $\sum_{n=1}^{\infty}(a_n\pm b_n)$ 收敛于 $s\pm t$. ■

定理 12.3　在级数中添加、删除或修改有限项,不改变级数的敛散性.

证　我们仅对在级数的前部添加、删除有限项的情形加以证明.

设原级数、添加 k 项后的级数及删除 k 项后的级数如下:

$$a_1+a_2+\cdots+a_n+\cdots,$$
$$b_1+b_2+\cdots+b_k+a_1+a_2+\cdots+a_{n-k}+\cdots,$$
$$a_{k+1}+a_{k+2}+\cdots+a_{k+n}+\cdots.$$

它们的部分和分别为 s_n,σ_n,τ_n,则有

$$\sigma_n=(b_1+b_2+\cdots+b_k)+s_{n-k},\tau_n=s_{k+n}-(a_1+a_2+\cdots+a_k),$$

显然部分和数列 $\{s_n\}$,$\{\sigma_n\}$ 与 $\{\tau_n\}$ 具有相同的敛散性. ■

请思考,当以上三个级数都收敛时,其和是否相同?

习题 12.1(A)

1. 写出下列级数的一般项,并表示成 $\sum$ 和的形式:

(1) $1+\frac{1}{3}+\frac{1}{5}+\frac{1}{7}+\cdots$;

(2) $1-\frac{1}{4}+\frac{1}{9}-\frac{1}{16}+\cdots$;

(3) $x+\frac{x^2}{2}+\frac{x^3}{6}+\frac{x^4}{24}+\cdots$;

(4) $\frac{1}{2}+\frac{1\cdot 4}{2\cdot 7}+\frac{1\cdot 4\cdot 7}{2\cdot 7\cdot 12}+\frac{1\cdot 4\cdot 7\cdot 10}{2\cdot 7\cdot 12\cdot 17}+\cdots$;

(5) $\frac{1}{5}-\frac{2}{6}+\frac{3}{7}-\frac{4}{8}+\cdots$.

2. 写出下列级数的前五项：

(1) $\sum_{n=1}^{\infty}\frac{n^n}{n!}$;

(2) $\sum_{n=1}^{\infty}\frac{(-1)^n}{3n-1}$;

(3) $\sum_{n=1}^{\infty}\frac{1\cdot 3\cdot\cdots\cdot(2n-1)}{2\cdot 4\cdot\cdots\cdot(2n)}$;

(4) $\sum_{n=1}^{\infty}\frac{1+n}{1+n^2}$.

3. 根据级数收敛和发散的定义判别下列级数的敛散性：

(1) $\sum_{n=1}^{\infty}(\sqrt{n+1}-\sqrt{n})$;

(2) $\sum_{n=1}^{\infty}\frac{1}{(4n-1)(4n+3)}$;

(3) $\sum_{n=1}^{\infty}\sin\frac{n\pi}{6}$;

(4) $\sum_{n=1}^{\infty}(-1)^{n-1}$.

4. 判定下列级数的敛散性，对于收敛的情形，求出级数的和：

(1) $1+\frac{1}{5}+\frac{1}{25}+\cdots+\frac{1}{5^n}+\cdots$;

(2) $1-2+4-8+\cdots+(-2)^n+\cdots$;

(3) $1-\frac{1}{4}+\frac{1}{16}+\cdots+\left(\frac{-1}{4}\right)^{n-1}+\cdots$;

(4) $4+\frac{4}{3}+\frac{4}{9}+\frac{4}{27}+\cdots+\frac{4}{3^n}+\cdots$;

(5) $\sum_{n=1}^{\infty}\frac{1}{\sqrt[n]{n}}$;

(6) $\sum_{n=1}^{\infty}\frac{n^2}{n^2+2n}$;

(7) $\sum_{n=1}^{\infty}\frac{1+3^n}{5^n}$;

(8) $\sum_{n=1}^{\infty}\left(\left(\frac{\pi}{e}\right)^n+\left(\frac{e}{\pi}\right)^n\right)$;

(9) $\sum_{n=1}^{\infty}(\sin 1)^{2n}$;

(10) $\sum_{n=1}^{\infty}\arctan n$;

(11) $\sum_{n=1}^{\infty}\frac{1}{9n^2+3n-2}$;

(12) $\sum_{n=1}^{\infty}\ln\frac{n+1}{n}$;

(13) $\sum_{n=1}^{\infty}\frac{2}{n(n+1)(n+2)}$;

(14) $\sum_{n=1}^{\infty}\frac{n}{\sqrt{1+n^2}}$;

(15) $\sum_{n=1}^{\infty}\left(\frac{2}{n}-\frac{1}{2^n}\right)$.

5. 将下列循环小数表示为分数：

(1) 2.35353535…;

(2) 0.123123123…;

(3) 3.141591415914159…;

(4) 0.447744774477….

6. 求 x 的范围使下列几何级数收敛，并在该范围内将级数表示为 x 的函数.

(1) $\sum_{n=1}^{\infty}(2x)^n$; (2) $\sum_{n=0}^{\infty}(x-2)^n$; (3) $\sum_{n=0}^{\infty}\left(\frac{2-x}{3}\right)^n$; (4) $\sum_{n=0}^{\infty}\frac{1}{x^n}$.

7. 如图所示，在直角三角形 ABC 中，$\angle A=\theta$，$|AC|=b$. 又 $CD\perp AB$，$DE\perp BC$，$EF\perp AB$，将这一过程一直进行下去. $L=|CD|+|DE|+|EF|+|FG|+\cdots$. 试用 θ 和 b 来表示所有垂直线段的总长度 L.

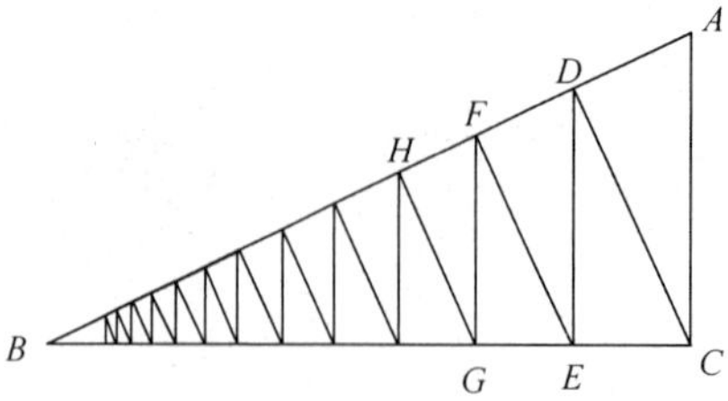

第 7 题图

8. 已知级数 $\sum_{n=1}^{\infty}a_n$ 的部分和 $s_n=\frac{n-1}{n+1}$，求 a_n 及级数的和 s.

9. 设级数 $\sum_{n=1}^{\infty}a_n(a_n\neq 0)$ 收敛，证明级数 $\sum_{n=1}^{\infty}\frac{1}{a_n}$ 发散.

10. 已知级数 $\sum_{n=1}^{\infty}a_n$ 收敛于 s，求 $\sum_{n=1}^{\infty}(a_n+a_{n+2}-a_{n+1})$.

习题 12.1 (B)

1. 已知级数 $\sum_{n=1}^{\infty}a_n$ 发散，c 是非零常数，证明级数 $\sum_{n=1}^{\infty}ca_n$ 发散.

2. 已知级数 $\sum_{n=1}^{\infty}a_n$ 收敛，级数 $\sum_{n=1}^{\infty}b_n$ 发散，证明级数 $\sum_{n=1}^{\infty}(a_n+b_n)$ 发散.

3. 斐波那契数列定义如下：

$$a_1=1,\quad a_2=1,\quad a_n=a_{n-1}+a_{n-2},\quad n\geqslant 3,$$

证明下面的结论：

(1) $\frac{1}{a_{n-1}a_{n+1}}=\frac{1}{a_{n-1}a_n}-\frac{1}{a_na_{n+1}}$；　　(2) $\sum_{n=2}^{\infty}\frac{1}{a_{n-1}a_{n+1}}=1$；

(3) $\sum_{n=2}^{\infty}\frac{a_n}{a_{n-1}a_{n+1}}=2$.

4. 如果 $\sum_{n=2}^{\infty}(1+c)^{-n}=2$，则 c 为何值？

5. 若级数 $\sum_{n=2}^{\infty}n(a_n-a_{n-1})$ 收敛，且 $\lim\limits_{n\to\infty}na_n=A$. 证明级数 $\sum_{n=2}^{\infty}a_n$ 收敛.

6. 通过讨论部分和证明级数 $\sum_{n=1}^{\infty}\frac{n}{(n+1)!}$ 是收敛的，并求其和.

7. (Zeno 悖论) S 和 T 两人赛跑，S 的速度为 10m/s，T 的速度为 0.01m/s. 开始时 T 在 S 前 1000m 的 A 处，S 到达 A 处时，T 前进了一段距离，到达了 B 处，当 S 到达 B 处时，T 又前进了一段距离，到达了 C 处 ……Zeno 断言 S 永远也追不上 T. 试解释这一现象.

8. 若级数 $\sum_{n=1}^{\infty}a_n$ 收敛，则级数________.（研 2006）

(A) $\sum_{n=1}^{\infty}|a_n|$ 收敛；(B) $\sum_{n=1}^{\infty}(-1)^na_n$ 收敛；(C) $\sum_{n=1}^{\infty}a_na_{n+1}$ 收敛；(D) $\sum_{n=1}^{\infty}\frac{a_n+a_{n+1}}{2}$ 收敛.

12.2　级数的收敛判别法

12.2.1　正项级数收敛的充要条件

如果级数 $\sum_{n=1}^{\infty}a_n$ 的每一项均为非负，即对任意的 n，$a_n\geqslant 0$，则称 $\sum_{n=1}^{\infty}a_n$ 是**正项级**

数，如 12.1 节例 1、例 2、例 7 中的级数是正项级数.

设 $\sum_{n=1}^{\infty} a_n$ 是正项级数，$\{s_n\}$ 是其部分和数列，显然 s_n 是单调增加的，由数列极限的存在准则：单调有界数列必有极限，立即可得下面的定理.

定理 12.4　正项级数 $\sum_{n=1}^{\infty} a_n$ 收敛的充分必要条件是它的部分和数列 $\{s_n\}$ 有界.

例 1　讨论 p 级数 $\sum_{n=1}^{\infty} \frac{1}{n^p}$（$p$ 是实数）的收敛性.

解　当 $p<0$ 时，$\frac{1}{n^p} \to \infty(n \to \infty)$，所以级数发散.

当 $p=0$ 时，级数的一般项为 1，所以级数发散.

当 $0<p\leqslant 1$ 时，观察图 12.2，其中曲线是函数 $y=\frac{1}{x^p}$ 的图形，从左到右各个矩形的面积是级数各项的值. 计算级数的部分和

$$s_n=\frac{1}{1^p}+\frac{1}{2^p}+\cdots+\frac{1}{n^p} \geqslant \int_1^{n+1} \frac{1}{x^p}\mathrm{d}x=\begin{cases}\frac{1}{1-p}[(n+1)^{1-p}-1], & 0<p<1, \\ \ln(n+1), & p=1.\end{cases}$$

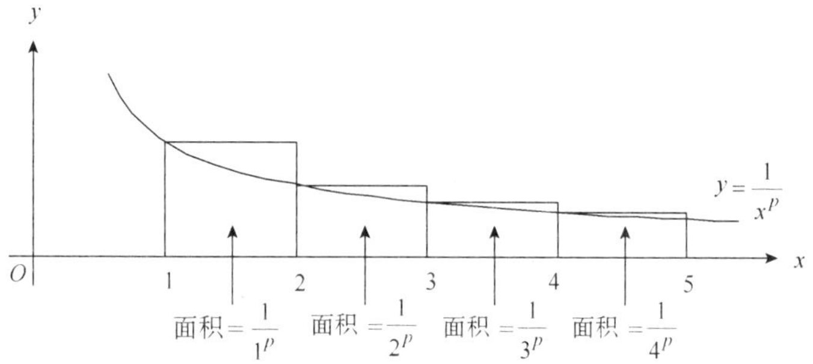

图 12.2

不难证明 $\{s_n\}$ 无界，从而由定理 12.4 知，级数发散.

当 $p>1$ 时，观察图 12.3，其中曲线是函数 $y=\frac{1}{x^p}$ 的图形，从左到右各个矩形的面积是级数各项的值. 计算级数的部分和

$$s_n=\frac{1}{1^p}+\frac{1}{2^p}+\cdots+\frac{1}{n^p} \leqslant \frac{1}{1^p}+\int_1^n \frac{1}{x^p}\mathrm{d}x=1+\frac{1}{p-1}\left(1-\frac{1}{n^{p-1}}\right)<1+\frac{1}{p-1},$$

显然 $\{s_n\}$ 有界，从而由定理 12.4 知，级数收敛.

p 级数也是一类重要的级数，我们将上面的结论总结如下：

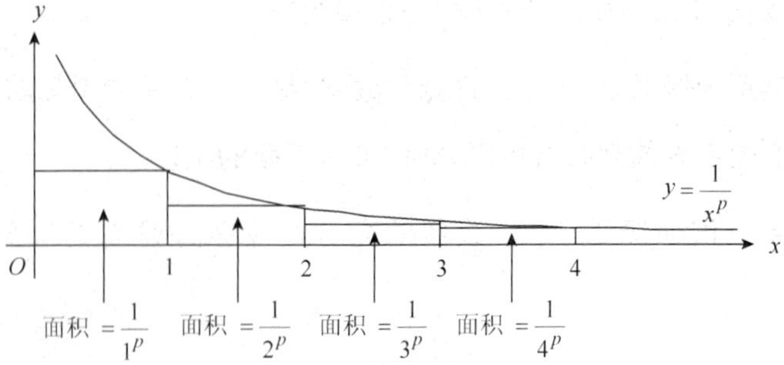

图 12.3

> 对 p 级数 $\sum_{n=1}^{\infty}\frac{1}{n^p}$，有
> (1) 当 $p>1$ 时，级数收敛；
> (2) 当 $p\leqslant 1$ 时，级数发散.

利用积分讨论级数的敛散性是一种具有普遍性的方法，我们将其总结为如下的**积分判别法**.

定理 12.5　设 $\sum_{n=1}^{\infty}a_n$ 是正项级数，$f(x)$ 是在 $[1,+\infty)$ 上定义的单调减少的连续函数，且对任意 n，$a_n=f(n)$，则级数 $\sum_{n=1}^{\infty}a_n$ 收敛的充分必要条件是反常积分 $\int_1^{+\infty}f(x)\mathrm{d}x$ 收敛.

12.2.2　正项级数的比较判别法

比较判别法是将一级数与另一已知收敛或发散的级数进行比较，以确定其收敛性的方法.

定理 12.6(比较判别法)　设 $\sum_{n=1}^{\infty}a_n$，$\sum_{n=1}^{\infty}b_n$ 是两个正项级数，

(1) 若级数 $\sum_{n=1}^{\infty}b_n$ 收敛，且 $a_n\leqslant b_n(n=1,2,\cdots)$，则级数 $\sum_{n=1}^{\infty}a_n$ 也收敛；

(2) 若级数 $\sum_{n=1}^{\infty}b_n$ 发散，且 $a_n\geqslant b_n(n=1,2,\cdots)$，则级数 $\sum_{n=1}^{\infty}a_n$ 也发散.

证　(1) 分别以 s_n,t_n 表示级数 $\sum_{n=1}^{\infty}a_n$ 和 $\sum_{n=1}^{\infty}b_n$ 的部分和，由 $a_n\leqslant b_n(n=1,2,\cdots)$，可得 $s_n\leqslant t_n(n=1,2,\cdots)$. 因级数 $\sum_{n=1}^{\infty}b_n$ 收敛，由定理 12.4，$\{t_n\}$ 有界，从而

$\{s_n\}$ 有界. 再由定理 12.4 得级数 $\sum\limits_{n=1}^{\infty} a_n$ 收敛.

(2) 的证明留作练习. ■

根据定理 12.3 立即可知,定理 12.6 中条件 $a_n \leqslant (\geqslant) b_n (n=1,2,\cdots)$ 可替换为存在 $N>0$,使 $n \geqslant N$ 时,$a_n \leqslant (\geqslant) b_n$.

例 2 判别下列级数的收敛性:

(1) $\sum\limits_{n=1}^{\infty} \dfrac{1}{n(n+1)(n+2)}$; (2) $\sum\limits_{n=1}^{\infty} \dfrac{1}{\sqrt{2n-1}}$;

(3) $\sum\limits_{n=1}^{\infty} \dfrac{\ln n}{n}$; (4) $\sum\limits_{n=1}^{\infty} \dfrac{1}{2^n-1}$.

解 (1) 对任意 n,$\dfrac{1}{n(n+1)(n+2)} \leqslant \dfrac{1}{n^3}$,且 $\sum\limits_{n=1}^{\infty} \dfrac{1}{n^3}$ 收敛,根据比较判别法,级数 $\sum\limits_{n=1}^{\infty} \dfrac{1}{n(n+1)(n+2)}$ 收敛.

(2) 对任意 n,$\dfrac{1}{\sqrt{2n-1}} \geqslant \dfrac{1}{\sqrt{2n}}$,且 $\sum\limits_{n=1}^{\infty} \dfrac{1}{\sqrt{2n}} = \dfrac{1}{\sqrt{2}} \sum\limits_{n=1}^{\infty} \dfrac{1}{n^{1/2}}$ 发散,根据比较判别法,$\sum\limits_{n=1}^{\infty} \dfrac{1}{\sqrt{2n-1}}$ 发散.

(3) 当 $n \geqslant 3$ 时,$\dfrac{\ln n}{n} > \dfrac{1}{n}$,且 $\sum\limits_{n=1}^{\infty} \dfrac{1}{n}$ 发散,所以级数 $\sum\limits_{n=1}^{\infty} \dfrac{\ln n}{n}$ 发散.

(4) 当 $n \geqslant 2$ 时,$2^n - 1 = (1+1)^n - 1 > \dfrac{n(n+1)}{2} > \dfrac{n^2}{2}$,从而 $\dfrac{1}{2^n-1} < \dfrac{2}{n^2}$. 由 $\sum\limits_{n=1}^{\infty} \dfrac{2}{n^2} = 2\sum\limits_{n=1}^{\infty} \dfrac{1}{n^2}$ 收敛,知级数 $\sum\limits_{n=1}^{\infty} \dfrac{1}{2^n-1}$ 收敛.

在很多情况下,使用如下的极限形式的比较判别法更为方便.

定理 12.7(比较判别法的极限形式) 设 $\sum\limits_{n=1}^{\infty} a_n$,$\sum\limits_{n=1}^{\infty} b_n$ 是两个正项级数,

(1) 若 $\lim\limits_{n\to\infty} \dfrac{a_n}{b_n} = c$,且 $c \neq 0$,则两个级数具有相同的敛散性;

(2) 若 $\lim\limits_{n\to\infty} \dfrac{a_n}{b_n} = \infty$,则由级数 $\sum\limits_{n=1}^{\infty} b_n$ 发散可推出级数 $\sum\limits_{n=1}^{\infty} a_n$ 发散;

(3) 若 $\lim\limits_{n\to\infty} \dfrac{a_n}{b_n} = 0$,则由级数 $\sum\limits_{n=1}^{\infty} b_n$ 收敛可推出级数 $\sum\limits_{n=1}^{\infty} a_n$ 收敛.

证 (1) 由 $\lim\limits_{n\to\infty} \dfrac{a_n}{b_n} = c$,对给定 $\varepsilon = \dfrac{c}{2} > 0$,存在 N,使得当 $n \geqslant N$ 时,$\left|\dfrac{a_n}{b_n} - c\right| < \dfrac{c}{2}$. 从而当 $n \geqslant N$ 时,$\dfrac{c}{2} b_n < a_n < \dfrac{3c}{2} b_n$. 由比较判别法知,若级数 $\sum\limits_{n=1}^{\infty} b_n$

收敛,则级数$\sum\limits_{n=1}^{\infty}a_n$也收敛;若级数$\sum\limits_{n=1}^{\infty}b_n$发散,则级数$\sum\limits_{n=1}^{\infty}a_n$也发散.

(2),(3) 的证明类似于(1) 的证明,留作练习. ■

例 3　判别下列级数的敛散性:

(1) $\sum\limits_{n=1}^{\infty}\dfrac{1}{2^n-1}$;　　(2) $\sum\limits_{n=1}^{\infty}\dfrac{2n^2+3n}{\sqrt{5+n^5}}$.

解　(1) 记 $a_n=\dfrac{1}{2^n-1}$, $b_n=\dfrac{1}{2^n}$,由于

$$\lim_{n\to\infty}\frac{a_n}{b_n}=\lim_{n\to\infty}\frac{2^n}{2^n-1}=\lim_{n\to\infty}\frac{1}{1-1/2^n}=1,$$

且级数$\sum\limits_{n=1}^{\infty}\dfrac{1}{2^n}$收敛,根据定理 12.7,级数$\sum\limits_{n=1}^{\infty}\dfrac{1}{2^n-1}$收敛.

(2) 记 $c_n=\dfrac{2n^2+3n}{\sqrt{5+n^5}}$, $d_n=\dfrac{n^2}{n^{5/2}}=\dfrac{1}{n^{1/2}}$,由于

$$\lim_{n\to\infty}\frac{c_n}{d_n}=\lim_{n\to\infty}\left(\frac{2n^2+3n}{\sqrt{5+n^5}}\ \frac{n^{1/2}}{1}\right)=2,$$

且级数$\sum\limits_{n=1}^{\infty}\dfrac{1}{n^{1/2}}$发散,根据定理 12.7,级数$\sum\limits_{n=1}^{\infty}\dfrac{2n^2+3n}{\sqrt{5+n^5}}$发散.

使用比较判别法及其极限形式时,常常以等比级数和 p 级数作为比较的标准.

12.2.3　交错级数的收敛判别法

如果级数$\sum\limits_{n=1}^{\infty}a_n$的各项是正负交错出现的,则称$\sum\limits_{n=1}^{\infty}a_n$是交错级数,交错级数通常表示为$\sum\limits_{n=1}^{\infty}(-1)^{n-1}a_n$或$\sum\limits_{n=1}^{\infty}(-1)^n a_n$, $a_n>0$,显然这两种形式的交错级数具有相同的敛散性. 12.1 节例 4 中的级数是交错级数.

对于交错级数有如下的敛散判别法.

定理 12.8(莱布尼茨定理)　设交错级数$\sum\limits_{n=1}^{\infty}(-1)^{n-1}a_n(a_n>0)$,如果 a_n 满足条件:

(1) $\{a_n\}$是单调减少数列,即 $a_{n+1}\leqslant a_n(n=1,2,\cdots)$;

(2) $\lim\limits_{n\to\infty}a_n=0$,

则该交错级数收敛.

证　考查部分和数列$\{s_m\}$,其中偶数项

$$s_{2n}=(a_1-a_2)+(a_3-a_4)+\cdots+(a_{2n-1}-a_{2n}),$$

由条件(1)知,$\{s_{2n}\}$是单调增加的非负数列.另一方面,

$$s_{2n}=a_1-(a_2-a_3)-(a_4-a_5)-\cdots-(a_{2n-2}-a_{2n-1})-a_{2n},$$

由条件(1)可知,$s_{2n}<a_1$,即$\{s_{2n}\}$是有界的.根据数列极限存在准则可得,$\lim\limits_{n\to\infty}s_{2n}$存在,设$\lim\limits_{n\to\infty}s_{2n}=s$.又$\{s_m\}$的奇数项 $s_{2n-1}=s_{2n}-a_{2n}$,

$$\lim_{n\to\infty}s_{2n-1}=\lim_{n\to\infty}s_{2n}-\lim_{n\to\infty}a_{2n}=s.$$

由于$\{s_m\}$的奇数项子列$\{s_{2n-1}\}$和偶数项子列$\{s_{2n}\}$具有相同的极限 s,可证$\lim\limits_{n\to\infty}s_n=s$.从而级数 $\sum\limits_{n=1}^{\infty}(-1)^{n-1}a_n$ 收敛. ■

例 4 判定交错级数$\sum\limits_{n=1}^{\infty}\dfrac{(-1)^{n-1}}{n}$的收敛性.

解 由于$\{a_n\}=\left\{\dfrac{1}{n}\right\}$是单调减少数列,且$\lim\limits_{n\to\infty}a_n=\lim\limits_{n\to\infty}\dfrac{1}{n}=0$.从而级数$\sum\limits_{n=1}^{\infty}\dfrac{(-1)^{n-1}}{n}$满足定理 12.8 的条件,所以级数收敛.

例 5 判定级数$\sum\limits_{n=1}^{\infty}\dfrac{(-1)^{n+1}n}{2n-1}$的敛散性.

解 显然这是一个交错级数,由于$\lim\limits_{n\to\infty}\dfrac{n}{2n-1}=\dfrac{1}{2}\neq 0$,级数的一般项$\dfrac{(-1)^{n+1}n}{2n-1}$极限不存在,所以级数发散.

例 6 判定级数$\sum\limits_{n=1}^{\infty}(-1)^{n+1}\dfrac{n^2}{n^3+1}$的收敛性.

解 显然这是交错级数,且$\lim\limits_{n\to\infty}\dfrac{n^2}{n^3+1}=0$.为证明$\left\{\dfrac{n^2}{n^3+1}\right\}$是单调减少的,考虑函数 $f(x)=\dfrac{x^2}{x^3+1}$,则 $f'(x)=\dfrac{x(2-x^3)}{(x^3+1)^2}$,当 $x>\sqrt[3]{2}$ 时,$f'(x)<0$,从而当 $n\geqslant 2$ 时,$\left\{\dfrac{n^2}{n^3+1}\right\}$是单调减少的,所以级数$\sum\limits_{n=1}^{\infty}(-1)^{n+1}\dfrac{n^2}{n^3+1}$收敛.

定理 12.9(收敛交错级数的误差估计) 设交错级数$\sum\limits_{n=1}^{\infty}(-1)^{n-1}a_n(a_n>0)$,如果 a_n 满足莱布尼茨定理的条件,则误差

$$|r_n|=|s-s_n|\leqslant a_{n+1},$$

其中 s 和 s_n 分别是级数的和与部分和.

证 $|s-s_n|=a_{n+1}-(a_{n+2}-a_{n+3})-(a_{n+4}-a_{n+5})-\cdots\leqslant a_{n+1}$. ■

例 7 求级数$\sum\limits_{n=1}^{\infty}\dfrac{(-1)^{n-1}}{n!}$的和的近似值,使误差小于 0.001.

解　由于 $\frac{1}{(n+1)!}<\frac{1}{n!}$ 且 $\lim\limits_{n\to\infty}\frac{1}{n!}=0$，所以级数收敛，且误差 $|r_n|<\frac{1}{(n+1)!}$. 由题意，要求 $\frac{1}{(n+1)!}<0.001$，取 $n=6$ 则可. 所以 $s\approx s_6\approx 0.368$.

12.2.4　绝对收敛与比值判别法

对于数项级数 $\sum\limits_{n=1}^{\infty}a_n$，如果由 $\sum\limits_{n=1}^{\infty}a_n$ 的各项加绝对值所构成的正项级数 $\sum\limits_{n=1}^{\infty}|a_n|$ 收敛，则称级数 $\sum\limits_{n=1}^{\infty}a_n$ **绝对收敛**；如果级数 $\sum\limits_{n=1}^{\infty}a_n$ 收敛，而级数 $\sum\limits_{n=1}^{\infty}|a_n|$ 发散，则称级数 $\sum\limits_{n=1}^{\infty}a_n$ **条件收敛**. 对于正项级数而言，收敛就是绝对收敛，但应注意，对于非正项级数，收敛、绝对收敛、条件收敛是不同的概念. 例如，$\sum\limits_{n=1}^{\infty}\frac{(-1)^{n-1}}{n^2}$ 是绝对收敛级数，而 $\sum\limits_{n=1}^{\infty}\frac{(-1)^{n-1}}{n}$ 是条件收敛级数.

定理 12.10　如果级数 $\sum\limits_{n=1}^{\infty}a_n$ 是绝对收敛的，则级数 $\sum\limits_{n=1}^{\infty}a_n$ 收敛.

证　考虑正项级数 $\sum\limits_{n=1}^{\infty}(|a_n|+a_n)$，显然有 $0\leqslant|a_n|+a_n\leqslant 2|a_n|$. 由于 $\sum\limits_{n=1}^{\infty}a_n$ 是绝对收敛的，可得 $\sum\limits_{n=1}^{\infty}2|a_n|$ 收敛，从而由定理 12.6 知，级数 $\sum\limits_{n=1}^{\infty}(|a_n|+a_n)$ 收敛. 由于 $a_n=(|a_n|+a_n)-|a_n|$，由定理 12.2 知，级数 $\sum\limits_{n=1}^{\infty}a_n$ 收敛. ■

下面我们介绍一种使用方便、应用广泛的判别法.

定理 12.11（比值判别法）　已知级数 $\sum\limits_{n=1}^{\infty}a_n$，

(1) 若 $\lim\limits_{n\to\infty}\frac{|a_{n+1}|}{|a_n|}=L<1$，则级数绝对收敛，从而收敛；

(2) 若 $\lim\limits_{n\to\infty}\frac{|a_{n+1}|}{|a_n|}=L>1$ 或 $\lim\limits_{n\to\infty}\frac{|a_{n+1}|}{|a_n|}=+\infty$，则级数发散；

(3) 若 $\lim\limits_{n\to\infty}\frac{|a_{n+1}|}{|a_n|}=1$，则级数可能收敛也可能发散，需用其他方法判别其敛散性.

证　(1) 取 r，使 $L<r<1$. 由 $\lim\limits_{n\to\infty}\frac{|a_{n+1}|}{|a_n|}=L<r$，存在正整数 N，使对一切 $n\geqslant N$，$\frac{|a_{n+1}|}{|a_n|}<r$. 从而

$$|a_{N+1}|<|a_N|r,\quad |a_{N+2}|<|a_{N+1}|r<|a_N|r^2,$$
$$|a_{N+3}|<|a_{N+2}|r<|a_N|r^3,\cdots,$$

一般有

$$|a_{N+k}|<|a_N|r^k,\quad k=1,2,\cdots.$$

由 $r<1$ 知,级数 $\sum\limits_{k=1}^{\infty}|a_N|r^k$ 收敛. 再由比较判别法知,级数 $\sum\limits_{n=N+1}^{\infty}|a_n|$ 收敛,从而级数 $\sum\limits_{n=1}^{\infty}|a_n|$ 收敛,即级数 $\sum\limits_{n=1}^{\infty}a_n$ 绝对收敛.

(2) 在给定条件下,存在正整数 N,使对一切 $n\geqslant N$, $\dfrac{|a_{n+1}|}{|a_n|}>1$. 从而 $|a_{n+1}|>|a_n|$, $n=N,N+1,\cdots$. 由此可得 $\lim\limits_{n\to\infty}|a_n|\neq 0$,所以 $\lim\limits_{n\to\infty}a_n\neq 0$. 由级数收敛的必要条件知,原级数发散.

(3) 考虑收敛级数 $\sum\limits_{n=1}^{\infty}\dfrac{(-1)^{n-1}}{n^2}$ 和发散级数 $\sum\limits_{n=1}^{\infty}\dfrac{1}{n}$,对此两级数显然都有 $\lim\limits_{n\to\infty}\dfrac{|a_{n+1}|}{|a_n|}=1$,从而条件 $\lim\limits_{n\to\infty}\dfrac{|a_{n+1}|}{|a_n|}=1$ 不能作为断定级数收敛或发散的依据.

■

例 8　判定下列级数的收敛性,若收敛,指出是绝对收敛还是条件收敛:

(1) $\sum\limits_{n=1}^{\infty}(-1)^{n+1}\dfrac{n^5}{2^n}$;　　(2) $\sum\limits_{n=1}^{\infty}(-1)^{n+1}\dfrac{n!}{3^n}$;　　(3) $\sum\limits_{n=1}^{\infty}\dfrac{(-1)^n}{n-\ln n}$.

解　(1) 级数的一般项 $a_n=(-1)^{n+1}\dfrac{n^5}{2^n}$,

$$\lim_{n\to\infty}\frac{|a_{n+1}|}{|a_n|}=\lim_{n\to\infty}\frac{\left|(-1)^{n+2}\dfrac{(n+1)^5}{2^{n+1}}\right|}{\left|(-1)^{n+1}\dfrac{n^5}{2^n}\right|}=\lim_{n\to\infty}\frac{1}{2}\left(\frac{n+1}{n}\right)^5=\frac{1}{2}<1,$$

由比值判别法知,级数绝对收敛,从而收敛.

(2) 级数的一般项 $a_n=(-1)^{n+1}\dfrac{n!}{3^n}$,

$$\lim_{n\to\infty}\frac{|a_{n+1}|}{|a_n|}=\lim_{n\to\infty}\frac{\left|(-1)^{n+2}\dfrac{(n+1)!}{3^{n+1}}\right|}{\left|(-1)^{n+1}\dfrac{n!}{3^n}\right|}=\lim_{n\to\infty}\frac{n+1}{3}=\infty,$$

由比值判别法知,级数发散.

(3) 由于 $\dfrac{1}{n-\ln n}\geqslant\dfrac{1}{n}$,从而级数 $\sum\limits_{n=1}^{\infty}\left|\dfrac{(-1)^n}{n-\ln n}\right|=\sum\limits_{n=1}^{\infty}\dfrac{1}{n-\ln n}$ 发散.

又考虑函数 $\dfrac{1}{x-\ln x}$,因为 $\left(\dfrac{1}{x-\ln x}\right)'=\dfrac{1-x}{x(x-\ln x)^2}<0(x>1)$,所以

$\frac{1}{n-\ln n}$ 单调减少，并且 $\lim\limits_{n\to\infty}\frac{1}{n-\ln n}=\lim\limits_{n\to\infty}\frac{\frac{1}{n}}{1-\frac{\ln n}{n}}=0$，根据交错级数的敛散性判别法，原级数收敛.

综上所述，所讨论级数条件收敛.（应注意的是，由于 $\lim\limits_{n\to\infty}\frac{|a_{n+1}|}{|a_n|}=1$，所以不能用比值判别法确定级数的敛散性.）

需要强调的是，比值判别法亦可用于判别正项级数 $\sum\limits_{n=1}^{\infty}a_n$ 的敛散性，这时由于 $|a_n|=a_n$，只要讨论极限 $\lim\limits_{n\to\infty}\frac{a_{n+1}}{a_n}$ 即可.

例 9　判定正项级数 $\sum\limits_{n=1}^{\infty}\frac{2^n}{n!}$ 的敛散性.

解　由于 $\lim\limits_{n\to\infty}\frac{a_{n+1}}{a_n}=\lim\limits_{n\to\infty}\frac{2^{n+1}}{(n+1)!}\frac{n!}{2^n}=\lim\limits_{n\to\infty}\frac{2}{n+1}=0<1$，所以级数收敛.

下面给出另一种判别法，将证明留作练习.

定理 12.12（根值判别法）　已知级数 $\sum\limits_{n=1}^{\infty}a_n$，

(1) 若 $\lim\limits_{n\to\infty}\sqrt[n]{|a_n|}=L<1$，则级数绝对收敛，从而收敛；

(2) 若 $\lim\limits_{n\to\infty}\sqrt[n]{|a_n|}=L>1$ 或 $\lim\limits_{n\to\infty}\sqrt[n]{|a_n|}=+\infty$，则级数发散；

(3) 若 $\lim\limits_{n\to\infty}\sqrt[n]{|a_n|}=1$，则级数可能收敛也可能发散，需用其他方法判别其敛散性.

例 10　判定级数 $\sum\limits_{n=1}^{\infty}(-1)^{n-1}\left(\frac{2n+3}{3n+2}\right)^n$ 的敛散性.

解　$\lim\limits_{n\to\infty}\sqrt[n]{\left(\frac{2n+3}{3n+2}\right)^n}=\lim\limits_{n\to\infty}\frac{2n+3}{3n+2}=\frac{2}{3}<1$，由根值判别法，所给级数绝对收敛.

同样，根值判别法也可用于判别正项级数 $\sum\limits_{n=1}^{\infty}a_n$ 的敛散性。

例 11　判定级数 $\sum\limits_{n=1}^{\infty}\frac{1}{2^{n+(-1)^n}}=1+\frac{1}{8}+\frac{1}{4}+\frac{1}{32}+\frac{1}{16}+\cdots$ 的敛散性.

解　这是一个正项级数，$\lim\limits_{n\to\infty}\left(\frac{1}{2^{n+(-1)^n}}\right)^{\frac{1}{n}}=\lim\limits_{n\to\infty}\left(\frac{1}{2^n\cdot 2^{(-1)^n}}\right)^{\frac{1}{n}}=\lim\limits_{n\to\infty}\frac{1}{2}\frac{1}{2^{\frac{(-1)^n}{n}}}=\frac{1}{2}<1$，由根值判别法，级数收敛.

*12.2.5 级数的重排和乘法

下面,不加证明的给出几个定理,通过这些定理可以看出绝对收敛级数的重要意义.

给定级数 $\sum_{n=1}^{\infty} a_n$,更改级数各项的顺序得到一个新的级数 $\sum_{n=1}^{\infty} a_n^*$,称这个新的级数为原级数的一个**重排**(级数).

定理 12.13 若 $\sum_{n=1}^{\infty} a_n$ 是绝对收敛级数,级数 $\sum_{n=1}^{\infty} a_n^*$ 是 $\sum_{n=1}^{\infty} a_n$ 的任一重排,则 $\sum_{n=1}^{\infty} a_n^*$ 是收敛级数,且与原级数有相同的和.

与绝对收敛级数不同,对条件收敛级数有完全不同的结果.

定理 12.14 若 $\sum_{n=1}^{\infty} a_n$ 是条件收敛级数,r 是任一确定实数,则存在 $\sum_{n=1}^{\infty} a_n$ 的重排 $\sum_{n=1}^{\infty} a_n^*$,使级数 $\sum_{n=1}^{\infty} a_n^*$ 收敛,且和为 r.

为说明定理 12.14,考查交错调和级数 $\sum_{n=1}^{\infty} (-1)^{n-1}\frac{1}{n}$,我们知道它是条件收敛级数,12.3 节将证明

$$\sum_{n=1}^{\infty} (-1)^{n-1}\frac{1}{n} = 1-\frac{1}{2}+\frac{1}{3}-\frac{1}{4}+\frac{1}{5}-\frac{1}{6}+\frac{1}{7}-\frac{1}{8}+\cdots=\ln 2.$$

用 $\frac{1}{2}$ 乘以上级数,得

$$\frac{1}{2}-\frac{1}{4}+\frac{1}{6}-\frac{1}{8}+\cdots=\frac{1}{2}\ln 2,$$

又在上级数各项之间插入 0,得

$$0+\frac{1}{2}+0-\frac{1}{4}+0+\frac{1}{6}+0-\frac{1}{8}+\cdots=\frac{1}{2}\ln 2,$$

将上级数与级数 $\sum_{n=1}^{\infty} (-1)^{n-1}\frac{1}{n}$ 逐项相加,得

$$1+\frac{1}{3}-\frac{1}{2}+\frac{1}{5}+\frac{1}{7}-\frac{1}{4}+\cdots=\frac{3}{2}\ln 2,$$

容易看出此级数是级数 $\sum_{n=1}^{\infty} (-1)^{n-1}\frac{1}{n}$ 的一个重排,但其和不等于 $\ln 2$.

定理 12.15(绝对收敛级数的乘法) 设 $\sum_{n=1}^{\infty} a_n$ 和 $\sum_{n=1}^{\infty} b_n$ 是绝对收敛级数,它们的和分别是 s 和 t,则它们逐项相乘后按下列顺序排列的级数:

$$a_1b_1+(a_1b_2+a_2b_1)+(a_1b_3+a_2b_2+a_3b_1)+\cdots+(a_1b_n+a_2b_{n-1}+\cdots+a_nb_1)+\cdots$$

也绝对收敛，且其和为 $s\cdot t$. 称此级数为 $\sum\limits_{n=1}^{\infty}a_n$ 和 $\sum\limits_{n=1}^{\infty}b_n$ 的柯西乘积，记为 $\left(\sum\limits_{n=1}^{\infty}a_n\right)\cdot\left(\sum\limits_{n=1}^{\infty}b_n\right)$，即

$$\left(\sum_{n=1}^{\infty}a_n\right)\cdot\left(\sum_{n=1}^{\infty}b_n\right)=\sum_{n=2}^{\infty}\sum_{\substack{1\leqslant i,j<n\\ i+j=n}}a_ib_j.$$

习题 12.2(A)

1. 用例 1 的方法讨论级数 $\sum\limits_{n=2}^{\infty}\dfrac{1}{n(\ln n)^p}$ 的敛散性.

2. 证明定理 12.6 (2).

3. 证明定理 12.7 (2),(3).

4. 用比较判别法判定下列级数的收敛性：

(1) $\sum\limits_{n=1}^{\infty}\dfrac{1}{n^2+2n+1}$；　(2) $\sum\limits_{n=1}^{\infty}\dfrac{3}{1+5^n}$；　(3) $\sum\limits_{n=1}^{\infty}\dfrac{n^2+1}{n^3+1}$；

(4) $\sum\limits_{n=2}^{\infty}\dfrac{1}{n-\sqrt{n}}$；　(5) $\sum\limits_{n=1}^{\infty}\dfrac{\cos^2 n}{n\sqrt{n}}$；　(6) $\sum\limits_{n=1}^{\infty}\dfrac{1}{\sqrt{n(n+1)(n+2)}}$；

(7) $\sum\limits_{n=1}^{\infty}\dfrac{1}{\sqrt[3]{n(n+1)(n+2)}}$；　(8) $\sum\limits_{n=1}^{\infty}\dfrac{n}{\sqrt{n^5+1}}$；　(9) $\sum\limits_{n=1}^{\infty}\dfrac{1}{1+\sqrt{n}}$；

(10) $\sum\limits_{n=1}^{\infty}\dfrac{1}{n!}$；　(11) $\sum\limits_{n=1}^{\infty}\dfrac{n!}{n^n}$；　(12) $\sum\limits_{n=1}^{\infty}\sin\dfrac{1}{n}$.

5. 设 $\sum\limits_{n=1}^{\infty}a_n$ 是收敛的正项级数，证明级数 $\sum\limits_{n=1}^{\infty}a_n^2$ 收敛.

6. 设 $\sum\limits_{n=1}^{\infty}a_n$ 是收敛的正项级数，b_n 非负且 $\lim\limits_{n\to\infty}b_n=0$，证明级数 $\sum\limits_{n=1}^{\infty}a_nb_n$ 收敛.

7. 设 $a_n>0$，且 $\lim\limits_{n\to\infty}na_n=l\neq 0$，证明级数 $\sum\limits_{n=1}^{\infty}a_n$ 发散.

8. 设 $\sum\limits_{n=1}^{\infty}a_n$ 是收敛的正项级数，证明级数 $\sum\limits_{n=1}^{\infty}\ln(1+a_n)$ 收敛.

9. 判定下列交错级数的敛散性：

(1) $\sum\limits_{n=1}^{\infty}\dfrac{(-1)^n}{\sqrt{n}}$；　(2) $\sum\limits_{n=1}^{\infty}(-1)^{n+1}\dfrac{\ln n}{n}$；　(3) $\sum\limits_{n=2}^{\infty}\dfrac{(-1)^{n-1}}{\ln n}$；

(4) $\sum\limits_{n=1}^{\infty}(-1)^n\dfrac{3n}{7n-2}$；　(5) $\sum\limits_{n=1}^{\infty}(-1)^{n-1}\dfrac{n}{2^n}$；　(6) $\sum\limits_{n=1}^{\infty}(-1)^n\dfrac{\sqrt[3]{n}}{2n+1}$；

(7) $\sum\limits_{n=2}^{\infty}(-1)^n\dfrac{n}{\ln n}$；　(8) $\sum\limits_{n=1}^{\infty}\dfrac{\cos n\pi}{n^{1/2}}$；　(9) $\sum\limits_{n=1}^{\infty}(-1)^{n-1}\sin\dfrac{1}{n}$.

10. 判定下列级数的敛散性：

(1) $\sum\limits_{n=1}^{\infty}\dfrac{1}{n^n}$；　(2) $\sum\limits_{n=1}^{\infty}\dfrac{(-10)^n}{n!}$；

(3) $\sum_{n=1}^{\infty} \frac{(-1)^{n-1}n!}{n^n}$；　(4) $\sum_{n=1}^{\infty} \frac{3^n}{n!n}$；

(5) $\sum_{n=1}^{\infty} \frac{(-1)^{n-1}3^n}{n(2^n+1)}$；　(6) $\sum_{n=1}^{\infty}(-1)^{n-1} \frac{n!}{1\cdot 3\cdot 5\cdots(2n-1)}$；

(7) $\sum_{n=1}^{\infty}(-1)^{n-1} \frac{2\cdot 4\cdot 6\cdots(2n)}{1\cdot 4\cdot 7\cdots(3n-2)}$；　(8) $\sum_{n=2}^{\infty} \frac{(-1)^n}{(\ln n)^n}$；

(9) $\sum_{n=1}^{\infty} n\sin\frac{1}{2^{n-1}}$；　(10) $\sum_{n=1}^{\infty}(-1)^{n-1}\left(\frac{n}{2n+1}\right)^n$.

11. 试证明级数 $\sum_{n=1}^{\infty}\frac{x^n}{n!}$ 对任意 x 均收敛，并证明对任意 x，$\lim\limits_{n\to\infty}\frac{x^n}{n!}=0$.

12. 用适当方法判别下列级数的敛散性，收敛时，指出是绝对收敛还是条件收敛.

(1) $\sum_{n=1}^{\infty}(-1)^{n-1}\frac{1}{n^p}$；　(2) $\sum_{n=1}^{\infty}\frac{(-1)^n}{n^2-n+1}$；　(3) $\sum_{n=1}^{\infty}\frac{\sin 3n}{n^2}$；

(4) $\sum_{n=1}^{\infty}(-1)^{n-1}\frac{\ln n}{n}$；　(5) $\sum_{n=1}^{\infty}(-1)^n\left(\frac{n}{n+1}\right)^n$；　(6) $\sum_{n=1}^{\infty}\sin n$；

(7) $\sum_{n=1}^{\infty}\frac{(-1)^{n-1}n}{(2n-1)(1+2n)}$；　(8) $\sum_{n=1}^{\infty}\frac{(-1)^n}{\ln(n+1)}$；　(9) $\sum_{n=1}^{\infty}\frac{\cos(n\pi/3)}{n\sqrt{n}}$.

13. 证明定理 12.12.

习题 12.2(B)

1. 设有两个数列 $\{a_n\}$，$\{b_n\}$，若 $\lim\limits_{n\to\infty}a_n=0$，则________.(研 2009)

(A) 当 $\sum_{n=1}^{\infty}b_n$ 收敛时，$\sum_{n=1}^{\infty}a_nb_n$ 收敛；　(B) 当 $\sum_{n=1}^{\infty}b_n$ 发散时，$\sum_{n=1}^{\infty}a_nb_n$ 发散；

(C) 当 $\sum_{n=1}^{\infty}|b_n|$ 收敛时，$\sum_{n=1}^{\infty}a_n^2b_n^2$ 收敛；　(D) 当 $\sum_{n=1}^{\infty}|b_n|$ 发散时，$\sum_{n=1}^{\infty}a_n^2b_n^2$ 发散.

2. 设 $\{a_n\}$ 为正项级数，下列结论中正确的是________.(研 2004)

(A) 若 $\lim\limits_{n\to+\infty}na_n=0$，则级数 $\sum_{n=1}^{\infty}a_n$ 收敛；

(B) 若存在非零常数 λ，使得 $\lim\limits_{n\to+\infty}na_n=\lambda$，则级数 $\sum_{n=1}^{\infty}a_n$ 发散；

(C) 若级数 $\sum_{n=1}^{\infty}a_n$ 收敛，则 $\lim\limits_{n\to+\infty}n^2a_n=0$；

(D) 若级数 $\sum_{n=1}^{\infty}a_n$ 发散，则存在非零常数 λ，使得 $\lim\limits_{n\to+\infty}na_n=\lambda$.

3. 确定正整数 k，使级数 $\sum_{n=1}^{\infty}\frac{(n!)^2}{(kn)!}$ 收敛.

4. 举例说明当级数 $\sum_{n=1}^{\infty}a_n$ 和 $\sum_{n=1}^{\infty}b_n$ 收敛时，级数 $\sum_{n=1}^{\infty}a_nb_n$ 未必收敛.

5. 设正项数列 $\{a_n\}$ 单调减少，且 $\sum_{n=1}^{\infty}(-1)^na_n$ 发散，试问级数 $\sum_{n=1}^{\infty}\left(\frac{1}{a_n+1}\right)^n$ 是否收敛?并说

明理由.(研 1998)

6. 设 $|r|<1$,

(1) 证明级数 $\sum_{n=1}^{\infty} nr^n$ 收敛;

(2) 证明 $\sum_{n=1}^{\infty} nr^n = \frac{r}{(1-r)^2}$(提示:记 $s = \sum_{n=1}^{\infty} nr^n$,计算 $s-rs$);

(3) 证明 $\sum_{n=1}^{\infty} \frac{n}{2^n} = 2$.

12.3 幂 级 数

12.3.1 幂级数及其收敛性

前两节中所讨论级数 $\sum_{n=1}^{\infty} a_n$ 的一般项 a_n 是实数,故称为数项级数. 若级数的一般项为函数 $f_n(x)$,则称级数 $\sum_{n=1}^{\infty} f_n(x)$ 为**函数项级数**. 设 $\sum_{n=1}^{\infty} f_n(x)$ 是函数项级数,对于确定的实数 x,$\sum_{n=1}^{\infty} f_n(x)$ 为数项级数,可用数项级数的收敛判别法讨论其敛散性. 使相应的数项级数收敛的 x 构成的集合称为函数项级数的**收敛域**. 下面我们将讨论一种特殊的函数项级数 —— 幂级数.

形如下式的级数称为 x 的**幂级数**:

$$\sum_{n=0}^{\infty} a_n x^n = a_0 + a_1 x + a_2 x^2 + a_3 x^3 + \cdots, \tag{12.4}$$

其中 a_n 称为幂级数的**系数**. 幂级数的一般项 $a_n x^n$ 是幂函数. 对幂级数收敛域中的任意 x,记

$$s(x) = a_0 + a_1 x + a_2 x^2 + a_3 x^3 + \cdots,$$

称 $s(x)$ 为幂级数的和函数.

一般地,形如下式的级数称为 $x-a$ 的**幂级数**,或在 a 点的**幂级数**:

$$\sum_{n=0}^{\infty} a_n (x-a)^n = a_0 + a_1(x-a) + a_2(x-a)^2 + a_3(x-a)^3 + \cdots. \tag{12.5}$$

同样可定义其收敛域. 不难看出,级数(12.4)在 $x=0$ 收敛,级数(12.5)在 $x=a$ 收敛,所以幂级数的收敛域非空.

例 1　求幂级数 $\sum_{n=0}^{\infty} n^p x^n$ 的收敛域.

解　对任意给定的 $x \neq 0$,$\lim_{n\to\infty}\left|\frac{(n+1)^p x^{n+1}}{n^p x^n}\right| = |x|$,由比值判别法,当

$|x|<1$ 时,级数收敛;当 $|x|>1$ 时,级数发散;而当 $|x|=1$ 时,级数为 $\sum_{n=0}^{\infty} n^p$ 或 $\sum_{n=0}^{\infty}(-1)^n n^p$,当 $p \geqslant 0$ 时,级数 $\sum_{n=0}^{\infty} n^p$ 与 $\sum_{n=0}^{\infty}(-1)^n n^p$ 均发散,因而级数 $\sum_{n=0}^{\infty} n^p x^n$ 的收敛域为开区间 $(-1,1)$;当 $-1 \leqslant p<0$ 时,级数 $\sum_{n=0}^{\infty} n^p$ 发散而级数 $\sum_{n=0}^{\infty}(-1)^n n^p$ 收敛,因而级数 $\sum_{n=0}^{\infty} n^p x^n$ 的收敛域为区间 $[-1,1)$;同理,当 $p<-1$ 时,级数 $\sum_{n=0}^{\infty} n^p x^n$ 的收敛域为闭区间 $[-1,1]$.

例 2 求 $\sum_{n=0}^{\infty} n!x^n$ 的收敛域.

解 对任意给定的 $x \neq 0$, $\lim\limits_{n\to\infty}\left|\frac{(n+1)!x^{n+1}}{n!x^n}\right|=+\infty$,级数发散,所以幂级数仅在 $x=0$ 收敛,收敛域为 $\{0\}$.

下面的定理刻画了幂级数的收敛特征.

定理 12.16(阿贝尔定理) (1) 如果幂级数 $\sum_{n=0}^{\infty} a_n x^n$ 在 $x=x_0(\neq 0)$ 收敛,则对所有满足 $|x|<|x_0|$ 的 x,级数 $\sum_{n=0}^{\infty} a_n x^n$ 绝对收敛;

(2) 如果幂级数 $\sum_{n=0}^{\infty} a_n x^n$ 在 $x=x_0$ 发散,则对所有满足 $|x|>|x_0|$ 的 x,级数 $\sum_{n=0}^{\infty} a_n x^n$ 发散.

证 (1) 由于级数 $\sum_{n=0}^{\infty} a_n x_0^n$ 收敛, $\lim\limits_{n\to\infty} a_n x_0^n=0$. 因为收敛数列是有界的,所以存在正整数 M,使得对所有 n, $|a_n x_0^n| \leqslant M$. 当 $|x|<|x_0|$ 时,

$$|a_n x^n|=\left|a_n x_0^n \frac{x^n}{x_0^n}\right|=|a_n x_0^n|\left|\frac{x^n}{x_0^n}\right| \leqslant M\left|\frac{x^n}{x_0^n}\right|=M\left|\frac{x}{x_0}\right|^n.$$

由于 $\left|\frac{x}{x_0}\right|<1$,级数 $\sum_{n=0}^{\infty} M\left|\frac{x}{x_0}\right|^n$ 收敛,再由正项级数的比较判别法得,级数 $\sum_{n=0}^{\infty}|a_n x^n|$ 收敛,所以级数 $\sum_{n=0}^{\infty} a_n x^n$ 绝对收敛.

(2) 采用反证法证明. 若结论不成立,则存在 x_1,满足 $|x_1|>|x_0|$,使级数 $\sum_{n=0}^{\infty} a_n x_1^n$ 收敛,根据(1) 的结论有,级数 $\sum_{n=0}^{\infty} a_n x_0^n$ 收敛,与所给条件矛盾,所以结论成立. ■

根据阿贝尔定理，对于幂级数$\sum_{n=0}^{\infty} a_n x_0^n$的收敛域，有下面的结论.

> 对幂级数$\sum_{n=0}^{\infty} a_n x^n$，有下面的三种可能性：
>
> (1) 级数在所有的实数x收敛，收敛域为$(-\infty,+\infty)$；
>
> (2) 级数仅在$x=0$收敛，收敛域为$\{0\}$；
>
> (3) 存在一实数$R>0$，使级数在$x\in(-R,R)$收敛，在$|x|>R$发散，在$x=\pm R$级数可能收敛也可能发散，因此收敛域可能有四种情形：$(-R,R)$，$[-R,R)$，$(-R,R]$或$[-R,R]$，见图12.4.

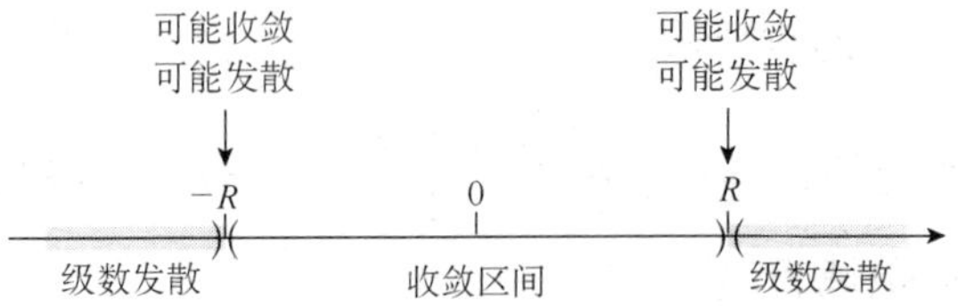

图 12.4

情形(3)中的R称为级数的收敛半径，$(-R,R)$称为级数的收敛区间，当$x=\pm R$时，级数是否收敛，应具体考查级数$\sum_{n=0}^{\infty} a_n R^n$和$\sum_{n=0}^{\infty} a_n (-1)^n R^n$. 对于(1)，(2)的情形，我们说级数的收敛半径分别是$+\infty$和0.

对幂级数$\sum_{n=0}^{\infty} a_n (x-a)^n$有完全类似的结果.

求幂级数的收敛半径时，常使用比值判别法和根值判别法.

例 3　求幂级数$\sum_{n=1}^{\infty} \frac{x^n}{n2^n}$的收敛半径、收敛区间和收敛域.

解　对任意$x\neq 0$，$\lim_{n\to\infty} \frac{\left|\frac{x^{n+1}}{(n+1)2^{n+1}}\right|}{\left|\frac{x^n}{n2^n}\right|}=\left|\frac{1}{2}x\right|$，由比值判别法，当$\left|\frac{1}{2}x\right|<1$，即$|x|<2$时，级数收敛，所以收敛半径$R=2$，收敛区间为$(-2,2)$.

又当$x=-2$时，级数$\sum_{n=1}^{\infty} \frac{(-2)^n}{n2^n}=\sum_{n=1}^{\infty} \frac{(-1)^n}{n}$收敛；当$x=2$时，级数$\sum_{n=1}^{\infty} \frac{2^n}{n2^n}=\sum_{n=1}^{\infty} \frac{1}{n}$发散，所以，收敛域为$[-2,2)$.

例 4　求幂级数$\sum_{n=0}^{\infty} n^n x^n$的收敛域.

解 对 $x\neq 0$，$\lim\limits_{n\to\infty}\left|\dfrac{(n+1)^{n+1}x^{n+1}}{n^n x^n}\right|=\lim\limits_{n\to\infty}(n+1)\left(1+\dfrac{1}{n}\right)^n|x|=+\infty$（利用$\lim\limits_{n\to\infty}\left(1+\dfrac{1}{n}\right)^n=\mathrm{e}$）. 所以级数的收敛半径为 0，收敛域为$\{0\}$.

例 5 求幂级数$\sum\limits_{n=0}^{\infty}\dfrac{(-1)^n2^n}{n+1}x^{2n}$的收敛域.

解 使用比值判别法，记 $a_n=\dfrac{(-1)^n2^n}{n+1}$，对 $x\neq 0$，由$\lim\limits_{n\to\infty}\left|\dfrac{a_{n+1}x^{2(n+1)}}{a_nx^{2n}}\right|=2|x|^2$，故当 $2|x|^2<1$ 时，即 $|x|<\dfrac{\sqrt{2}}{2}$ 时级数收敛，又当 $x=\pm\dfrac{\sqrt{2}}{2}$ 时，级数$\sum\limits_{n=0}^{\infty}\dfrac{(-1)^n2^n}{n+1}\left(\pm\dfrac{\sqrt{2}}{2}\right)^{2n}=\sum\limits_{n=0}^{\infty}\dfrac{(-1)^n}{n+1}$收敛. 所以收敛域为$\left[-\dfrac{\sqrt{2}}{2},\dfrac{\sqrt{2}}{2}\right]$.

例 6 求级数$\sum\limits_{n=1}^{\infty}\dfrac{(-1)^n}{n3^n}(x-3)^n$的收敛域.

解 记 $a_n=\dfrac{(-1)^n}{n3^n}$，对 $x\neq 3$，由$\lim\limits_{n\to\infty}\left|\dfrac{a_{n+1}(x-3)^{n+1}}{a_n(x-3)^n}\right|=\lim\limits_{n\to\infty}\dfrac{n3^n}{(n+1)3^{n+1}}$，$|x-3|=\dfrac{1}{3}|x-3|$，当$\dfrac{1}{3}|x-3|<1$ 时级数收敛，所以收敛半径为 3，由 $-3<x-3<3$，得收敛区间$(0,6)$. 又当 $x=0$ 时，级数$\sum\limits_{n=1}^{\infty}\dfrac{(-1)^n}{n3^n}(0-3)^n=\sum\limits_{n=1}^{\infty}\dfrac{1}{n}$发散；当 $x=6$ 时，级数$\sum\limits_{n=1}^{\infty}\dfrac{(-1)^n}{n3^n}(6-3)^n=\sum\limits_{n=1}^{\infty}\dfrac{(-1)^n}{n}$收敛. 所以收敛域为$(0,6]$.

例 7 求幂级数$\sum\limits_{n=1}^{\infty}\left(1+\dfrac{1}{n}\right)^n x^n$的收敛域.

解 本题用根值判别法求解较方便. 由$\lim\limits_{n\to\infty}\sqrt[n]{\left(1+\dfrac{1}{n}\right)^n|x^n|}=|x|$，当$|x|<1$ 时级数收敛，所以收敛半径为 1，收敛区间为$(-1,1)$. 又当 $x=\pm 1$ 时，级数的一般项不趋于零，所以收敛域为$(-1,1)$.

12.3.2 幂级数的运算性质

在幂级数的收敛域内，其和函数作为函数，可进行函数运算，亦可讨论其连续性、可导性和可积性.

定理 12.17 设幂级数$\sum\limits_{n=0}^{\infty}a_nx^n$和$\sum\limits_{n=0}^{\infty}b_nx^n$的收敛半径分别为 R 和 R'，

(1) 它们的和、差定义为如下的幂级数，

$$\begin{aligned}&\sum_{n=0}^{\infty}a_nx^n+\sum_{n=0}^{\infty}b_nx^n=\sum_{n=0}^{\infty}(a_n+b_n)x^n\\=&(a_0+b_0)+(a_1+b_1)x+(a_2+b_2)x^2+(a_3+b_3)x^3+\cdots,\\&\sum_{n=0}^{\infty}a_nx^n-\sum_{n=0}^{\infty}b_nx^n=\sum_{n=0}^{\infty}(a_n-b_n)x^n\\=&(a_0-b_0)+(a_1-b_1)x+(a_2-b_2)x^2+(a_3-b_3)x^3+\cdots,\end{aligned}$$

由定理 12.2 可知，上式在$(-R_{\min},R_{\min})$内成立，其中 $R_{\min}=\min\{R,R'\}$.

(2) 它们的积定义为如下的幂级数，

$$\begin{aligned}&\sum_{n=0}^{\infty}a_nx^n\cdot\sum_{n=0}^{\infty}b_nx^n=\sum_{n=0}^{\infty}c_nx^n\\=&a_0b_0+(a_0b_1+a_1b_0)x+(a_0b_2+a_1b_1+a_2b_0)x^2\\&+(a_0b_3+a_1b_2+a_2b_1+a_3b_0)x^3+\cdots,\end{aligned}$$

其中 $c_n=\sum\limits_{0\leqslant i,j\leqslant n,i+j=n}a_ib_j$，上式在$(-R_{\min},R_{\min})$内成立，其中 $R_{\min}=\min\{R,R'\}$.

定理 12.18　设幂级数 $\sum\limits_{n=0}^{\infty}a_nx^n$ 的收敛半径为 $R(R>0)$，则

(1) $\sum\limits_{n=0}^{\infty}a_nx^n$ 的和函数 $s(x)$ 在级数的收敛域内是连续函数，即对收敛域内任一 x_0，有 $\lim\limits_{x\to x_0}s(x)=s(x_0)$，从而有下面的**逐项求极限公式**：

$$\lim_{x\to x_0}\sum_{n=0}^{\infty}a_nx^n=\sum_{n=0}^{\infty}a_nx_0^n=\sum_{n=0}^{\infty}\lim_{x\to x_0}(a_nx^n)$$

(在收敛域的端点取单侧极限).

(2) $\sum\limits_{n=0}^{\infty}a_nx^n$ 的和函数 $s(x)$ 在收敛区间$(-R,R)$内可导，且有下面的逐项求导公式：

$$s'(x)=\Big(\sum_{n=0}^{\infty}a_nx^n\Big)'=\sum_{n=0}^{\infty}(a_nx^n)'=\sum_{n=1}^{\infty}na_nx^{n-1},\quad x\in(-R,R),$$

且逐项求导后的幂级数具有与原级数相同的收敛半径，但在收敛区间端点处的敛散性可能会有所改变.

(3) $\sum\limits_{n=0}^{\infty}a_nx^n$ 的和函数 $s(x)$ 在收敛区间$(-R,R)$内可积，且有下面的逐项积分公式：

$$\int_0^x s(x)\mathrm{d}x=\int_0^x\Big(\sum_{n=0}^{\infty}a_nx^n\Big)\mathrm{d}x=\sum_{n=0}^{\infty}\int_0^x a_nx^n\mathrm{d}x=\sum_{n=0}^{\infty}\frac{a_n}{n+1}x^{n+1},\quad x\in(-R,R),$$

且逐项积分后的幂级数具有与原级数相同的收敛半径，但在收敛区间端点处的敛

散性可能会有所改变.

由定理 12.18,幂级数的导数仍然是幂级数,从而可以继续求导,所以**幂级数在其收敛区间内有任意阶导数**.

例 8 求 0 阶贝塞尔函数 $J_0(x)=\sum\limits_{n=0}^{\infty}\frac{(-1)^n x^{2n}}{2^{2n}(n!)^2}(x\in(-\infty,+\infty))$ 的导数.

解 利用逐项求导公式,

$$J_0'(x)=\left(\sum_{n=0}^{\infty}\frac{(-1)^n x^{2n}}{2^{2n}(n!)^2}\right)'=\sum_{n=0}^{\infty}\left(\frac{(-1)^n x^{2n}}{2^{2n}(n!)^2}\right)'=\sum_{n=1}^{\infty}\frac{(-1)^n 2nx^{2n-1}}{2^{2n}(n!)^2},$$
$$x\in(-\infty,+\infty).$$

已知 $\sum\limits_{n=0}^{\infty}x^n=\frac{1}{1-x}$,$-1<x<1$,利用幂级数的运算性质,可以讨论一些幂级数的和函数的表达式,也可将某些函数表示成幂级数. 例如,

$$\sum_{n=1}^{\infty}x^n=\sum_{n=0}^{\infty}x^n-1=\frac{1}{1-x}-1=\frac{x}{1-x};$$
$$\sum_{n=2}^{\infty}x^n=\sum_{n=1}^{\infty}x^n-x=\frac{x}{1-x}-x=\frac{x^2}{1-x}.$$

下面,我们再看一些较复杂的例子.

例 9 将 $\frac{1}{2-x}$ 展开成 x 的幂级数及 $x-1$ 的幂级数.

解 先将 $\frac{1}{2-x}$ 展开成 x 的幂级数,由于 $\frac{1}{2-x}=\frac{1}{2}\frac{1}{1-\frac{x}{2}}$,所以

$$\frac{1}{2-x}=\frac{1}{2}\sum_{n=0}^{\infty}\left(\frac{x}{2}\right)^n=\sum_{n=0}^{\infty}\frac{1}{2^{n+1}}x^n,\quad \left|\frac{x}{2}\right|<1,x\in(-2,2);$$

再将 $\frac{1}{2-x}$ 展开成 $x-1$ 的幂级数,由于 $\frac{1}{2-x}=\frac{1}{1-(x-1)}$,所以

$$\frac{1}{2-x}=\sum_{n=0}^{\infty}(x-1)^n,\quad |x-1|<1,x\in(0,2).$$

例 10 求下列幂级数的和函数:

(1) $\sum\limits_{n=1}^{\infty}nx^{n-1}$; (2) $\sum\limits_{n=0}^{\infty}\frac{x^{n+1}}{n+1}$.

解 解此类题的基本思想是利用逐项求导或逐项积分将级数变形,然后套用公式 $\sum\limits_{n=0}^{\infty}x^n=\frac{1}{1-x}$. 下面用两种方法解这两题.

(1) 解法一 注意到 $nx^{n-1}=(x^n)'$,从而

$$\sum_{n=1}^{\infty} nx^{n-1} = \sum_{n=1}^{\infty} (x^n)' = \left(\sum_{n=1}^{\infty} x^n\right)' = \left(\frac{x}{1-x}\right)' = \frac{1}{(1-x)^2},\quad x \in (-1,1).$$

解法二　注意到$\int_0^x nx^{n-1}\,\mathrm{d}x = x^n$，设 $s(x) = \sum_{n=1}^{\infty} nx^{n-1}$，$x \in (-1,1)$，则

$$\int_0^x s(x)\,\mathrm{d}x = \int_0^x \left(\sum_{n=1}^{\infty} nx^{n-1}\right)\mathrm{d}x = \sum_{n=1}^{\infty} \int_0^x nx^{n-1}\,\mathrm{d}x = \sum_{n=1}^{\infty} x^n = \frac{x}{1-x},$$

所以$\sum_{n=1}^{\infty} nx^{n-1} = s(x) = \left(\int_0^x s(x)\,\mathrm{d}x\right)' = \left(\frac{x}{1-x}\right)' = \frac{1}{(1-x)^2}$，$x \in (-1,1)$.

(2) 解法一　注意到$\left(\frac{x^{n+1}}{n+1}\right)' = x^n$，令 $s(x) = \sum_{n=0}^{\infty} \frac{x^{n+1}}{n+1}$，$x \in [-1,1)$，则

$$s'(x) = \left(\sum_{n=0}^{\infty} \frac{x^{n+1}}{n+1}\right)' = \sum_{n=0}^{\infty} \left(\frac{x^{n+1}}{n+1}\right)' = \sum_{n=0}^{\infty} x^n = \frac{1}{1-x},$$

又 $s(0) = 0$，所以$\sum_{n=0}^{\infty} \frac{x^{n+1}}{n+1} = s(x) = \int_0^x s'(x)\,\mathrm{d}x = \int_0^x \frac{1}{1-x}\mathrm{d}x = -\ln(1-x)$，$x \in [-1,1)$.

解法二　注意到$\frac{x^{n+1}}{n+1} = \int_0^x x^n\,\mathrm{d}x$，从而

$$\sum_{n=0}^{\infty} \frac{x^{n+1}}{n+1} = \sum_{n=0}^{\infty} \int_0^x x^n\,\mathrm{d}x = \int_0^x \left(\sum_{n=0}^{\infty} x^n\right)\mathrm{d}x = \int_0^x \frac{1}{1-x}\mathrm{d}x = -\ln(1-x),$$
$$x \in [-1,1).$$

由表达式$\sum_{n=0}^{\infty} \frac{x^{n+1}}{n+1} = -\ln(1-x)$，$x \in [-1,1)$，若令 $x = -1$，得$\sum_{n=0}^{\infty} \frac{(-1)^{n+1}}{n+1} = -\ln 2$，所以

$$\ln 2 = \sum_{n=0}^{\infty} \frac{(-1)^n}{n+1} = 1 - \frac{1}{2} + \frac{1}{3} - \frac{1}{4} + \cdots;$$

又若令 $x = \frac{1}{2}$，得$\sum_{n=0}^{\infty} \frac{\left(\frac{1}{2}\right)^{n+1}}{n+1} = -\ln\frac{1}{2}$，所以 $\ln 2 = \sum_{n=1}^{\infty} \frac{1}{n2^n}$. 利用这两个式子可以求 ln2 的近似值到任意精度.

例 11　将 $\arctan x$ 表示为 x 的幂级数.

解

$$\arctan x = \int_0^x \frac{1}{1+x^2}\mathrm{d}x = \int_0^x \frac{1}{1-(-x^2)}\mathrm{d}x = \int_0^x \left(\sum_{n=0}^{\infty} (-x^2)^n\right)\mathrm{d}x$$
$$= \sum_{n=0}^{\infty} (-1)^n \int_0^x x^{2n}\,\mathrm{d}x = \sum_{n=0}^{\infty} \frac{(-1)^n x^{2n+1}}{2n+1},\quad x \in (-1,1),$$

显然级数$\sum_{n=0}^{\infty}\frac{(-1)^n x^{2n+1}}{2n+1}$在$x=\pm1$收敛,所以$\arctan x=\sum_{n=0}^{\infty}\frac{(-1)^n x^{2n+1}}{2n+1}$,$x\in[-1,1]$. 令$x=1$,则得

$$\frac{\pi}{4}=\sum_{n=0}^{\infty}\frac{(-1)^n}{2n+1}\quad 或 \quad \pi=4\sum_{n=0}^{\infty}\frac{(-1)^n}{2n+1}.$$

同样,利用这个式子可以求π的近似值到任意精度.

习题 12.3(A)

1. 求下列幂级数的收敛半径和收敛域:

(1) $\sum_{n=1}^{\infty}nx^n$; (2) $\sum_{n=0}^{\infty}\frac{x^n}{n!}$; (3) $\sum_{n=1}^{\infty}\frac{x^n}{n^2}$;

(4) $\sum_{n=1}^{\infty}\frac{(-1)^n x^n}{\sqrt{n}}$; (5) $\sum_{n=2}^{\infty}\frac{x^n}{\ln n}$; (6) $\sum_{n=1}^{\infty}\frac{(-1)^n n^2}{10^n}x^n$;

(7) $\sum_{n=0}^{\infty}\frac{(-1)^n x^n}{n+1}$; (8) $\sum_{n=1}^{\infty}n^n x^n$; (9) $\sum_{n=0}^{\infty}\frac{2^n x^n}{(n+1)^2}$;

(10) $\sum_{n=1}^{\infty}(-1)^n 4^n x^n$; (11) $\sum_{n=1}^{\infty}\frac{2\cdot4\cdot6\cdots(2n)}{1\cdot3\cdot5\cdots(2n-1)}x^n$; (12) $\sum_{n=1}^{\infty}\frac{x^{2n}}{3^n n^2}$;

(13) $\sum_{n=1}^{\infty}n^2(x-2)^n$; (14) $\sum_{n=1}^{\infty}\frac{(-2)^n}{\sqrt{n}}(x+2)^n$; (15) $\sum_{n=1}^{\infty}\frac{(x-5)^n}{2^n n^2}$.

2. 若级数$\sum_{n=0}^{\infty}c_n x^n$在$x=-4$收敛,在$x=6$发散,试判断下面的级数是否收敛:

(1) $\sum_{n=0}^{\infty}c_n(-2)^n$; (2) $\sum_{n=0}^{\infty}c_n 4^n$; (3) $\sum_{n=0}^{\infty}(-1)^n c_n 8^n$; (4) $\sum_{n=0}^{\infty}c_n$.

3. 求级数$\sum_{n=0}^{\infty}\frac{(n!)^k}{(kn)!}x^n$的收敛半径,其中$k$是正整数.

4. 已知函数$f(x)$定义为幂级数$f(x)=1+2x+x^2+2x^3+x^4+\cdots$,其系数$c_{2n}=1$,$c_{2n-1}=2$,$n\geqslant0$. 求$f(x)$的定义域,并求$f(x)$的显式表示.

5. 若$f(x)=\sum_{n=0}^{\infty}c_n x^n$,其中$c_{n-4}=c_n$,$c_n\neq0$,$n\geqslant0$. 求此幂级数的收敛区间,并求$f(x)$的显式表示.

6. 设幂级数$\sum_{n=0}^{\infty}c_n x^n$的收敛半径为$R$,试求幂级数$\sum_{n=0}^{\infty}c_n x^{2n}$的收敛半径.

7. 根据等式$\frac{1}{1-x}=\sum_{n=0}^{\infty}x^n$,$x\in(-1,1)$,求下列函数的幂级数表示,并确定其收敛域:

(1) $f(x)=\frac{1}{1+4x}$; (2) $f(x)=\frac{x}{2-3x}$; (3) $f(x)=\frac{1}{1-3x^2}$;

(4) $f(x)=\frac{1+x^2}{1-x^2}$; (5) $f(x)=\frac{3x-2}{2x^2-3x+1}$; (6) $f(x)=\frac{1}{(1+x)^2}$;

(7) $f(x)=\ln(1+x)$; (8) $f(x)=\frac{1}{(1+x)^3}$.

8. 将下列函数表示成 $x-2$ 的幂级数：

(1) $f(x)=\dfrac{1}{1-x}$；　(2) $f(x)=\ln(1+x)$.

9. 试证明 0 阶贝塞尔函数 $J_0(x)=\sum\limits_{n=0}^{\infty}\dfrac{(-1)^n x^{2n}}{2^{2n}(n!)^2}$ 满足 0 阶贝塞尔微分方程

$$x^2J_0''(x)+xJ_0'(x)+x^2J_0(x)=0.$$

10. 利用逐项求导和逐项积分，求下列级数在收敛区间内的和函数.

(1) $\sum\limits_{n=1}^{\infty}\dfrac{x^{4n+1}}{4n+1}$；　(2) $\sum\limits_{n=2}^{\infty}n(n-1)x^n$；　(3) $\sum\limits_{n=1}^{\infty}\dfrac{2n-1}{2^n}x^{2(n-1)}$.

11. 人们所获收入分别用在消费和储蓄两方面，消费掉的钱被其他人收到，他们也分别用在消费和储蓄两方面，这个过程不断进行下去，经济学家称之为消费链. 假设政府投入 D 元钱开始这一过程，并设每个消费者消费掉全部收入的 c 倍，储蓄全部收入的 s 倍，这里 $0<c,s<1$，$c+s=1$，c,s 分别被称为“消费边际倾向”和“储蓄边际倾向”.

(1) 设 s_n 是经过 n 次转换后的消费总数，写出 s_n 的公式；

(2) 证明 $\lim\limits_{n\to\infty}s_n=kD$，其中乘法因子 $k=1/s$；

(3) 若消费边际倾向 $c=80\%$，则乘法因子 k 是多少？

习题 12.3(B)

1. 证明函数 $f(x)=\sum\limits_{n=0}^{\infty}\dfrac{x^n}{n!}$ 是微分方程 $f'(x)=f(x)$ 的解，并由此证明 $f(x)=e^x$.

2. 把曲线 $y=e^{-x/10}\sin x, x\geqslant 0$ 绕 x 轴旋转一周，生成一串无限递减的小珠子，

(1) 求第 n 个小珠子的体积；(2) 求这串珠子的总体积.

3. 设 $p>1$，计算 $\dfrac{1+\dfrac{1}{2^p}+\dfrac{1}{3^p}+\dfrac{1}{4^p}+\cdots}{1-\dfrac{1}{2^p}+\dfrac{1}{3^p}-\dfrac{1}{4^p}+\cdots}$.

4. 求幂级数 $\sum\limits_{n=1}^{\infty}\dfrac{(-1)^{n-1}}{2n-1}x^{2n}$ 的收敛域及和函数.（研 2010）

5. 已知 $\sum\limits_{n=1}^{\infty}nx^{n-1}=\dfrac{1}{(1-x)^2}, x\in(-1,1)$（见例 10）.

(1) 求级数 $\sum\limits_{n=1}^{\infty}\dfrac{n}{2^n}$ 的和；

(2) 求级数 $\sum\limits_{n=2}^{\infty}n(n-1)x^n$ 在 $|x|<1$ 时的和，并求级数 $\sum\limits_{n=1}^{\infty}\dfrac{n^2}{2^n}$ 的和.

12.4　泰 勒 级 数

人们在认识世界过程中，往往利用已知的、简单的、比较容易掌握的事物去认识那些新的、不熟悉的或不容易理解的事物. 在本节中，我们将看到怎样用一列简单的函数来近似某些复杂的函数. 数学上称这种方法为逼近. 多项式是最简单的一

类初等函数,人们非常熟悉并经常使用它. 在下面介绍的泰勒[①]逼近中,我们用多项式来逼近一个函数. 一般地在某一特定点附近,泰勒逼近能够较好地近似表示函数.

12.4.1 用多项式逼近函数——泰勒公式

1. 线性逼近

在第 3 章我们已经看到在函数曲线上一点附近怎样用一条切线来近似表示一个函数. 在一点上的切线是在该点附近对函数的最佳线性逼近,它是经过这点并在这点附近与函数的图像最接近的直线(图 12.5). 如同第 3 章,我们有:对 a 附近的 x, $f(x)$的线性逼近为

$$f(x) \approx f(a) + f'(a)(x-a),$$

此逼近的右端也称为一次泰勒多项式,记为 $P_1(x)$.

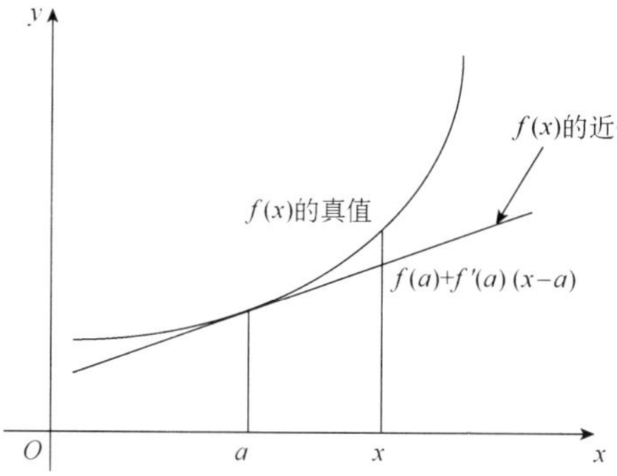

图 12.5 对 a 附近的 x, $f(x)$的线性逼近

特别地,当 $a=0$ 时,我们有如下近似:对 0 附近的 x, $f(x)$的线性逼近为

$$f(x) \approx f(0) + f'(0)x.$$

例 1 已知 $f(x)=\sin x$,用过点$\left(\frac{\pi}{2},1\right)$的切线线性逼近 $f(x)$.

解 正弦曲线过点$\left(\frac{\pi}{2},1\right)$的切线方程为直线 $y=1$(图 12.6),所以对$\frac{\pi}{2}$附近的 x,有 $\sin x\approx 1$. 如 $\sin 1.55=0.9998\approx 1$, $\sin 1.60=0.9995\approx 1$. 但 $\sin\frac{\pi}{6}=0.5$ 与 1 便相差甚远. 可见点 x 距$\frac{\pi}{2}$越远,对应的近似可能就越不准确.

① 泰勒 (B. Taylor, 1685—1731),英国数学家.

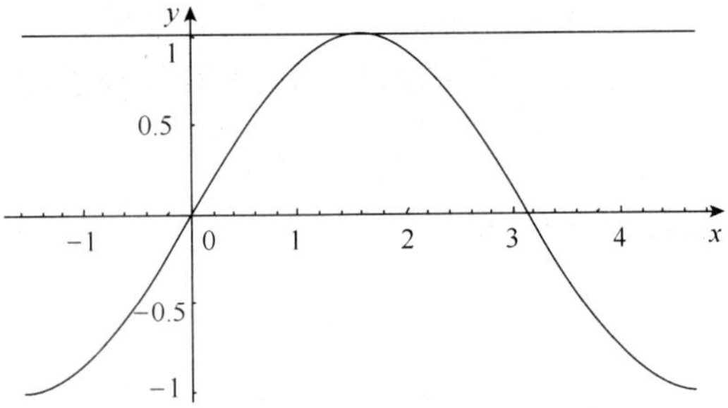

图 12.6

2. 二次逼近

由于用 $P_1(x)$ 线性逼近 $f(x)=\sin x$ 不太理想，因此如果能找到一条和原曲线在 $a=\frac{\pi}{2}$ 处有相同弯曲度的曲线来逼近原曲线，逼近的精确度可以得到提高. 为此取二次多项式

$$P_2(x)=a_0+a_1\left(x-\frac{\pi}{2}\right)+a_2\left(x-\frac{\pi}{2}\right)^2$$

来逼近 $\sin x$，且让

$$P_2\left(\frac{\pi}{2}\right)=f\left(\frac{\pi}{2}\right),\quad P_2'\left(\frac{\pi}{2}\right)=f'\left(\frac{\pi}{2}\right),\quad P_2''\left(\frac{\pi}{2}\right)=f''\left(\frac{\pi}{2}\right) \tag{12.6}$$

成立. 容易算出满足这三个条件的 $P_2(x)$ 的三个系数

$$a_0=f\left(\frac{\pi}{2}\right),\quad a_1=f'\left(\frac{\pi}{2}\right),\quad a_2=\frac{f''\left(\frac{\pi}{2}\right)}{2}.$$

从而

$$P_2(x)=f\left(\frac{\pi}{2}\right)+f'\left(\frac{\pi}{2}\right)\left(x-\frac{\pi}{2}\right)+\frac{f''\left(\frac{\pi}{2}\right)}{2}\left(x-\frac{\pi}{2}\right)^2,$$

这个二次多项式称为在 $x=\frac{\pi}{2}$ 附近逼近 $f(x)$ 的二次泰勒多项式.

例 2　对 $\frac{\pi}{2}$ 附近的 x，求 $f(x)=\sin x$ 的二次泰勒多项式.

解　由(12.6)得

$$a_0=P_2\left(\frac{\pi}{2}\right)=f\left(\frac{\pi}{2}\right)=\sin\left(\frac{\pi}{2}\right)=1,$$

$$a_1=P_2'\left(\frac{\pi}{2}\right)=f'\left(\frac{\pi}{2}\right)=\cos\frac{\pi}{2}=0,$$

$$a_2=\frac{1}{2}P''_2\left(\frac{\pi}{2}\right)=-\frac{1}{2}\sin\frac{\pi}{2}=-\frac{1}{2}.$$

此二次泰勒多项式为 $P_2(x)=1-\frac{1}{2}\left(x-\frac{\pi}{2}\right)^2$，即对$\frac{\pi}{2}$附近的 x，

$$\sin x\approx P_2(x)=1-\frac{1}{2}\left(x-\frac{\pi}{2}\right)^2.$$

从图 12.7 可以看出，$\sin x$ 的二次逼近 $P_2(x)$优于线性逼近 $P_1(x)$. 比如 $P_2\left(\frac{\pi}{6}\right)=0.4517$ 显然比 $P_1\left(\frac{\pi}{6}\right)=1$ 更接近 0.5($=\sin\frac{\pi}{6}$).

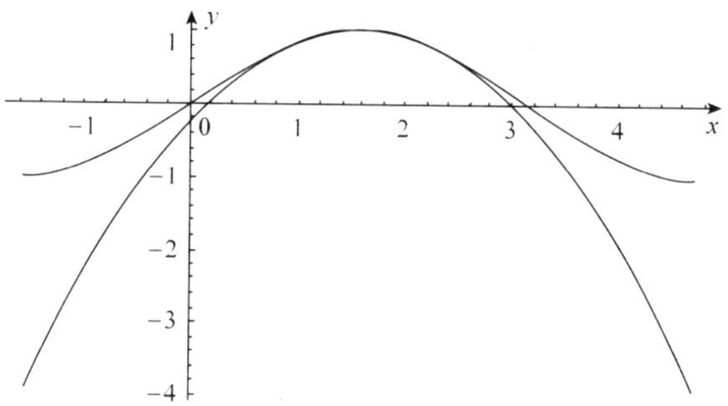

图 12.7

一般地，设 $f(x)$在 $x=a$ 的某个邻域内具有二阶导数，那么对 a 附近的 x，逼近$f(x)$的二次泰勒多项式

$$f(x)\approx P_2(x)=f(a)+f'(a)(x-a)+\frac{f''(a)}{2}(x-a)^2.$$

特别地，对 0 附近的 x，$f(x)$的二次逼近为

$$f(x)\approx f(0)+f'(0)x+\frac{f''(0)}{2}x^2.$$

3. 高次多项式逼近

二次多项式比一次多项式逼近 $f(x)$的效果好，但在距 $x=a$ 较远处，仍可能存在较大偏差. 因此我们想能否用更高次多项式(如 n 次)

$$P_n(x)=a_0+a_1(x-a)+a_2(x-a)^2+\cdots+a_{n-1}(x-a)^{n-1}+a_n(x-a)^n$$

来逼近函数 $f(x)$，这要求在 $x=a$ 处，函数 $f(x)$和多项式 $P_n(x)$及它们的 1 阶直至 n 阶导数值全部相等. 由此可以求出

$$a_i=\frac{f^{(i)}(a)}{i!},\quad i=1,2,3,\cdots,n.$$

因此，对 a 附近的 x，逼近 $f(x)$的 n 次泰勒多项式为

$$f(x)\approx P_n(x)=f(a)+f'(a)(x-a)+\frac{f''(a)}{2!}(x-a)^2+\cdots+\frac{f^{(n)}(a)}{n!}(x-a)^n.$$

特别地,对 0 附近的 x,逼近 $f(x)$的 n 次泰勒多项式为

$$f(x)\approx P_n(x)=f(0)+f'(0)x+\frac{f''(0)}{2!}x^2+\cdots+\frac{f^{(n)}(0)}{n!}x^n.$$

例 3　对$\frac{\pi}{2}$附近 x,求逼近函数 $f(x)=\sin x$ 的 8 次泰勒多项式,并把 $f(x)$在 $x=\frac{\pi}{6},-\frac{5\pi}{6}$处的真值和其 8 次泰勒多项式在这两点的近似值作比较.

解　由 $f^{(n)}(x)=(\sin x)^{(n)}=\sin\left(x+\frac{n\pi}{2}\right),n=0,1,2,\cdots$,得

$$f\left(\frac{\pi}{2}\right)=f^{(4)}\left(\frac{\pi}{2}\right)=f^{(8)}\left(\frac{\pi}{2}\right)=1,\quad f'\left(\frac{\pi}{2}\right)=f^{(5)}\left(\frac{\pi}{2}\right)=0,$$

$$f''\left(\frac{\pi}{2}\right)=f^{(6)}\left(\frac{\pi}{2}\right)=-1,\quad f'''\left(\frac{\pi}{2}\right)=f^{(7)}\left(\frac{\pi}{2}\right)=0.$$

于是 $\sin x$ 的 8 次泰勒多项式为

$$P_8(x)=1-\frac{1}{2!}\left(x-\frac{\pi}{2}\right)^2+\frac{1}{4!}\left(x-\frac{\pi}{2}\right)^4-\frac{1}{6!}\left(x-\frac{\pi}{2}\right)^6+\frac{1}{8!}\left(x-\frac{\pi}{2}\right)^8.$$

从图 12.8 可看出在$\frac{\pi}{2}$附近 $P_8(x)$逼近 $\sin x$ 很好,且 $P_8\left(\frac{\pi}{6}\right)=0.50000043$ 与 $\sin\frac{\pi}{6}=0.5$几乎相等(图 12.8(a));但 $P_8\left(-\frac{5\pi}{6}\right)=-0.0972$ 与 $\sin\left(-\frac{5\pi}{6}\right)=-0.5$ 相差甚大(图 12.8(b)),原因是$-\frac{5\pi}{6}$偏离$\frac{\pi}{2}$很大.

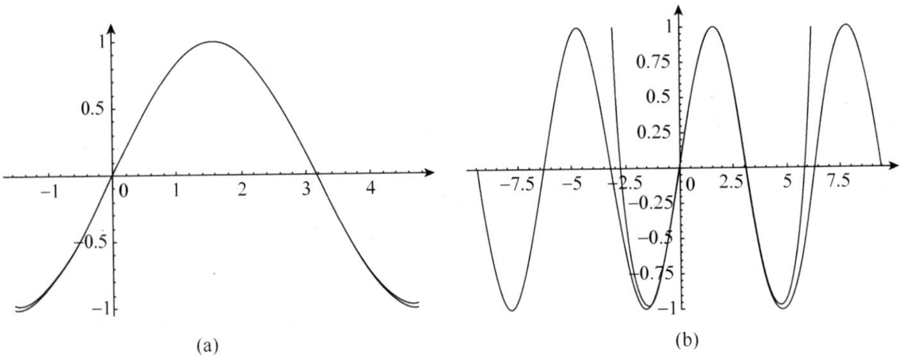

图 12.8

例 4　求函数 $f(x)=e^x$ 在 $x=0$ 附近的 10 次泰勒多项式.

解 因为 $f^{(n)}(x)=e^x, n=1,2,\cdots,10$，所以 $e^x\approx P_{10}(x)=1+x+\frac{x^2}{2!}+\frac{x^3}{3!}+\cdots+\frac{x^{10}}{10!}$. 对 0 附近的 x，$P_{10}(x)$ 逼近 e^x 很好. 此时 $P_{10}(1)=2.718281801$，可以精确到 e 的小数点后 9 位数.

只要 $f(x)$ 在 $x=a$ 处的 n 阶导数存在，在 $x=a$ 的附近就可以用 $f(x)$ 的 n 次泰勒多项式来逼近. 令

$$R_n(x)=f(x)-P_n(x),$$

这里 $R_n(x)$ 称为 n 次泰勒多项式的**余项**. 关于余项有下面的定理.

定理 12.19 设 $f^{(n)}(a)$ 存在，则有

$$f(x)=f(a)+f'(a)(x-a)+\frac{f''(a)}{2!}(x-a)^2+\cdots+\frac{f^{(n)}(a)}{n!}(x-a)^n+R_n(x), \tag{12.7}$$

其中余项 $R_n(x)=o((x-a)^n)$ 称为佩亚诺①余项. 公式(12.7)称为函数 $f(x)$ 在 $x=a$ 处的带佩亚诺余项的 n 次泰勒公式.

证 令 $P_n(x)=f(a)+f'(a)(x-a)+\frac{f''(a)}{2!}(x-a)^2+\cdots+\frac{f^{(n)}(a)}{n!}(x-a)^n$，由高阶无穷小的定义，要证明的是

$$\lim_{x\to a}\frac{f(x)-P_n(x)}{(x-a)^n}=0.$$

上式左边当 $x\to a$ 时是 $\frac{0}{0}$ 型不定式，连续应用 $n-1$ 次洛必达法则后得

$$\begin{aligned}&\lim_{x\to a}\frac{f^{(n-1)}(x)-[f^{(n-1)}(a)+f^{(n)}(a)(x-a)]}{n(n-1)\cdots 2(x-a)}\\&=\frac{1}{n!}\lim_{x\to a}\left[\frac{f^{(n-1)}(x)-f^{(n-1)}(a)}{x-a}-f^{(n)}(a)\right]=0.\end{aligned}$$

定理得证. ■

$a=0$ 时的泰勒公式也称为麦克劳林②(Maclaurin)公式，即

$$f(x)=f(0)+f'(0)x+\frac{f''(0)}{2!}x^2+\cdots+\frac{f^{(n)}(0)}{n!}x^n+o(x^n). \tag{12.8}$$

今后常用到的是这个公式.

定理 12.20 若函数 $f(x)$ 在 a 的某邻域 $U(a,\delta)$ 内具有直到 $n+1$ 阶的导数，则当 $x\in U(a,\delta)$ 时，有

---

① 佩亚诺(G. Peano, 1858—1932)，意大利数学家，逻辑学家.

② 麦克劳林(C. Maclaurin, 1698—1746)，英国数学家.

$$f(x)=f(a)+f'(a)(x-a)+\frac{f''(a)}{2!}(x-a)^2+\cdots+\frac{f^{(n)}(a)}{n!}(x-a)^n+R_n(x),\tag{12.9}$$

其中 $R_n(x)=\dfrac{f^{(n+1)}(\xi)}{(n+1)!}(x-a)^{n+1}$，$\xi$ 介于 a 与 x 之间. 此余项称为拉格朗日余项，公式(12.9)称为带拉格朗日余项的 n 次泰勒公式.

利用柯西中值定理能得到定理 12.20 的证明，这里省略.

12.4.2　泰勒级数

12.4.1 小节讨论过在一点附近怎么用泰勒多项式逼近一个函数. 本小节将定义函数的泰勒级数，它可以被认为是泰勒多项式的无限延伸.

设函数 $f(x)$ 在 a 的某邻域内具有任意阶导数

$$f'(x),f''(x),\cdots,f^{(n)}(x),\cdots,$$

称级数

$$\sum_{n=0}^{\infty}\frac{f^{(n)}(a)}{n!}(x-a)^n=f(a)+f'(a)(x-a)+\frac{f''(a)}{2!}(x-a)^2+\cdots+\frac{f^{(n)}(a)}{n!}(x-a)^n+\cdots\tag{12.10}$$

为函数 $f(x)$ 在 $x=a$ 处的**泰勒级数**，特别当 $a=0$ 时，称它为 $f(x)$ 的**麦克劳林级数**.

泰勒级数是泰勒多项式从有限项到无限项的推广，带来了两个问题：一个是该级数在什么条件下收敛？二是该级数是否收敛于 $f(x)$？

定理 12.21　设函数 $f(x)$ 在 a 的某邻域 $U(a,\delta)$ 内具有任意阶导数，则在此邻域内，泰勒级数(12.10)收敛于 $f(x)$ 的充分必要条件是 $f(x)$ 的泰勒公式中的余项 $R_n(x)$ 当 $n\to\infty$ 时的极限为零，即

$$\lim_{n\to\infty}R_n(x)=0,\quad x\in U(a,\delta).$$

证　记泰勒级数的前 $n+1$ 项部分和为 $S_{n+1}(x)$，则

$$S_{n+1}(x)=f(a)+f'(a)(x-a)+\frac{f''(a)}{2!}(x-a)^2+\cdots+\frac{f^{(n)}(a)}{n!}(x-a)^n=P_n(x),$$

从而

$$R_n(x)=f(x)-P_n(x)=f(x)-S_{n+1}(x).$$

如果 $\lim\limits_{n\to\infty}R_n(x)=0$，则有

$$\lim_{n\to\infty}S_{n+1}(x)=\lim_{n\to\infty}[f(x)-R_n(x)]=f(x),$$

所以泰勒级数收敛于 $f(x)$.

反之，如果泰勒级数(12.10)收敛于 $f(x)$，即 $\lim\limits_{n\to\infty}S_{n+1}(x)=f(x)$，则

$$\lim_{n\to\infty}R_n(x)=\lim_{n\to\infty}[f(x)-S_{n+1}(x)]=f(x)-f(x)=0.$$ ■

定理 12.21 说明,在点 a 的某个邻域中,当余项 $R_n(x)\to 0(n\to\infty)$时,由函数 $f(x)$产生的泰勒级数就是 $f(x)$的精确表达式,即

$$f(x)=f(a)+f'(a)(x-a)+\frac{f''(a)}{2!}(x-a)^2+\cdots+\frac{f^{(n)}(a)}{n!}(x-a)^n+\cdots$$

$$=\sum_{n=0}^{\infty}\frac{f^{(n)}(a)}{n!}(x-a)^n.$$

同样,当 $a=0$ 时,若在 0 的某个邻域内 $R_n(x)\to 0(n\to\infty)$,则 $f(x)$的麦克劳林级数收敛于 $f(x)$,即

$$f(x)=f(0)+f'(0)x+\frac{f''(0)}{2!}x^2+\cdots+\frac{f^{(n)}(0)}{n!}x^n+\cdots=\sum_{n=0}^{\infty}\frac{f^{(n)}(0)}{n!}x^n.$$

利用幂级数的分析性质可以证明,如果函数 $f(x)$能展开成 x 的幂级数

$$f(x)=a_0+a_1x+a_2x^2+\cdots+a_nx^n+\cdots,$$

那么它一定是 $f(x)$的麦克劳林级数,即

$$a_0=f(0),\qquad a_n=\frac{f^{(n)}(0)}{n!}\quad(n=1,2,\cdots),$$

亦即函数的幂级数展开式是唯一的.

12.4.3 函数展开成泰勒级数

1. 直接展开法

要把函数 $f(x)$在 $x=0$ 附近展开成 x 的幂级数,可以按照下列步骤进行:

(1) 求 $f(x)$的各阶导数 $f^{(k)}(x),k=1,2,\cdots,n,\cdots$及 $f^{(k)}(0),k=0,1,2,\cdots,n,\cdots$;

(2) 写出幂级数

$$f(0)+f'(0)x+\frac{f''(0)}{2!}x^2+\cdots+\frac{f^{(n)}(0)}{n!}x^n+\cdots,$$

并求出收敛半径和收敛域;

(3) 考查在收敛域内,$\lim\limits_{n\to\infty}R_n(x)=0$ 是否成立. 如果成立,则对收敛域内的任何 x,都有

$$f(x)=f(0)+f'(0)x+\frac{f''(0)}{2!}x^2+\cdots+\frac{f^{(n)}(0)}{n!}x^n+\cdots.$$

例 5 将函数 $f(x)=e^x$ 展开成 x 的幂级数.

解 因为 $f^{(n)}(x)=e^x(n=1,2,\cdots)$,所以 $f(0)=1,f^{(n)}(0)=1(n=1,2,\cdots)$,得$f(x)$的麦克劳林级数

$$1+x+\frac{x^2}{2!}+\cdots+\frac{x^n}{n!}+\cdots,$$

它的收敛域为$(-\infty,+\infty)$.

对任意有限数 x,存在 ξ(ξ 在 0 与 x 之间),余项的绝对值满足

$$|R_n(x)|=\left|\frac{e^{\xi}}{(n+1)!}x^{n+1}\right|\leqslant e^{|x|}\frac{|x^{n+1}|}{(n+1)!}.$$

由于当 x 固定时,$e^{|x|}$ 是一个确定的数,且 $\frac{|x|^{n+1}}{(n+1)!}$ 是收敛级数 $\sum\limits_{n=0}^{\infty}\frac{|x|^{n+1}}{(n+1)!}$ 的一般项,所以 $\lim\limits_{n\to\infty}e^{|x|}\frac{|x|^{n+1}}{(n+1)!}=0$. 于是 $\lim\limits_{n\to\infty}R_n(x)=0$. 因此可得 e^x 的幂级数展开式为

$$\boxed{e^x=1+x+\frac{x^2}{2!}+\cdots+\frac{x^n}{n!}+\cdots,\quad x\in(-\infty,+\infty).}$$

例 6 将函数 $f(x)=\sin x$ 展开成 x 的幂级数.

解 由 $f^{(n)}(x)=\sin\left(x+\frac{n\pi}{2}\right)$,$n=0,1,2,\cdots$,有

$$\begin{aligned}&f(0)=0,\quad f'(0)=1,\quad f''(0)=0,\quad f'''(0)=-1,\\&f^{(4)}(0)=0,\quad f^{(5)}(0)=1,\quad f^{(6)}(0)=0,\quad f^{(7)}(0)=-1,\\&\cdots\cdots\end{aligned}$$

于是得幂级数

$$x-\frac{x^3}{3!}+\frac{x^5}{5!}-\cdots+(-1)^n\frac{x^{2n+1}}{(2n+1)!}+\cdots.$$

容易求得上面的幂级数的收敛域为$(-\infty,+\infty)$. 注意到

$$|R_n(x)|=\left|\frac{\sin\left(\xi+\frac{n+1}{2}\right)}{(n+1)!}x^{n+1}\right|\leqslant\frac{|x|^{n+1}}{(n+1)!}\to0\quad(n\to\infty),$$

其中 ξ 介于 0 与 x 之间,所以函数 $f(x)=\sin x$ 的幂级数展开式为

$$\boxed{\sin x=x-\frac{x^3}{3!}+\frac{x^5}{5!}-\cdots+(-1)^n\frac{x^{2n+1}}{(2n+1)!}+\cdots,\quad x\in(-\infty,+\infty).}$$

我们还可得如下的泰勒级数:

$$\boxed{\begin{aligned}(1+x)^{\alpha}=1+\alpha x+\frac{\alpha(\alpha-1)}{2!}x^2+\cdots+\frac{\alpha(\alpha-1)(\alpha-2)\cdots(\alpha-n+1)}{n!}x^n+\cdots,\\x\in(-1,1).\end{aligned}}$$

上式中的 α 为任意常数. 特别地,当 $\alpha=m$ 为正整数时,级数成为 x 的 m 次多项式,它就是初等代数中的二项式定理.

上述把函数展开成幂级数的方法,称为直接展开法. 这种方法往往比较麻烦,因为首先要求出函数的各阶导数,除了一些简单函数外,一个函数的 n 阶导数的表达式不容易归纳出来. 其次,考查余项 $R_n(x)$ 当 $n\to\infty$ 时是否趋于零也不是容易的事. 因此我们常常利用幂级数展开式的唯一性及幂级数和函数的分析性质,从已知

函数的展开式出发，通过运算或变量代换，将所给函数展开成幂级数，这种间接展开的方法往往比较简单.

2. 间接展开法

例 7 将 $f(x)=\cos x$ 展开成 x 的幂级数.

解 因为 $\cos x=(\sin x)'$，而

$$\sin x = x-\frac{x^3}{3!}+\frac{x^5}{5!}-\cdots+(-1)^n\frac{x^{2n+1}}{(2n+1)!}+\cdots,\quad x\in(-\infty,+\infty),$$

对上式逐项求导就得

$$\boxed{\cos x = 1-\frac{x^2}{2!}+\frac{x^4}{4!}-\cdots+(-1)^n\frac{x^{2n}}{(2n)!}+\cdots,\quad x\in(-\infty,+\infty).}$$

例 8 将函数 $f(x)=\ln(1+x)$ 展开成 x 的幂级数.

解 因为 $f'(x)=\dfrac{1}{1+x}$，而 $\dfrac{1}{1+x}$ 的展开式为

$$\frac{1}{1+x}=1-x+x^2-x^3+\cdots+(-1)^{n-1}x^{n-1}+\cdots,\quad x\in(-1,1).$$

将上式从 0 到 x 逐项积分，并注意到 $f(0)=\ln 1=0$，得

$$\boxed{\ln(1+x)=x-\frac{x^2}{2}+\frac{x^3}{3}-\frac{x^4}{4}+\cdots+(-1)^{n-1}\frac{x^n}{n}+\cdots,\quad x\in(-1,1].}$$

上式右端在点 $x=1$ 收敛.

例 9 将 $f(x)=\ln x$ 展开成 $x-2$ 的幂级数.

解 由于

$$\ln x=\ln(2+x-2)=\ln\left[2\left(1+\frac{x-2}{2}\right)\right]=\ln 2+\ln\left(1+\frac{x-2}{2}\right),$$

令 $t=\dfrac{x-2}{2}$，并利用上列的结论，有

$$\begin{aligned}\ln x&=\ln 2+\ln(1+t)=\ln 2+\sum_{n=0}^{\infty}\frac{(-1)^n}{n+1}t^{n+1}\quad (t\in(-1,1])\\&=\ln 2+\sum_{n=0}^{\infty}\frac{(-1)^n}{n+1}\left(\frac{x-2}{2}\right)^{n+1}\quad \left(\frac{x-2}{2}\in(-1,1]\right)\\&=\ln 2+\sum_{n=0}^{\infty}\frac{(-1)^n}{(n+1)\cdot 2^{n+1}}(x-2)^{n+1}\quad (x\in(0,4]).\end{aligned}$$

例 10 将函数 $f(x)=\dfrac{x-1}{4-x}$ 在点 $x=1$ 展成幂级数，并求 $f^{(n)}(1)$.

解 因为

$$\frac{1}{4-x}=\frac{1}{3-(x-1)}=\frac{1}{3}\cdot\frac{1}{1-\frac{x-1}{3}}$$

$$=\frac{1}{3}\left[1+\frac{x-1}{3}+\left(\frac{x-1}{3}\right)^2+\cdots+\left(\frac{x-1}{3}\right)^n+\cdots\right],$$

所以

$$f(x)=\frac{x-1}{4-x}=\frac{1}{3}\left[(x-1)+\frac{(x-1)^2}{3}+\frac{(x-1)^3}{3^2}+\cdots+\frac{(x-1)^{n+1}}{3^n}+\cdots\right],$$

$$|x-1|<3.$$

再由 $f(x)$幂级数 $\sum\limits_{n=0}^{\infty}a_n(x-1)^n$ 的系数 $a_n=\dfrac{f^{(n)}(1)}{n!}=\dfrac{1}{3^n}(n\geqslant1,a_0=0)$，即得

$$f^{(n)}(1)=(n!)a_n=\frac{n!}{3^n}.$$

习题 12.4(A)

1. 对 0 附近的 x，求下列所给函数的 n 次泰勒多项式：

(1) $\cos x,n=2,4,6$；　　(2) $\sqrt{1+x},n=2,3,4$；

(3) $\arctan x,n=3,4$；　　(4) $\ln(1+x),n=5,7$；

(5) $\dfrac{1}{\sqrt{1+x}},n=2,4$；　　(6) $\sqrt[3]{1-x},n=2,3$.

2. 对 0 附近的 x，利用 $\sin x$ 的泰勒逼近 $\sin x\approx x-\dfrac{x^3}{3!}$，解释为什么 $\lim\limits_{x\to0}\dfrac{\sin x}{x}=1$?

3. 利用 e^h 在 0 附近的四次泰勒逼近，计算下列极限值，如果换用更高次的泰勒多项式，答案会有不同吗?

(1) $\lim\limits_{h\to0}\dfrac{e^h-1-h}{h^2}$；　　(2) $\lim\limits_{h\to0}\dfrac{e^h-1-h-\frac{h^2}{2}}{h^3}$.

4. 求下面所给函数关于给定点 a 的泰勒级数.

(1) $\dfrac{1}{x},a=-1$；　(2) $\sin x,a=\dfrac{\pi}{4}$；　(3) $\cos\theta,a=\dfrac{\pi}{2}$；　(4) $\sqrt{1+h},a=0$.

5. 利用泰勒级数求下列极限：

(1) $\lim\limits_{\theta\to0}\dfrac{\theta-\sin\theta}{\theta^3}$；　(2) $\lim\limits_{x\to0}\dfrac{\arctan x}{x}$；　(3) $\lim\limits_{h\to0}\dfrac{h}{\sqrt{1+h}-1}$；　(4) $\lim\limits_{x\to\frac{\pi}{2}}\dfrac{\cos x}{x-\frac{\pi}{2}}$.

6. 将下列函数展开成 x 的幂级数，并求展开式成立的区间：

(1) e^{-x^2}；　(2) $\dfrac{1}{3-x}$；　(3) $\ln\sqrt{\dfrac{1+x}{1-x}}$；

(4) $\sin^2x$；　(5) $\dfrac{x}{\sqrt{1+x^2}}$；　(6) $\ln(10+x)$.

7. 将函数 $\cos x$ 在点 $\dfrac{\pi}{4}$ 处展开成泰勒级数.

8. 将函数 $f(x)=\dfrac{1}{x+2}$ 在点 $x=2$ 处展开成泰勒级数.

9. 将函数 $f(x)=\dfrac{1}{x^2-3x-4}$ 展开成 $x-1$ 的幂级数，并指出其收敛区间.（研 2007）

10. 将函数 $f(x)=\lg x$ 展开成 $x-2$ 的幂级数.

习题 12.4(B)

1. 计算积分 $\int_0^1 \dfrac{\sin x}{x}dx$ 的近似值，精确到 0.0001.

2. 将函数 $f(x)=\dfrac{1}{2}\ln\dfrac{1+x^2}{1-x^2}+\arctan x+2-x+x^2$ 展开成 x 的幂级数.

3. 将函数 $f(x)=\arctan\dfrac{1-2x}{1+2x}$ 展开成 x 的幂级数，并求级数 $\sum\limits_{n=0}^{\infty}\dfrac{(-1)^n}{2n+1}$ 的和.（研 2003）

4. 将函数 $f(x)=\dfrac{d}{dx}\left(\dfrac{e^x-e}{x-1}\right)$ 展开成 $x-1$ 的幂级数.

5. 求函数 $f(x)=x^2\ln(1+x)$ 在 $x=0$ 处的 n 阶导数 $f^{(n)}(0)(n\geqslant 3)$.（研 2000）

6. 设 a_n 为曲线 $y=x^n$ 与 $y=x^{n-1}(n=1,2,\cdots)$ 所围成区域的面积，记 $S_1=\sum\limits_{n=1}^{\infty}a_n$，$S_2=\sum\limits_{n=1}^{\infty}a_{2n-1}$，求 S_1 与 S_2 的值.（研 2009）

7. 求幂级数 $\sum\limits_{n=1}^{\infty}n(n+2)x^n$ 的和函数.

8. 设幂级数 $\sum\limits_{n=0}^{\infty}a_nx^n$ 在 $(-\infty,+\infty)$ 内收敛，其和函数 $y(x)$ 满足

$$y''-2xy'-4y=0,\quad y(0)=0,\quad y'(0)=1.$$

(1) 证明 $a_{n-2}=\dfrac{2}{n+1}a_n$，$n=1,2,\cdots$；

(2) 求 $y(x)$ 的表达式.（研 2007）

12.5 傅里叶级数

我们已经看到怎么用一个 n 次泰勒多项式逼近一个函数. 这样的一个多项式通常在一点（函数的泰勒多项式就是在此点展开）附近非常接近于函数的真值，但在其他地方却不一定是这样的. 换句话说，泰勒多项式是某一函数的好的**局部**逼近，但不一定是全局的. 本节将用三角多项式逼近一个函数，它被称为**傅里叶**[①]**逼近**. 此逼近能在一个更大的区间内，从整体意义上较好地接近于原来的函数，因此是一种全局性的逼近. 此外，傅里叶逼近带有周期性（这一点也与泰勒逼近不同），它通常被用来逼近周期函数.

① 傅里叶（J. Fourier，1768—1830），法国数学家.

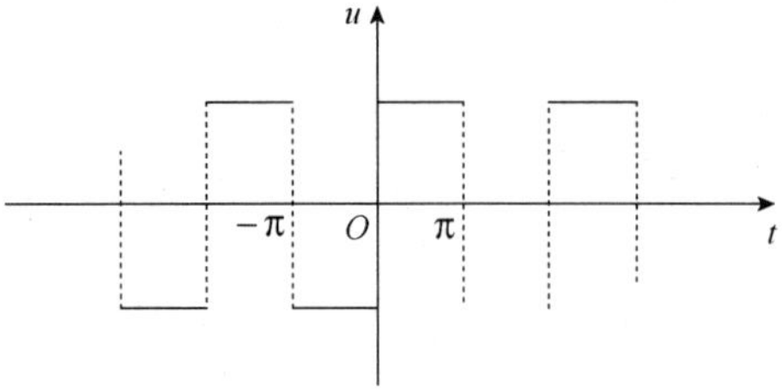

图 12.9

自然界的许多进程都带有周期性或重复性，所以用简单的周期函数逼近它们就极具意义. 例如，声波是由空气分子周期性振动产生的. 心脏的跳动、肺的呼吸运动、弹簧的简谐振动、交流电的电压都属于周期现象. 在电子信号处理技术中常见的方波、锯齿波和三角形波等都是周期函数. 如图 12.9 所示的方波可以用无穷多个不同频率的正弦波叠加而成.

形如

$$\sum_{n=0}^{\infty} A_n \sin(nx + \varphi_n) \tag{12.11}$$

或

$$\frac{a_0}{2} + \sum_{n=1}^{\infty} (a_n \cos nx + b_n \sin nx) \tag{12.12}$$

的由正弦、余弦函数构成的无穷级数，称为**三角级数**. 式(12.12)中首项用$\frac{a_0}{2}$是便于以后有统一的表达式. 读者不难发现上面两式中的系数 a_0, a_n, b_n, A_n 和角度 φ_n 之间的关系：

$$\frac{a_0}{2} = A_0 \sin\varphi_0, \quad A_n = \sqrt{a_n^2 + b_n^2}, \quad \tan\varphi_n = \frac{a_n}{b_n}, \quad n = 1, 2, \cdots.$$

以后，我们常采用(12.12)的形式. 如果三角级数(12.12)收敛，其和函数显然以 2π 为周期.

对于三角级数(12.12)，我们一是需要讨论它的收敛问题；二是对给定的一个周期为 2π 的周期函数应如何展开成三角级数(12.12)，或者说对(12.12)中常数 a_0, a_n, b_n $(n=1,2,\cdots)$应如何确定？于是我们先介绍三角函数系问题.

12.5.1　三角函数系的正交性与三角级数的系数

称函数系

$$1, \cos x, \sin x, \cos 2x, \sin 2x, \cdots, \cos nx, \sin nx, \cdots \tag{12.13}$$

为**三角函数系**.

容易看出，三角函数系(12.13)具有共同的周期 2π，且具有下面两个优良的性质：

性质 1　在三角函数系(12.13)中，任何两个不相同函数的乘积在$[-\pi, \pi]$上的积分都等于零，即

$$\int_{-\pi}^{\pi}\cos nx\,dx=\int_{-\pi}^{\pi}\sin nx\,dx=0,$$

$$\int_{-\pi}^{\pi}\cos mx\cos nx\,dx=0,\quad \int_{-\pi}^{\pi}\sin mx\sin nx\,dx=0,\quad \int_{-\pi}^{\pi}\cos mx\sin nx\,dx=0(m\neq n).$$

通常两个函数 $\varphi(x)$ 与 $\psi(x)$ 在$[a,b]$上可积，且

$$\int_a^b\varphi(x)\psi(x)\,dx=0,$$

则称函数 $\varphi(x)$ 与 $\psi(x)$ 在$[a,b]$正交. 由此，我们说三角函数系(12.13)在$[-\pi,\pi]$上具有**正交性**，或说(12.13)是**正交函数系**.

性质 2 三角函数系中任何一个函数的平方在$[-\pi,\pi]$上的积分都不等于零，即

$$\int_{-\pi}^{\pi}\cos^2 nx\,dx=\int_{-\pi}^{\pi}\sin^2 nx\,dx=\pi,\quad \int_{-\pi}^{\pi}1^2\,dx=2\pi.$$

假定函数 $f(x)$ 是周期为 2π 的周期函数，它可以展开成三角函数：

$$f(x)=\frac{a_0}{2}+\sum_{k=1}^{\infty}(a_k\cos kx+b_k\sin kx),\tag{12.14}$$

并且假定上式右端可以进行逐项积分，则有

$$\int_{-\pi}^{\pi}f(x)\,dx=\frac{a_0}{2}\int_{-\pi}^{\pi}dx+\sum_{k=1}^{\infty}\left[a_k\int_{-\pi}^{\pi}\cos kx\,dx+b_k\int_{-\pi}^{\pi}\sin kx\,dx\right],$$

由三角函数系性质 1 知，等式右端除第一项外，其余各项均为零，所以

$$\int_{-\pi}^{\pi}f(x)\,dx=\frac{a_0}{2}\cdot 2\pi=a_0\cdot\pi,$$

得

$$a_0=\frac{1}{\pi}\int_{-\pi}^{\pi}f(x)\,dx.$$

在式(12.14)的两边乘以 $\cos nx$(n 为正整数)后在$[-\pi,\pi]$上逐项积分，则得

$$\int_{-\pi}^{\pi}f(x)\cos nx\,dx=\frac{a_0}{2}\int_{-\pi}^{\pi}\cos nx\,dx+\sum_{k=1}^{\infty}\left[a_k\int_{-\pi}^{\pi}\cos kx\cos nx\,dx+b_k\int_{-\pi}^{\pi}\sin kx\cos nx\,dx\right].$$

由三角函数系性质 1 知，上式右端除 $k=n$ 这一项外，其余各项的积分均为零. 于是

$$\int_{-\pi}^{\pi}f(x)\cos nx\,dx=a_n\int_{-\pi}^{\pi}\cos^2 nx\,dx=a_n\cdot\pi,$$

即

$$a_n=\frac{1}{\pi}\int_{-\pi}^{\pi}f(x)\cos nx\,dx\quad(n=1,2,\cdots).$$

类似地，用 $\sin nx$ 乘以(12.14)后在$[-\pi,\pi]$上逐项积分，可得

$$b_n=\frac{1}{\pi}\int_{-\pi}^{\pi}f(x)\sin nx\,dx\quad(n=1,2,\cdots).$$

这样

$$\boxed{\begin{aligned} a_0 &= \frac{1}{\pi}\int_{-\pi}^{\pi} f(x)\mathrm{d}x, \\ a_n &= \frac{1}{\pi}\int_{-\pi}^{\pi} f(x)\cos nx\,\mathrm{d}x \quad (n=1,2,\cdots), \\ b_n &= \frac{1}{\pi}\int_{-\pi}^{\pi} f(x)\sin nx\,\mathrm{d}x \quad (n=1,2,\cdots). \end{aligned}} \tag{12.15}$$

如果公式(12.15)中的积分都存在，由(12.15)所确定的常数 $a_0, a_n, b_n(n=1, 2,\cdots)$称为函数 $f(x)$的**傅里叶系数**. 把傅里叶系数代入(12.14)的右端，所得三角级数

$$\boxed{\frac{a_0}{2}+\sum_{n=1}^{\infty}(a_n\cos nx+b_n\sin nx),} \tag{12.16}$$

称为函数 $f(x)$的**傅里叶级数**，简称**傅氏级数**.

12.5.2　函数的傅里叶级数

任何一个以 2π 为周期的函数 $f(x)$，只要式(12.15)的积分存在，总可以做出它的傅里叶级数. 但是这个级数是否收敛于 $f(x)$，或者说，函数 $f(x)$能否展开成傅里叶级数？下面的定理将回答这个问题.

收敛定理(狄利克雷充分条件)　设函数 $f(x)$以 2π 为周期，如果它在一个周期$[-\pi,\pi]$上连续或只有有限个第一类间断点，并且至多只有有限个极值点，那么 $f(x)$的傅里叶级数收敛，并且它的收敛和为 $s(x)$，则有

(1) 当 x 是 $f(x)$的连续点时，$s(x)=f(x)$；

(2) 当 x 是 $f(x)$的间断点时，$s(x)=\dfrac{f(x+0)+f(x-0)}{2}$.

特别地，在端点 $x=\pm\pi$ 处，

$$s(x)=\frac{f(\pi-0)+f(-\pi+0)}{2}.$$

收敛定理中 $f(x)$所满足的条件称为**狄利克雷条件**，简称**狄氏条件**. 一般地，工程技术中所遇到的周期函数都满足狄氏条件，所以都能展开成傅里叶级数.

例 1　设 $f(x)$是以 2π 为周期的周期函数(图 12.10)，它在区间$[-\pi,\pi)$上的表达式为

$$f(x)=\begin{cases}0, & -\pi\leqslant x<0,\\ x, & 0\leqslant x<\pi.\end{cases}$$

(1) 求 $f(x)$的傅里叶级数及其和函数；

(2) 把 $f(x)$展开成傅里叶级数.

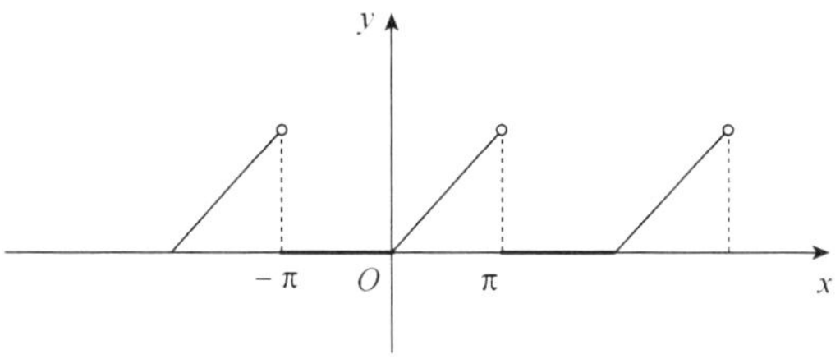

图 12.10

解 (1) 由公式(12.15),计算 $f(x)$的傅里叶系数为

$$a_0=\frac{1}{\pi}\int_{-\pi}^{\pi}f(x)\mathrm{d}x=\frac{1}{\pi}\int_0^{\pi}x\mathrm{d}x=\frac{\pi}{2},$$

$$a_n=\frac{1}{\pi}\int_{-\pi}^{\pi}f(x)\cos nx\,\mathrm{d}x=\frac{1}{\pi}\int_0^{\pi}x\cos nx\,\mathrm{d}x$$

$$=\frac{1}{n\pi}x\sin nx\Big|_0^{\pi}-\frac{1}{n\pi}\int_0^{\pi}\sin nx\,\mathrm{d}x=\frac{1}{n^2\pi}\cos nx\Big|_0^{\pi}$$

$$=\frac{1}{n^2\pi}[(-1)^n-1]\quad(n=1,2,\cdots),$$

$$b_n=\frac{1}{\pi}\int_{-\pi}^{\pi}f(x)\sin nx\,\mathrm{d}x=\frac{1}{\pi}\int_0^{\pi}x\sin nx\,\mathrm{d}x$$

$$=-\frac{1}{n\pi}x\cos nx\Big|_0^{\pi}+\frac{1}{n\pi}\int_0^{\pi}\cos nx\,\mathrm{d}x=-\frac{(-1)^n}{n}+\frac{1}{n^2\pi}\sin nx\Big|_0^{\pi}$$

$$=\frac{(-1)^{n-1}}{n}\quad(n=1,2,\cdots),$$

于是 $f(x)$的傅里叶级数为

$$\frac{\pi}{4}+\sum_{n=1}^{\infty}\left(\frac{(-1)^n-1}{n^2\pi}\cos nx+\frac{(-1)^{n-1}}{n}\sin nx\right).$$

由于函数 $f(x)$在$[-\pi,\pi]$上满足狄氏条件,傅里叶级数收敛,其和为 $s(x)$. 点 $x=k\pi(k=\pm1,\pm3,\pm5,\cdots)$是 $f(x)$的第一类间断点,则

$$s(k\pi)=\frac{f(k\pi-0)+f(k\pi+0)}{2}=\frac{\pi+0}{2}=\frac{\pi}{2},$$

在其他点处 $f(x)$连续,所以 $s(x)=f(x)$,即

$$s(x)=\begin{cases}f(x), & x\neq k\pi\quad(k=\pm1,\pm3,\cdots),\\ \dfrac{\pi}{2}, & x=k\pi\quad(k=\pm1,\pm3,\cdots).\end{cases}$$

和函数 $s(x)$的图形如图 12.11 所示.

(2) 由(1)知 $f(x)$的傅里叶级数在 $x\neq k\pi(k=\pm1,\pm3,\pm5,\cdots)$处收敛于 $f(x)$. 所以 $f(x)$的傅里叶级数展开式为

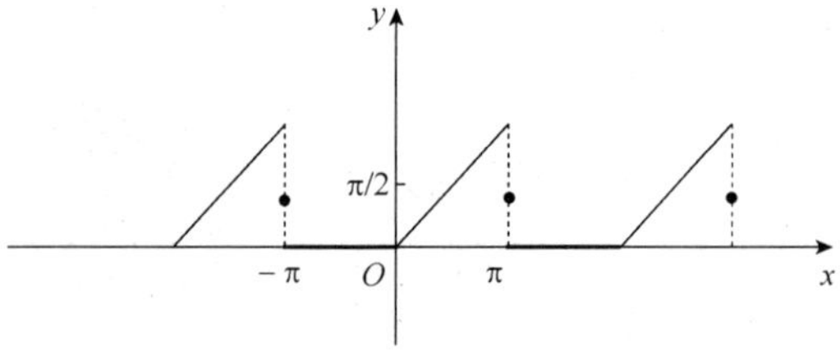

图 12.11

$$f(x)=\frac{\pi}{4}+\sum_{n=1}^{\infty}\left(\frac{(-1)^n-1}{n^2\pi}\cos nx+\frac{(-1)^{n-1}}{n}\sin nx\right)$$
$$(-\infty<x<+\infty\text{ 且 }x\neq k\pi, k=\pm1,\pm3,\cdots).$$

注　(1) 通过本例的求解过程,知道求 $f(x)$的傅里叶级数与把 $f(x)$展开成傅里叶级数是两个不同的概念,切勿混为一谈.

(2) 如果 $f(x)$只在区间$[-\pi,\pi)$或$(-\pi,\pi]$上有定义,并且满足定理的条件,那么$f(x)$也可以展开成傅里叶级数. 我们可以在$[-\pi,\pi)$或$(-\pi,\pi]$外补充函数 $f(x)$的定义,把它拓广成以 2π 为周期的函数 $F(x)$,这种拓广定义域的方法称为**周期延拓**. 然后将$F(x)$展开成傅里叶级数,当 $x\in(-\pi,\pi)$时,$F(x)=f(x)$;当 $x=\pm\pi$ 时,傅里叶级数收敛于$\frac{1}{2}[f(-\pi+0)+f(\pi-0)]$.

例 2　将函数 $f(x)=|x|$在区间$[-\pi,\pi)$上展开成傅里叶级数.

解　作周期延拓(图 12.12),函数 $f(x)$满足狄氏条件,由公式(12.15),有

$$a_0=\frac{1}{\pi}\int_{-\pi}^{\pi}f(x)\mathrm{d}x=\frac{1}{\pi}\int_{-\pi}^{\pi}|x|\mathrm{d}x=\frac{2}{\pi}\int_0^{\pi}x\mathrm{d}x=\pi,$$

$$\begin{aligned}a_n&=\frac{1}{\pi}\int_{-\pi}^{\pi}f(x)\cos nx\,\mathrm{d}x=\frac{1}{\pi}\int_{-\pi}^{\pi}|x|\cos nx\,\mathrm{d}x\\&=\frac{2}{\pi}\int_0^{\pi}x\cos nx\,\mathrm{d}x=\frac{2}{n\pi}x\sin nx\Big|_0^{\pi}-\frac{2}{n\pi}\int_0^{\pi}\sin nx\,\mathrm{d}x=\frac{2}{n^2\pi}\cos nx\Big|_0^{\pi}\\&=\frac{2}{n^2\pi}[(-1)^n-1]\qquad(n=1,2,\cdots)\\&=\begin{cases}-\dfrac{4}{\pi n^2}, & \text{当 } n \text{ 为奇数时},\\ 0, & \text{当 } n \text{ 为偶数时}.\end{cases}\end{aligned}$$

注意到$|x|\sin nx$ 是奇函数,所以

$$b_n=\frac{1}{\pi}\int_{-\pi}^{\pi}f(x)\sin nx\,\mathrm{d}x=\frac{1}{\pi}\int_{-\pi}^{\pi}|x|\sin nx\,\mathrm{d}x=0.$$

由 $f(x)$在$[-\pi,\pi)$上连续性,可得

$$f(x)=|x|=\frac{\pi}{2}-\frac{4}{\pi}\sum_{k=1}^{\infty}\frac{1}{(2k-1)^2}\cos(2k-1)x$$

$$= \frac{\pi}{2} - \frac{4}{\pi}\left(\cos x + \frac{1}{3^2}\cos 3x + \frac{1}{5^2}\cos 5x + \cdots\right), \quad x \in [-\pi, \pi).$$

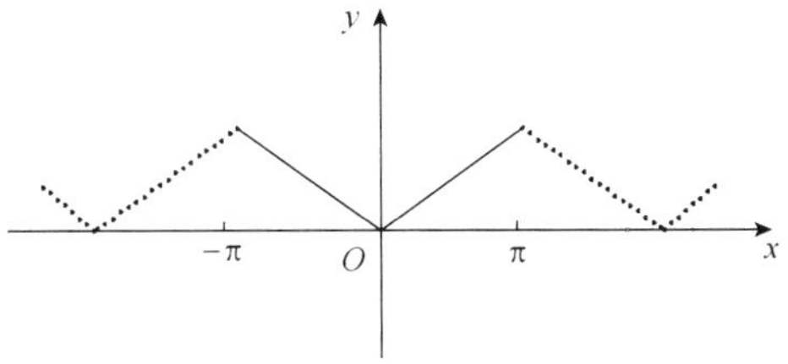

图 12.12

利用这个展开式,可以导出几个特殊的数项级数的收敛和. 由初值 $f(0)=0$,从这个展开式得

$$\frac{\pi^2}{8} = 1 + \frac{1}{3^2} + \frac{1}{5^2} + \cdots.$$

设

$$\sigma = 1 + \frac{1}{2^2} + \frac{1}{3^2} + \frac{1}{4^2} + \cdots, \quad \sigma_1 = 1 + \frac{1}{3^2} + \frac{1}{5^2} + \cdots\left(=\frac{\pi^2}{8}\right),$$

$$\sigma_2 = \frac{1}{2^2} + \frac{1}{4^2} + \frac{1}{6^2} + \cdots, \quad \sigma_3 = 1 - \frac{1}{2^2} + \frac{1}{3^2} - \frac{1}{4^2} + \cdots$$

因为 $\sigma=\sigma_1+\sigma_2$, $\sigma_2=\frac{1}{2^2}\sigma=\frac{\sigma}{4}$,所以 $\sigma_2=\frac{1}{4}\sigma_1+\frac{1}{4}\sigma_2$,于是

$$\sigma_2 = \frac{1}{3}\sigma_1 = \frac{1}{3} \times \frac{\pi^2}{8} = \frac{\pi^2}{24}.$$

作为练习,请读者自己求出 σ 与 σ_3 的值.

12.5.3 正弦级数与余弦级数

设 $f(x)$ 是周期为 2π 的奇函数,则 $f(x)\cos nx$ 是奇函数,$f(x)\sin nx$ 是偶函数,所以有

$$\boxed{\begin{aligned} a_n &= 0, \quad n = 0,1,2,\cdots, \\ b_n &= \frac{2}{\pi}\int_0^{\pi} f(x)\sin nx\,\mathrm{d}x, \quad n = 1,2,\cdots. \end{aligned}} \tag{12.17}$$

于是奇函数 $f(x)$ 的傅里叶级数只含正弦函数的项

$$\sum_{n=1}^{\infty} b_n \sin nx,$$

称其为**正弦级数**.

同理,若 $f(x)$ 是周期为 2π 的偶函数,则 $f(x)\cos nx$ 是偶函数,$f(x)\sin nx$ 是

奇函数,从而有

$$\boxed{\begin{aligned} a_n &= \frac{2}{\pi}\int_0^{\pi} f(x)\cos nx\,\mathrm{d}x, \quad n = 0,1,2,\cdots, \\ b_n &= 0, \quad n = 1,2,\cdots. \end{aligned}} \tag{12.18}$$

于是偶函数 $f(x)$ 的傅里叶级数只含余弦函数的项

$$\frac{a_0}{2} + \sum_{n=1}^{\infty} a_n \cos nx,$$

称其为**余弦级数**.

例 3　将周期为 2π,振幅为 1 的电压 u 的方波(图 12.9)展成傅里叶级数.

解　$u(t)$ 的波形在 $[-\pi,\pi)$ 上的表达式为

$$u(t) = \begin{cases} -1, & t \in [-\pi,0), \\ 1, & t \in [0,\pi). \end{cases}$$

因为 $u(t)$ 是奇函数(不考虑 $u(t)$ 的间断点),所以

$$a_n = 0, \quad n = 1,2,\cdots,$$

$$b_n = \frac{2}{\pi}\int_0^{\pi} 1 \cdot \sin nt\,\mathrm{d}t = \frac{-2}{n\pi}(\cos nt)\Big|_0^{\pi} = \frac{2}{n\pi}(1 - \cos n\pi)$$

$$= \begin{cases} 0, & n \text{ 为偶数}, \\ \dfrac{4}{n\pi}, & n \text{ 为奇数}. \end{cases}$$

由于函数 $u(t)$ 在 $[-\pi,\pi]$ 上满足狄氏条件,傅里叶级数收敛,其和为 $s(t)$,则

$$s(t) = \begin{cases} u(t), & t \neq k\pi \\ 0, & t = k\pi \end{cases} \quad (k = 0, \pm 1, \pm 2,\cdots),$$

所以 $u(t)$ 的傅里叶级数展开为正弦余数,即

$$u(t) = \frac{4}{\pi}\left(\sin t + \frac{\sin 3t}{3} + \frac{\sin 5t}{5} + \cdots\right)$$

$$(-\infty < t < +\infty \text{ 且 } t \neq k\pi, k = 0, \pm 1, \pm 2,\cdots).$$

上述展开式表明,此方波可视为由无穷多个不同频率的正弦波叠加而成.由图 12.13 可见该傅里叶级数是怎样收敛于方波的.

在图 12.13 中,图(a)是用一次谐波 $\frac{4}{\pi}\sin t$ 逼近方波 $u(t)$;图(b)是用一次与三次谐波的叠加 $\frac{4}{\pi}\sin t + \frac{4}{\pi}\cdot\frac{\sin 3t}{3}$ 来逼近;图(c)是用一次、三次和五次谐波的叠加 $\frac{4}{\pi}\sin t + \frac{4}{\pi}\cdot\frac{\sin 3t}{3} + \frac{4}{\pi}\cdot\frac{\sin 5t}{5}$ 来逼近;图(d)是用一次、三次、五次和七次谐波的叠加 $\frac{4}{\pi}\sin t + \frac{4}{\pi}\cdot\frac{\sin 3t}{3} + \frac{4}{\pi}\cdot\frac{\sin 5t}{5} + \frac{4}{\pi}\cdot\frac{\sin 7t}{7}$ 来逼近;如此不断叠加下去,曲线将无

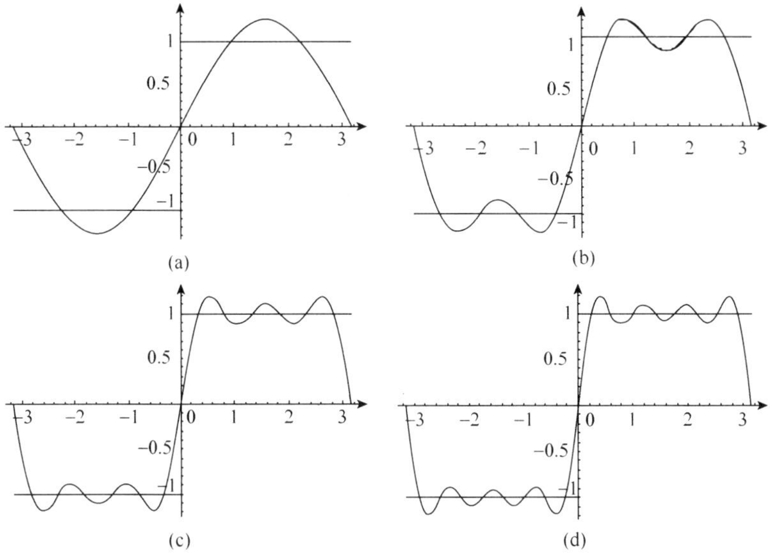

图 12.13

限逼近方波之波形,但在 $t=n\pi$(n 为整数)处,各次谐波的值都为零,傅里叶级数在这些点处也收敛于 0(参见 12.6 节演示与实验之例 6).

很多实际问题,如波动方程、热传导方程等,要求把只定义在区间$[0,\pi]$上的函数展开成傅里叶级数.我们采用的方法是将 $f(x)$在$(-\pi,0)$上补充定义,然后再作周期延拓.在许多场合,需要将函数 $f(x)$展开成正弦级数或余弦级数.因此,有两种常用补充定义方法,即在$(-\pi,0)$上补充 $f(x)$的定义后得到函数 $F(x)$,使得$F(x)$在$(-\pi,\pi)$上是奇函数或偶函数,这种方法称为**奇延拓**或**偶延拓**,然后再作周期延拓.延拓后的函数展开成傅里叶级数就是正弦级数或余弦级数.由于限制在$(0,\pi)$上有$F(x)=f(x)$,利用收敛定理,就可得到 $f(x)$的正弦级数或余弦级数的展开式.

例 4 将函数 $f(x)=x+1(0\leqslant x\leqslant\pi)$分别展开成正弦级数和余弦级数.

解 先求正弦级数.对 $f(x)$先进行奇延拓后再进行周期延拓,则

$$a_n=0\quad(n=0,1,2,\cdots),$$

$$b_n=\frac{2}{\pi}\int_0^{\pi}f(x)\sin nx\,dx=\frac{2}{\pi}\int_0^{\pi}(x+1)\sin nx\,dx$$

$$=\frac{2}{n\pi}[1+(-1)^{n+1}(1+\pi)]\quad(n=1,2,\cdots),$$

于是 $f(x)$的正弦级数为

$$x+1=\frac{2}{\pi}\sum_{n=1}^{\infty}\frac{[1+(-1)^{n+1}(1+\pi)]}{n}\sin nx$$

$$= \frac{2}{\pi}\left[(\pi+2)\sin x - \frac{\pi}{2}\sin 2x + \frac{1}{3}(\pi+2)\sin 3x - \frac{\pi}{4}\sin 4x + \cdots\right]$$

$$(0 < x < \pi).$$

在端点 $x=0$ 与 $x=\pi$ 处，级数和为零，它不代表原来函数 $f(x)$ 的值(图 12.14(a)).

再求余弦级数. 对 $f(x)$ 先进行偶延拓(图 12.14(b))后再进行周期延拓，则

$$b_n = 0 \quad (n = 1,2,\cdots),$$

$$a_0 = \frac{2}{\pi}\int_0^{\pi}(x+1)\mathrm{d}x = \pi + 2,$$

$$a_n = \frac{2}{\pi}\int_0^{\pi} f(x)\cos nx\,\mathrm{d}x = \frac{2}{\pi}\int_0^{\pi}(x+1)\cos nx\,\mathrm{d}x = \frac{2}{n^2\pi}[(-1)^n - 1]$$

$$= \begin{cases} -\dfrac{4}{n^2\pi}, & n \text{ 为奇数}, \\ 0, & n \text{ 为偶数}. \end{cases}$$

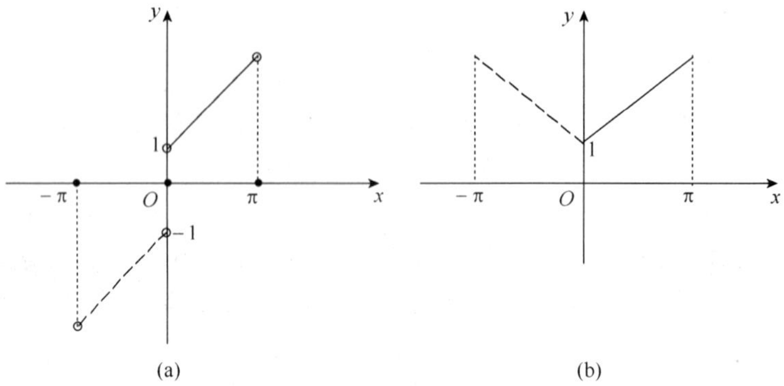

图 12.14

从而 $f(x)$ 的余弦级数展开式为

$$x + 1 = \frac{\pi+2}{2} - \frac{4}{\pi}\sum_{k=1}^{\infty}\frac{1}{(2k-1)^2}\cos(2k-1)x$$

$$= \frac{\pi}{2} + 1 - \frac{4}{\pi}\left(\cos x + \frac{1}{3^2}\cos 3x + \frac{1}{5^2}\cos 5x + \cdots\right) \quad (0 \leqslant x \leqslant \pi).$$

12.5.4　以 $2l$ 为周期的函数的傅里叶级数

实际问题中的许多周期函数并不以 2π 为周期，因此有必要研究以实数 $2l$ 为周期的函数如何展开成傅里叶级数.

设 $f(x)$ 是以 $2l$ 为周期的函数，且在区间 $[-l,l]$ 上满足狄氏条件，作变量代换

$$t = \frac{\pi}{l}x, \text{即 } x = \frac{l}{\pi}t,$$

区间 $-l \leqslant x \leqslant l$ 就变换成相应的区间 $-\pi \leqslant t \leqslant \pi$，并令

$$f(x)=f\left(\frac{l}{\pi}t\right)=\varphi(t),$$

那么 $\varphi(t)$是以 2π 为周期的函数，且在$[-\pi,\pi]$上满足狄氏条件，所以 $\varphi(t)$可以展开成傅里叶级数. 根据收敛定理，在连续点处，有展开式

$$\varphi(t)=\frac{a_0}{2}+\sum_{n=1}^{\infty}(a_n\cos nt+b_n\sin nt),$$

其中

$$a_0=\frac{1}{\pi}\int_{-\pi}^{\pi}\varphi(t)\,\mathrm{d}t,$$

$$a_n=\frac{1}{\pi}\int_{-\pi}^{\pi}\varphi(t)\cos nt\,\mathrm{d}t,\quad n=1,2,\cdots,$$

$$b_n=\frac{1}{\pi}\int_{-\pi}^{\pi}\varphi(t)\sin nt\,\mathrm{d}t,\quad n=1,2,\cdots.$$

在上列各式中，把变量 t 换成 x，即用 $t=\frac{\pi}{l}x$ 代入，并注意到 $\varphi(t)=f(x)$，就得到 $f(x)$的傅里叶级数的展开式

$$f(x)=\frac{a_0}{2}+\sum_{n=1}^{\infty}\left(a_n\cos\frac{n\pi}{l}x+b_n\sin\frac{n\pi}{l}x\right),\quad x\in(-\infty,+\infty)$$

且 x 为 $f(x)$的连续点，其中系数为

$$\begin{aligned}a_0&=\frac{1}{l}\int_{-l}^{l}f(x)\,\mathrm{d}x,\\a_n&=\frac{1}{l}\int_{-l}^{l}f(x)\cos\frac{n\pi}{l}x\,\mathrm{d}x,\quad n=1,2,\cdots,\\b_n&=\frac{1}{l}\int_{-l}^{l}f(x)\sin\frac{n\pi}{l}x\,\mathrm{d}x,\quad n=1,2,\cdots.\end{aligned}\tag{12.19}$$

特别地，如果 $f(x)$为奇函数，它的傅里叶展开式是正弦级数

$$f(x)=\sum_{n=1}^{\infty}b_n\sin\frac{n\pi}{l}x,\quad x\in(-\infty,+\infty)\text{ 且 }x\text{ 为 }f(x)\text{ 的连续点},$$

其中 $b_n=\frac{2}{l}\int_0^l f(x)\sin\frac{n\pi}{l}x\,\mathrm{d}x,n=1,2,\cdots.$

如果 $f(x)$为偶函数，它的傅里叶展开式是余弦级数

$$f(x)=\frac{a_0}{2}+\sum_{n=1}^{\infty}a_n\cos\frac{n\pi}{l}x,\quad x\in(-\infty,+\infty)$$

且 x 为 $f(x)$的连续点，其中 $a_n=\frac{2}{l}\int_0^l f(x)\cos\frac{n\pi}{l}x\,\mathrm{d}x,n=0,1,2,\cdots.$

例 5 函数 $f(x)$是周期为 10 的周期函数(图 12.15)，它在$[-5,5)$上的表达式为

$$f(x)=\begin{cases}0, & -5\leqslant x<0,\\3, & 0\leqslant x<5.\end{cases}$$

试将其展开成傅里叶级数.

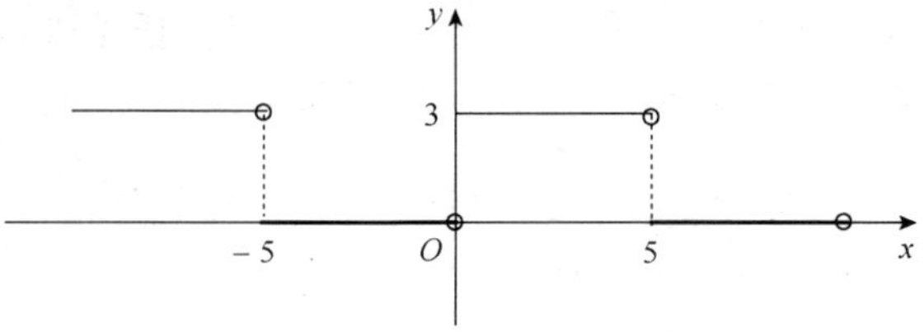

图 12.15

解 由于 $f(x)$ 在 $[-5,5)$ 上满足狄氏条件,所以可以展开成傅里叶级数. 由(12.19),有

$$a_0=\frac{1}{5}\int_{-5}^{0}0\mathrm{d}x+\frac{1}{5}\int_{0}^{5}3\mathrm{d}x=3,$$

$$a_n=\frac{1}{5}\int_{-5}^{0}0\cdot\cos\frac{n\pi}{5}x\mathrm{d}x+\frac{1}{5}\int_{0}^{5}3\cdot\cos\frac{n\pi}{5}x\mathrm{d}x$$

$$=\frac{3}{5}\cdot\frac{5}{n\pi}\sin\frac{n\pi}{5}x\Big|_0^5=0,\quad n=1,2,\cdots,$$

$$b_n=\frac{1}{5}\int_{-5}^{0}0\cdot\sin\frac{n\pi}{5}x\mathrm{d}x+\frac{1}{5}\int_{0}^{5}3\cdot\sin\frac{n\pi}{5}x\mathrm{d}x=\frac{3}{5}\cdot\left(-\frac{5}{n\pi}\cos\frac{n\pi}{5}x\right)\Big|_0^5$$

$$=\frac{3(1-\cos n\pi)}{n\pi}=\begin{cases}\dfrac{6}{n\pi}, & n\text{ 为奇数},\\ 0, & n\text{ 为偶数}.\end{cases}$$

所以

$$f(x)=\frac{3}{2}+\sum_{k=1}^{\infty}\frac{6}{(2k-1)\pi}\sin\frac{(2k-1)\pi}{5}x$$

$$=\frac{3}{2}+\frac{6}{\pi}\left(\sin\frac{\pi x}{5}+\frac{1}{3}\sin\frac{3\pi x}{5}+\frac{1}{5}\sin\frac{5\pi x}{5}+\cdots\right)$$

$$(x\neq 5k,k=0,\pm1,\pm2,\cdots).$$

注 当 $x=5k(k=0,\pm1,\pm2,\cdots)$ 时,级数收敛于 $\frac{3}{2}$.

例 6 将 $f(x)=x^2$ 在区间 $[-1,1]$ 上展开成傅里叶级数.

解 把 $f(x)=x^2$ 延拓为以 $T=2$(此时 $l=1$)为周期的函数 $F(x)$,然后将其展成傅里叶级数,由于 $f(x)=x^2$ 是偶函数,所以系数 $b_n=0,n=1,2,\cdots$,见图 12.16.

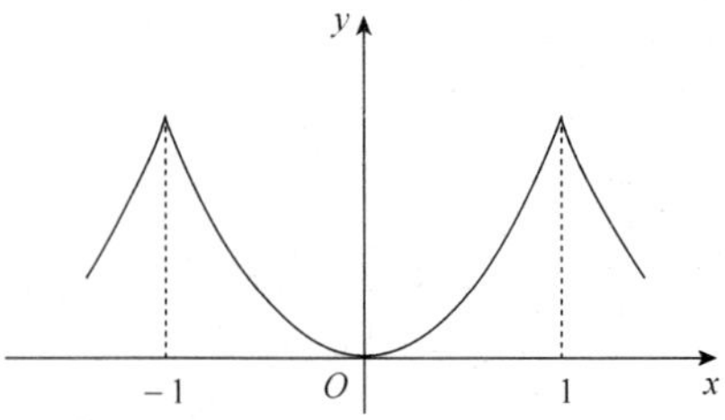

图 12.16

$$a_0=\frac{2}{1}\int_0^1 x^2\mathrm{d}x=\frac{2}{3},$$

$$\begin{aligned}a_n&=\frac{2}{1}\int_0^1 x^2\cos n\pi x\mathrm{d}x=\frac{2}{n\pi}(x^2\sin n\pi x)\Big|_0^1-\frac{4}{n\pi}\int_0^1 x\sin n\pi x\mathrm{d}x\\&=0+\frac{4}{(n\pi)^2}(x\cos n\pi x)\Big|_0^1-\frac{4}{(n\pi)^2}\int_0^1\cos n\pi x\mathrm{d}x\\&=\frac{4}{(n\pi)^2}\cos n\pi=(-1)^n\frac{4}{(n\pi)^2},\quad n=1,2,\cdots.\end{aligned}$$

根据收敛定理，$f(x)=x^2$ 在$[-1,1]$上的傅里叶级数在每一点均收敛于$f(x)$，即

$$\begin{aligned}x^2&=\frac{1}{3}+\frac{4}{\pi^2}\sum_{n=1}^{\infty}(-1)^n\frac{1}{n^2}\cos n\pi x\\&=\frac{1}{3}+\frac{4}{\pi^2}\left(-\frac{\cos\pi x}{1^2}+\frac{\cos 2\pi x}{2^2}-\frac{\cos 3\pi x}{3^2}+\cdots\right),\quad x\in[-1,1].\end{aligned}$$

附带指出，在上式中取 $x=1$ 和 $x=0$，也可得

$$1+\frac{1}{2^2}+\frac{1}{3^2}+\frac{1}{4^2}+\cdots=\frac{\pi^2}{6},$$

$$1-\frac{1}{2^2}+\frac{1}{3^2}-\frac{1}{4^2}+\cdots=\frac{\pi^2}{12}.$$

习题 12.5(A)

1. 已知下列函数 $f(x)$的周期为 2π，给出函数 $f(x)$在$[-\pi,\pi)$上的表达式，试将它们展开成傅里叶级数，并且作出级数的和函数的图形：

(1) $f(x)=3x^2+1$；　　(2) $f(x)=\mathrm{e}^{-x}$；

(3) $f(x)=\begin{cases}x, & -\pi\leqslant x<0,\\ 0, & 0\leqslant x<\pi;\end{cases}$　　(4) $f(x)=\begin{cases}-\frac{\pi}{2}, & -\pi\leqslant x<-\frac{\pi}{2},\\ x, & -\frac{\pi}{2}\leqslant x<\frac{\pi}{2},\\ \frac{\pi}{2}, & \frac{\pi}{2}\leqslant x<\pi.\end{cases}$

2. 将下列函数 $f(x)$展开成傅里叶级数：

(1) $f(x)=2\sin\frac{x}{3}\ (-\pi\leqslant x\leqslant\pi)$；　　(2) $f(x)=\begin{cases}\mathrm{e}^x, & -\pi\leqslant x<0,\\ 1, & 0\leqslant x\leqslant\pi.\end{cases}$

3. 将函数 $f(x)=x^2$ 在$[-\pi,\pi]$上展开成傅里叶级数，并求级数 $\sum_{n=1}^{\infty}\frac{1}{n^2}$之和.

4. 将函数 $f(x)=3x^2+1$ 在区间$[0,\pi]$上展开成正弦级数.

5. 将函数 $f(x)=\frac{\pi}{4}-\frac{1}{2}x$ 在区间$[0,\pi]$上展开成正弦级数和余弦级数.

6. 将函数

$$f(x)=\begin{cases}1, & 0\leqslant x<h\\ 0, & h\leqslant x\leqslant \pi\end{cases}\quad (0<h<\pi)$$

展开成余弦级数.

7. 将下列各周期函数展开成傅里叶级数(下面给出函数在一个周期内的表达式):

(1) $f(x)=1-x^2\left(-\frac{1}{2}\leqslant x<\frac{1}{2}\right)$;　　(2) $f(x)=\begin{cases}2x+1, & -3\leqslant x<0,\\ 1, & 0\leqslant x<3.\end{cases}$

8. 将函数 $f(x)=x^2(0\leqslant x\leqslant 2)$分别展开成正弦级数和余弦级数.

习题 12.5(B)

1. 把函数 $f(x)=|\sin x|(-\pi\leqslant x\leqslant \pi)$展开成傅里叶级数.

2. 把函数 $f(x)=10-x(5\leqslant x\leqslant 15)$展开成以 10 为周期的傅里叶级数.

3. 设 $f(x)=x-1$,

(1) 将 $f(x)$在$(0,2\pi)$上展开成以 2π 为周期的傅里叶级数;

(2) 将 $f(x)$在$(0,\pi)$上展开成以 π 为周期的正弦级数;

(3) 问 $f(x)$在$(0,1)$上可否展开成以 4 为周期的余弦级数? 如可展开,展开法是否唯一?

4. 设 $f(x)=2-x(0\leqslant x<2)$,而 $s(x)=\sum\limits_{n=1}^{\infty}b_n\sin\frac{n\pi x}{2}(-\infty<x<+\infty)$,其中

$$b_n=\int_0^2 f(x)\sin\frac{n\pi x}{2}\mathrm{d}x,\quad n=1,2,\cdots.$$

求 $s(-1)$,$s(0)$和 $s(3)$.

5. 利用傅里叶级数求下列常数项级数的和:

(1) $s_1=\sum\limits_{n=1}^{\infty}\frac{1}{n^2}$;　(2) $s_2=\sum\limits_{n=1}^{\infty}\frac{(-1)^{n-1}}{n^2}$;　(3) $s_3=\sum\limits_{n=1}^{\infty}\frac{1}{(2n-1)^2}$.

6. 证明:$\sum\limits_{n=1}^{\infty}\frac{\cos nx}{n^2}=\frac{1}{12}(3x^2-6\pi x+2\pi^2)(0\leqslant x\leqslant \pi)$,并求数项级数$\sum\limits_{n=1}^{\infty}\frac{1}{(2n-1)^2}$与$\sum\limits_{n=1}^{\infty}\frac{(-1)^{n-1}}{(2n-1)^3}$.

12.6　演示与实验

本演示实验包含三部分内容:一、函数的泰勒展开及泰勒多项式逼近函数的效果;二、周期函数的傅里叶展开及逼近效果;三、分形雪花的周长与面积的计算.

12.6.1　函数展开成泰勒级数与级数求和

将一给定函数在指定点进行给定阶数的泰勒展开,其一般格式为

Series[f,{x,x0,n}]	对函数 f 作泰勒展开至$(x-x_0)^n$
SeriesCoefficient[seri,n]	取级数 seri 中第 n 阶的系数

例 1 试用 Mathematica 将下列函数展开成泰勒级数：

(1) 将函数 $y=\sqrt[3]{1+x}$ 在 $x=0$ 处进行 5 阶展开，并求 x^5 的系数；

(2) 将函数 $y=\ln(1+x)$ 在 $x=2$ 处进行 3 阶展开.

解 In[1]:=**Series**[$\sqrt[3]{1+x}$, {x,0,5}]

Out[1]=$1+\frac{x}{3}-\frac{x^2}{9}+\frac{5x^3}{81}-\frac{10x^4}{243}+\frac{22x^5}{729}+O[x]^6$

In[2]:=**SeriesCoefficient**[%,5]

Out[2]=$\frac{22}{729}$

In[3]:=**Series**[**Log**[x],{x,2,3}]

Out[3]=$\text{Log}[2]+\frac{x-2}{2}-\frac{1}{8}(x-2)^2+\frac{1}{24}(x-2)^3+O[x-2]^4$

从得到的展开式中可以看到，除了我们所需要的多项式外，还有一项表示高阶无穷小的余项，因此，在 Mathematica 中用命令 Series 得到的级数展开式不同于一般表达式，如果要对其作其他一些非级数的运算，如作展开式图形等，则需要舍去表示高阶无穷小的余项. Mathematica 提供的函数 Normal 可以实现这项功能，其调用的一般格式为

Normal[Seri]　　舍去级数 Seri 的余项部分

例如：In[4]:=**Normal**[%1]

Out[4]=$1+\frac{x}{3}-\frac{x^2}{9}+\frac{5x^3}{81}-\frac{10x^4}{243}+\frac{22x^5}{729}$

例 2 设 $y=\sin x$，试通过图形方式观察不同阶数的泰勒多项式逼近函数的效果.

解 对 $\sin x$ 在 $x=0$ 点进行 1,3,5,7,9 阶展开，再舍去级数的余项，得到 5 个多项式，最后在一幅图上绘制这五个多项式函数及 $\sin x$ 的图形，见图 12.17.

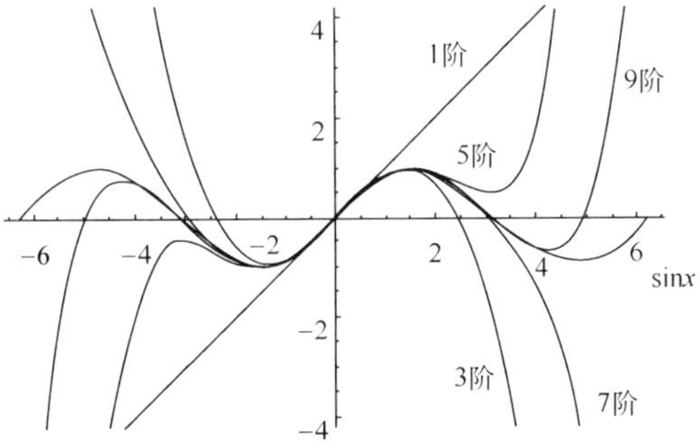

图 12.17

```
In[5]:=poly = Table[Series[Sin[x],{x,0,n}],{n,1,9,2}];
In[6]:=Normal[poly]        (* 舍去级数的余项 *)
```

$$\text{Out[6]}=\left\{x, x-\frac{x^3}{6}, x-\frac{x^3}{6}+\frac{x^5}{120}, x-\frac{x^3}{6}+\frac{x^5}{120}-\frac{x^7}{5040}, x-\frac{x^3}{6}+\frac{x^5}{120}-\frac{x^7}{5040}+\frac{x^9}{362880}\right\}$$

In[7]:=

$$\text{Plot}\left[\left\{\text{Sin}[x], x, x-\frac{x^3}{6}, x-\frac{x^3}{6}+\frac{x^5}{120}, x-\frac{x^3}{6}+\frac{x^5}{120}-\frac{x^7}{5040}, x-\frac{x^3}{6}+\frac{x^5}{120}-\frac{x^7}{5040}+\frac{x^9}{362880}\right\},\{x,-2\text{Pi},2\text{Pi}\}\right]$$

可以看出,(1)5 个多项式函数在原点附近都和 $\sin x$ 非常接近,距离原点越远,误差越大;(2)多项式的阶数越高,与 $\sin x$ 较为接近的范围就越大.

Mathematica 也能直接求某些级数的和或和函数,但对于求和函数,Mathematica 不给出收敛区间,因此使用和函数时要特别注意使得等式成立的自变量取值范围. 例如,

例 3　求下列级数的和或和函数:

(1) $\sum_{n=1}^{\infty}\frac{n^2}{2^n}$;　　　(2) $\sum_{n=2}^{\infty}n(n-1)x^n$.

解　(1) In[8]:= $\sum_{n=1}^{\infty}\frac{n^2}{2^n}$　　　(* 在 Mathematica 中直接输入数项级数 *)

Out[8]=6　　　(* 级数和为 6 *)

(2) In[9]:= $\sum_{n=2}^{\infty}n(n-1)x^n$　　　(* 在 Mathematica 中直接输入幂级数 *)

Out[9]= $-\frac{2x^2}{(-1+x)^3}$　　　$\left(*\text{ 幂级数和函数为}-\frac{2x^2}{(-1+x)^3} *\right)$

注　幂级数 $\sum_{n=2}^{\infty}n(n-1)x^n$ 收敛区间为(−1,1),Mathematica 未给出.

12.6.2　傅里叶级数

由于傅里叶级数通常是用来逼近周期函数的,因此本节先介绍如何在 Mathematica 中定义一个周期函数. 我们知道,对一个周期函数而言,如果给定一个周期上函数的表达式,则这个周期函数就可以确定了,根据这个思想,在 Mathematica 中可用递归的方法定义一个周期函数.

例 4　设函数 $f(x)$以 2 为周期,它在[−1,1]上的表达式为 $f(x)=x^2$,试在 Mathematica 中定义该函数.

解　In[1]:=f[x_]: = f[x + 2]/;x < - 1;

```
f[x_]:=f[x-2]/;x>1;
f[x_]:=x^2;
```

函数定义好后，要求 f[x]，系统执行过程如下：如果变量 x<－1，则执行第一条命令，如果变量 x>1，则执行第二条命令，否则，执行第三条命令. 如求 f[5.4]的值，则递归地求 f[3.4]，f[1.4]，f[－0.6]，$(-0.6)^2=0.36$，再逐步回代便得到f[5.4]的值为 0.36. 下面作出它在区间[－3,3]上的图形，以验证我们定义的正确性.

In[4]:=**Plot[f[x],{x,-3,3}]**

图形见图 12.18.

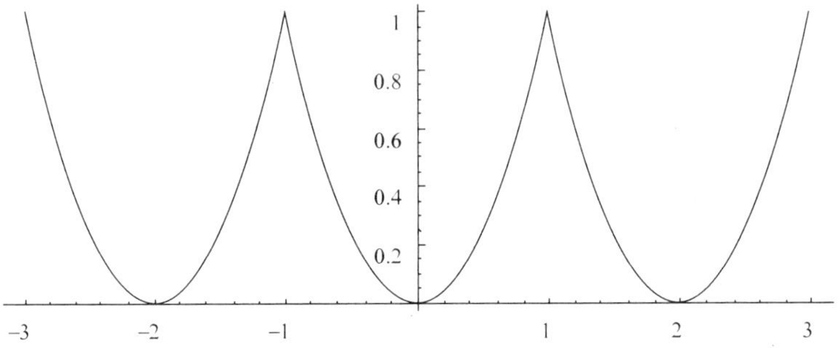

图 12.18

另外，本节中遇到的函数大部分都是分段连续函数，对于分段函数，在本书上册第1 章介绍了用条件判断语句定义的一些方法，如 If，Which 等. 用这种方法定义的好处是直观易懂，但是如果在 Mathematica 对其积分则得不出应有的结果(读者不妨试一试)，而傅里叶级数的展开将涉及积分运算，因此这里介绍一种用单位阶跃函数定义分段连续函数的方法，用该方法定义的分段连续函数可以用 Mathematica 计算积分.

单位阶跃函数 UnitStep[x]是 Mathematica 的一个系统内建函数，当 x<0 时，函数值为 0；当 x≥0 时，函数值为 1. 设 a，b 是两个常数且 a<b，则函数 UnitStep[(x－a)(b－x)]的取值当 x∈[a,b]时为 1，否则为 0. 用这个函数作组合就可以定义各种分段函数. 下面举例说明.

例 5 设函数 $f(x)$以 2π 为周期，它在$[-\pi,\pi)$上的表达式为

$$f(x)=\begin{cases}0, & -\pi\leqslant x<0,\\ x, & 0\leqslant x<\pi.\end{cases}$$

(1) 试在 Mathematica 中定义该函数；

(2) 绘制函数在区间$[-2\pi,2\pi]$上的图形，并计算$\int_{-\pi}^{\pi}f(x)\mathrm{d}x$.

解 In[5]:= **f[x_]:= f[x - 2π]/;x>π;**

```
    f[x_]:= f[x + 2π]/;x < - π;
    f[x_]:= UnitStep[x(π - x)] * x;
In[8]:= Plot[f[x],{x, - 2Pi,2Pi}];
In[9]:= Integrate[f[x],{x, - Pi,Pi}]
```

Out[9] = $\frac{\pi^2}{2}$

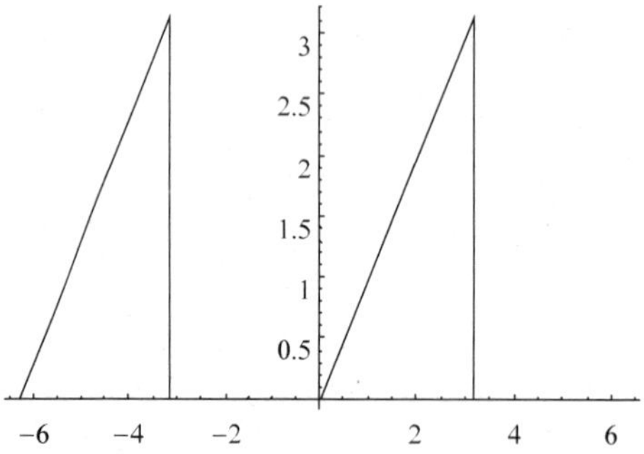

图 12.19

从 Out[9] 可知,可以对这样定义的分段函数作积分运算,图形见图12.19.

下面介绍周期函数的傅里叶级数展开命令 FourierTrigSeries 的用法. 设周期函数 f(x) 的基本周期区间的中心在 a 点(这里基本周期区间是指定义周期函数时给出显式表达式的区间),周期为 T,求函数 f(x) 的 k 阶傅里叶展开式的调用格式如下:

$$\text{FourierTrigSeries[f[x], x, k, FourierParameters} \rightarrow \{a, \frac{1}{T}\}]$$

如果不给出选项 FourierParameters,则默认为基本周期的中心在原点,周期为 1. 要注意的是 Mathematica 没有将 FourierTrigSeries 作为系统内建函数,而是将其放在程序包 Calculus`Fourier Transform` 中,因此要使用这个命令,需要先将包含这个命令的程序包调进内存.

例 6　周期函数 $f(x)$ 同例 5,

(1) 求函数 $f(x)$ 的 5 阶傅里叶展开式;

(2) 动画演示不同阶数的傅里叶展开式逼近函数的效果.

解　In[10]:= << **Calculus`FourierTransform`**

In[11]:= **FourierTrigSeries[f[x],x,5,FourierParameters → {0,$\frac{1}{2\pi}$}]**

$$\text{Out[11]} = \frac{1}{\sqrt{2\pi}}\left(\frac{\pi^{3/2}}{2\sqrt{2}} - 2\sqrt{\frac{2}{\pi}}\text{Cos[x]} - \frac{2}{9}\sqrt{\frac{2}{\pi}}\text{cos[3x]} - \frac{2}{25}\sqrt{\frac{2}{\pi}}\text{Cos[5x]} + \sqrt{2\pi}\text{Sin[x]} - \sqrt{\frac{\pi}{2}}\text{Sin[2x]} + \frac{1}{3}\sqrt{2\pi}\text{Sin[3x]} - \frac{1}{2}\sqrt{\frac{\pi}{2}}\text{Sin[4x]} + \frac{1}{5}\sqrt{2\pi}\text{Sin[5x]}\right)$$

下面用一个循环语句依次作出前 10 次傅里叶展开式及函数 f(x) 的图形,图 12.20,图 12.21 是其中的两幅图形,可以看出,与泰勒级数不同的是,傅里叶级数逼近函数具有全局性.

In[12]:= **For[i = 1,i ≤ 10,i + +,**

```
fr1[x_] = FourierTrigSeries[f[x],x,i,FourierParameters → {0,1/(2π)}];
Plot[{fr1[x],f[x]},{x, - 3Pi,3Pi},
PlotSty1e → {RGBColor[1,0,0],RGBColor[0,0,1]},
PlotLabe1 → "前" <> ToString[i] <> "项和的近似效果",PlotRange →
[{- 0.4,3.2}]
```

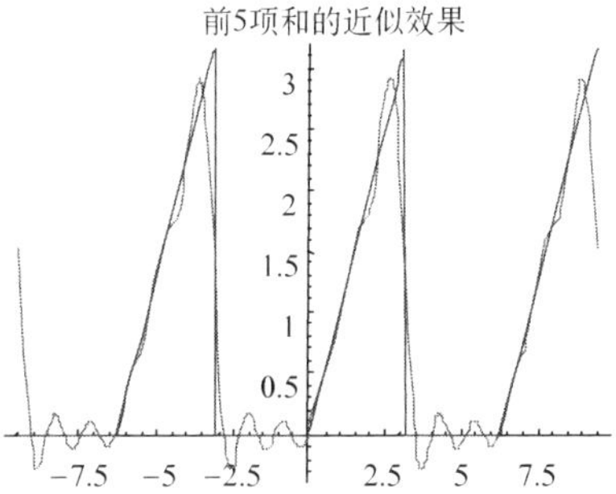

图 12.20

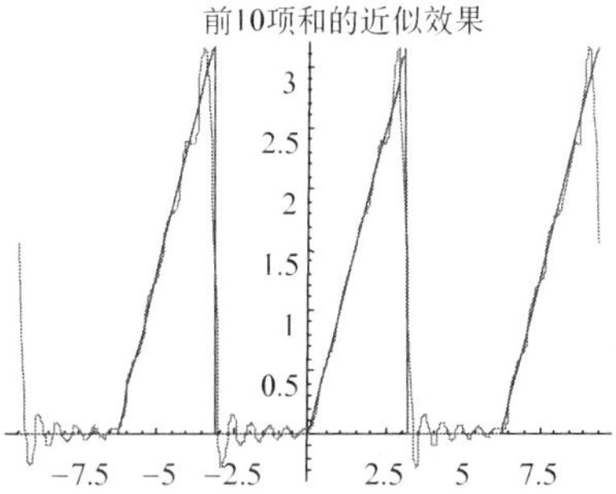

图 12.21

例 7 求函数 $f(x)=x+1(0\leqslant x\leqslant\pi)$ 的 10 阶余弦级数展开式,并绘制图形.

解 将函数 $f(x)$ 进行偶延拓,再作傅里叶展开,便可得到余弦级数展开式

```
In[13]: = f[x_]: = f[x - 2 π]/;x > π ;
      f[x_]: = f[x + 2 π]/;x < - π ;
      f[x_]: = UnitStep[x(π - x)] * (x + 1) + UnitStep[- x(x + π )] * (- x + 1);
In[16]: = Plot[f[x],{x, - 4Pi,4Pi},PlotRange → {- 1,5}]
```

图 12.22 是函数经过偶延拓再作周期延拓后的图形.

```
In[17]: = FourierTrigSeries[f[x],x,10,FourierParameters → {0,1/(2π)}]
```

$$\text{Out[17]} = \frac{1}{\sqrt{2\pi}}\left(\frac{4\pi+2\pi^2}{2\sqrt{2\pi}} - 4\sqrt{\frac{2}{\pi}}\text{Cos}[x] - \frac{4}{9}\sqrt{\frac{2}{\pi}}\text{Cos}[3x] - \frac{4}{25}\sqrt{\frac{2}{\pi}}\text{Cos}[5x] - \frac{4}{49}\sqrt{\frac{2}{\pi}}\text{Cos}[7x] - \frac{4}{81}\sqrt{\frac{2}{\pi}}\text{Cos}[9x]\right)$$

```
In[18]: = Simplify[ % ]
```

$$\text{Out[18]} = 1 + \frac{\pi}{2} - \frac{4\text{Cos}[x]}{\pi} - \frac{4\text{Cos}[3x]}{9\pi} - \frac{4\text{Cos}[5x]}{25\pi} - \frac{4\text{Cos}[7x]}{49\pi} - \frac{4\text{Cos}[9x]}{81\pi}$$

```
In[19]: = Plot[{f[x], %18},{x,0,Pi},PlotRange → {- 1,5}]
```

从图 12.23 可看出,用 9 阶余弦展开式逼近函数效果已经相当好了.

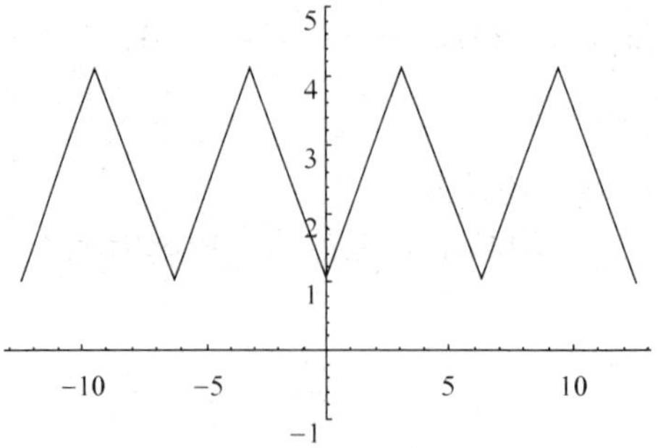

图 12.22

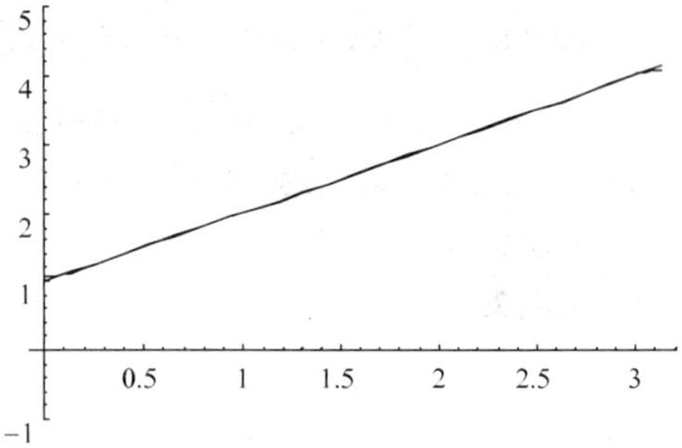

图 12.23

12.6.3　雪花模型演示

如果问你是否存在一种图形，它的周长无限大，而面积却是一个有限值，你是否觉得有些不可思议?事实上的确存在这样的图形，本节我们就构造一个具有这种奇妙性质的图形 —— 分形雪花.

分形雪花构造过程是这样的:先给定一个边长为 1 的正三角形，如图 12.24 所示，然后在每条边的中间部分向外伸出边长为原边长的 $\frac{1}{3}$ 的小正三角形(后面将其称为对该图形进行伸出变形)，变成一个 12 边形，见图 12.25，再对这个 12 边形进行伸出变形，以此类推，循环往复地作这种伸出变形，就可以得到一系列类似雪花的图形 —— 分形雪花，图 12.26 就是经过 4 次伸出变形得到的图形. 下面考虑当伸出变形次数无限增加时，分形雪花的周长与面积的变化趋势.

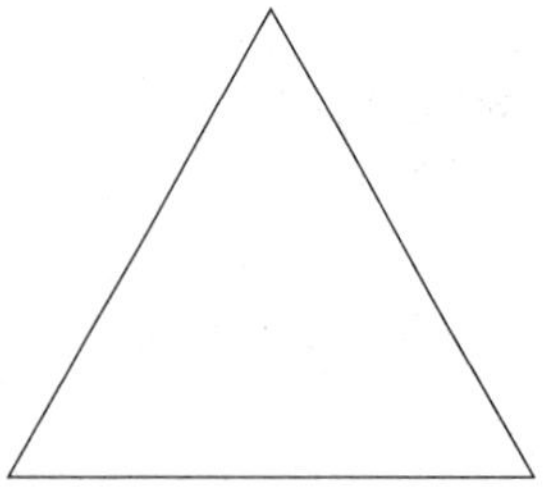

图 12.24

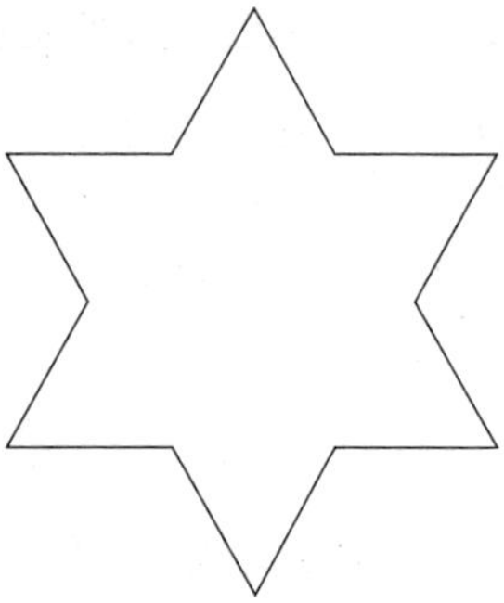

图 12.25

设从正三角形开始，经过 n 次伸出变形后得到的雪花图形的周长和面积分别记为 C_n，S_n，显然，一个雪花图形作一次伸出变形后，每条边变成四条较短的边，它们的总长度变成了原来的 4/3 倍，因而新的雪花图形的周长变成了原来的 4/3 倍，

初始周长为 3，故

$$C_n = 3 \times \left(\frac{4}{3}\right)^n.$$

经过 n 次伸出变形后得到的雪花图形的面积等于初始三角形面积再加上每次伸出变形后面积的增加值，而第 i 次伸出变形共伸出 $3\times 4^{i-1}$ 个小正三角形，边长为$\left(\frac{1}{3}\right)^i$，于是第 i 次伸出变形面积的增加值为 $3\times 4^{i-1}\times\left(\frac{1}{3^i}\right)^2\times\frac{\sqrt{3}}{4}$，故

$$S_n = \frac{\sqrt{3}}{4}\left[1+\sum_{i=1}^{n} 3\times 4^{i-1}\times\left(\frac{1}{3^i}\right)^2\right]$$

$$= \frac{\sqrt{3}}{4}\left[1+\frac{3}{4}\sum_{i=1}^{n}\left(\frac{4}{9}\right)^i\right] = \frac{\sqrt{3}}{20}\left[8-3\times\left(\frac{4}{9}\right)^n\right].$$

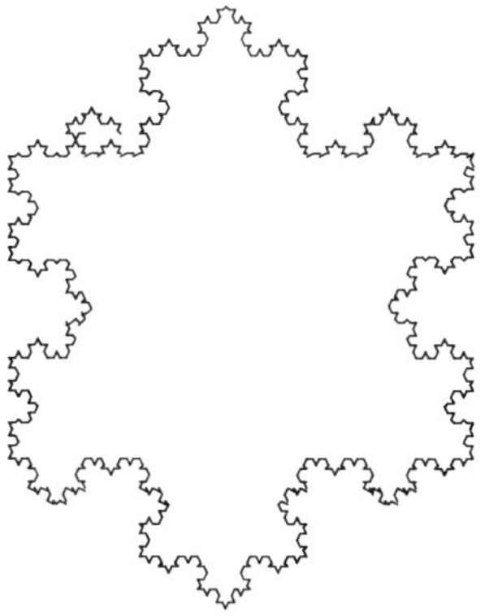

图 12.26

显然，当 $n\to\infty$时，$C_n\to\infty$，而 $S_n\to\frac{2\sqrt{3}}{5}$，即周长无限而面积有限.

在本章演示实验的光盘上，用 Mathematica 语言编写了绘制分形雪花图形的函数，读者调用这个函数，就可以绘制美丽的分形雪花图形了.

习题 12.6

1. 用 Mathematica 求下列函数在给定点 a 处的 10 阶泰勒多项式，并在同一坐标系内绘出函数及其泰勒多项式的图形.

(1) $\cos x, a=\frac{\pi}{4}$；　　(2) $e^{(x+x^2)}, a=0$；

(3) $\frac{1}{x^2+4x+3}, a=1$；　(4) $\ln x,\ a=2$.

2. 设 $y=\arctan x$，试在 Mathematica 中用两种方法求 $y^{(7)}(1)$.

3. 设函数 $f(x)$是以 2π 为周期的周期函数，在$[-\pi,\pi)$上的表达式为

$$f(x)=\begin{cases}1, & -\pi\leqslant x<0,\\ -1, & 0\leqslant x<\pi,\end{cases}$$

试在 Mathematica 中定义这个周期函数，求其 8 阶傅里叶展开式，并在同一坐标系内绘出函数及其傅里叶展开式的图形.

4. 用 Mathematica 求函数 $f(x)=x+1(0\leqslant x\leqslant\pi)$的 10 阶正弦级数展开式，并绘制图形.

5. 调用随书光盘中绘制分形雪花图形的程序，绘制分形雪花图形.

微积分应用课题

微积分应用课题一　最小二乘法

从前面的学习中,我们知道最小二乘法可以用来处理一组数据,可以从一组测定的数据中寻求变量之间的依赖关系,这种函数关系称为经验公式. 本课题将介绍最小二乘法的精确定义及如何寻求 x 与 y 之间近似成线性关系时的经验公式. 假定实验测得变量之间的 n 个数据 $(x_1,y_1),(x_2,y_2),\cdots,(x_n,y_n)$,则在 xOy 面上,可以得到 n 个点 $P_i(x_i,y_i)(i=1,2,\cdots,n)$,这种图形称为"散点图",从图中可以粗略看出这些点大致散落在某直线近旁,我们认为 x 与 y 之间近似为一线性函数,下面介绍求解步骤.

考虑函数 $y=ax+b$,其中 a 和 b 是待定常数. 如果 $P_i(i=1,2,\cdots,n)$ 在一直线上,可以认为变量之间的关系为 $y=ax+b$. 但一般说来,这些点不可能在同一直线上. 记 $\varepsilon_i=y_i-(ax_i+b)$,它反映了用直线 $y=ax+b$ 来描述 $x=x_i,y=y_i$ 时,计算值 y 与实际值 y_i 产生的偏差. 当然要求偏差越小越好,但由于 ε_i 可正可负,因此不能认为总偏差 $\sum\limits_{i=1}^{n}\varepsilon_i=0$ 时,函数 $y=ax+b$ 就很好地反映了变量之间的关系,因为此时某些偏差的绝对值可能很大. 为了改进这一缺陷,就考虑用 $\sum\limits_{i=1}^{n}|\varepsilon_i|$ 来代替 $\sum\limits_{i=1}^{n}\varepsilon_i$. 但是由于绝对值不易作解析运算,因此,进一步用 $\sum\limits_{i=1}^{n}\varepsilon_i^2$ 来度量总偏差. 因偏差的平方和最小可以保证每个偏差都不会很大. 于是问题归结为确定 $y=ax+b$ 中的常数 a 和 b,使 $F(a,b)=\sum\limits_{i=1}^{n}\varepsilon_i^2=\sum\limits_{i=1}^{n}(y_i-ax_i-b)^2$ 为最小. 用这种方法确定系数 a,b 的方法称为**最小二乘法**.

由极值原理得 $\dfrac{\partial F}{\partial a}=\dfrac{\partial F}{\partial b}=0$,即

$$\frac{\partial F}{\partial a}=-2\sum_{i=1}^{n}x_i(y_i-ax_i-b)=0,$$

$$\frac{\partial F}{\partial b}=-2\sum_{i=1}^{n}(y_i-ax_i-b)=0.$$

解此联立方程得

$$\begin{cases} a = \dfrac{n\sum\limits_{i=1}^{n} x_i y_i - \sum\limits_{i=1}^{n} x_i \sum\limits_{i=1}^{n} y_i}{n\sum\limits_{i=1}^{n} x_i^2 - \left(\sum\limits_{i=1}^{n} x_i\right)^2}, \\ b = \dfrac{1}{n}\sum\limits_{i=1}^{n} y_i - \dfrac{a}{n}\sum\limits_{i=1}^{n} x_i. \end{cases} \tag{$*$}$$

问题 I　在研究某一化学反应过程中,温度 x(℃) 对产品得率 y(%) 的影响,测得数据如下:

温度 x/℃	100	110	120	130	140	150	160	170	180	190
得率 y/%	45	51	54	61	66	70	74	78	85	89

(1) 利用"ListPlot"函数,绘出数据 $\{(x_i, y_i)\}$ 的散点图(采用格式:ListPlot[{{x_1,y_1},{x_2,y_2},…,{x_n,y_n}},Prolog → AbsolutePointSize[3]]);

(2) 利用"Line"函数,将散点连接起来,注意观察有何特征?(采用格式:Show[Graphics[Line[{{x_1,y_1},{x_2,y_2},…,{x_n,y_n}}]],Axes → True]);

(3) 根据公式($*$),利用"Apply"函数及集合的有关运算编写一个小的程序,求经验公式 $y = ax + b$;

(程序编写思路为:任意给定两个集合 A(此处表示温度)、B(此处表示得率),由公式($*$)可定义两个二元函数(集合 A 和 B 为其变量)分别表示 a 和 b. 集合 A 元素求和:Apply[Plus,A] 表示将加法施加到集合 A 上,即各元素相加,例如 Apply[Plus,{1,2,3}] = 6;Length[A] 表示集合 A 元素的个数,即为 n;$A.B$ 表示两集合元素相乘相加;$A*B$ 表示集合 A 与 B 元素对应相乘得到的新的集合.)

(4) 在同一张图中显示直线 $y = ax + b$ 及散点图;

(5) 估计温度为 200 时产品得率.

然而,不少实际问题的观测数据 $(x_1, y_1), (x_2, y_2), \cdots, (x_n, y_n)$ 的散点图明显地不能用线性关系来描叙,但确实散落在某一曲线近旁,这时可以根据散点图的轮廓和实际经验,选一条曲线来近似表达 x 与 y 的相互关系.

问题 II　下表是美国旧轿车价格的调查资料,今以 x 表示轿车的使用年数,y(美元) 表示相应的平均价格,求 y 与 x 之间的关系.

使用年数 x	1	2	3	4	5	6	7	8	9	10
平均价格 y	2651	1943	1494	1087	765	538	484	290	226	204

(1) 利用"ListPlot"函数绘出数据 $\{(x_i, y_i)\}$ 的散点图,注意观察有何特征?

(2) 令 $z = \ln y$,绘出数据 $\{(x_i, z_i)\}$ 的散点图,注意观察有何特征?

(3) 利用"Line"函数,将散点 $\{(x_i, z_i)\}$ 连接起来,说明有何特征?

(4) 利用最小二乘法，求 z 与 x 之间的关系；

(5) 求 y 与 x 之间的关系；

(6) 在同一张图中显示散点图$\{(x_i,y_i)\}$ 及 y 关于 x 的图形.

思考与练习

1. 假设一组数据 $A:(x_1,y_1),(x_2,y_2),\cdots,(x_n,y_n)$ 变量之间近似成线性关系，试利用集合的有关运算，编写一简单程序：对于任意给定的数据集合 A，通过求解极值原理所包含的方程组，不需要给出 a,b 计算的表达式，立即得到 a,b 的值，并就本课题 I/(3) 进行实验.

注 利用 Transpose 函数可以得到数据 A 的第一个分量的集合，命令格式为 **Transpose[A][[1]]** 先求 **A** 的转置，然后取第一行元素，即为数据 **A** 的第一个分量集合，例如

$$\mathbf{A}=\{\{\mathbf{1,2}\},\{\mathbf{2,3}\},\{\mathbf{5,6}\}\}(\mathbf{A}\text{ 即为矩阵}\begin{pmatrix}1&2\\2&3\\5&6\end{pmatrix})$$

Transpose[A][[1]] $=\{1,2,5\}$（数据 **A** 的第一个分量集合）

Transpose[A][[2]] $=\{2,3,6\}$（数据 **A** 的第二个分量集合）

B－**C** 表示集合 **B** 与 **C** 对应元素相减所得的集合，如$\{1,2\}-\{4,6\}=\{-3,-4\}$.

2. 最小二乘法在数学上称为曲线拟合，请使用拟合函数“Fit”重新计算 a 与 b 的值，并与先前的结果作一比较.

注 Fit 函数使用格式：

Fit[A,{1,x},x] 设变量为 x，对数据 **A** 进行线性拟合，如对题 1 中的 **A** 拟合函数为：

Fit[A,{1,x},x] = 1. + 1. x

微积分应用课题二　二体问题

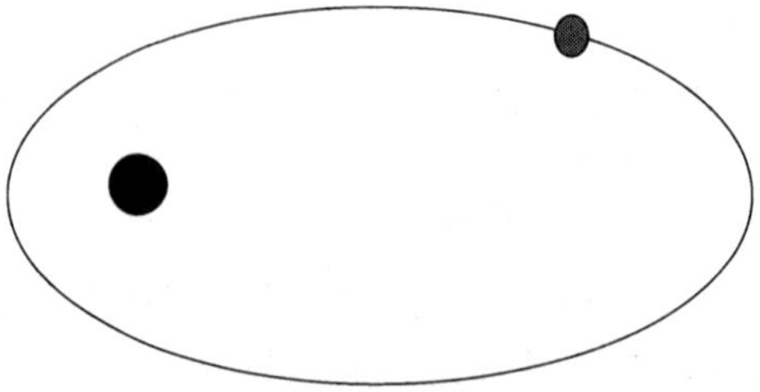

图 1

行星运动遵循哪些规律？人造卫星（图 1）的轨道形状、近地点与远地点、周期如何？人们很早就开始探索这些问题. 丹麦天文学家梯谷 · 布拉赫（Tycho Brache）于 1601 年去世，助手开普勒（Johannes Kepler，1571—1630）继承了布拉赫对行星运动的大量观测数据，开

普勒对这些材料苦心钻研了 20 年，终于从中提出关于行星运动的三大定律，这是几千年观察天文学登峰造极的成就. 本课题将详细给出开普勒三定律的推导过程、具体内容及有关数值计算.

设三维直角坐标系原点在地心，卫星在(x,y,z)点，$r^2=x^2+y^2+z^2$，由牛顿万有引力定律，

$$\begin{cases}\dfrac{\mathrm{d}^2x}{\mathrm{d}t^2}+\mu x(x^2+y^2+z^2)^{-\frac{3}{2}}=0, & (1)\\ \dfrac{\mathrm{d}^2y}{\mathrm{d}t^2}+\mu y(x^2+y^2+z^2)^{-\frac{3}{2}}=0, & (2)\\ \dfrac{\mathrm{d}^2z}{\mathrm{d}t^2}+\mu z(x^2+y^2+z^2)^{-\frac{3}{2}}=0, & (3)\end{cases}$$

其中 μ 是万有引力系数乘以地球质量.

式(2)$\times z-$式(3)$\times y$，得

$$z\frac{\mathrm{d}^2y}{\mathrm{d}t^2}-y\frac{\mathrm{d}^2z}{\mathrm{d}t^2}=0.$$

进而得

$$\frac{\mathrm{d}}{\mathrm{d}t}\left(y\frac{\mathrm{d}z}{\mathrm{d}t}-z\frac{\mathrm{d}y}{\mathrm{d}t}\right)=0,$$

即

$$y\frac{\mathrm{d}z}{\mathrm{d}t}-z\frac{\mathrm{d}y}{\mathrm{d}t}=A. \tag{4}$$

类似地，有

$$z\frac{\mathrm{d}x}{\mathrm{d}t}-x\frac{\mathrm{d}z}{\mathrm{d}t}=B. \tag{5}$$

$$x\frac{\mathrm{d}y}{\mathrm{d}t}-y\frac{\mathrm{d}x}{\mathrm{d}t}=C. \tag{6}$$

其中 A,B,C 为常数

式(4)$\times x+$式(5)$\times y+$式(6)$\times z$，得

$$Ax+By+Cz=0. \tag{7}$$

式(7)表明人造卫星的轨道位于一平面上，适当选取 z 轴方向，可使其轨道在 xOy 面内，于是运动方程简化为

$$\begin{cases}\dfrac{\mathrm{d}^2x}{\mathrm{d}t^2}=-\dfrac{\mu x}{r^3}, & (8)\\ \dfrac{\mathrm{d}^2y}{\mathrm{d}t^2}=-\dfrac{\mu y}{r^3},r^2=x^2+y^2. & (9)\end{cases}$$

式(8)$\times 2\dfrac{\mathrm{d}x}{\mathrm{d}t}+$式(9)$\times 2\dfrac{\mathrm{d}y}{\mathrm{d}t}$，得

$$2\left(\frac{\mathrm{d}x}{\mathrm{d}t}\frac{\mathrm{d}^2x}{\mathrm{d}t^2}+\frac{\mathrm{d}y}{\mathrm{d}t}\frac{\mathrm{d}^2y}{\mathrm{d}t^2}\right)=-\frac{\mu}{r^3}\frac{\mathrm{d}(x^2+y^2)}{\mathrm{d}t}=-\frac{2\mu}{r^2}\frac{\mathrm{d}r}{\mathrm{d}t},$$

两端对 t 积分，得

$$\left(\frac{\mathrm{d}x}{\mathrm{d}t}\right)^2+\left(\frac{\mathrm{d}y}{\mathrm{d}t}\right)^2=\frac{2\mu}{r}+D. \tag{10}$$

引入极坐标

$$x(t)=r(t)\cos\theta(t),\quad y(t)=r(t)\sin\theta(t).$$

分别代入式(10)与式(6)得

$$\left(\frac{\mathrm{d}r}{\mathrm{d}t}\right)^2+r^2\left(\frac{\mathrm{d}\theta}{\mathrm{d}t}\right)^2-\frac{2\mu}{r}=D, \tag{11}$$

$$r^2\frac{\mathrm{d}\theta}{\mathrm{d}t}=C. \tag{12}$$

若卫星自点 P_0 处发射，发射角和点 P_0 的径向量成角 α，初速度为 v_0，点 P_0 的极坐标为 (r_0,θ_0). 在(11)中令 $t=0$，由 $v^2(t)=\left(\frac{\mathrm{d}x}{\mathrm{d}t}\right)^2+\left(\frac{\mathrm{d}y}{\mathrm{d}t}\right)^2=\left(\frac{\mathrm{d}r}{\mathrm{d}t}\right)^2+r^2\left(\frac{\mathrm{d}\theta}{\mathrm{d}t}\right)^2$，得

$$D=v_0^2-\frac{2\mu}{r_0},$$

在(12)中令 $t=0$，由 $r_0\left(\frac{\mathrm{d}\theta}{\mathrm{d}t}\right)_{t=0}=v_{切向}\big|_{t=0}=v_0\sin\alpha$，得

$$C=r_0^2\left(\frac{\mathrm{d}\theta}{\mathrm{d}t}\right)_{t=0}=r_0^2\frac{1}{r_0}v_0\sin\alpha=r_0v_0\sin\alpha.$$

于是

$$r^2\frac{\mathrm{d}\theta}{\mathrm{d}t}=r_0v_0\sin\alpha, \tag{13}$$

$$\left(\frac{\mathrm{d}r}{\mathrm{d}t}\right)^2+r^2\left(\frac{\mathrm{d}\theta}{\mathrm{d}t}\right)^2=\frac{2\mu}{r}+v_0^2-\frac{2\mu}{r_0}, \tag{14}$$

由式(13)、(14)解得

$$\frac{\mathrm{d}r}{\mathrm{d}\theta}=\frac{\mathrm{d}r}{\mathrm{d}t}\cdot\frac{\mathrm{d}t}{\mathrm{d}\theta}=\frac{r^2}{v_0r_0\sin\alpha}\sqrt{v_0^2-\frac{2\mu}{r_0}+\frac{2\mu}{r}-\frac{v_0^2r_0^2\sin^2\alpha}{r^2}}, \tag{15}$$

利用分离变量法解得

$$r=\frac{v_0^2r_0^2\sin^2\alpha/\mu}{1+\frac{v_0r_0\sin\alpha}{\mu}\sqrt{v_0^2-\frac{2\mu}{r_0}+\frac{\mu^2}{v_0^2r_0^2\sin^2\alpha}}\cos(\theta-\theta_0)}, \tag{16}$$

令

$$p=\frac{v_0^2r_0^2\sin^2\alpha}{\mu},\quad e=\frac{v_0r_0\sin\alpha}{\mu}\sqrt{v_0^2-\frac{2\mu}{r_0}+\frac{\mu^2}{v_0^2r_0^2\sin^2\alpha}}, \tag{17}$$

则得

$$r=\frac{p}{1+e\cos(\theta-\theta_0)},\tag{18}$$

问题 I　分别令 $p=1$；$\theta_0=0,\frac{\pi}{2}$；$e=0,0.2,0.5,1,2,5$. 绘出式(18)所表示的图形.

从图形上可以看出，卫星的轨道是一条以地心为焦点的平面二次曲线. 把离心率改写成

$$e=\sqrt{1-\frac{v_0^2r_0^2\sin^2\alpha}{\mu^2}\left(\frac{2\mu}{r_0}-v_0^2\right)},\tag{19}$$

由此知当初速度 v_0 是小于、等于或大于$\sqrt{\frac{2\mu}{r_0}}$时，卫星的轨道分别是椭圆、抛物线或双曲线(注意此分析结果是否与所绘图形一致)，又由于 $mg=\frac{kMm}{R^2}$，所以 $\mu=gR^2$(地球半径 $R=6370\text{km}$，$g=9.8\text{m/s}^2$)，故

$$v_0^*=\sqrt{\frac{2gR^2}{r_0}}=\sqrt{\frac{R}{r_0}}\sqrt{2gR}=\sqrt{\frac{R}{r_0}}\times 11.18\text{km/s}\tag{20}$$

是离地心 $r_0(\geqslant R)$处的脱离速度，当卫星以这种速度发射时，它的轨道是抛物线，以后不会回到地球附近来了. 当 $v_0>v_0^*$ 时，轨道是双曲线；仅当 $v_0<v_0^*$ 时，卫星轨道可能是圆或椭圆. 但必须使卫星与地球的最小距离 $r_{\min}\geqslant R$，不会与地球相撞！由式(16)知，当 $\theta=\theta_0$ 时，$r=r_{\min}$，若 $r_{\min}=r_0$，则

$$r_0=\frac{1}{1+e}\frac{v_0^2r_0^2\sin\alpha}{\mu},$$

由

$$\frac{v_0^2r_0\sin\alpha}{\mu}-1=e=\sqrt{1-\frac{v_0^2r_0^2\sin^2\alpha}{\mu^2}\left(\frac{2\mu}{r_0}-v_0^2\right)}\geqslant 0,\tag{21}$$

得

$$v_0\geqslant\sqrt{\frac{\mu}{r_0}\csc\alpha}\geqslant\sqrt{\frac{\mu}{r_0}}.$$

把(21)两边平方得 $\sin^2\alpha=1$($\sin\alpha=0$ 舍去)，故应有 $\alpha=\frac{\pi}{2}$，即卫星水平发射时，v_0 满足$\sqrt{\frac{\mu}{r_0}}\leqslant v_0<v_0^*=\sqrt{\frac{2\mu}{r_0}}$($r_0>R$)时，它的轨道是椭圆，离地心最近的距离是 r_0；特别地，当 $v_0=\sqrt{\frac{\mu}{r_0}}$时，由于 $\alpha=\frac{\pi}{2}$，故 $e=0$，轨道是圆. 这时

$$\sqrt{\frac{\mu}{r_0}}=\sqrt{\frac{gR^2}{r_0}}=\sqrt{\frac{R}{r_0}}\cdot\sqrt{gR}=\sqrt{\frac{R}{r_0}}\times 7.91(\mathrm{km/s}),$$

7.91km/s 称为第一宇宙速度，用这种速度可以发射人造地球卫星，实际上由于空气阻力等因素，发射速度应比 7.91km/s 稍大一些.

11.18km/s 称为第二宇宙速度，用不低于这一速度发射，卫星会成为太阳系中的小行星甚至会脱离太阳系而消失于宇宙太空之中.

上面我们已经得知，人造卫星的轨道是以地心为一个焦点的椭圆，对于太阳系则为每颗行星的轨道都是以太阳为一个焦点的椭圆，此即天体力学中的开普勒第一定律.

问题 II　利用式(13)证明开普勒第二定律：卫星在单位时间内扫过的面积是一个常数.

进而知卫星运动周期为

$$T=\frac{\text{椭圆面积}}{\frac{1}{2}r_0v_0\sin\alpha}=\frac{2\pi ab}{v_0r_0\sin\alpha}=\frac{2\pi ab}{v_0r_0},\tag{22}$$

其中 a,b 分别为椭圆的长、短半轴. 又由于 $\theta=\theta_0$ 时，r 取极小值 $r_1=\frac{p}{1+e}$，$\theta=\theta_0+\pi$ 时 r 取极大值 $r_2=\frac{p}{1-e}$，故得

$$a=\frac{r_1+r_2}{2}=\frac{p}{1-e^2}=\frac{\mu}{\frac{2\mu}{r_0}-v_0^2},$$

$$b=a\sqrt{1-e^2}=\frac{v_0r_0}{\sqrt{\frac{2\mu}{r_0}-v_0^2}},$$

代入式(22)得

$$T=\frac{2\pi\mu}{\left(\frac{2\mu}{r_0}-v_0^2\right)^{\frac{3}{2}}}=\frac{2\pi a^{\frac{3}{2}}}{\sqrt{gR^2}},\tag{23}$$

$$T^2=\frac{4\pi^2}{gR^2}a^3.\tag{24}$$

问题 III　利用上式绘图验证天体力学中的开普勒第三定律：行星运动周期之平方与平均距离之立方成正比. 这里平均距离指 $a=\frac{r_1+r_2}{2}$.

问题 IV　我国第一颗人造地球卫星发射公报宣布：近地点为 439km，远地点为 2384km，试求它的运动周期，即环绕地球一周所用的时间.

微积分应用课题三　函数绘图

在我们解决实际问题过程中，经常需要绘制各种各样的图形，但直接使用绘图函数 Plot、Plot3D、ParametricPlot、ParametricPlot3D 无法绘制所需要的图形，本课题结合一些实际问题介绍有关函数绘图的其他方法（以下介绍的绘图函数均在 Graphics 程序包中）.

一、极坐标绘图

在我们很多的问题中，我们需要绘制一个用极坐标给出的函数的图形.

一般格式为：＜＜Graphics`Graphics`（本命令是为了调入程序包 Graphics`Graphics`）

PolarPlot[f,{t,t_1,t_2}]（在极坐标中绘图，角度 t 从 t_1 到 t_2）

问题 I　已知 12 个花瓣的图形满足极坐标方程式 $r=\sin(6x)$，请使用极坐标绘图绘出它的图形.

问题 II　绘制极坐标方程式 $r=\sin(5t)+n\cos t$，$n=-5\sim5$ 的图形，注意观察它有何特征.

二、绘制隐函数图形

在很多的问题中，我们不易将函数进行显化，但需要知道所确定的隐函数的大致图形，为此我们引入隐函数绘图.

一般格式为：＜＜Graphics`ImplicitPlot`（调入程序包 Graphics`ImplicitPlot`）

ImplicitPlot[eqn,{x,x_1,x_2}]（先用 Solve 命令求解，再在指定的范围内绘制隐函数图）

问题 III　请在恰当的范围内绘制方程 $x^2-xy+y^2-6=0$ 所确定的隐函数图形.

问题 IV　在 $-10\leqslant x\leqslant10$，$-10\leqslant y\leqslant10$ 内绘制方程 $\sin(x\sinh y)=0$ 所确定的隐函数图形.

三、绘制向量场

Mathemathica 的 Graphics`PlotField`程序包提供了绘制二维向量场，而三维向量场的绘图命令则包含在程序包 Graphics`PlotField3D`中.

一般格式为：＜＜Graphics`PlotField`（调入程序包 Graphics`PlotField`）

PlotVectorField[{f_x,f_y},{x,xmin,xmax},{y,ymin,ymax}]

（在指定的范围内绘制矢量函数 f 的向量场）

＜＜Graphics`PlotVectorField`（调入程序包 Graphics`PlotField3D`）

PlotVectorField3D[{f_x, f_y, f_z}, {x, xmin, xmax}, {y, ymin, ymax}, {z, zmin, zmax}]

（在指定的范围内绘制矢量函数 f 的三维向量场）

问题 V　绘制二维向量场 $\boldsymbol{F}(x,y)=-y\boldsymbol{i}+x\boldsymbol{j}$ 的图形.

问题 VI　在 $-1\leqslant x\leqslant 1$, $-1\leqslant y\leqslant 1$, $1\leqslant z\leqslant 3$ 内绘制向量场 $\boldsymbol{F}(x,y,z)=-y\boldsymbol{i}+x\boldsymbol{j}+\boldsymbol{k}$ 的图形.

四、绘制三维图形在坐标面上的投影

在计算重积分的过程中，我们需要确定积分区域在三个坐标面上的投影，为此我们介绍如何通过计算机绘制三维图形在坐标面上的投影.

一般格式为：<<Graphics`Graphics3D`（调入程序包 Graphics`Graphics3D`）

Shadow[g]（将三维图形 g 投影到平面 x－y，y－z 和 z－x 上）

ShadowPlot3D[f, {x, xmin, xmax}, {y, ymin, ymax}]

（绘制函数 f 的图形，并同时绘出其在 x-y 平面上的阴影）

问题 VII　使用 Shadow 函数绘制球面 $x^2+y^2+z^2=1$ 在三个坐标面上的投影.

问题 VIII　绘制函数 $z=x^2-y^2$ 在 $-2\leqslant x\leqslant 2$, $-3\leqslant y\leqslant 3$ 上的图形并绘制其在 x-y 平面上的阴影.

五、绘制三维立体图

Mathematica 提供了 ContourPlot3D 命令，用来绘制三维立体图. 凡是表达式为 $f(x,y,z)=$Constant 的方程式都可以用 ContourPlot3D 进行绘图. 在空间解析几何中学过的椭圆、球面、单叶双曲面、椭圆抛物面、双曲线抛物面等，都可以用这个命令来完成.

一般格式为：<<Graphics`ContourPlot3D`（调入程序包 Graphics`ContourPlot3D`）

ContourPlot3D[f, {x, xmin, xmax}, {y, ymin, ymax}, {z, zmin, zmax}]

（在指定的范围内绘制 $f(x,y,z)=$constant 的三维立体图）

问题 IX　使用 ContourPlot3D 函数分别绘制椭圆球面 $\frac{x^2}{2}+y^2+z^2-1=0$、单叶双曲面 $\frac{x^2}{2}+y^2-z^2-1=0$、椭圆锥面 $x^2+y^2-z^2=0$ 的图形.

微积分应用课题四　多元函数极值

一、多元函数极值与一元函数极值

为了帮助大家更好地理解多元函数极值，本课题首先介绍多元函数极值与一元函数极值之间的不同，主要表现为如下两点：

(1) 对于一元函数而言，如果函数 $f(x)$ 在某区间内仅有一个极大值或极小值，那么该极大值或极小值就一定是 f 在同一区间上的最大值或最小值，但对于多元函数来说此性质一般不成立，下面以函数 $f(x,y)=3xe^y-x^3-e^{3y}$ 为例来说明.

问题 I　选择适当的区域绘制函数 $f(x,y)$ 的图形，注意观察是否有极值点.

问题 II　利用计算机求出函数 $f(x,y)$ 的所有驻点，并绘出 $f(x,y)$ 在驻点 P 附近的放大图，初步判断这些点是否是极值点.

问题 III　计算 $f(P)$，$f(1.1,0)$，$f(3,0)$，验证此前的陈述是否正确？

(2) 对于只有有限多个驻点的一元可导函数来说，不可能有两个极大值而无极小值，但是确实存在具有这样性质的二元函数. 考虑二元函数

$$f(x,y)=-(x^2-1)^2-(x^2y-x-1)^2.$$

问题 IV　选择适当的区域绘制函数 $f(x,y)$ 的图形，注意观察是否有极值点.

问题 V　利用计算机求出 f_x，f_y，绘出它们的图形，注意观察是否有零点.

问题 VI　利用计算机求出函数 $f(x,y)$ 的驻点，并绘出 $f(x,y)$ 在驻点附近的放大图，初步判断这些点是否是极值点.

问题 VII　利用极值判断的充分条件或 $f(x,y)$ 的表达式，判断上述驻点是否是极值点，是极大值还是极小值，简单验证前面所提到的多元函数极值的性质.

二、多元函数条件极值

在现实生活中，我们经常会碰到一些在特定的条件下要求效益最好、产量最大等问题，在引入一定的变量后，此类问题可化为条件极值问题，下面以实际的例子来说明如何利用计算机来解决此类问题.

问题 VIII　某厂要用铁板做成一个体积为 2m^3 的有盖长方体水箱. 问当长、宽、高各取怎样的尺寸时，才能使用料最省. 请采用如下步骤求解：

(1) 写出目标函数及变量所满足的条件；

(2) 通过求解变量所满足的条件，将多元函数条件极值化为多元函数非条件极值，仿前面的求解过程判断目标函数是否有极值，如有给出极值及极值点的坐标；

(3) 应用拉格朗日乘数法，利用计算机重新求解上述多元函数条件极值；

(4) 求盒子的最大容积.

问题 IX　设生产某种产品必须投入两种要素，x_1 和 x_2 分别为两要素的投入量，Q 为产出量；若生产函数为 $Q=2x_1^{\alpha}x_2^{\beta}$，其中 α，β 为正常数，且 $\alpha+\beta=1$. 假设两种要素的价格分别为 p_1 和 p_2，试问：当产出量为 12 时，两要素各投入多少可以使得投入总费用最小？按如下步骤求解：

(1) 写出目标函数 $F(x_1,x_2)$及变量 x_1 和 x_2 所满足的条件；

(2) 应用拉格朗日乘数法，利用计算机或初等数学方法求解上述多元函数条件极值.

注　在解方程组的过程中，要注意哪些量为已知量，哪些量为未知量.

微积分应用课题五　无穷级数

在课堂学习过程中，我们知道，要讨论无穷级数 $\sum\limits_{k=1}^{\infty} b_k$ 是否收敛，即讨论部分和数列(S_n)是否收敛(其中 $S_n=\sum\limits_{k=1}^{n} b_k$). 若 $\lim\limits_{n\to\infty} S_n$ 存在，则原级数收敛，否则原级数发散.

在 Mathematica 中，部分和 $S_n=\sum\limits_{k=1}^{n} b_k$ 可表示为 Sum[b[k],[k,1,n]].

一、等比级数

问题 I　考虑级数 $1+\frac{1}{4}+\frac{1}{16}+\frac{1}{64}+\cdots$.

(1) 将上述级数表示为一求和形式；

(2) 用两种方式求 S_{50}，比较所得结果.

① 将$\frac{1}{4}$用 0.25 表示；② 保留$\frac{1}{4}$作为分数.

问题 II　等比级数一般可表示为 $\sum\limits_{k=0}^{\infty} ar^k$，其中 a 为首项，r 为公比. 以下令 $a=1$，对不同的 r 值考查等比级数的敛散性.

(1) 令 $r=0.95$，使用 Table、ListPlot 函数，给出 S_n(n 从 0 变到 80、间距为 2)的集合，绘出散点图，注意观察点的变化趋势，初步判断该级数是否收敛？收敛到何值？

注　Table 函数使用格式为：Table[expr,{i,imin,imax,di}]产生 expr 的一系列值并构成一个集合，其中 i 从 imin 到 imax，步长为 di. ListPlot 函数使用格式见应用课题一.

(2) 仿(1)，令 $r=1.1$，判断所对应的等比级数是否收敛？

(3) 仿(1)，分别令 $r=1$ 及 $r=-1$，判断所对应的等比级数是否收敛？

问题 III　今有一个弹性小球，从 1 米的高度滚向地面(图 2)，它每次弹起的高度为先前所处高度的 0.53 倍，请计算当小球停止运动时，小球在垂直方向上运动的整个距离.

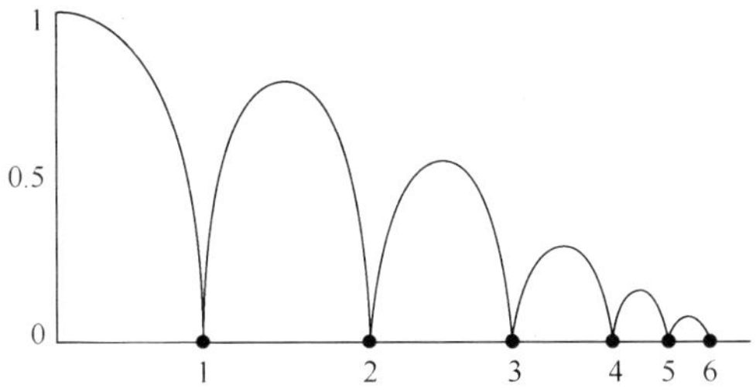

图 2

二、调和级数

下面从一个实际问题出发，引出对调和级数的讨论. 现在要堆一堆多米诺骨牌，使得最上面的一块多米诺骨牌超出最底下的一块尽可能长的长度. 图 3 显示了一些可能的方案.

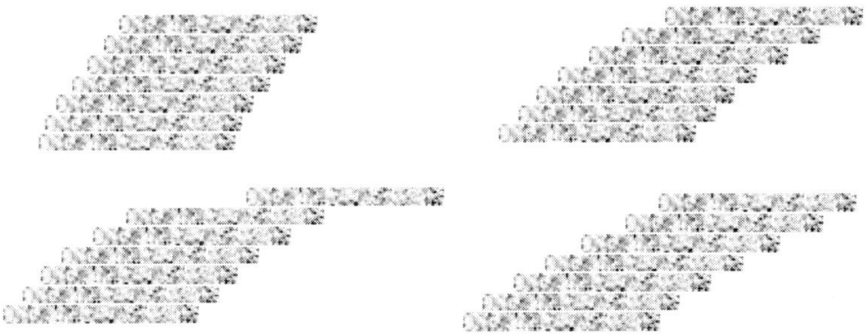

图 3

问题 IV　利用你的经验或直觉，判断上述图形中哪些多米诺骨牌堆是平衡的（不会倒塌），哪些是不平衡的？

这里，我们首先介绍一下多米诺骨牌堆平衡所满足的条件. 假设有 n 个质量为 m_i、坐标为 x_i 悬挂在 x 轴上方的质点，则系统重力的中心或平衡点坐标 $\bar{x}$ 满足下列方程：

$$\sum_{i=1}^{n} m_i(\bar{x} - x_i) = 0. \qquad (*)$$

比如 $n=2$，即只有两个质点 m_1, m_2，分别位于点 x_1, x_2，则平衡点坐标 $\bar{x}$ 满足 $m_1(\bar{x}-x_1)=m_2(x_2-\bar{x})$，它类似于我们大家所熟悉的秋千.

为了实现前面所提出的目标，我们按下图所示建造一个多米诺骨牌堆(图4)，此堆称为调和堆. 我们假设每个多米诺骨牌宽度为两个单位长度，且高度都是相等的(高度与长度无关).

基本思想：最上面的多米诺骨牌超出其下方相邻的多米诺骨牌 1 个单位，第二

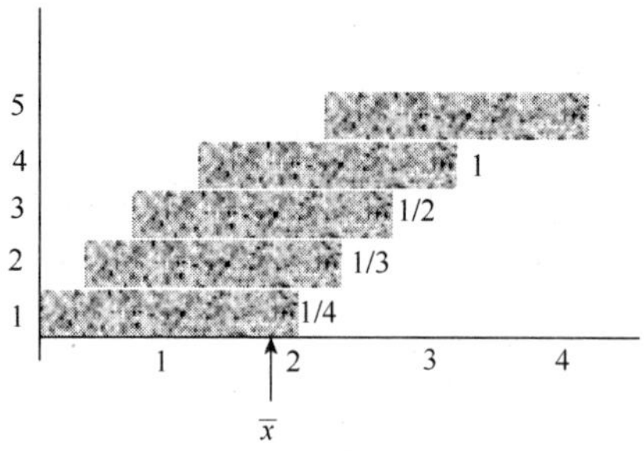

图 4

个多米诺骨牌超出其下方相邻的多米诺骨牌$\frac{1}{2}$个单位，第三个多米诺骨牌超出其相邻的多米诺骨牌$\frac{1}{3}$个单位，如此下去，就得到一个包含 $n+1$ 个多米诺骨牌的堆，最上面的一个超出最底下的一个 $1+\frac{1}{2}+\cdots+\frac{1}{n}$ 个单位. 下面我们将讨论如此想法能否实现，也即如此堆放是否会平衡？

记 $H_n=1+\frac{1}{2}+\cdots+\frac{1}{n}$（在 Mathematica 中定义函数 H[n _]:=Sum[1./i, {i,n}]）即为调和级数的部分和.

问题 V　(1) 利用函数 H[n]求满足条件 $H_n\geqslant 5$ 的最小的 n；

(2) 使用 Table, ListPlot 函数，给出 H[n]（n 从 1 变到 81、步长为 2）的集合，绘出散点图，判断其图形的形状是否与 $\ln n$ 相似，H[n]能否达到无穷大；

(3) 绘出 H[n]-Log[n]的散点图，判断极限$\lim\limits_{n\to\infty}(H_n-\ln n)$的存在性，极限值即为欧拉常数 C（为一个无理数），给出近似值.

问题 VI　(1) 利用公式（$*$）分别计算当 $n=2$（图 5）、$n=3$（图 6）、$n=4$（图 7）时，$\bar{x}$ 的值；

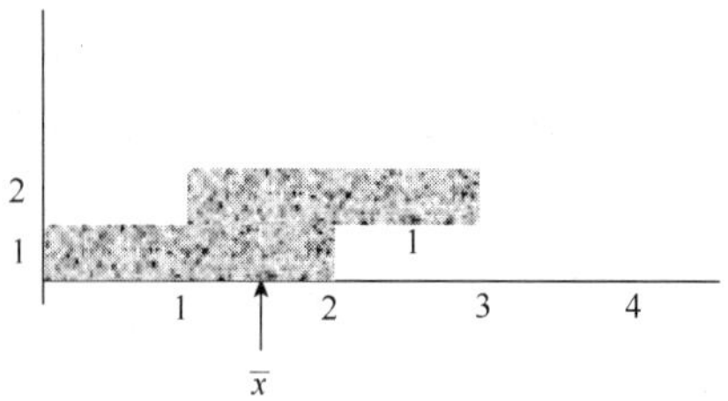

图 5

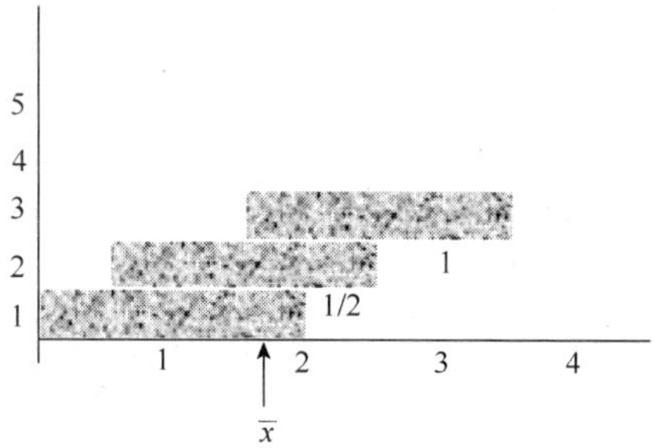

图 6

(2) 由(1)猜测包含任意 n 个多米诺骨牌堆的平衡点坐标 $\bar{x}$ 的值，并使用数学归纳法进行简单的证明.

(3) 利用(2)说明满足条件：最上面的多米诺骨牌超出最下面多米诺骨牌任意长度的多米诺骨牌堆是可以实现的（事实上：只要平衡点的坐标 $\bar{x}$ 满足 $0<\bar{x}<2$，即平衡点的坐标始终位于最底下多米诺骨牌上，多米诺骨牌堆就是平衡的，它不会倒塌）.

问题 VII　如果多米诺骨牌调和的堆放，试求至少需多少块多米诺骨牌，才能实现最上面的一块超出最下面的一块 3 个多米诺骨牌长度.

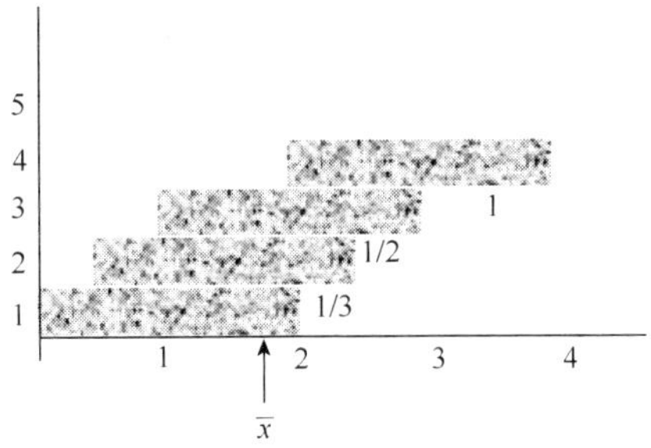

图 7

三、p 级数

下面利用 Mathematica 来考查 p 级数：$\sum_{k=1}^{\infty}\frac{1}{k^p}$的敛散性.

问题 VIII　分别令 $p=0.5$，$p=2$，绘出 S_n 的散点图，初步判断所对应的级数的敛散性，并给出 p 级数收敛的一般性结论.

习题参考答案

习题 8.1(A)

1. 4,5,8,3.

2. (1) $(x,y,-z),(-x,y,z),(x,-y,z)$;

(2) $(x,-y,-z),(-x,y,-z),(-x,-y,z)$;

(3) $(-x,-y,-z)$.

3. $5\boldsymbol{a}-11\boldsymbol{b}+7\boldsymbol{c}$.　**6.** $\{1,-2,-2\},\{-3,6,6\}$.　**7.** $(0,1,-2)$.　**8.** $\dfrac{1}{\sqrt{14}}\{3,2,1\}$.

习题 8.1(B)

3. $A(-2,3,0)$.　**4.** 267.51km/h,北偏东 74°.

习题 8.2(A)

1. (1) $\arccos\dfrac{11}{15}$;(2) $\arccos\left(\dfrac{-4}{\sqrt{78}}\right)$.

2. (1) -5;(2) 0;(3) -11;(4) 1;(5) 3;(6) $\sqrt{2}$.

3. (1) $-\dfrac{4}{5}$;(2) -3 或 2.　**4.** $\lambda=2\mu$.　**5.** $-\dfrac{3}{2}$.　**6.** $c=2\pm\sqrt{3}$.　**7.** 38J.

8. (1) $\dfrac{3}{\sqrt{5}}$;　(2) $\dfrac{1}{\sqrt{2}}$.

9. 2, $\cos\alpha=-\dfrac{1}{2},\cos\beta=-\dfrac{1}{\sqrt{2}},\cos\gamma=\dfrac{1}{2},(\alpha,\beta,\gamma)=\left(\dfrac{2}{3}\pi,\dfrac{3}{4}\pi,\dfrac{1}{3}\pi\right)$.

10. 13.　**11.** 2.　**12.** $\boldsymbol{b}=\{s,t,3s-2\sqrt{10}\}$,其中 s,t 为任意实数.

习题 8.2(B)

2. $x_1|\boldsymbol{F}_1|\sin\theta_1-x_2|\boldsymbol{F}_2|\sin\theta_2=0$.　**4.** $\theta=\arccos\dfrac{2}{\sqrt{7}}$.　**5.** $-4,\dfrac{\pi}{4}$.

习题 8.3(A)

1. $\{1,-1,-1\}$.　**2.** $\left\{\dfrac{3}{\sqrt{17}},-\dfrac{2}{\sqrt{17}},-\dfrac{2}{\sqrt{17}}\right\}$.

3. (1) $\{-1,0,1\}$;(2) $\{3,14,-9\}$;(3) $\{13,-10,-7\}$;(4) $\{2,-1,4\}$.

4. $\dfrac{\sqrt{19}}{2}$.　**5.** (1) $\{26,4,-7\}$;(2) $\dfrac{\sqrt{741}}{2}$.　**6.** $-10,2$.　**7.** 30.

8. $10.8\sin 100^\circ \approx 10.6$. **9.** $\boldsymbol{r}=\{14,10,2\}$. **10.** (1) $-8\boldsymbol{j}-24\boldsymbol{k}$;(2) $-\boldsymbol{j}-\boldsymbol{k}$. (3) 2.

习题 8.3(B)

1. (2) $\sqrt{\dfrac{97}{3}}$. **2.** (2) $\dfrac{17}{7}$. **3.** (1) 否;(2) 否;(3) 是. **4.** 6.

5. $20\sin 60^\circ \approx 17.0\text{J}$. **6.** $\boldsymbol{c}=5\boldsymbol{a}+\boldsymbol{b}$. **7.** 4.

习题 8.4(A)

1. $3x-4y-6z-33=0$. **2.** $2x+9y-6z-121=0$. **3.** $17x-6y-5z=32$.

4. (1) 平行于 z 轴;(2) 平行于 yOz 面;(3) 通过 z 轴;(4) 通过原点.

5. (1) $y+5=0$;(2) $x+3y=0$;(3) $9y-z-2=0$.

6. $x+y-3z-4=0$. **7.** 1.

习题 8.4(B)

2. 6.

习题 8.5(A)

1. (1) $\dfrac{x-3}{2}=\dfrac{y+1}{3}=\dfrac{z-8}{5}$;(2) $\dfrac{x}{6}=\dfrac{y-1}{3}=\dfrac{z-2}{2}$. **2.** $\dfrac{x-4}{2}=\dfrac{y+1}{1}=\dfrac{z-3}{5}$.

3. (1) $\dfrac{x+1}{-4}=\dfrac{y-4}{3}=\dfrac{z-1}{1/2}$;$x=-1-4t,y=4+3t,z=1+\dfrac{1}{2}t$;

(2) $\dfrac{x+1}{5}=\dfrac{y}{-3}=\dfrac{z-5}{-2}$;$x=-1+5t,y=-3t,z=5-2t$.

4. $\dfrac{x-1}{-2}=\dfrac{y-1}{1}=\dfrac{z-1}{3}$;$\begin{cases}x=1-2t,\\y=1+t,\\z=1+3t.\end{cases}$

5. $16x-14y-11z-65=0$. **6.** $8x-9y-22z-59=0$.

7. $\begin{cases}x=-3t,\\y=1+t,\\z=2+2t.\end{cases}$ **8.** $\begin{cases}x=3t,\\y=1-t,\\z=2-2t.\end{cases}$ **9.** (1) $\sqrt{\dfrac{22}{5}}$;(2) $2\sqrt{5}$.

习题 8.5(B)

1. $\dfrac{x}{-2}=\dfrac{y-2}{3}=\dfrac{z-4}{1}$. **2.** $x-y+z=0$. **3.** $\dfrac{3\sqrt{2}}{2}$. **4.** $2x+2y-3z=0$.

习题 8.6(A)

1. (1) 平行;(2) 垂直;(3) 60°;(4) $\arccos\dfrac{4}{21}\approx 79^\circ$.

3. $x+2y-2z=7, x+2y-2z=-5$.

4. (1) 异面;(2) 相交于(1,0,1);(3) 平行;(4) 异面． **5.** $45°$.

6. (1) 平行; (2) 垂直;(3) 直线在平面上． **7.** $\varphi=0$. **8.** $\left(-\frac{5}{3},\frac{2}{3},\frac{2}{3}\right)$.

9. $x-2y+4z+1=0$. **10.** $\begin{cases}17x+31y-37z-117=0,\\4x-y+z-1=0.\end{cases}$

习题 8.6(B)

1. (1) $n=-3$;(2) 不可能;(3) $n=\frac{17}{3}$;(4) $m=5$ 或 $n=-3$;

(5) $m=5$ 且 $n\neq-3$;(6) $m=5$ 且 $n=\frac{17}{3}$.

2. $x+2y+1=0$. **3.** $\frac{x+1}{16}=\frac{y}{19}=\frac{z-4}{28}$. **4.** $d=7, \frac{x+2}{3}=\frac{y-2}{2}=\frac{z-4}{-6}$.

5. (C). **6.** (C).

习题 8.7(A)

1. $4x+4y+10z-63=0$. **2.** $(a^2-c^2)x^2+a^2(y^2+z^2)=a^2(a^2-c^2)$.

3. $\begin{cases}5x+2y-5z+9=0,\\3x-7y-z+8=0.\end{cases}$

4. (1) $z=x^2+y^2$;(2) 绕 z 轴:$z^2=4(x^2+y^2)$,绕 y 轴:$x^2+z^2=4y^2$;

(3) $z=2-\sqrt{x^2+y^2}$;(4) $4(x^2+y^2)-z^2=1$.

5. (1) 双曲柱面;(2) 两垂直相交平面;(3) 圆锥面,由 zOx 面上直线 $z=x+a$ 绕 z 轴旋转而成;

(4) 旋转双曲面,由 xOy 面上双曲线 $x^2-\frac{y^2}{4}=1$ 绕 y 轴旋转而成;(5) 二次锥面;

(6) 圆锥面,由 zOx 面上折线 $z=|x|$ 绕 z 轴旋转而成．

7. (1) 双曲线;(2) 抛物线;(3) 双曲线.

习题 8.7(B)

1. $\left(x+\frac{R}{2}\right)^2+y^2+z^2=\frac{R^2}{4}$. **2.** $\frac{x-2}{4}=\frac{y-1}{2}=\frac{z}{-1}$.

习题 8.8(A)

2. (1) $\begin{cases}x=3\cos t,\\y=3\cos t,\\z=6\sin t;\end{cases}$ (2) $\begin{cases}x=t,\\y=t^2,\\z=1-t+t^2.\end{cases}$ **3.** $\begin{cases}y=\sqrt{2ax-x^2},\\z=\sqrt{4a^2-2ax}.\end{cases}$

4. 母线平行于 x 轴的柱面:$3y^2-z^2=16$,母线平行于 y 轴的柱面:$3x^2+2z^2=16$.

5. (1) xOy 面上:$\begin{cases}y=x,\\z=0\end{cases}(-2\sqrt{2}\leqslant x\leqslant 2\sqrt{2})$,

yOz 面上：$\begin{cases}2y^2+z^2=16,\\x=0,\end{cases}$ zOx 面上：$\begin{cases}2x^2+z^2=16,\\y=0;\end{cases}$

(2) xOy 面上：$\begin{cases}y^2=ax,\\z=0,\end{cases}$ yOz 面上：$\begin{cases}3y^2-z^2=0,\\x=0,\end{cases}$ zOx 面上：$\begin{cases}z^2=3ax,\\y=0.\end{cases}$

7. (1) $\{0,0,0\}$；(2) $\left\{0,1,\dfrac{\pi}{2}\right\}$.

8. (1) $4\leqslant t\leqslant 6,\boldsymbol{r}'(t)=\left\{2t,\dfrac{1}{2\sqrt{t-4}},\dfrac{-1}{2\sqrt{6-t}}\right\}$；

(2) $t>0,\boldsymbol{r}'(t)=\left\{-\mathrm{e}^{-t}(\cos t+\sin t),\mathrm{e}^{-t}(\cos t-\sin t),\dfrac{1}{t}\right\}$；

(3) $t\neq(2n+1)\dfrac{\pi}{2},n=0,\pm1,\pm2,\cdots,\boldsymbol{r}'(t)=\{0,\sec^2 t,\sec t\cdot\tan t\}$；

(4) $t\in\mathbf{R},\boldsymbol{r}'(t)=\boldsymbol{a}\times\boldsymbol{b}+2t(\boldsymbol{a}\times\boldsymbol{c})$.

9. (1) $\begin{cases}x=1+2t,\\y=1+t,\\z=1-t;\end{cases}$ (2) $\begin{cases}x=-\dfrac{\pi}{2}t,\\y=\dfrac{1}{4}+t,\\z=1+4t.\end{cases}$

10. (1) $\left\{\dfrac{14}{3},\mathrm{e}^{-1}(2-5\mathrm{e}^{-3}),\dfrac{3}{4}\right\}$；(2) $\left\{\dfrac{1}{2},\dfrac{1}{2},\dfrac{4-\pi}{4\sqrt{2}}\right\}$.

11. $\boldsymbol{r}'(t)=\{2-\cos t,1-\sin t,2+t^2\}$.

12. (1) $\boldsymbol{v}(t)=\left\{\dfrac{1}{2\sqrt{t}},1,\dfrac{3}{2}\sqrt{t}\right\},\boldsymbol{a}(t)=\left\{-\dfrac{1}{4}t^{-\frac{3}{2}},0,\dfrac{3}{4}t^{-\frac{1}{2}}\right\}$，$|\boldsymbol{v}(t)|=\dfrac{1}{2}\sqrt{\dfrac{1+4t+9t^2}{t}}$；

(2) $\boldsymbol{v}(t)=\mathrm{e}^t\{\cos t-\sin t,\cos t+\sin t,t+1\},\boldsymbol{a}(t)=\mathrm{e}^t\{-2\sin t,2\cos t,t+2\}$,

$|\boldsymbol{v}(t)|=\mathrm{e}^t\sqrt{t^2+2t+3}$.

13. $\boldsymbol{v}(t)=\{1,1,-(1+10t)\},\boldsymbol{r}(t)=\{t+2,t+3,-t-5t^2\}$.

15. (1) $250\sqrt{3}\cdot\dfrac{500}{g}\approx 22(\mathrm{km})$；(2) $\dfrac{(250)^2}{2g}\approx 3.2(\mathrm{km})$；(3) $\left|\boldsymbol{v}\left(\dfrac{500}{g}\right)\right|=500(\mathrm{m/s})$.

习题 8.8(B)

1. (1) $1-4t\cos t+11t^2\sin t+3t^3\cos t$；

(2) $\{(3t^3-4t)\sin t-11t^2\cos t,12t^3-\cos t,6t^2-\sin t\}$.

3. $|\boldsymbol{r}'|_{\min}=|\boldsymbol{r}'(4)|=\sqrt{153}$. **4.** $\alpha=\dfrac{1}{2}\arcsin\left(\dfrac{5g}{144}\right)\approx 9.9°$.

习题 9.1(A)

1. $t^2f(x,y)$. **2.** $-3,\dfrac{x^2(1-y)}{1+y},\dfrac{(x+h)^2(1-y)}{1+y}$.

3. (1) $\{(x,y)\mid -x<y<x\}$；(2) $\{(x,y)\mid y^2-2x+1>0\}$；

(3) $\{(x,y)\mid x\geqslant 0,y\geqslant 0,x^2\geqslant y\}$；

(4) $\{(x,y,z)\mid x^2+y^2-z^2\geqslant 0, x^2+y^2\neq 0\}$;

(5) $\{(x,y)\mid y\neq\pm x\}$; (6) $\{(x,y,z)\mid r^2<x^2+y^2+z^2\leqslant R^2\}$.

7. (1) 1; (2) 2; (3) $-\dfrac{3}{5}$; (4) ∞; (5) $-\dfrac{\pi}{2}$; (6) $-\dfrac{1}{4}$; (7) 0; (8) e^2.

8. $\{(x,y)\mid x=m\pi$ 或 $y=n\pi, m,n=0,\pm1,\cdots\}$.

9. (1) 不存在; (2) 不存在．　**10.** 不连续.

习题 9.1(B)

1. $\dfrac{(2x^2y-x^2+y^2)(2x^2y+x^2-y^2)}{4x^2y(x^2-y^2)}$.

2. $\{(x,y)\mid 0<x<\sqrt{5}-2, y^2\leqslant 4x\}\cup\left\{(x,y)\mid \sqrt{5}-2\leqslant x\leqslant\dfrac{1}{2}, x^2+y^2<1\right\}$.

4. $\left|\sqrt{2}-\sqrt{(x-1)^2+y^2+(z+1)^2}\right|$.　**5.** (1) 1; (2) 不存在．　**6.** 连续.

习题 9.2(A)

1. (1) $\dfrac{\partial z}{\partial x}=-\dfrac{y}{x^2+y^2}, \dfrac{\partial z}{\partial y}=\dfrac{x}{x^2+y^2}$;

(2) $\dfrac{\partial z}{\partial x}=\dfrac{e^y}{y^2}, \dfrac{\partial z}{\partial y}=\dfrac{x(y-2)e^y}{y^3}$;

(3) $\dfrac{\partial z}{\partial x}=\dfrac{1}{2x\sqrt{\ln(xy)}}, \dfrac{\partial z}{\partial y}=\dfrac{1}{2y\sqrt{\ln(xy)}}$;

(4) $\dfrac{\partial z}{\partial x}=y^2(1+xy)^{y-1}, \dfrac{\partial z}{\partial y}=(1+xy)^y\left[\ln(1+xy)+\dfrac{xy}{1+xy}\right]$;

(5) $\dfrac{\partial z}{\partial x}=\dfrac{2y}{(x+y)^2}, \dfrac{\partial z}{\partial y}=-\dfrac{2x}{(x+y)^2}$;

(6) $f_x=-e^{x^2}, f_y=e^{y^2}$;

(7) $u_x=\dfrac{y}{z}x^{\frac{y}{z}-1}, u_y=\dfrac{\ln x}{z}x^{\frac{y}{z}}, u_z=-\dfrac{y\ln x}{z^2}x^{\frac{y}{z}}$;

(8) $u_{x_i}=i\cos(x_1+2x_2+\cdots+nx_n)$.

2. (1) $\dfrac{3}{8}$; (2) -1; (3) $-\dfrac{1}{2}\sin\dfrac{2}{\pi}$; (4) $-\dfrac{1}{3}$; (5) 1.

4. (1) $z_{xx}=z_{yy}=-\sin(x+y)-\cos(x-y), z_{xy}=z_{yx}=-\sin(x+y)+\cos(x-y)$;

(2) $z_{xx}=(\ln t)(\ln t-1)x^{\ln t-2}, z_{tt}=x^{\ln t}\ln x\dfrac{\ln x-1}{t^2}$, $z_{xt}=z_{tx}=x^{\ln t-1}\cdot\dfrac{1+\ln t\ln x}{t}$;

(3) $z_{xx}=\dfrac{t(2x-1)}{4\sqrt{(x-x^2)^3}}, z_{tt}=0, z_{xt}=z_{tx}=\dfrac{1}{2\sqrt{x-x^2}}$;

(4) $z_{xx}=\dfrac{3(2x^2+y^2)}{\sqrt{x^2+y^2}}, z_{yy}=\dfrac{3(x^2+2y^2)}{\sqrt{x^2+y^2}}, z_{xy}=z_{yx}=\dfrac{3xy}{\sqrt{x^2+y^2}}$.

5. (1) 0; (2) $-\sin y$; (3) $x^2z(2+xyz)e^{xyz}$; (4) $\dfrac{y}{\sqrt{1-y^2}\,(x+\sqrt{1-y^2})^2}$.

7. $\frac{R^2}{R_1^2}$. **9.** 宽.

10. (1) $(6x+4y)\mathrm{d}x+(4x-6y^2)\mathrm{d}y$; (2) $-\frac{x}{(x^2+y^2)^{3/2}}(y\mathrm{d}x-x\mathrm{d}y)$;

(3) $\mathrm{e}^x(\cos xy-y\sin xy)\mathrm{d}x-(x\mathrm{e}^x\sin xy)\mathrm{d}y$; (4) $\frac{x\mathrm{d}x+y\mathrm{d}y+z\mathrm{d}z}{x^2+y^2+z^2}$;

(5) $\frac{1}{x}\mathrm{e}^{\frac{y}{x}}\left(\frac{y}{x}\mathrm{d}x-\mathrm{d}y\right)$; (6) $\tan yz\cdot\mathrm{d}x+xz\sec^2yz\cdot\mathrm{d}y+xy\sec^2yz\cdot\mathrm{d}z$.

11. $\Delta z=-0.119,\mathrm{d}z=-0.125$. **12.** $\Delta z=0.9225,\mathrm{d}z=0.9$.

13. (1) 2.847; (2) 3π. **14.** $152\mathrm{cm}^2$. **15.** 73.33, 4.92, 6.7%.

16. (1) 5.98;(2) 2.039. **17.** 10,10.

习题 9.2(B)

1. -2.

2. (1) $\frac{\partial z}{\partial x}=\frac{1}{\sqrt{x^2-y^2}},\frac{\partial z}{\partial y}=-\frac{y}{(x+\sqrt{x^2-y^2})\sqrt{x^2-y^2}}$;

(2) $\frac{\partial z}{\partial x}=\frac{-2xy}{x^4+y^2},\frac{\partial z}{\partial y}=\frac{x^2}{x^4+y^2}$.

3. 25000. **6.** (A). **7.** (C).

习题 9.3(A)

1. (1) $5t^4\mathrm{e}^{t^5}$;(2) $2t+(3t^2+2t^4)\mathrm{e}^{t^2}+4t^3\cos t^4$;(3) $\mathrm{e}^{\sin t-2t^3}(\cos t-6t^2)$;(4) $-(2t+1)\mathrm{e}^{-t^2-t}$;

(5) $\frac{2x}{x^2+y^2}\left(1-\frac{1}{t^2}\right)+\frac{2y}{x^2+y^2}(2t-1)$;(6) $3\sin^2t\cdot\cos^3t-2\sin^4t\cdot\cos t+\mathrm{e}^t$.

2. (1) $\frac{\partial z}{\partial s}=4s,\frac{\partial z}{\partial t}=4t$;

(2) $\frac{\partial z}{\partial s}=(2q+p)\sin r+tpq\cos r,\frac{\partial z}{\partial t}=(q-p)\sin r+spq\cos r$;

(3) $\frac{\partial z}{\partial s}=0,\frac{\partial z}{\partial t}=\sqrt{u^2+v^2+w^2}$;

(4) $\frac{\partial z}{\partial s}=(x\mathrm{e}^y+\mathrm{e}^{-x})t^2,\frac{\partial z}{\partial t}=(\mathrm{e}^y-y\mathrm{e}^{-x})\mathrm{e}^t+(x\mathrm{e}^y+\mathrm{e}^{-x})\cdot 2st$.

3. $\frac{\mathrm{e}^x(1+x)}{1+x^2\mathrm{e}^{2x}}$. **4.** 2,0 . **5.** 0,0,4. **6.** $8160\pi\ \mathrm{cm}^3/\mathrm{s}$.

7. $\frac{1}{2}\sqrt{\frac{yu}{x}}+\frac{1}{4}\sqrt{\frac{u}{y}}-\frac{1}{2}\sqrt{\frac{xy}{u}}\cdot\sin x$. **8.** $f''_{11}+(x+y)f''_{12}+xyf''_{22}+f'_2$.

9. (1) $\frac{y-2x}{3y^2-x}$;(2) $\frac{y\sin x-\cos y}{\cos x-x\sin y}$;(3) $\frac{y^2-\mathrm{e}^x}{\cos y-2xy}$; (4) $\frac{x+y}{x-y}$;(5) $\frac{y^x\ln y}{1-xy^{x-1}}$; (6) $\frac{a^2}{(x+y)^2}$.

10. (1) $\frac{\partial z}{\partial x}=\frac{z-y}{y-x},\frac{\partial z}{\partial y}=\frac{x+z}{x-y}$;(2) $\frac{\partial z}{\partial x}=\frac{yz-\sqrt{xyz}}{2\sqrt{xyz}-xy}$, $\frac{\partial z}{\partial y}=\frac{xz-2\sqrt{xyz}}{2\sqrt{xyz}-xy}$;

(3) $\frac{\partial z}{\partial x}=\frac{e^y+ze^x}{y+e^x}$, $\frac{\partial z}{\partial y}=-\frac{xe^y+z}{y+e^x}$;(4) $\frac{\partial z}{\partial x}=\frac{z}{z+1}$, $\frac{\partial z}{\partial y}=\frac{z}{y(z+1)}$.

11. $\frac{x^2z}{(e^z-xy)^3}\cdot(2e^z-2xy-ze^z)$. **12.** $\frac{dx}{dz}=-\frac{y-z}{y-x}$, $\frac{dy}{dz}=-\frac{x-z}{x-y}$.

习题 9.3(B)

1. $\frac{1}{\sqrt{1+t}+(1+\sqrt{t})^2}\left(\frac{1}{2\sqrt{1+t}}+\frac{1+\sqrt{t}}{\sqrt{t}}\right)$.

2. $f_1'\cdot y\cdot x^{y-1}+f_2'\cdot y^x\cdot \ln y$.

3. (1) $\frac{\partial z}{\partial x}=-\left[\ln(u-v)+\frac{u}{u-v}\right]e^{-x}$, $\frac{\partial z}{\partial y}=-\frac{u}{(u-v)y}$;

(2) $\frac{\partial u}{\partial x}=2xf_1'+ye^{xy}f_2'$, $\frac{\partial u}{\partial y}=-2yf_1'+xe^{xy}f_2'$;

(3) $\frac{\partial u}{\partial x}=f_1'+yf_2'+yzf_3'$, $\frac{\partial u}{\partial y}=xf_2'+xzf_3'$, $\frac{\partial u}{\partial z}=xyf_3'$.

6. $xf_{12}''+f_2'+xyf_{22}''$.

7. $\frac{\partial z}{\partial x}=-3uv$, $\frac{\partial z}{\partial y}=\frac{3}{2}(u+v)$. **8.** 51.

9. (B). **10.** (2) $f(u)=\ln u$.

习题 9.4(A)

1. (1) 1;(2) $-\frac{1}{2}-\sqrt{3}$. **2.** $1+2\sqrt{3}$. **3.** $-\frac{4}{\sqrt{10}}$. **4.** $\frac{5}{4\sqrt{13}}$.

5. 5. **6.** (1) $\frac{2\sqrt{5}}{5}$, $\{-1,2\}$;(2) $\frac{\sqrt{17}}{2}$, $\{1,0,-4\}$.

7. (1) $\frac{1}{\sqrt{x^2+y^2}}\{x,y\}$; (2) $\frac{1}{(x+y+z)^2}\{yz(y+z),xz(x+z),xy(x+y)\}$;

(3) $\{1,1,\cdots,1\}$; (4) $e^{x+y}\{\sin xy+y\cos xy,\sin xy+x\cos xy\}$.

8. (1) $\{-1,8\}$, $2\sqrt{65}$;(2) $\{1,-8\}$, $2\sqrt{65}$; (3) $\{8,1\}$ 或 $\{-8,-1\}$.

习题 9.4(B)

1. $\frac{327}{13}$. **2.** $\frac{1}{ab}\sqrt{2(a^2+b^2)}$. **3.** $x_0+y_0+z_0$. **4.** $\{-1.2,-4\}$. **6.** $\frac{1}{2}$.

习题 9.5(A)

1. $x+2y+3z=6$. **2.** $x=1+t, y=2, z=2-2t$.

3. $\frac{x-1}{1}=\frac{y+2}{0}=\frac{z-1}{-1}$, $x-z=0$.

4. $x+2y+3z-14=0$, $\frac{x-1}{1}=\frac{y-2}{2}=\frac{z-3}{3}$.

5. $4x+2y-z-6=0,\dfrac{x-2}{4}=\dfrac{y-1}{2}=\dfrac{z-4}{-1}$.

6. $\pm\left\{\dfrac{2}{\sqrt{14}},\dfrac{1}{\sqrt{14}},-\dfrac{3}{\sqrt{14}}\right\}$. **8.** $\lambda=\pm 2$. **9.** $2x+4y-z=5$.

10. (C). **11.** $\dfrac{x-1}{1}=\dfrac{y+2}{-4}=\dfrac{z-2}{6}$.

习题 9.5(B)

1. $\dfrac{3}{\sqrt{22}}$. **4.** $\dfrac{x}{\sqrt{a^2+b^2+c^2}}+\dfrac{y}{\sqrt{a^2+b^2+c^2}}+\dfrac{z}{\sqrt{a^2+b^2+c^2}}=1$. **5.** $\arccos\dfrac{8}{\sqrt{77}}$.

习题 9.6(A)

1. (1) $(0,0),(\pm\sqrt{2},-1)$,极小值 $f(0,0)=4$;

(2) $(0,0),(0,2),(\pm 1,1)$,极大值 $f(0,0)=2$,极小值 $f(0,2)=-2$;

(3) $(1,\pm 1),(-1,\pm 1)$,极小值 $f(1,\pm 1)=f(-1,\pm 1)=3$;

(4) 无驻点,无极值.

2. (1) 最大值 $f(\pm 1,1)=3$,最小值 $f(0,0)=0$;

(2) 最大值 $f(2,4)=3$,最小值 $f(-2,4)=-9$;

(3) 最大值 $f(2,0)=8$,最小值 $f\left(-\dfrac{1}{4},0\right)=-\dfrac{17}{8}$;

(4) 最大值 $f(3,0)=f(0,3)=6$,最小值 $f(1,1)=-1$.

3. (1) 最大值 $f\left(\pm\sqrt{2},\pm 1,\sqrt{\dfrac{2}{3}}\right)=\dfrac{2}{\sqrt{3}},f\left(\mp\sqrt{2},\pm 1,-\sqrt{\dfrac{2}{3}}\right)=\dfrac{2}{\sqrt{3}}$,

最小值 $f\left(\pm\sqrt{2},\pm 1,-\sqrt{\dfrac{2}{3}}\right)=-\dfrac{2}{\sqrt{3}},f\left(\mp\sqrt{2},\pm 1,\sqrt{\dfrac{2}{3}}\right)=-\dfrac{2}{\sqrt{3}}$;

(2) 最大值 $f\left(\dfrac{1}{\sqrt{2}},-\dfrac{1}{2\sqrt{2}}\right)=e^{\frac{1}{4}},f\left(-\dfrac{1}{\sqrt{2}},\dfrac{1}{2\sqrt{2}}\right)=e^{\frac{1}{4}}$, 最小值 $f\left(\dfrac{1}{\sqrt{2}},\dfrac{1}{2\sqrt{2}}\right)=e^{\frac{1}{4}}$,

$f\left(-\dfrac{1}{\sqrt{2}},-\dfrac{1}{2\sqrt{2}}\right)=e^{-\frac{1}{4}}$;

(3) 最大值 $f(1,\sqrt{2},-\sqrt{2})=1+2\sqrt{2}$,最小值 $f(1,-\sqrt{2},\sqrt{2})=1-2\sqrt{2}$.

4. $(0,0,\pm 1)$. **5.** 两底边长为$\left(\dfrac{2}{5}V\right)^{\frac{1}{3}}$,高为$\left(\dfrac{25}{4}V\right)^{\frac{1}{3}}$. **6.** 最长$\sqrt{6}$,最短$\dfrac{\sqrt{3}}{2}$.

7. $q_1=500,q_2=300$. **9.** $x=\dfrac{x_1+x_2+\cdots+x_n}{n},y=\dfrac{y_1+y_2+\cdots+y_n}{n}$.

习题 9.6(B)

1. $\left(\dfrac{8}{5},\dfrac{16}{5}\right)$. **3.** $f\left(0,\dfrac{1}{e}\right)=-\dfrac{1}{e}$ 为极小值. **4.** $f(x,y)$ 在 D 上最大值为 8,最小值为 0.

5. 最远点$(-5,-5,5)$,最近点$(1,1,1)$.

6. $g(x_0,y_0)=\sqrt{5x_0^2+5y_0^2-8x_0y_0}$，(5，−5) 或(−5,5).　**7.** (D).

习题 10.1(A)

1. (1) 63，$\|\lambda\|=\sqrt{2}$；(2) 57，$\|\lambda\|=\sqrt{5}$.

2. (1) $V=\iint\limits_D\sqrt{R^2-x^2-y^2}\,dxdy, D=\{(x,y)\mid x^2+y^2\leqslant R^2\}$；

(2) $V=\iint\limits_D(2-x^2-y^2)\,dxdy, D=\{(x,y)\mid x^2+y^2\leqslant 1\}$.

3. $Q=\iint\limits_D\mu(x,y)\,d\sigma$.

4. (1) $\iint\limits_D\ln(x+y+1)\,d\sigma\geqslant\iint\limits_D\ln(x^2+y^2+1)\,d\sigma$；(2) $\iint\limits_D\sin^2(x+y)\,d\sigma\leqslant\iint\limits_D(x+y)^2\,d\sigma$；

(3) $\iint\limits_D e^{xy}\,d\sigma\geqslant\iint\limits_D e^{2xy}\,d\sigma$.

5. (1) $\frac{\sqrt{2}\pi^2}{4}<\iint\limits_D\sin(x^2+y^2)\,d\sigma<\frac{\pi^2}{2}$；(2) $\frac{8}{\ln2}<\iint\limits_D\frac{d\sigma}{\ln(4+x+y)}<\frac{16}{\ln2}$；

(3) $\frac{\pi}{4}<\iint\limits_D e^{x^2+y^2}\,d\sigma<\frac{\pi e^{1/4}}{4}$.

习题 10.1(B)

1. $\rho g\iint\limits_D x\,d\sigma$.　**2.** $\pi h,\frac{2}{3}\pi$.　**3.** $f(0,0)$.　**6.** $I_1\leqslant I_2\leqslant I_3$.

习题 10.2(A)

1. (1) $\int_1^2dx\int_0^{\ln x}f(x,y)dy=\int_0^{\ln2}dy\int_{e^y}^2f(x,y)dx$；

(2) $\int_{-3}^1dx\int_{x^2}^{3-2x}f(x,y)dy=\int_0^1dy\int_{-\sqrt{y}}^{\sqrt{y}}f(x,y)dx+\int_1^9dy\int_{-\sqrt{y}}^{(3-y)/2}f(x,y)dx$；

(3) $\int_0^{\pi}dx\int_0^{\sin x}f(x,y)dy=\int_0^1dy\int_{\arcsin y}^{\pi-\arcsin y}f(x,y)dx$；

(4) $\int_{-1}^1dx\int_{x^3}^1f(x,y)dy=\int_{-1}^1dy\int_{-1}^{\sqrt[3]{y}}f(x,y)dy$.

2. (1) $\frac{(e^2-1)^2}{2e}$；(2) $\frac{e}{2}-1$；(3) $\frac{\pi^2}{16}$；(4) $\frac{9}{4}$；(5) $-\frac{3}{2}\pi$；(6) $\frac{6}{55}$；(7) $\frac{45}{8}$.

3. (1) $\int_0^1dx\int_{x^2}^xf(x,y)dy$；(2) $\int_0^1dy\int_{\sqrt{y}}^{2-y}f(x,y)dx$；

(3) $\int_0^1dx\int_{-\sqrt{x}}^{\sqrt{x}}f(x,y)dy+\int_1^4dx\int_{-\sqrt{x}}^{2-x}f(x,y)dy$.

4. (1) $\frac{1}{6}$；(2) 2；(3) $\frac{e^9-1}{6}$.　**5.** (1) $\frac{R^4}{2}$；(2) 16π；(3) 0；(4) $\frac{4}{3}$.

6. (1) $\int_{-\frac{\pi}{2}}^{\frac{\pi}{2}}d\theta\int_0^{a\cos\theta}f(r\cos\theta,r\sin\theta)rdr$；(2) $\int_0^{2\pi}d\theta\int_1^2f(r\cos\theta,r\sin\theta)rdr$；

(3) $\int_0^{\frac{\pi}{2}} d\theta \int_0^{\frac{1}{\cos\theta-\sin\theta}} f(r\cos\theta, r\sin\theta) r dr$；(4) $\int_{-\frac{\pi}{4}}^{\frac{3\pi}{4}} d\theta \int_0^{2(\cos\theta-\sin\theta)} f(r\cos\theta, r\sin\theta) r dr$.

7. (1) $\frac{1}{3}R^3\left(\pi-\frac{4}{3}\right)$；(2) $\frac{\pi a^4}{8}$；(3) $\frac{3\pi^2}{64}$；(4) $e^{\frac{\pi}{3}}-e^{\frac{\pi}{4}}$.

8. (1) $\frac{\pi(e-1)}{4}$；(2) $\frac{\pi^2}{64}$；(3) $\frac{4\pi}{3}$；(4) $\frac{16}{9}$.

9. (1) $e+e^{-1}-2$；(2) $\frac{1}{6}$；(3) 4；(4) $\frac{4\pi}{3}+2\sqrt{3}$.　**10.** (1) $\frac{16}{3}$；(2) $\frac{7\pi}{6}$.

11. (1) 6，$\left(\frac{3}{4},\frac{3}{2}\right)$；(2) $\frac{1}{6}$，$\left(\frac{4}{7},\frac{3}{4}\right)$；(3) 3π，$\left(0,\frac{5}{6}\right)$.　**12.** $\frac{1}{10},\frac{1}{16},\frac{13}{80}$.

习题 10.2(B)

3. (1) 1；(2) $2(\sqrt{e}-1)$.

4. (1) $\sqrt{2}\cosh\frac{\pi}{4}$；(2) $\frac{4}{3}$；(3) $\frac{1}{40}$；(4) $2-\frac{\pi}{2}$.

5. I_1.　**6.** $y=\sqrt{\frac{3}{8}(1-x^2)}$.　**7.** $\sqrt{\frac{2}{3}}R$.

9. $\frac{1}{2}A^2$.　**10.** $\frac{19}{4}+\ln 2$.　**11.** $\frac{14}{15}$.

习题 10.3(A)

1. 16.

2. (1) $\int_{-R}^{R} dx \int_{-\sqrt{R^2-x^2}}^{\sqrt{R^2-x^2}} dy \int_0^{\sqrt{R^2-x^2-y^2}} f(x,y,z) dz$；(2) $\int_{-2}^{2} dx \int_{-\sqrt{4-x^2}}^{\sqrt{4-x^2}} dy \int_0^{x-y-10} f(x,y,z) dz$；

(3) $\int_{-1}^{1} dx \int_{-\sqrt{1-x^2}}^{\sqrt{1-x^2}} dy \int_{x^2-y^2}^{\sqrt{2-x^2-y^2}} f(x,y,z) dz$；(4) $\int_0^1 dx \int_0^{1-x} dy \int_0^{xy} f(x,y,z) dz$.

3. (1) $\frac{5}{28}$；(2) $\frac{e}{2}-1$；(3) $\frac{\pi}{4}-\frac{1}{2}$；(4) $\frac{16\pi}{3}$.

4. (1) $\pi^3-4\pi$；(2) $\pi R^2 H+\frac{1}{3}\pi H^3$；(3) $\frac{4}{3}\sqrt{3}R^3$；(4) $\left(0,0,\frac{2}{3}\right)$.

5. (1) 24π；(2) 0；(3) $\frac{324\pi}{5}$.

6. (1) $4\pi e^a(a^2-2a+2)-8\pi$；(2) $\frac{e^{16}-e}{16}\pi$；(3) $\frac{\pi}{30}$；(4) $4(2-\sqrt{3})\pi$.

7. (1) 162π，(0,0,15)；(2) 10π，(0,0,2.1).

8. $\frac{\pi}{4}ka^4$，$\left(0,0,\frac{8}{15}a\right)$($k$ 为比例系数).

习题 10.3(B)

1. (1) $\frac{4}{15}\pi$；(2) $\frac{2}{3}$.　**2.** (1) 48π；(2) 0；(3) $\left(\frac{9\sqrt{2}-4\sqrt{3}}{27}+\ln\frac{3}{2}\right)\pi$.

3. $\begin{cases} \dfrac{4\pi}{3-n}(R^{3-n}-r^{3-n}), n\neq 3, \\ 4\pi\ln\dfrac{R}{r}, \qquad n=3, \end{cases}$ 且当 $n<3$ 时,$r\to 0^+$ 积分极限存在.

4. $\left(0,0,\dfrac{h}{4}\right)$, $\dfrac{\pi a^4 h}{10}$. **5.** (1) $W=\iiint\limits_D h(P)f(P)g\mathrm{d}v$;(2) $4.836\times 10^{18}\,g$ (J).

6. $F'(t)=4\pi t^2 f(t^2)$. **7.** π. **8.** $\dfrac{1024}{3}\pi$.

习题 11.1(A)

1. (1) $2+\sqrt{2}$;(2) $\dfrac{1}{3}(5^{\frac{3}{2}}-1)$;(3) $2\pi R^{2n+1}$;(4) $\dfrac{a^3}{4}[(1+4\pi^2)^{\frac{3}{2}}-1]$;(5) $\dfrac{\pi}{4}ae^a$;

(6) $\dfrac{2ka^2\sqrt{1+k^2}}{1+4k^2}$;(7) $\dfrac{16\sqrt{2}}{143}$;(8) $\dfrac{\sqrt{3}}{2}(1-e^{-2})$;(9) π.

2. $2a^2$.

习题 11.1(B)

1. $8a^2+2\pi a^2$(提示:$s=\int\limits_C |z_1-z_2|\,\mathrm{d}s$).

2. $\dfrac{4\pi}{3}R^3$(提示:由对称性$\int\limits_L(x^2+y^2)\mathrm{d}s=\dfrac{1}{3}\int\limits_L[(x^2+y^2)+(y^2+z^2)+(z^2+x^2)]\mathrm{d}s$).

3. $2(2-\sqrt{2})a^2$. **4.** $\dfrac{13}{6}$. **5.** $12a$.

习题 11.2(A)

1. (1) $\dfrac{1}{2}R^2$;(2) $-\dfrac{1}{35}$;(3) 13;(4) $\dfrac{1}{2}R^2$;(5) $-\dfrac{14}{15}$. **2.** $-2k\pi^2 b^2$.

习题 11.2(B)

1. -1. **2.** $-\dfrac{\pi^2}{2}$. **3.** -2π.

习题 11.3(A)

1. (1) $\dfrac{1}{2}$;(2) 0;(3) 0.

2. (1) $\dfrac{1}{4}\sin 2-\dfrac{7}{6}$;(2) $2\pi^2+3\pi-e^2-1$;(3) $a^2+b^2>1$ 时为 0,$a^2+b^2<1$ 时为 π.

3. $\dfrac{3\pi}{8}a^2$.

4. (1) $u=\dfrac{1}{2}x^2+2xy+\dfrac{1}{2}y^2+C$;(2) $u=\dfrac{1}{x+y}-\dfrac{2y}{(x+y)^2}+C$;

(3) $u=x^2\cos y+y^2\sin x+C$.

5. (1) $x^3-x^2+3xy-y^2=C$; (2) $e^x+y\sin x+e^y=C$; (3) $x\ln y+3xy^2=C$.

习题 11.3(B)

1. $\lambda=-\frac{1}{2}$, $u=\frac{\sqrt{x^2+y^2}}{y}-\sqrt{2}$. **2.** $\frac{1}{2}$. **5.** (2) $I=\frac{c}{d}-\frac{a}{b}$. **6.** $I=\pi$.

7. $I=\left(2+\frac{\pi}{2}\right)a^2b-\frac{\pi}{2}a^3$. **8.** $\lambda=-1, u(x,y)=-\arctan\frac{y}{x^2}+C$($C$为任意常数).

习题 11.4(A)

1. (1) $4\sqrt{6}\pi$; (2) $\frac{\pi}{6}(37\sqrt{37}-1)$. **2.** $\sqrt{2}\pi$. **3.** $\frac{2\pi}{3}(3\sqrt{3}-1)$. **4.** $108\sqrt{2}\pi$.

5. $\frac{2\pi}{15}(6\sqrt{3}+1)$. **6.** (1) $3\sqrt{14}$; (2) $\frac{\pi}{60}(391\sqrt{17}+1)$; (3) $-\frac{\pi}{4}(8+\sqrt{2})$; (4) 16π.

7. 3π. **8.** (1) $\frac{2}{105}\pi R^7$; (2) $\frac{1}{12}$; (3) $2\pi e^2$. ***9.** $\frac{73}{6}\pi$.

习题 11.4(B)

1. $V=\frac{\pi}{4}h^3(t), S=\frac{13}{12}\pi h^2(t), t=100h$. **2.** $4a^2$. **3.** 2π.

4. 2π. **5.** $\frac{3\pi}{2}$. **6.** $\frac{1}{2}\pi^2R$.

习题 11.5(A)

1. (1) $\frac{9}{2}$; (2) $\frac{8\pi}{3}$. **2.** (1) $\frac{1}{6}$; (2) -32π; (3) $\frac{8}{3}$. **3.** $-\frac{1}{2}\pi a^3$.

5. (1) 40; (2) -14; (3) 3. **6.** 13. **7.** 2. **8.** $a=2, b=-1, c=-2$.

习题 11.5(B)

1. (1) $-\frac{81}{2}\pi$; (2) $\frac{194}{5}\pi$. **2.** $f(x)=x^2+x\ln x$.

3. 4π. **4.** π. **5.** $-\pi$. **6.** $f(x)=\frac{e^x}{x}(e^x-1)$. **7.** $\frac{\pi}{2}$.

习题 11.6(A)

1. (1) $\frac{7}{2}$; (2) $\frac{4}{3}$; (3) -4π; (4) 0.

2. (1) $-2yz\boldsymbol{i}-2xz\boldsymbol{j}-x^2\boldsymbol{k}$; (2) $-\sin x\boldsymbol{k}$; (3) $(e^{-y}+\ln z)\boldsymbol{i}-xe^y\boldsymbol{k}$; (4) $2yz\boldsymbol{i}-6zx\boldsymbol{j}-4xy\boldsymbol{k}$.

3. $-3\boldsymbol{i}-14\boldsymbol{k}$. **4.** $10\boldsymbol{i}-13\boldsymbol{j}-3\boldsymbol{k}$, $\sqrt{278}$. **5.** (1) $\frac{175}{2}$; (2) 9.

习题 11.6(B)

1. (1)π；(2)π. **2.** 16. **3.** $-2\pi a(a+h)$. **4.** $I=-24$.

习题 12.1(A)

1. (1) $\frac{1}{2n-1},\sum_{n=1}^{\infty}\frac{1}{2n-1}$；(2) $\frac{(-1)^{n-1}}{n^2},\sum_{n=1}^{\infty}\frac{(-1)^{n-1}}{n^2}$；(3) $\frac{x^n}{n!},\sum_{n=1}^{\infty}\frac{x^n}{n!}$；

(4) $\frac{1\cdot4\cdot7\cdots(3n-2)}{2\cdot7\cdot12\cdots(5n-3)},\sum_{n=1}^{\infty}\frac{1\cdot4\cdot7\cdots(3n-2)}{2\cdot7\cdot12\cdots(5n-3)}$；(5) $(-1)^{n-1}\frac{n}{n+4},\sum_{n=1}^{\infty}(-1)^{n-1}\frac{n}{n+4}$.

2. (1) $1,2,\frac{9}{2},\frac{32}{3},\frac{625}{24}$；(2) $\frac{-1}{2},\frac{1}{5},\frac{-1}{8},\frac{1}{11},\frac{-1}{14}$；(3) $\frac{1}{2},\frac{3}{8},\frac{15}{48},\frac{105}{384},\frac{945}{3840}$；

(4) $1,\frac{3}{5},\frac{2}{5},\frac{5}{17},\frac{3}{13}$.

3. (1) 发散；(2) 收敛；(3) 发散；(4) 发散 .

4. (1) 收敛,$\frac{5}{4}$；(2) 发散；(3) 收敛,$\frac{4}{5}$；(4) 收敛,6；(5) 发散；(6) 发散；

(7) 收敛,$\frac{7}{4}$；(8) 发散；(9) 收敛,$(\tan1)^2$；(10) 发散；(11) 收敛，$\frac{1}{6}$；

(12) 发散；(13) 收敛,$\frac{1}{2}$；(14) 发散；(15) 发散 .

5. (1) $\frac{233}{99}$；(2) $\frac{41}{333}$；(3) $\frac{314156}{99999}$；(4) $\frac{407}{909}$.

6. (1) $|x|<\frac{1}{2},\frac{2x}{1-2x}$；(2) $1<x<3,\frac{1}{3-x}$；

(3) $-1<x<5,\frac{3}{1+x}$；(4) $|x|>1,\frac{x}{x-1}$.

7. $b\frac{\sin\theta}{1-\sin\theta},0<\theta<\frac{\pi}{2}$. **8.** $a_1=0,a_n=\frac{2}{n(n+1)}\ n\geqslant2,s=1$. **10.** $s-a_2$.

习题 12.1(B)

4. $\frac{\sqrt{3}-1}{2}$. **6.** 1. **8.** (D).

习题 12.2(A)

1. $p\leqslant1$ 时发散,$p>1$ 时收敛 .

4. (1) 收敛；(2) 收敛；(3) 发散；(4) 发散；(5) 收敛；(6) 收敛；

(7) 发散；(8) 收敛；(9) 发散；(10) 收敛；(11) 收敛；(12) 发散.

9. (1) 收敛；(2) 收敛；(3) 收敛；(4) 发散；(5) 收敛；(6) 收敛；(7) 发散；

(8) 收敛；(9) 收敛 .

10. (1) 收敛；(2) (绝对) 收敛；(3) (绝对) 收敛；(4) 收敛；(5) 发散；(6) (绝对) 收敛；

(7) (绝对) 收敛；(8) (绝对) 收敛；(9) 收敛；(10) (绝对) 收敛 .

12. (1) $p>1$时,绝对收敛,$0<p\leqslant 1$时,条件收敛,$p\leqslant 0$时,发散;(2) 绝对收敛;(3) 绝对收敛;(4) 条件收敛;(5) 发散;(6) 发散;(7) 条件收敛;(8) 条件收敛;(9) 绝对收敛.

习题 12.2(B)

1. (C). **2.** (B). **3.** $k\geqslant 2$. **5.** 收敛.

习题 12.3(A)

1. (1) $1,(-1,1)$;(2) $+\infty,(-\infty,+\infty)$;(3) $1,[-1,+1]$;(4) $1,(-1,1]$;(5) $1,[-1,1)$;(6) $10,(-10,10)$;(7) $1,(-1,+1]$;(8) $0,\{0\}$;(9) $1/2,[-1/2,1/2]$;(10) $1/4,(-1/4,1/4)$;(11) $1,(-1,1)$;(12) $\sqrt{3},[-\sqrt{3},\sqrt{3}]$;(13) $1,(1,3)$;(14) $1/2,(-5/2,-3/2]$;(15) $2,[3,7]$.

2. (1) 收敛;(2) 不确定;(3) 发散;(4) 收敛. **3.** k^k.

4. $(-1,1)$;$\dfrac{1+2x}{1-x^2}$. **5.** $(-1,1)$;$\dfrac{c_0+c_1x+c_2x^2+c_3x^3}{1-x^4}$. **6.** $\sqrt{R}$.

7. (1) $\sum\limits_{n=0}^{\infty}(-1)^n4^nx^n,(-1/4,1/4)$; (2) $\sum\limits_{n=0}^{\infty}\dfrac{3^n}{2^{n-1}}x^{n-1},(-2/3,2/3)$;

(3) $\sum\limits_{n=0}^{\infty}3^nx^{2n},(-1,1)$; (4) $1+\sum\limits_{n=1}^{\infty}2x^{2n},(-1,1)$; (5) $-\sum\limits_{n=0}^{\infty}(2^n+1)x^n,(-1/2,1/2)$;

(6) $\sum\limits_{n=0}^{\infty}(-1)^n(n+1)x^n,(-1,1)$;(7) $\sum\limits_{n=1}^{\infty}\dfrac{(-1)^{n-1}}{n}x^n,(-1,1]$;

(8) $\dfrac{1}{2}\sum\limits_{n=0}^{\infty}(-1)^n(n+2)(n+1)x^n,(-1,1)$.

8. (1) $\sum\limits_{n=0}^{\infty}(-1)^n(x-2)^n,x\in(1,3)$; (2) $\ln 3+\sum\limits_{n=1}^{\infty}\dfrac{(-1)^{n-1}}{n3^n}(x-2)^n,x\in(-1,5]$.

10. (1) $\dfrac{1}{4}\ln\dfrac{1+x}{1-x}+\dfrac{1}{2}\arctan x-x,\ x\in(-1,1)$; (2) $\dfrac{2x^2}{(1-x)^3},x\in(-1,1)$;

(3) $\dfrac{2+x^2}{(2-x^2)^2},\ x\in(-\sqrt{2},\sqrt{2})$.

11. (1) $\dfrac{1-c^n}{1-c}D$;(3) 5.

习题 12.3(B)

2. (1) $\dfrac{250\pi}{101}\left(e^{-\frac{(n-1)\pi}{5}}-e^{-\frac{n\pi}{5}}\right)$; (2) $\dfrac{250\pi}{101}$. **3.** $\dfrac{1}{1-2^{1-p}}$.

4. $[-1,1]$;$x\arctan x,x\in[-1,1]$. **5.** (1) 2; (2) $\dfrac{2x^2}{(1-x)^3},x\in(-1,1)$,6.

习题 12.4(A)

1. (1) $1-\dfrac{x^2}{2!},1-\dfrac{x^2}{2!}+\dfrac{x^4}{4!},1-\dfrac{x^2}{2!}+\dfrac{x^4}{4!}-\dfrac{x^6}{6!}$;

(2) $1+\frac{1}{2}x, 1+\frac{1}{2}x-\frac{1}{2\cdot 4}x^2, 1+\frac{1}{2}x-\frac{1}{2\cdot 4}x^2+\frac{1\cdot 3}{2\cdot 4\cdot 6}x^3$;

(3) $x-\frac{1}{3}x^3, x-\frac{1}{3}x^3$;

(4) $x-\frac{x^2}{2}+\frac{x^3}{3}-\frac{x^4}{4}+\frac{x^5}{5}, x-\frac{x^2}{2}+\frac{x^3}{3}-\frac{x^4}{4}+\frac{x^5}{5}-\frac{x^6}{6}+\frac{x^7}{7}$;

(5) $1-\frac{1}{2}x+\frac{1\cdot 3}{2\cdot 4}x^2, 1-\frac{1}{2}x+\frac{1\cdot 3}{2\cdot 4}x^2-\frac{1\cdot 3\cdot 5}{2\cdot 4\cdot 6}x^3+\frac{1\cdot 3\cdot 5\cdot 7}{2\cdot 4\cdot 6\cdot 8}x^4$;

(6) $1-\frac{1}{3}x-\frac{1}{9}x^2, 1-\frac{1}{3}x-\frac{1}{9}x^2-\frac{5}{81}x^3$.

3. (1) $\frac{1}{2}$;(2) 0;答案一样.

4. (1) $\sum_{n=0}^{\infty}-(x+1)^n$;(2) $\frac{\sqrt{2}}{2}+\sum_{n=1}^{\infty}\frac{\sin\left(\frac{\pi}{4}+\frac{n\pi}{2}\right)}{n!}\left(x-\frac{\pi}{4}\right)^n$;(3) $\sum_{k=1}^{\infty}(-1)^k\frac{\left(\theta-\frac{\pi}{2}\right)^{2k-1}}{(2k-1)!}$;

(4) $1+\frac{1}{2}h-\frac{1}{2\cdot 4}h^2+\frac{1\cdot 3}{2\cdot 4\cdot 6}h^3-\frac{1\cdot 3\cdot 5}{2\cdot 4\cdot 6\cdot 8}h^4+\cdots$.

5. (1) $\frac{1}{6}$;(2) 1;(3) 2;(4) -1.

6. (1) $\sum_{n=0}^{\infty}(-1)^n\frac{x^{2n}}{n!}, x\in(-\infty,+\infty)$; (2) $\sum_{n=0}^{\infty}\frac{x^n}{3^{n+1}}, x\in(-3,3)$;

(3) $\sum_{k=0}^{\infty}\frac{x^{2k+1}}{2k+1}, x\in(-1,1)$; (4) $\sum_{n=1}^{\infty}(-1)^{n-1}\frac{(2x)^{2n}}{2(2n)!}, x\in(-\infty,+\infty)$;

(5) $x+\sum_{n=1}^{\infty}(-1)^n\frac{(2n-1)!!}{(2n)!!}x^{2n+1}, x\in(-1,1]$;

(6) $\ln 10+\sum_{n=0}^{\infty}(-1)^n\frac{1}{(n+1)\cdot 10^{n+1}}x^{n+1}, x\in(-10,10]$.

7. $\cos x=\frac{\sqrt{2}}{2}\sum_{n=0}^{\infty}\frac{1}{n!}(-1)^{\frac{n(n+1)}{2}}\left(x-\frac{\pi}{4}\right)^n, x\in(-\infty,+\infty)$.

8. $\frac{1}{x+2}=\sum_{n=0}^{\infty}(-1)^n\frac{(x-2)^n}{4^{n+1}}, x\in(-2,6)$.

9. $f(x)=-\frac{1}{5}\sum_{n=0}^{\infty}\left[\frac{1}{3^{n+1}}+\frac{(-1)^n}{2^{n+1}}\right](x-1)^n, x\in(-1,3)$.

10. $f(x)=\frac{\ln 2}{\ln 10}+\frac{1}{\ln 10}\sum_{n=0}^{\infty}(-1)^n\frac{1}{(n+1)\cdot 2^{n+1}}(x-2)^{n+1}, x\in(0,4]$.

习题 12.4(B)

1. 0.9461.

2. $f(x)=\sum_{n=0}^{\infty}(-1)^n\frac{x^{2n+1}}{2n+1}+\sum_{n=0}^{\infty}\frac{1}{2n+1}x^{4n+2}+2-x+x^2, x\in(-1,1)$.

3. $f(x)=\frac{\pi}{4}-2\sum_{n=0}^{\infty}\frac{(-1)^n4^n}{2n+1}x^{2n+1}, x\in\left(-\frac{1}{2},\frac{1}{2}\right]$; $\frac{\pi}{4}$.

4. $f(x)=\mathrm{e}\cdot\sum_{n=2}^{\infty}\frac{n-1}{n!}(x-1)^{n-2},x\neq 1$. **5.** $f^{(n)}(0)=(-1)^{n+1}\frac{n!}{n-2}(n\geqslant 3)$.

6. $\frac{1}{2},1-\ln 2$. **7.** $\frac{x(3-x)}{(1-x)^3},-1<x<1$. **8.** (2) $y(x)=x\mathrm{e}^{x^2},x\in(-\infty,+\infty)$.

习题 12.5(A)

1. (1) $f(x)=\pi^2+1+12\sum_{n=1}^{\infty}\frac{(-1)^n}{n^2}\cos nx,x\in(-\infty,+\infty)$;

(2) $f(x)=\frac{\mathrm{e}^{\pi}-\mathrm{e}^{-\pi}}{\pi}\left[\frac{1}{2}+\sum_{n=1}^{\infty}(-1)^n\left(\frac{1}{1+n^2}\cos nx+\frac{n}{1+n^2}\sin nx\right)\right]$,

$x\neq(2k+1)\pi,k\in\mathbf{Z}$;

(3) $f(x)=-\frac{\pi}{4}+\sum_{n=1}^{\infty}\left\{\frac{1}{\pi n^2}[1-(-1)^n]\cos nx+\frac{(-1)^{n-1}}{n}\sin nx\right\},x\neq(2k+1)\pi,k\in\mathbf{Z}$;

(4) $f(x)=\frac{2}{\pi}\sum_{n=1}^{\infty}\left[\frac{1}{n^2}\sin\frac{n\pi}{2}+(-1)^{n-1}\frac{\pi}{2n}\right]\sin nx,x\neq(2k+1)\pi,k\in\mathbf{Z}$.

2. (1) $f(x)=\frac{18\sqrt{3}}{\pi}\sum_{n=1}^{\infty}(-1)^{n-1}\frac{n\sin nx}{9n^2-1},x\in(-\pi,\pi)$;

(2) $$f(x)=\frac{1+\pi-\mathrm{e}^{-\pi}}{2\pi}+\frac{1}{\pi}\sum_{n=1}^{\infty}\left\{\frac{1-(-1)^n\mathrm{e}^{-\pi}}{1+n^2}\cos nx+\left[\frac{-n+(-1)^n n\mathrm{e}^{-\pi}}{1+n^2}+\frac{1-(-1)^n}{n}\right]\sin nx\right\},x\in(-\pi,\pi).$$

3. $x^2=\frac{\pi^2}{3}+4\sum_{n=1}^{\infty}(-1)^n\frac{\cos nx}{n^2},x\in[-\pi,\pi]$; $\frac{\pi^2}{6}$.

4. $f(x)=\frac{2}{\pi}\sum_{n=1}^{\infty}\left\{\frac{1}{n}+\frac{(-1)^{n-1}}{n}(3\pi^2+1)-\frac{6}{n^3}[1-(-1)^n]\right\}\sin nx,x\in(0,\pi)$.

5. $f(x)=\sum_{n=1}^{\infty}\frac{1}{2n}\sin 2nx,x\in(0,\pi)$; $f(x)=\frac{2}{\pi}\sum_{n=0}^{\infty}\frac{1}{(2n+1)^2}\cos(2n+1)x,x\in[0,\pi]$.

6. $f(x)=\frac{h}{\pi}+\frac{2}{\pi}\sum_{n=1}^{\infty}\frac{\sin nh}{n}\cos nx$,($0\leqslant x\leqslant\pi$,且 $x\neq h$).

7. (1) $f(x)=\frac{11}{12}+\frac{1}{\pi^2}\sum_{n=1}^{\infty}\frac{(-1)^{n-1}}{n^2}\cos 2n\pi x,x\in(-\infty,+\infty)$;

(2) $f(x)=-\frac{1}{2}+\sum_{n=1}^{\infty}\left\{\frac{6}{n^2\pi^2}[1-(-1)^n]\cos\frac{n\pi x}{3}+\frac{6}{n\pi}(-1)^{n-1}\sin\frac{n\pi x}{3}\right\}$,

$x\neq 3(2k+1),k\in\mathbf{Z}$.

8. $f(x)=\frac{8}{\pi}\sum_{n=1}^{\infty}\left\{\frac{(-1)^{n-1}}{n}+\frac{2}{n^3\pi^2}[(-1)^n-1]\right\}\sin\frac{n\pi x}{2},x\in[0,2)$;

$f(x)=\frac{4}{3}+\frac{16}{\pi^2}\sum_{n=1}^{\infty}\frac{(-1)^n}{n^2}\cos\frac{n\pi x}{2},x\in[0,2]$.

习题 12.5(B)

1. $f(x)=\frac{2}{\pi}-\frac{4}{\pi}\sum_{n=1}^{\infty}\frac{1}{4n^2-1}\cos 2nx,x\in[-\pi,\pi]$.

2. $f(x)=\frac{10}{\pi}\sum_{n=1}^{\infty}\frac{(-1)^n}{n}\sin\frac{n\pi}{5}, x\in(5,15)$.

3. (1) $x-1=\pi-1-\sum_{n=1}^{\infty}\frac{2}{n}\sin nx$;

(2) $x-1=\sum_{n=1}^{\infty}\frac{-2}{n\pi}[1+(-1)^n(\pi-1)]\sin nx, x\in(0,\pi)$;

(3) 可以,展开法不唯一.

4. $-1;0,-1$.　**5.** (1) $\frac{\pi^2}{6}$; (2) $\frac{\pi^2}{12}$; (3) $\frac{\pi^2}{8}$.　**6.** $\frac{\pi^2}{8};\frac{\pi^3}{32}$.